Verlag für Systemische Forschung
im Carl-Auer Verlag

Thomas Bachmann / Johannes Loermann

Zur Wirksamkeit systemischer Interventionen im Kontext von Arbeit und Organisationen

Ein systematischer Überblick über den Stand der Forschung

2023

Über alle Rechte der deutschen Ausgabe verfügt
Carl-Auer-Systeme Verlag, Heidelberg
Fotomechanische Wiedergabe nur mit Genehmigung des Verlages
Reihengestaltung nach Entwürfen von Uwe Göbel
Printed in Germany

Erste Auflage, 2023
ISBN 978-3-8497-9064-6 (Printausgabe)
ISBN 978-3-8497-9065-3 (ePub)
DOI: 10.55301/9783849790646

Bibliografische Information der Deutschen Nationalbibliothek:
Die Deutsche Nationalbibliothek verzeichnet diese Publikation in der Deutschen Nationalbibliografie; detaillierte bibliografische Daten sind im Internet über http://dnb.d-nb.de abrufbar.

Carl-Auer Verlag GmbH
Vangerowstraße 14 • 69115 Heidelberg
Tel. +49 6221 6438-0 • Fax +49 6221 6438-22
info@carl-auer.de

Inhaltsverzeichnis

Vorwort

Diese Studie ist aus der fachverbandlichen Frage entstanden, inwiefern empirische Evidenzen in Beratungsformaten wie systemischem Coaching, systemischer Supervision und systemischer Organisationsentwicklung vorliegen. Nachdem die Wirksamkeit systemischer Interventionen in der Systemischen Therapie in der Heilkunde hinreichend belegt und diese mittlerweile als Richtlinienverfahren in der Erwachsenentherapie anerkannt wurde, liegt nun mit der hier vorliegenden Studie ein Überblick zur Frage der Wirkung systemischer Interventionen im Kontext arbeitsweltlicher Beratung vor. Den Autoren Thomas Bachmann und Johannes Loermann ist damit ein wichtiger Beitrag im Zusammenhang mit der Bedeutung systemischer Interventionen in Theorie und Praxis arbeitsweltlicher Beratungsformate gelungen.

Was diese Studie in besonderem Maße wertvoll erscheinen lässt, ist die Differenzierung verschiedener systemischer Ansätze. Die beiden Autoren verorten das untersuchte Forschungsmaterial in ihren jeweiligen systemtheoretischen Strömungen und unterscheiden jeweils dabei die arbeitsweltlichen Beratungsformate. In diesem Prozess identifizieren sie auch die hauptsächlichen Kernprobleme arbeitsweltlicher Wirksamkeitsforschung.

Die Autoren markieren dabei aufgrund der Vielfalt an Beratungsformaten in ihren unterschiedlichen Kontexten eine Schwierigkeit hinsichtlich der Ausgangslage arbeitsweltlicher Wirksamkeitsforschung. Dass die Differenzierungs- und Identifizierungsversuche arbeitsweltlicher Beratungsformate in der Wissenschaft nicht immer ganz eindeutig sind, wird besonders in wissenschaftlichen und fach- bzw. dach-verbandlichen Diskursen deutlich. Dies stellt einen weiteren Beweggrund dar, die arbeitsweltliche Wirksamkeitsforschung bezüglich *systemischer Beratungsformate* zu begleiten und zu betrachten. Aus den vorliegenden Ergebnissen der Studie lassen sich weitere Hypothesen und mögliche Ideen für zukünftige Forschungsvorhaben ableiten, die wir für wünschenswert halten.

Als systemische Fachverbände stehen wir für Qualität und wollen mit der vorliegenden Studie einen Qualitätsdiskurs fortführen. Darüber möchten wir mit der hier vorliegenden wissenschaftlichen Analyse auch im öffentlichen Diskurs einladen, die Wirksamkeit, für die wir stehen, und die wir in der alltäglichen systemischen Praxis als dienlich erfahren, zu reflektieren. Somit kann diese Studie auch eine Quelle für die Weiterentwicklung und Reflexion von Lehre in fachverbandlich anerkannten Weiterbildungen sowie eine mögliche Rahmung der systemischen Praxis in arbeitsweltlichen Beratungsformaten sein.

In erster Linie die Systemische Gesellschaft (SG) und unterstützend die Deutsche Gesellschaft für Systemische Therapie, Beratung und Familientherapie (DGSF) beauftragten und förderten diese Studie ideell sowie finanziell. An dieser Stelle möchten wir uns auch für das Vertrauen unserer Mitglieder in dieses Engagement bedanken.

Wir wünschen dieser Studie eine hohe Verbreitung und Nützlichkeit für Theorie und Praxis. Für diese Errungenschaft sind wir den beiden Autoren sehr dankbar.

Wie die zukünftige Feldforschung aussehen kann, ist noch ungewiss, wir freuen uns darüber, dass wir uns gemeinsam auf diesen Weg machen, um es herauszufinden.

Sascha Kuhlmann	*Dr. Astrid Beermann* *Prof. Dr. Matthias Ochs*
1. Vorsitzender Vorstand SG	Vorsitzende Vorstand DGSF

1. Zusammenfassung

Die Anerkennung der Systemischen Therapie im Jahr 2019 als therapeutisches Richtlinienverfahren im Gesundheitssystem der Bundesrepublik Deutschland lässt auch die Rolle und Bedeutung von Wirksamkeits- und Evaluationsforschung systemischen Arbeitens außerhalb des therapeutischen Kontextes in einem anderen Licht erscheinen. Systemische Interventionsformate im Kontext von Arbeit und Organisationen wie Beratung, Coaching, Teamentwicklung, Training, Mediation, Supervision und Organisationsberatung blicken auf eine lange Tradition und einen umfangreichen Theorie- und Methodenbestand zurück. Gleichwohl ist der Stand der Forschung zu den eingesetzten Formaten und deren theoretischen Hintergründen sowohl zur Verbreitung als auch zu deren Wirksamkeit kaum systematisch aufgearbeitet.

Ziel dieser Studie ist es, die internationale Studienlage zu Einsatz und Wirksamkeit systemischer Interventionsformate im Kontext von Arbeit und Organisationen zu sichten und für weiterführende Projekte aufzuarbeiten, mit der Idee, systemisches Denken, Lernen und Arbeiten auf Basis empirischer Befunde weiter zu verankern und zu stärken. Auf Basis des aufgearbeiteten Standes der Forschung werden anschließend Ideen für weitere Forschungsvorhaben und Projekte zur Untersuchung systemischer Interventionsformate im Kontext von Arbeit und Organisationen abgeleitet.

Um eine umfassende Übersicht über den Stand der internationalen Wirksamkeitsforschung zu erhalten, erfolgte eine systematische und umfassende Literaturrecherche nach definierten Kriterien. Darüber hinaus wurde ein Netzwerk von systemisch arbeitenden und forschenden Personen in Bezug auf möglicherweise unveröffentlichte oder schlecht zugängliche Studien kontaktiert. Die Suchergebnisse wurden sodann bezüglich inhaltlicher und methodischer Kriterien manuell selegiert. Die zentralen Ergebnisse zur Wirksamkeit und Wirkfaktoren systemischer Interventionen der jeweiligen Studien wurden zusammenfassend dargelegt. Dazu wurden die ausgewählten Publikationen der verschiedenen systemischen Ansätze dargestellt und hinsichtlich ihrer Relevanz bewertet.

Es wurde ein differenzierter Überblick über den Stand der internationalen Wirksamkeitsforschung erarbeitet. Zusammenfassend kann festgestellt werden, dass die Studienlage umfangreich und heterogen ist. Es liegen nur wenige Studien vor, die methodisch den üblichen Forschungsstandards entsprechen und in anerkannten Fachzeitschriften erschienen sind. Die Mehrheit der Arbeiten lässt sich zudem nicht eindeutig einem bestimmten systemischen Ansatz bzw. einer theoretischen Schule zuordnen. Die Recherche förderte

571 relevante Publikationen zu Tage, von denen 320 eingeschlossen werden konnten. Die Differenz zur Anzahl der Studien (335) im Verzeichnis der eingeschlossenen Studien kommt dadurch zustande, dass nicht alle Studien in den aufgeführten Metaanalysen zugänglich waren bzw. Studien, die mehrfach publiziert wurden, nur einmal aufgenommen wurden, jedoch im Studienverzeichnis als Referenz mehrfach auftauchen.

Die meisten methodisch gut angelegte Studien mit aussagekräftiger Evidenz liegen für das *Systemische Coaching* und für die Methode *Systemaufstellungen* im Organisationsberatungskontext vor. Hier können für verschiedene Einsatzgebiete und Zielgruppen zahlreiche Wirkungen und Wirkfaktoren nachgewiesen werden. Hervorzuheben sind dabei das Vorliegen von elf Metaanalysen und Reviews, die sich mit der Wirksamkeit von Coaching beschäftigen (vgl. Tab. 1).

Einen umfassenden Bestand gibt es ebenfalls im Feld der Organisationsberatung, sowohl für *systemisch-konstruktivistische* als auch für *Systems Thinking*-Ansätze. Naturgemäß ist die methodische Qualität der Studien hier weniger gut. Es liegen ausschließlich Fallstudien und Praxisberichte vor, die nicht immer den methodischen Standards entsprechen, wie er für qualitative Forschung üblich ist. Insgesamt ist das Feld der systemischen Organisationsberatung in der angewandten Forschung hinsichtlich Wirkungen, Wirkfaktoren, Problemen, hinderlichen Faktoren und *best practice* umfangreich beschrieben und untermauert damit die Wirksamkeit dieser Ansätze.

Nicht so zahlreiche Evidenzen von weniger guter Qualität liegen für *narrative* und *systemisch-lösungsorientierte* Ansätze in der Organisationsberatung und generell für *Mehrpersonensettings* wie Team- und Gruppencoaching, Training, Supervision und Mediation vor. Hier gibt es zwar vereinzelt qualitativ gute Studien, insgesamt sind die genannten Ansätze und Anwendungsformate jedoch deutlich weniger durch aussagekräftige Publikationen vertreten.

Als problematisch erwies sich die begriffliche und damit auch methodische Bestimmung, was genau „systemisch" ist und was demzufolge systemische Interventionen sind. Zum Teil konnten hier spezifische Methoden identifiziert werden (wie z. B. der Meta-Mirror), wurden systemische Ansätze explizit genannt (wie z. B. systemisch-lösungsorientiert) oder konnten aus den Literaturangaben Rückschlüsse auf die systemische Fundierung bzw. Qualifikation der Autorinnen und Autoren gezogen werden. Dies trifft auf alle untersuchten Ansätze und Formate, ausgenommen die Systemaufstellungen, mehr oder weniger zu und relativiert die Ergebnisse bzw. verlangt nach kontextueller Betrachtung.

Formate und Ansätze	gesamt*	BK[1]	EK I	EK II	EK III	EK IV[2]
Coaching						
Metaanalysen, Reviews	10	1	-	-	-	-
systemisch-konstruktivistisch	44	2	1	9	23	11
systemisch-lösungsorientiert	36	1	10	13	12	1
hypnosystemisch	3	3	-	-	3	-
systemisch-psychodynamisch	5	3	-	1	4	-
Systemaufstellungen	4	3	-	1	1	2
Narrativer Ansatz	4	2	1	-	-	3
gesamt	106					
Organisationsberatung						
Systemaufstellungen	36	1	2	7	12	15
systemisch-konstruktivistisch	58	3	-	2	41	15
System/s dynamics/ thinking	32	3	-	3	22	7
systemisch-lösungsorientiert	6	3	1	1	2	2
Narrativer Ansatz	10	3	-	3	2	5
gesamt	142					
Mehrpersonensetting						
Teamcoaching	23	3	2	5	13	3
Gruppencoaching	6	3	-	-	5	1
Supervision	13	3	2	3	5	3
Mediation	14	3	-	1	5	8
Training	16	3	1	2	9	4
gesamt	72					

[1] Bewertungsklassen
[2] Evidenzklassen

Tab. 1: Überblick über die Studienlage und -qualität

Für die weiterführende Forschung werden anschließend Empfehlungen gegeben. Dazu gehören u. a. eine theorie- und praxisbasierte Systematisierung des Forschungsfeldes sowie die weitere Entwicklung von methodischen Ansätzen, die der Komplexität und Heterogenität des Gegenstandbereiches gerecht werden. Weitere Forschungen sollten sowohl interessante theoretische Entwicklungen und Diskurse in der systemischen Theorie als auch gesellschaftliche Entwicklungen aufgreifen. Weniger gut untersuchte Ansätze und

Formate müssen dabei stärker in den Fokus genommen und spezifische, methodisch besser handhabbare Fragestellungen für weitere Untersuchungen formuliert werden.[1]

[1] Unter www.carl-auer.de/zur-wirksamkeit-systemischer-interventionen-im-kontext-von-arbeit-und-organisationen stehen bei „Hörproben und Videos" ein Interview mit Thomas Bachmann sowie die Aufzeichnung einer Veranstaltung der SG und DGSF mit beiden Autoren zu der Studie zum Anhören zur Verfügung.

2. Ausgangslage und Ziele der vorliegenden Studie

Die Anerkennung der Systemischen Therapie im Jahr 2019 als therapeutisches Richtlinienverfahren im Gesundheitssystem der Bundesrepublik Deutschland lässt die Rolle und Bedeutung von Wirksamkeits- und Evaluationsforschung systemischen Arbeitens auch außerhalb des therapeutischen Kontextes in einem anderen Licht erscheinen. Systemische Interventionsformate im Kontext von Arbeit und Organisationen wie Beratung, Coaching, Teamentwicklung, Training, Mediation, Supervision und Organisationsberatung blicken auf eine lange Tradition und einen umfangreichen Theorie- und Methodenbestand zurück. Die Entwicklung und Anwendung systemischer Theorien und Konzepte wird durch eine große internationale Community, zahlreiche Verbände und Vereine, wissenschaftliche Einrichtungen, zahllose Publikationen in diversen Medien sowie Ausbildungsinstitutionen stetig umfassender und vielfältiger. Gleichwohl ist der Stand der Forschung zu Verbreitung und Wirksamkeit der eingesetzten Formate und Methoden und deren theoretischen Hintergründen kaum systematisch aufgearbeitet.

Ziel der hier zusammengefassten systematischen Studie zu Forschungspublikationen (Bachmann & Loermann 2021) war es, die internationale Studienlage zu Einsatz und Wirksamkeit systemischer Interventionsformate im Kontext von Arbeit und Organisationen zu sichten und für weiterführende Forschungsaktivitäten aufzuarbeiten, mit der Idee, systemisches Denken, Lernen und Arbeiten auf Basis empirischer Befunde im Arbeits- und Organisationskontext weiter zu verankern und zu stärken. Auf Basis des ermittelten Forschungstandes wurden Ideen für weitere Forschungsvorhaben und Projekte zur Untersuchung systemischer Interventionsformate im Kontext von Arbeit und Organisationen abgeleitet.

3. Systemische Ansätze

„Hinter dem Systemischen Ansatz steht eine bestimmte Art, die Wirklichkeit zu sehen und daraus therapeutische und beraterische Herangehensweisen abzuleiten. Neben der Psychoanalyse und der Verhaltenstherapie ist der systemische Ansatz der am weitesten verbreitete und praktizierte Therapie- und Beratungsansatz. Systemisches Arbeiten nimmt nicht das Individuum als defizitär in den Blick, sondern geht davon aus, dass Menschen stets versuchen, sich so an ihre Umwelt anzupassen, dass diese in ein Gleichgewicht kommt, selbst wenn dies oft ein Leiden zum Preis hat. Im systemischen Denken kann therapeutisches oder beraterisches Handeln nicht darauf zielen, von außen gesteuerte Veränderungen herbeizuführen, sondern es ist nur möglich, Impulse in ein System zu geben, das dadurch in Bewegung kommt und möglicherweise neue, für alle Beteiligten dienlichere Konstellationen findet." (Systemische Gesellschaft, 2021). „... der Fokus systemischer Arbeit liegt auf dem Interaktionssystem, d. h. menschliche Probleme werden jeweils als eingebettet in Kommunikationen verstanden, und die Qualität des Kommunikationssystems ist entscheidend dafür, wie die Probleme bearbeitet werden" (von Schlippe & Schweitzer, 2019, S. 21).

Systemtheoretische Beschreibungs- und Erklärungsmodelle finden überall da ihren Einsatz, wo es um komplexe Wechselwirkungen und dynamische Entwicklungen geht. Je nach Gegenstandsbereich werden dabei verschiedene Aspekte des Systemkonzepts von Theoretikern, Forschern und Praktikern fokussiert, weiter ausgearbeitet und angewandt. Königswieser und Hillebrand (2019) heben hervor, dass die Systemtheorie kein einheitliches und geschlossenes Weltbild darstellt. Vielmehr handelt es sich um eine komplexe, vernetzte Theorie mit vielen Traditionslinien und aufeinander aufbauenden und auseinander hervorgehenden Modellen und Konzepten (Willke, 2006). Wie auch in anderen Wissenschaftsdisziplinen gibt es verschiedene Strömungen und Denkschulen, abhängig davon, worauf man systemtheoretische Konzepte bezieht und welche Elemente bzw. Phänomene des Systemkonzepts dabei besonders fokussiert werden sollen. Systemisches Denken und Handeln bezieht daher in jedem Moment den Beobachter als Konstrukteur der aktuellen Realität mit ein (Maturana & Varela, 1987). Im Folgenden werden zur Definition und Eingrenzung des Forschungsfeldes die wichtigsten Strömungen des systemischen Ansatzes und deren typische Interventionsansätze kurz dargestellt.

Das ursprünglich biologische bzw. kybernetisch-technische Systemverständnis (Ashby, 1961; Bertalanffy, 1969; von Foerster, 1993) hebt v. a. die Selbstregulation und -organisation lebender Systeme hervor (Homöostase =

Gleichgewicht; Autopoiesis = Selbsterzeugung) und wird u. a. auf Erkenntnisprozesse (Bateson, 2000; Maturana & Varela, 1987; Vester, 1983), Ordnungs- und Dynamikphänomene in den Naturwissenschaften (Capra, 2000; Haken, 1984; Prigogine & Stengers, 1984), Strukturen und Prozesse in der Gesellschaft (Luhmann, 1984; Parsons, 1951), Wirtschaft und Organisationen (Dörner, 1989; Katz & Kahn, 1978; Luhmann, 1978; Senge, 2004a, b; Simon, 2004), Familien, Teams und Gruppen (Schiepek, 2013; Stierlin, 1978) und Individuen (Kriz, 2017; Piaget, 1992) angewendet. Dabei geht die systemische Theorieentwicklung stets eine eng verwobene Verbindung mit der konstruktivistischen Erkenntnistheorie (von Glasersfeld, 1996; Maturana & Varela, 1987) bzw. der konstruktivistischen Kommunikationstheorie ein (Watzlawick et al., 2000).

Besonders in der Sozialwissenschaft ist dabei der Aspekt der „Kommunikation“ innerhalb von und zwischen Systemen anhand bestimmter „Codes“ von hohem Interesse. So haben z. B. Parsons (1951), später Luhmann (1984) oder Giesen (1991) „ausdifferenzierte Funktionssysteme“ innerhalb der Gesellschaft und ihrer Teilsysteme unter dem Aspekt der Leitdifferenz „System-Umwelt“ dargestellt: Alles ist Kommunikation. Für Wissenschaftler, die sich mit der Fragestellung der Steuerbarkeit komplexer Systeme (Kybernetik = Steuerungslehre) befassen wie z. B. von Foerster (1993) liegt die Lösung des Steuerungsproblems in der „reflexiven Selbstreferenz“. Wenn ein System beobachtet wird, um sein Verhalten zu verstehen sowie durch Interventionen steuernd einzugreifen, wird der Beobachter selbst zu einem Teil des Systemprozesses. Es kommt zu durchgehenden Schleifen von Wechselwirkungen zwischen Steuerndem und Gesteuertem, die ausschließlich über eine Beobachtung der Beobachtung entwirrt werden kann (Kybernetik der Kybernetik = Kybernetik zweiter Ordnung = Steuerung der Steuerung = Kontextsteuerung). Ein vergleichbares Schleifenkonzept wird auch von Kommunikations- und Erkenntnistheoretikern wie z. B. Bateson (2000) und Watzlawick (Watzlawick et al., 2000) und Lernpsychologen wie Piaget (1992) verwendet.

Die Frage nach angemessenen Interventionsmöglichkeiten für komplexe Systeme spielt auch für die systemische Familientherapie eine wesentliche Rolle. Schwierige Familiensituationen lassen sich häufig nicht mit einer Therapie von Individuen beheben, sondern erfordern ein Verständnis der Lebensbedingungen und -geschichten und des Zusammenwirkens alles Beteiligten. Störungen werden als Symptome betrachtet. Die Mailänder Schule um Palazzoli (Palazzoli et al., 1984) entwickelte wirksame systemische Interventionsmethoden (paradoxe Interventionen, Reframing, zirkuläre Fragen), mit deren Hilfe eingefahrene Problemmuster auch als „rigide Schleifen“ bezeichnet, aufgelöst werden können.

In der Organisations- und Managementtheorie fließen die genannten Ansätze zusammen, da hier alle Systemebenen (Individuen, Interaktionsbeziehungen, Gruppen, Organisation und Gesellschaft), Prozesse von Lernen, Veränderung und Entwicklung sowie Probleme der Steuerung und Gestaltung im Kontext genereller gesellschaftlicher, wirtschaftlicher und technischer Entwicklungen relevant sind. Systemische Modelle wurden z. B. von Senge (2004), Argyris (Argyris & Schön, 1999) und Willke (2006) mit je verschiedenen Schwerpunkten ausgearbeitet.

All diese Ausprägungen des Systemansatzes in verschiedenen Disziplinen haben grundlegende Gemeinsamkeiten. Das systemische Paradigma bzw. Denkmodell verlässt das mechanistische Weltbild, den Objektivitätsglauben, nutzt das Mehrbrillenprinzip (Beobachtungsabhängigkeit) und hebt die Selbststeuerung und somit die Nicht-Instruierbarkeit von Systemen hervor. Es ist eine Antwort auf die Komplexität und Dynamik von Lebenswelten und der damit verknüpften Unsicherheit und Unsteuerbarkeit (Königswieser & Hillebrand, 2019).

„Systemisches Denken meint eine grundlegende Betrachtungsweise jeglicher Phänomenbereiche, die den Blick auf Muster, Zusammenhänge und Dynamiken lenkt“ (Böse u. Schiepek 2000, S. 198). Der Begriff „systemisch“ umschreibt also die Art und Weise, wie anhand systemtheoretischer und konstruktivistischer Erklärungsmodelle Gebote zum Funktionieren bzw. Nichtfunktionieren beobachtbarer sozialer Phänomene festgelegt werden, die dann die Interventionen anleiten. Somit beinhaltet systemisches Arbeiten weit mehr als die Nutzung sogenannter systemischer Tools oder Methoden (vgl. Groth 2017, S. 103).

Systemisch bedeutet nach Simon (2017), die Systemtheorie zu verwenden, um Hypothesen über die Entstehung beobachtbarer Phänomene zu konstruieren. Wer systemisch über Organisationen nachdenkt, kommt zu anderen Entscheidungen und Handlungen als Menschen, welche andere Theorien nutzen. Der Begriff „systemisch“ kennzeichnet die Theorie und damit die Landkarte der Beobachtung. Im Gegensatz dazu werden z. B. mit Begriffen wie „agil“ oder „lösungsorientiert“ Methoden umschrieben. Den Terminus systemisch für ein Methodenrepertoire zu nutzen, ist zwar populär, aber sinnlos. „Methoden sind Methoden und als solche weder systemisch noch katholisch, grün oder kalt“ (Simon 2017, S. 14). Die Eigenschaft systemisch kann nach Simon immer nur auf das (den Methoden zugrunde liegende) Erklärungsmodell beziehen. Die gesamten Methoden und Werkzeuge, welche zum Ziel führen, sind nach Simon also – salopp gesagt – „systemisch“. Systemiker werden nur anders erläutern, wie sie zur Wirksamkeit führen.

Systemische Therapie und Beratung (oder weitergehend systemische Praxis) lassen sich sozusagen als „umgesetzte Erkenntnistheorie“ verstehen.

Beinahe zwangsläufig ergeben sich aus den grundsätzlichen Überlegungen heraus dann Interventionen, die dazu passen, und andere, die sich verbieten (von Schlippe & Schweitzer 2019, S. 56). Die verschiedenen systemtheoretischen Konzeptionen stellen also die Basis der unterschiedlichen Interventionen dar. Darüber hinaus stellen sie sich gewissermaßen wie selbstverständlich ein, wenn man anfängt, „die Welt system(theoret)isch zu sehen" (von Schlippe & Schweitzer 2019, S. 113). Ein Gesichtspunkt ist der systemischen Praxis dabei im Besonderen eigen: Als „angewandte Erkenntnistheorie" fragt sie permanent danach, auf welche Weise sie selbst an den Konstruktionsprozessen teilhat, die sie anscheinend ausschließlich beobachtet und beschreibt. Die Beobachtung zweiter Ordnung ist in Theorie und Praxis gleicherweise „eingebaut": Die Systemtheorie „ist eine Theorie möglicher Theorien, die sich selbst einschließt, das heißt auch sich selbst unter dem Gesichtspunkt beobachtet, was sie mithilfe welcher Begriffe leistet und was nicht" (Baecker, 2016, S. 155 zitiert nach von Schlippe & Schweitzer 2019).

Es ist wichtig hervorzuheben, dass es unterschiedliche Modelle der Systemtheorie, ja unterschiedliche Systemtheorien gibt. Es gibt verschiedene Leitdifferenzen und – aus diesen abgeleitet – unterschiedliche Traditionen. Die Systemtheorie liefert passende Modelle für unterschiedliche soziale Systeme, aber nicht ein Modell, welches für alle passt. Bei angestrebten Veränderungen auf individueller bzw. Team- oder Organisationsebene ist es daher von hoher Relevanz, was jeweils fokussiert wird. So ist es wichtig zu differenzieren, ob man sich, beispielsweise der Synergetik mit den Leitunterscheidungen Subjekt-Objekt bzw. Subjekt-Welt anschließt: Subjekt und Lebenswelt, wie Kriz (2019) es in seiner personzentrierten Systemtheorie mit ihren vier Untersuchungsebenen (Körper, Psyche, Soziales, Kultur) formuliert, oder ob man, teils wie Simon (2020), Luhmann (1984) und Spencer Brown (1969) folgend, von der abstrakteren Leitunterscheidung System-Umwelt ausgeht und stattdessen den Fokus auf Formen, auf Kopplungen von Organismus, Psyche und sozialen Systemen legt. Während Kriz (2019) die Bedeutung des Subjekts betont, fokussiert Simon (2019) eher die Veränderung der Spielregeln und die Psyche gilt als Randbedingung. Simon betrachtet die rei Ebenen Organismus, Psyche und soziales System getrennt. Für ihn besteht der Vorteil darin, dass sich die Kommunikationsmuster getrennt anschauen lassen und somit leichter zu sehen ist, auf welcher Ebene interveniert werden kann (vgl. Kriz & Simon, 2019).

Kriz kritisiert die aus seiner Sicht nicht angemessene Berücksichtigung der Person in den systemischen Ansätzen. Was durch die einseitige Fokussierung auf Kommunikation in Luhmanns Ansatz verstärkt wurde, vernachlässigt gerade das, was für ihn eine hohe Relevanz hat: nämlich die Zusammenhänge zwischen personalen und interpersonalen Prozessen (vgl. Kriz,

2012). „Auf welcher Ebene versuchen wir zu intervenieren, wenn irgendwo ein Problem gesehen oder eine Lösung gesucht wird?" (Kriz & Simon, 2019, S. 29). Der jeweilige Kontext und die unterschiedlichen Größenordnungen der Systeme sind wesentliche Aspekte im Hinblick auf die Interventionen und die verschiedenen Ebenen auf denen eine Veränderung angestoßen werden soll. „Veränderungen werden vor allem dadurch möglich, dass neue Deutungsmöglichkeiten der Situation und neue Handlungsoptionen zur Sprache gebracht werden" (Kriz, 2012, S. 7). Es ist situationsabhängig welches Modell man anwendet: In der Arbeit mit sehr personennahen Systemen, Interaktionssysteme in denen Face-to-Face-Kommunikation stattfindet, ist es sinnvoll mit einem personenorientierten Systemmodell zu arbeiten. Denn die Spielregeln entwickeln sich als Folge psychischer Eigenarten der Beteiligten. In Organisationen und größeren sozialen Systemen wie z. B. Kulturen ist es umgekehrt: da passt sich die psychische Dynamik den Spielregeln des sozialen Systems an (vgl. Kriz & Simon, 2019). Für die Arbeit mit Organisationen werden bspw. andere Modelle verwendet als für die Praxis mit Familien. Die Gemeinsamkeit besteht zwar darin, dass beide über Kommunikation funktionieren: Jedoch sind Organisationen soziale Systeme die z. B. die körperliche Ebene nur als Randbedingung betrachten (Kriz & Simon, 2019).

Im weiteren Verlauf dieser Studie wird noch detaillierter auf die unterschiedlichen Modelle der Systemtheorie im Hinblick auf wirksame Interventionen in der Arbeitswelt eingegangen. Es kann abschließend an dieser Stelle festgehalten werden, dass die verschiedenen Ansätze sich in unterschiedlichen Kontexten ergänzen. „Die beiden Systemtheorien, die für die systemische Praxis in unserem Sprachraum so bedeutend sind, nehmen nur selten aufeinander Bezug. Dabei entsteht doch erst aus der Spannung heraus Neues. Die Kräfte von Anziehung und Abstoßung erzeugen bekanntlich Energie" (von Schlippe, zitiert nach Kriz & Simon, 2019).

Für die folgende Untersuchung wurden die aus unserer Sicht wichtigsten und originär systemischen Ansätze berücksichtigt. Es gibt inzwischen eine Vielfalt von Weiterentwicklungen und Derivaten (Theory U, *spiral dynamics* etc.), die in dieser Studie nicht berücksichtigt werden konnten.

3.1. Systemisch-konstruktivistischer Ansatz

Systemisch-konstruktivistische Ansätze negieren die Idee der Erkennbarkeit der objektiven Realität. Sie trennen daher nicht – wie üblich – zwischen einem subjektiven Beobachter und einer objektiven Welt, leugnen aber auch nicht, dass es eine objektive Realität gibt. Stattdessen stellen sie den Beobachter ins Zentrum, verbunden mit der Frage, wie dieser sich seine Welt kreiert und konstruiert. Deshalb wird der Ansatz Konstruktivismus genannt.

Vertreter dieser Schule, Maturana (1998), von Foerster (1993), von Glasersfeld (1996), Watzlawick (1981), Luhmann (1984), Simon (2020) begründen nicht wie die Welt „wirklich" oder „eigentlich" aussieht; sie beobachten, wie die Beobachter die Welt beobachten, um sodann zu schauen, ob es auch weitere, brauchbare Beobachtungsweisen geben könnte. Systemisches Management oder systemische Beratung sind im Kern als Arbeit an Formen der Wirklichkeitserzeugung zu verstehen. Diesbezüglich gilt die Prämisse, dass alles kontingent ist, also „auch anders möglich". Wer mit diesen beiden Prämissen beginnt, der muss sich von Konzepten wie „Objektivität" und „Wahrheit" trennen. Wenn es bei der Konstruiertheit der Beobachtungen noch einen Maßstab oder eine Maßgabe für das individuelle Handeln gibt, so den Maßstab der „Viabilität", was mit Brauchbarkeit oder – wörtlich – Gangbarkeit übersetzt werden kann (Groth, 2017).

3.2. Systemisch-lösungsorientierte Ansätze

Von Steve de Shazer (2009) und Insoo Kim Berg (De Jong u. Kim Berg 1998) entwickelt, stehen beim Systemisch-lösungsorientierten Ansatz die vorhandenen Ressourcen des Systems im Fokus. Statt auf Probleme und ihre Geschichte, interaktionelle Verstrickungen sowie deren Bedeutung in den Mittelpunkt zu stellen, werden situative Ausnahmen ins Zentrum gerückt – jene Umstände, unter denen die Probleme auch einmal nicht entstehen. Somit wird der Fokus auf Lösungswege gerichtet, die offenbar bereits bestehen, aber bisher kaum beachtet wurden. Typisch für den Ansatz ist auch die Vereinbarung von Zielen, die mit der Arbeit erreicht werden sollen. Dies lässt sich z. B. leicht mit der sogenannten „Wunderfrage" verknüpfen. Solche Fragen schärfen die Wahrnehmung in Richtung auf das Ziel bzw. die möglicherweise schon erreichten Schritte, insbesondere in der Folgezeit (Kriz, 2017). Der lösungs- und kompetenzorientierte Ansatz von de Shazer (2009) ist ein Beispiel für eine Reihe von „systemischen" Zugängen, die dafür plädieren, in beraterischen, therapeutischen und anderen professionellen Problemlösungskontexten den Blick nicht nur auf die Probleme, sondern konsequent auf die Lösungen und dabei die Fähigkeiten und Ressourcen der Zielpersonen und Zielsysteme z. B. auch Familien und Teams etc. zu lenken. Aus systemtheoretischer Sicht ist klar, dass dabei der Sprache eine zentrale Bedeutung zukommt. Ebenfalls ist klar, dass jedes System (sei das nun das psychische System eines Menschen, eine Familie oder eine Organisation) „seine" Probleme nur selbst lösen kann und Beratung, Therapie, Förderung und dergleichen immer nur als Versuche gesehen werden können, Lösungen wahrscheinlicher zu machen (Hafen, 2019).

3.3. Synergetik

Synergetik wurde von Haken (1984) begründet und beschreibt auf physikalischer Ebene wie Ordnungen entstehen und ob es allgemein gültige Prinzipien der Selbstorganisation gibt. Haken entdeckte das in der Natur weit verbreitete Prinzip, dass in offenen Systemen spontan geordnete Strukturen entstehen. Am Beispiel des Laserlichtes zeigte er, wie durch Energiezufuhr fluktuierende Atome selbstorganisiert geordnete Muster bilden, so als würden sie sich entscheiden, miteinander zu kooperieren (Kröger, 2020). Es wird geschaut, unter welchen Randbedingungen es zu dynamischen Ordnungsbildungen kommt, wie sich also „Attraktoren" bilden. Damit benennt die Synergetik eine stabile dynamische Ordnung, auf die ein Prozess in einem bestimmten Zeitfenster bzw. im Rahmen bestimmter Umgebungsbedingungen hinausläuft. Die naturwissenschaftlichen Theorien komplexer dynamischer Systeme, regten Forscher und Theoretiker aus weiteren Disziplinen, insbesondere der Psychologie dazu an, den Begriff der Selbstorganisation auf psychische und soziale Systemzusammenhänge zu übertragen (Haken & Schiepek 2005). Systemdynamiken entwickeln sich selbstorganisiert in der oszillierenden Kommunikation zwischen den Teilnehmenden über längere Zeiträume hinweg. Es entstehen über die Zeit Muster, „die entstehen, weil sie entstehen" – einfach aus dem Zusammenspiel der Teile heraus und ohne das planende Werk eines großen Schöpfers. Dies wird mit dem Begriff „Emergenz" bezeichnet. Indem sie immer wieder in selbiger Reihenfolge ablaufen, immer wieder dieselbe Handlung auf sich selbst anwenden, laufen sie allmählich auf einen stabilen Zustand zu, einen „Attraktor", also auf einen „Anziehungspunkt", der dann nicht mehr so schnell verlassen werden kann (Kriz 2017; von Schlippe & Schweitzer 2016; Strunk & Schiepek 2006).

3.4. Dissipative Strukturen

Ein weiterer, mit der Synergetik eng verwandter systemtheoretischer Ansatz erhielt 1977 den Nobelpreis für Chemie: Es handelt sich dabei um die „dissipativen Strukturen" von Prigogine (1979), Muster, die sich unter gewissen Bedingungen in chemischen Reaktionen selbstorganisiert entwickeln und sich räumlich ausbreiten können (Kriz, 2016). In hochvernetzten, dynamischen Systemen können unter bestimmten Bedingungen, spontan Ordnungen entstehen, ohne dass eine ordnende Instanz von außen existiert. Prigogine entdeckte, dass sich aus Abweichungen von einem erst stabilen Gleichgewichtszustand unter Energieverbrauch neue Organisationsformen entwickelten, er bezeichnete sie als „dissipative Strukturen", um damit ein Paradox zu beschreiben: Dissipation („Zerstreuung") lässt an Chaos und Auseinanderfallen denken, Struktur stellt das Gegenteil davon dar. Dissipative Strukturen sind Systeme, die ihre Stabilität und ihre Identität ausschließlich dadurch behalten, dass sie permanent für die Strömungen sowie Einflüsse ihrer Umgebung offen sind – permanent im Wandel. Bei Systemzuständen, welche vom Gleichgewicht weit entfernt sind, ist es möglich, dass zufällig ein kritischer Wert überschritten wird, jenseits dessen das System nicht mehr in den alten Zustand zurückkehrt, sondern ein Übergang in einen nicht absehbaren Zustand vollzogen wird (von Schlippe & Schweitzer, 2016).

3.5. System Dynamics und Systems Thinking

System Dynamics bzw. *Systems Thinking* ist ein an der Sloan School of Management am MIT entwickelte Methodik zur Analyse und Simulation komplexer und dynamischer Systeme. Anwendung findet sie insbesondere im Bereich sozioökonomischer Systeme. So können die Auswirkungen von Management-Entscheidungen auf die Systemstruktur und das Systemverhalten, wie zum Beispiel den Unternehmenserfolg, simuliert und Handlungsempfehlungen abgeleitet werden. In der Praxis findet die Methodik insbesondere bei der Gestaltung von Lernlabors, in der strategischen und operativen Planung sowie der Operationalisierung von *balanced scorecards* Verwendung. Die Analyse und Gestaltung sozioökonomischer Sachverhalte und Problemsituationen erfolgt durch qualitative und quantitative Modelle. Bei der qualitativen Methode geht es hauptsächlich um die Identifikation und Untersuchung in sich geschlossener Wirkungsketten (*feedback loops*). Unterschieden werden dabei Loops mit positiven (*reinforcing loops*) und negativen (*balancing loops*) Polaritäten. Den immer wiederkehrenden Verhaltensmustern komplexer Systeme liegen bestimmte Strukturen zugrunde, die als vereinfachte Modelle dargestellt werden können, sogenannte Systemarchetypen. Die Kenntnis dieser Grundstrukturen ermöglicht ein tieferes Verständnis verschiedenster Systeme und schafft somit eine Grundlage für effektivere Eingriffe (vgl. Dörner, 2004; Senge, 2004 a, b; Wikipedia, 2020). Im weitesten Sinne kann hier auch das Sankt Galler Management-Modell von Malik (1984) verortet werden, welches sich mit seinem kybernetisch-evolutionären Ansatz auf u. a. Ashby (1961) und Beer (1984) bezieht. Auch der *next practice*-Ansatz von Kruse (2020) würde unter diese Kategorie fallen.

3.6. Systemische Aufstellungen

Als Aufstellungen (constellations) nennen wir im Beratungs- und Therapiekontext genutzte szenische Verfahren, in deren Rahmen innere Bilder von Systemen oder Systemteilen externalisiert (Externalisierung) und durch Stellvertreter oder Markierungen bzw. Figuren im Raum oder miniaturisiert auf Spielbrettern aufgestellt und auf diesem Wege der Betrachtung und Intervention zugänglich gemacht werden. Daraus geht ein simultaner Prozess der Informationsgewinnung und Lösungsgenerierung hervor. Vorläufer der Methode sind insbesondere im Psychodrama (Moreno, 1987) und dem *familysculpting* nach Satir (Duhl, Kantor & Duhl, 1973). In Deutschland entwickelten Ludewig & Wilken (2000) und Mitarbeiter das Familienbrett als räumliche Darstellungs- und Interventionsmethode für Familiensysteme. Die Aufstellungsarbeit nahm ihren Anfang mit den Familienaufstellungen. Dieses ist der am häufigsten verbreitete Anwendungsbereich der Systemaufstellungen. Hellinger begann in den 1980er Jahren seine verdichtete Aufstellungsmethode zu entwickeln, die mit der Veröffentlichung des Buches „Zweierlei Glück" durch Weber (2010) eine außergewöhnliche Verbreitung fand und damit in die Gruppe der systemischen Ansätze aufgenommen wurde. Es folgten später die systemischen Strukturaufstellungen Varga von Kibéd & Sparrer (2020), die Organisationsaufstellungen (Weber, 2000) und später die teaminternen und die Managementaufstellungen (Rosselet & Senoner, 2010).

Inwieweit Systemaufstellungen als systemischer Ansatz oder als Arbeitsformat definiert werden können, ist nicht ganz einfach zu entscheiden. Die Vielzahl theoretischer Einflüsse aus Familientherapie, Systemtheorie, Psychodrama oder Teildisziplinen der Philosophie sowie verschiedenste Erklärungsansätze über ihr Wirken z. B. aus der Quantenphysik lassen Systemaufstellungen eher als eine Variante systemischer Ansätze, denn nur als ein Arbeitsformat erscheinen.

3.7. Narrative Ansätze

Der narrative Ansatz geht nicht vom Systembegriff aus, doch sind seine Aussagen mit systemischen Konzeptionen kompatibel (von Schlippe & Schweitzer, 2016). Im Fokus der narrativen Ansätze steht die Funktion von Sprache bei der Konstruktion von Bedeutung und Wirklichkeit im sozialen Kontext. Die narrative Theorie nimmt an, dass sich menschliches Leben nicht abstrakt in Sprache vollzieht, sondern in einer Welt von gemeinsam geteilten und mitgeteilten Bedeutungen, das bedeutet in permanenter Konversation. Im Austausch und im Erzählen von Geschichten halten Menschen ihre Wirklichkeit stabil und bestätigen einander ihre Identitäten wechselseitig (Bruner, 1997, 1998), ganz unabhängig davon, ob dies positiv oder negativ wahrgenommen wird (von Schlippe & Schweitzer, 2019). Unsere Realität und v. a. auch Probleme sind wesentlich durch unsere Beschreibungen und kognitiv-sprachlichen Konstruktionen (mit)bestimmt (Kriz, 2016). Das, was als Problem benannt wird, ist eigentlich eine spezielle Geschichte, eben eine „Problemgeschichte". Aber – und das ist wesentlich für die systemische Praxis – „Geschichten können immer auf verschiedene Weise erzählt werden" (von Schlippe & Schweitzer, 2019, S. 47).

Systemische Praxis narrativ zu denken, bedeutet, sich zu vergegenwärtigen, dass alle Erfahrungen, auf welche wir Bezug nehmen, nicht mehr die Erfahrungen selbst sein können. Vorhanden sind für uns nur noch die Geschichten, die wir von den Erfahrungen erinnern. In der systemischen Praxis wird vor dem Hintergrund der narrativen Theorie versucht, die Selektivität zu hinterfragen, über die Erfahrungen von einer Person oder einer Gruppe von Menschen rekonstruiert werden (von Schlippe & Schweitzer, 2019). Im Mittelpunkt der Arbeit stehen Veränderungen, die von Geschichten wegführen, welche eher einengen, wenig Handlungsalternativen ermöglichen und immer wieder „zum Selben" führen, und die dafür hinführen zu solchen Geschichten, welche neue Perspektiven, Sicht- und Handlungsmöglichkeiten hervorbringen (Kriz, 2016).

3.8. Personzentrierter Ansatz

Im Fokus der personzentrierten Systemtheorie von Kriz (2017) stehen die vier Prozessebenen menschlichen Erlebens. Entsprechend der Prinzipien interdisziplinärer Systemtheorie thematisiert die personzentrierte Systemtheorie, wie sich auf den gesamten Prozessebenen (Körper, Psyche, Soziales, Kultur) selbstorganisiert Ordnungen entwickeln. Das Zusammenspiel zwischen kognitiv-emotiven Prozessen mit Bewusstsein und sozial-kulturell-historischer Mitwelt ist daher ein zentraler Fokus. Neben der Fokussierung der verschiedenen Untersuchungsebenen steht die für die systemische Praxis, sehr relevante Frage im Vordergrund, aus welcher Perspektive diese Prozesse beschrieben werden. Somit grenzt er sich durch diese sogenannte Komplementarität des Subjekts in seiner Lebenswelt von anderen Ansätzen ab, die üblicherweise zwischen „System" und „Umwelt" differenzieren (Kriz, 2017). Nach ihm lässt sich deren Bedeutung einerseits objektiv „von außen", anhand der vier Prozessebenen beschreiben. Ebenso bedeutsam sind aber zum anderen die Bedeutungen, die das Subjekt diesen Gesichtspunkten seiner Lebenswelt zuschreibt.

Mit dem ersten Begriffsteil „Person" hebt die Personzentrierte Systemtheorie ihre humanistische Sichtweise auf den Menschen, der als „Person" immer nur und immer schon im Zusammenwirken des Individuums mit seiner sozialen Mitwelt in einem Zusammenhang evolutionärer, bio-psycho-sozialer und soziogenetisch-kultureller Entwicklungsdynamik betrachtet werden kann und muss. Wesentliche Aspekte wie Sinn, Bedeutung oder Kohärenz vollziehen sich auf der Ebene personaler Prozesse – auch wenn diese ganz besonders durch soziale Prozesse in ihrer biografischen und historischen Dynamik beeinträchtigt werden (Kriz 2017). Der Terminus „Person" meint jedoch nicht das Individuum, sondern eine Gestalt – im Sinne der Gestaltpsychologie – im dynamischen Feld von organismischen, psychischen, interpersonellen sowie kulturell-gesellschaftlichen Prozessen.

3.9. Hypnosystemischer Ansatz

Der hypnosystemische Ansatz verknüpft zwei Theorien miteinander: die Hypnotherapie nach Erickson (Erickson & Rossi, 1979) und die wesentlichsten Erkenntnisse aus dem systemisch-konstruktivistischen Denken. Im Mittelpunkt steht die Fokussierung auf Kompetenzen, Ressourcen sowie Lösungen.

Das Kernthema in der Hypnotherapie ist die gezielte Beeinflussung unbewusster und unwillkürlicher Prozesse. Im Fokus der Betrachtung stehen internale, intrapsychische Prozesse (bewusste und unbewusste). Nach Schmidt (2020) dem Begründer dieses Ansatzes ermöglichen hypnosystemische Interventionen nachhaltige Veränderungen auch bei chronifizierten Problemen.

3.10. Systemisch-psychodynamischer Ansatz

Im psychodynamischen Coaching wird ein Verständnis von Organisationen und Führung und Methoden aus der psychoanalytischen Therapie auf den Coachingprozess angewandt (Giernalczyk & Lohmer, 2012). Neben den sichtbaren und erlebbaren Coachingfragestellungen werden zudem persönliche und organisationale unbewusste Prozesse wie Abwehrmechanismen, Ängste und Widerstände untersucht, die das Verhalten des Klienten oder der gesamten Organisation beeinflussen und einer realitätsbezogenen Erledigung von Aufgaben entgegenstehen (Haubl, 2008; West-Leuer, 2003). Neben der Fokussierung funktionaler Strukturen wie Aufgaben, Zuständigkeiten und Rollen sowie Persönlichkeits- und Führungsstil werden unbewusste Konfliktmuster und bestimmende Charakterausprägungen des Klienten mit integriert. Der psychodynamische Ansatz betrachtet den Klienten demzufolge in einem Kraftfeld, das von seiner Persönlichkeit einerseits und der Team- und Organisationsdynamik andererseits bestimmt wird – vermittelnde Instanz ist dabei das Konzept der Rollen, die er einnimmt. Der psychodynamische Ansatz geht davon aus, dass im Rahmen eines Coachingprozesses die Entwicklungsorientierung von Menschen unterstützt wird. Durch eine erhöhte Bewusstwerdung individueller und organisationaler Muster und persönlicher Entwicklungswünsche werden Wachstum, Selbststeuerung und Selbstwirksamkeit, aber auch die Möglichkeiten eines *positive leadership* gefördert.

4. Interventionsformate

4.1. Coaching als personenorientierte Beratung

Coaching ist die professionelle Beratung, Begleitung und Unterstützung von Personen mit Führungs- und Steuerungsfunktionen und von Experten in Unternehmen bzw. Organisationen sowie von Freiberuflern. Sowohl im Einzel- wie im Mehrpersonen-Coaching wird der organisationale Kontext immer berücksichtigt (Schreyögg, Bachmann & Dallüge, 2019, S. 18). Es zielt durch systematisch angeleitete Selbstreflexion und so bestärkte Problemlösungsfähigkeit auf die Hilfe zur Selbsthilfe ab (Geißler, 2010). Systemisches Coaching ist nach Radatz, „Beratung ohne Ratschlag" – eine Beziehung zwischen Coach und Coachee – in welcher der Coach die Verantwortung für die Gestaltung des Coachingprozesses und der Coachee die inhaltliche Verantwortung übernimmt – d. h. die Verantwortung, an dem individuellen Problem zu arbeiten (Radatz, 2006). Die Ziele des Coachings werden nur vom Klienten bestimmt. Im systemischen Coaching wird das Ziel verfolgt, die Selbstorganisationsfähigkeit des Klienten zu stärken und dabei unmittelbar an sein Handlungspotential anzuknüpfen (Beilfuß, 2020). Systemisches Coaching erschließt dem Klienten dann neue Ideen und Handlungsoptionen – ganz im Sinne des ethischen Imperativs von Foerster: „Handle stets so, dass du die Anzahl der Möglichkeiten vergrößerst!" (von Foerster, 1988, S. 33). Das Subjekt wird als Einheit zusammen mit seinem sozialen System betrachtet. Der Fokus wird nicht nur auf bestimmte Inhalte gelegt, sondern auf das soziale System. Die Beziehungskonstellationen und sozialen Verflechtungen des Klienten sind dabei von hoher Relevanz. Angenommen wird, dass die Verhaltensweisen und Entscheidungen des Klienten zuerst vom sozialen System beeinflusst werden (König & Volmer, 2002). Die persönlichen Zielsetzungen und Entscheidungen des Klienten sind meist eng mit dem sozialen Umfeld vernetzt, so dass eher eine systemische als eine individuumszentrierte Sichtweise hilfreich ist: Der Kontext und seine Vernetzung rangieren hier vor den psychologischen Eigenschaften. Das legt nahe, die Organisationsstruktur und die Unternehmenskultur neben den persönlichen Ressourcen und Kompetenzen des Klienten entscheidend zu berücksichtigen (Beilfuß, 2020).

4.2. Beratung & Coaching im Mehrpersonensetting

Gruppen-Coaching stellt eine soziale Designvariante dar, bei der mehrere Individuen, die in keiner Arbeitsbeziehung zueinanderstehen, aber vergleichbare Anliegen miteinander teilen, zusammen gecoacht werden. Im Mehr-Personen-Coaching wird der Lernkontext auf die Gruppe erweitert, es erfolgt „Lernen mit und durch die Gruppe“. Neben dem Coach als Sparringspartner steht hier die Gruppe und deren Dynamik als Reflexionsbasis und Feedback- bzw. Impulsgeber zur Verfügung. Damit steht der Ansatz der Supervision nahe. Wenn mehrere oder die gesamten Mitglieder einer Führungs- oder Verantwortungsstruktur gecoacht werden (z. B. Doppelspitze, Vorstand, Geschäftsführung), spricht man von Führungsspitzen-Coaching. Hier besteht im Gegensatz zum Gruppencoaching eine inhaltliche und organisationale Verflechtung der Teilnehmenden, was das Vorgehen, Inhalte und Prozess deutlich vom Gruppencoaching dahingehend unterscheidet, dass das soziale System primärer Gegenstand der Intervention ist und nicht das individuelle Lernen, wie im Gruppencoaching.

Ein weiteres Setting ist das Coaching und die Entwicklung von Arbeitsteams. Während bei der Teamentwicklung allgemein Vertrauensaufbau und Stabilisierung der Zusammenarbeit im Zentrum stehen, geht es im Teamcoaching zudem um Ziele wie Rollenklärung, Strategie-, Führungs- und Kulturentwicklung. Hier steht der Aspekt einer längeren Begleitung z. B. durch einen Agile Coach im Vordergrund, hingegen die Teamentwicklung eher als punktuelle Maßnahme zu verstehen ist. Teamcoaching und Teamentwicklung speisen sich theoretisch, inhaltlich und methodisch neben spezifischen Coachingmethoden aus dem Fundus der Organisationsentwicklung, methodisch aus der Prozessmoderation und enthält oftmals Elemente des sozialen Lernens z. B. Feedback, wie sie im Training eingesetzt werden. (Bachmann et al., 2010; Bachmann, 2012; Schreyögg et al., 2019). Häufig wird beim Teamcoaching auch mit Coach-Tandems (bspw. zwei Coaches) gearbeitet, um der Komplexität und Intensität im Coachingprozess besser gerecht zu werden (Webers, 2015).

4.3. Organisationsberatung

Die systemische Organisationsberatung geht zurück auf Traditionen der Familientherapie, der modernen Systemtheorie und des Konstruktivismus. Im Vordergrund dieses Ansatzes steht der Systembegriff und Organisationen werden als Handlungs- oder Kommunikationssysteme verstanden. Luhmann (1984) versteht Organisationen als autopoietische (operational geschlossene, selbstreferenzielle) Kommunikationssysteme, die sich Sinn prozessierend fortsetzen und deren Historie sich in den Entscheidungsprämissen der Organisation widerspiegelt (Schreyögg, Bachmann & Dallüge, 2019). Organisationen verfolgen das Ziel, über eine zweckrationale Zusammenarbeit die Erfüllung bestimmter (gesellschaftlicher) Aufgaben zu realisieren. Sie entstehen durch die Zusammenarbeit von Individuen nach bestimmten Regeln, deren Einhaltung vertraglich abgesichert wird. Es ergibt sich eine formale Organisationsstruktur häufig mit zahlreichen Hierarchieebenen und vielfältigen

Vernetzungen. Organisationen unterscheiden sich von anderen sozialen Systemen durch einen formellen Mitgliedschaftsvertrag, den die Organisationsmitglieder mit der Organisation eingehen. (vgl. Kühl, 2011; Schreyögg, 2012) Wichtige Vertreter der systemischen Beratung sind u. a. Groth & Wimmer (2004), Simon (2014) und Baecker (2007).

Die Muster des Zusammenspiels der Elemente der Organisation stehen im Mittelpunkt des Beratungsprozesses, weniger einzelne Inhalte, Personen oder einzelne Arbeitsgruppen. Systemische Organisationsberatung ist auf eine langfristige Entwicklung gerichtet und grenzt sich von einer eher punktuellen, Know-how-orientierten Expertenberatung ab. Die Kultur der Organisation und damit die Kommunikation steht im Mittelpunkt des Interesses. Die Hilfe systemischer Organisationsberater konzentriert sich auf die Hilfe zur Selbsthilfe. Ihre Arbeit trägt oft dazu bei, Kommunikationsbarrieren abzubauen, Kompetenzen für die Problemlösung zu fokussieren und das Blickfeld in Richtung auf „Utopien und Unmöglichkeiten" zu erweitern. Diese Bewegungen brauchen Organisationen, um sich an ständig verändernden Umwelten (Kunden, Märkte etc.) zu orientieren, die notwendigen Anpassungsschritte zu vollziehen und gleichzeitig doch ihre Einzigartigkeit zu pflegen und weiterzuentwickeln (Beilfuß, 2020). Dies bedeutet, das System der Organisation gleichzeitig auf allen drei Sinndimensionen (Luhmann, 1984), der Sachdimension, der Sozialdimension und der zeitlichen Dimension gleichzeitig zu betrachten (Wimmer et al., 2014).

Die Beratungsmethoden sind vielfältig und müssen für die Kultur der jeweiligen Organisation maßgeschneidert werden. Dazu entstehen oftmals komplexe Beratungsarchitekturen, um eine Vielzahl von Stakeholdern, Themen und Zielen in einem Beratungsprojekt abzudecken zu können (Königswieser & Hillebrand, 2019). Neben Gruppen- und Moderationsmethoden kommen vielfältige Methoden und Zugänge zum Einsatz, bei denen entweder mit der ganzen Organisation oder Subsystemen gearbeitet wird.

Die Systemische Organisationsberatung speist sich u. a. aus der Tradition der *Organisationsentwicklung* (Groth & Wimmer, 2004). Diese hat ihren Ausgangspunkt in den Humanisierungs- und Partizipationsbestrebungen der 1970er Jahre. Unter dem Motto, „Betroffene zu Beteiligten zu machen", werden Organisationen als eine Gruppe von Personen verstanden. „Unter dieser Maßgabe werden die Steuerung und Weiterentwicklung von Organisationen individualisiert (psychologisch) bzw. gruppendynamisch aufgesetzt. Wichtige Stichworte in diesem Ansatz sind gemeinsame Ziele, Motivation, Zusammenarbeit, Konflikte, soziales Lernen. Wichtige Impulsgeber und Vertreter der Organisationsentwicklung sind Lewin (2012), Trebesch (2000), Schein (2003). Die Organisationsentwicklung, die auch gern als Prozessberatung oder mit Change-Management (Doppler & Lauterburg, 2008) beschrieben wird, hat in den letzten Jahren eine Fokussierung in Richtung Teamentwicklung genommen und für die Beratung von Unternehmen und Organisationen an Bedeutung verloren.“ (Schreyögg, Bachmann & Dallüge, 2019, S. 33).

4.4. Mediation

In der Mediation werden Personen bzw. Konfliktparteien darin unterstützt, den Konflikt zu lösen, beizulegen bzw. zu lindern. Mediation stellt somit eine lösungsorientierte Prozessbegleitung dar (Nixdorf, 2020). Mediation stellt kein explizit systemisches Setting dar, setzt jedoch eine systemisch-allparteiliche Grundhaltung voraus. Auch systemische Interventionen werden vielfach verwendet und nicht zuletzt ist ein mediativer Zugang besonders anschlussfähig an und kompatibel mit systemtheoretischen Konflikttheorien (Simon, 2010). Eine explizit systemische Mediation ist, wie angemerkt nicht ganz einfach zu bestimmen, da natürlich alle Formen der Konfliktberatung eine Vielzahl von Interessen verschiedener Parteien, Erwartungen und Aufträgen balancieren, um allparteilich und lösungsorientiert zu bleiben. Im Vordergrund steht, die hinter den vorgebrachten Positionen zu findenden individuellen Interessen zu verstehen und einen Ausgleich zu finden (von Schlippe & Schweitzer, 2019).

4.5. Supervision

Zwischen Coaching und Supervision besteht eine große Ähnlichkeit, denn in beiden Fällen steht die personenorientierte Beratung zu beruflichen Themen im Fokus (Kühl, 2008). Unterschiede ergeben sich vor allem aus ihren jeweiligen Traditionen, die bis heute von Bedeutung sind. (Schreyögg et al., 2019, S. 28) schreiben dazu: „Supervision, ursprünglich eine administrative Funktion von Führungskräften, entstand in der US-amerikanischen Sozialarbeit als „*Clinical Supervision*“. Da fungierte sie als Beratungsform für die Sozialarbeiter-Klient-Beziehung“, später auch „in der generellen psychotherapeutischen Praxis zur Kontrolle und Verbesserung der eigenen therapeutischen Arbeit.“ Weitere Unterschiede bestehen darin, dass Coaching primär für die Beratung von Interaktionen im Innenraum einer Organisation genutzt wird, während Supervision auf die Interaktion mit organisationsexternen Personen (Klienten, Patienten, Mandanten) (Kühl, 2008) zielt. Supervision dient der Beobachtung und Reflexion beruflicher Praxis innerhalb und außerhalb von Organisationen und wird in unterschiedlichen Settings angeboten (Einzelne, Gruppen, Teams, Leitungssupervision, Organisationssupervision etc.) und überwiegend im Non-Profit- bzw. sozialen Bereich genutzt.

Als personenbezogene Beratung hat die systemische Supervision den Bereich der unmittelbaren, direkten und beobachtbaren Kommunikation der Organisationsmitglieder untereinander bzw. mit Kunden und Klienten zum Gegenstand (Systemische Gesellschaft, 2016).

4.6. Training

Ebenfalls auf Basis systemischer Annahmen können Trainingsveranstaltungen, also das soziale, rollenbezogene Lernen in und mit einer Gruppe als systemische Interventionen betrachtet werden, wenn sie z. B. auf Basis einer systemisch-konstruktivistischen Haltung durchgeführt werden oder durch Methoden aus dem systemischen Kontext charakterisiert sind.

Ein spezielles Format in diesem Feld ist die systemische Gruppendynamik oder die T-Gruppe. Diese spielt nach Lewin eine hervorragende Rolle bei der Entwicklung neuer Ideen zum sozialen Ort Gruppe in Wissenschaft und Praxis. Im Fokus der Forschung standen u. a. verschiedene Führungsstile und deren Einfluss auf Gruppen. In einem der Forschungsprojekte wurde gewissermaßen per „Zufall" die Gruppendynamik als praktisches Verfahren „erfunden" bzw. „entdeckt" (König & Schattenhofer 2007). 1946 veranstaltete Lewin gemeinsam mit einigen seiner Schüler ein Seminar am MIT, in dem Führungskräfte aus verschiedenen Bereichen Einsichten in ihre Verhaltensweisen und Werthaltungen bekommen sollten. Das Team um Lewin entdeckte im Rahmen dieses Weiterbildungsseminars die eindrucksvolle Wirkung, die die Rückmeldung von Beobachtungen zum laufenden Geschehen in einer Gruppe auf deren weitere Entwicklung besitzt. Aus diesen Erfahrungen entwickelte das Team dann das spezielle Lernformat, die sogenannte gruppendynamische Trainingsgruppe. Dieses Lernsetting basiert auf der Laboratoriumsmethodologie, wie sie schon für die Lewin'schen Forschungsanstrengungen charakteristisch war. Eine Gruppe von 8–12 Teilnehmenden, die einander persönlich fremd sind, bekommen den Auftrag, mit Unterstützung einer Trainerin oder eines Trainers über einen Zeitraum von 5–6 Tagen sich selbst zum Untersuchungsgegenstand zu machen (Wimmer 2022). Die Trainingsgruppe (T-Gruppe) verbindet in gelungener Weise Person und soziales System. Jeder Lernschritt und jede Verhaltensveränderung einer Person führen zu Reaktionen in der Gruppe. Die Beziehungen werden gestärkt oder verändert, Vorschläge aufgegriffen oder verworfen, die Gruppe verändert sich. Gemeinsam können und müssen die Mitglieder der Gruppe die soziale Situation besprechen, gestalten, verändern: Interaktionen, Beziehungen, Machtstrukturen, Entscheidungen, Aktivitäten. Die Gruppenmitglieder erhalten gemeinsam Kontrolle über das soziale Geschehen. Dies führt wie-

derum zur Veränderung der persönlichen Motivationslagen und Verhaltensweisen. Das Lernen von Personen wird mit dem Lernen des sozialen Systems verbunden (Grossmann et. al. 2021).
Unter sehr verschiedenen Überschriften (Agilität, Ambidextrie, New Work) wird in den letzten Jahren versucht, in Organisationen die Logik der Organisation mit der Logik von Gruppen auf eine neue Weise zu verbinden. Dabei geht es meist nicht mehr in erster Linie um die Steigerung der Produktivität, sondern um die Bewältigung spezifischer Innovationsherausforderungen, für die es das außergewöhnliche Leistungsvermögen gut aufeinander eingespielter, sich selbst steuernder Teams benötigt. Dieses paradoxe Miteinander benötigt auf organisationaler Seite die Ausprägung spezifischer Führungskompetenzen und Steuerungskapazitäten und auf der Seite der Teams die Fähigkeit, sich selbst unter angemessenen organisatorischen Rahmenbedingungen dieses besondere Leistungsvermögen zu erschließen und zumindest für einen gewissen Zeitraum aufrecht zu erhalten (Wimmer 2022).

5. Wirksamkeitsforschung und systemische Interventionen

Die Wirksamkeitsforschung systemischer Interventionen im Arbeits- und Organisationskontext wirft im Grunde drei wesentliche Probleme auf, die im Folgenden beschrieben werden.

5.1. Zirkularität vs. Kausalität

Bei der Untersuchung von Wirkungen bzw. Effekten einer Intervention wird ein kausaler Zusammenhang angenommen. Das typische Untersuchungsschema folgt hier der Logik: Prä-Messung – Intervention – Post-Messung. Die Differenz zwischen Prä- und Post-Messung dient dabei als statistisch vom Zufall zu unterscheidende Wirkung. Um andere Wirkfaktoren als die der eigentlichen Intervention auszuschließen, werden die Effekte üblicherweise mit Kontrollgruppen verglichen, bei denen keine Intervention erfolgte. Weitere Effekte auf das Ergebnis werden durch Randomisierung, Kontrollierung und Balancierung von Einflussvariablen ausgeschlossen, damit ein gemessener Effekt möglichst eindeutig auf die Intervention zurückzuführen ist (vgl. Bortz & Döring, 2016).

„Die Idee, dass Interventionen ähnlich wie Medikamente unabhängig von der jeweiligen Verfassung der Personen und der Konstellation des Sozialsystems, wie sich gerade zeigt, gezielte Wirkung ergeben könnten, ist zunächst bestechend“ (von Schlippe & Schweitzer, 2019, S. 73). Die Effekte in Beratungsprozessen dürften sich größtenteils ähnlich zeigen wie Prozesse der Weitergabe von implizitem Wissen, von *tacit knowledge* (Polanyi, 2009 zitiert nach von Schlippe & Schweitzer, 2019), sich also im Impliziten, im Vagen, in nicht messbaren Qualitäten der Beziehung niederschlagen (von Schlippe & Schweitzer, 2019).

Menschliche Entwicklungsprozesse verlaufen häufig sprunghaft, eben „nicht-linear“, wie gerade die Theorie dynamischer Systeme betont. Veränderungsprozesse, die sich in Kontexten hoher Komplexität und großer Instabilität abspielen sind somit nicht im herkömmlichen Sinn zu steuern (von Schlippe & Schweitzer, 2019). Wer intervenieren möchte, muss sich vor Augen führen, dass er in funktionierende Systeme und/oder in ein (mal schlecht, mal recht) funktionierendes Zusammenwirken von Systemen hinein interveniert (Groth, 2017). Jede Intervention hat die Paradoxie zu berücksichtigen, dass sie sich in ihrer Wirksamkeit vom intervenierten System abhängig macht. Zwischen dem, was einem System angeraten wird, und dem, was es daraus umsetzt, gibt es keinen direkten Ursache-Wirkungs-Zusammenhang.

Bei selbstorganisierten Eigendynamiken und Eigenkomplexität ist zielgerichtete Beeinflussung nicht möglich. Möglich ist es, „sie zu befördern, zu irritieren, zu bremsen oder zu erschweren“ (von Schlippe & Schweitzer, 2019, S. 75). Sie verhalten sich nach ihrer eigenen Logik, die durch ihre sich im Laufe ihrer Geschichte ändernden internen Zustände bestimmt und von außen nicht beobachtbar ist. Diese inneren Zustände und Strukturen sind keine konstanten Werte, sondern sie reagieren in Abhängigkeit von der Vergangenheit des Systems selektiv auf aktuelle Umweltveränderungen. „Dies macht die Wirkung von Interventionen in autopoietische Systeme generell für den Intervenierenden im Prinzip kaum oder gar nicht voraussehbar“ (Simon 2014, S. V f.). Wenn es dennoch gelingt, dann muss dies anders als durch das geradlinige Ursache-Wirkungs-Modell dargelegt werden. Wenn also auf das Vorhaben direkter Einwirkung verzichtet wird, steht die Frage im Mittelpunkt wie die Wahrscheinlichkeit gesteigert werden kann, „dass ein Prozess sich konstruktiv entwickelt“ (von Schlippe & Schweitzer 2019, S. 77). Eine Intervention stellt keine ausschließlich direktive, mit Veränderungsintentionen verknüpfte Handlung dar. Da Intervention vom intervenierten System aus gedacht wird, ist all jenes Verhalten bzw. Nichtverhalten eines Beraters Intervention, welches vom betreffenden System als solche aufgefasst wird. Im Prinzip kann jede Kommunikation Intervention sein oder werden. Jede Form der Partizipation an Kommunikation greift ein, geht dazwischen (Groth, 2017).

Die Annahme der kausalen Wirkung widerspricht also grundlegend den theoretischen Annahmen über das Verhalten und die Beeinflussung von Systemen. Gerade das Überwinden kausal-logischen Denkens ist als der Wesenskern der Systemtheorien anzusehen. Komplexität, also Vernetztheit, Folgelastigkeit, Unüberschaubarkeit, Nicht-Linearität, Eigendynamik, operationale Geschlossenheit, Zirkularität etc., muss daher mit anderen Interventionskonzepten handhabbar gemacht werden. Dazu gehören im Wesentlichen das Beobachten des Beobachtens, das Anbieten bzw. Setzen von Impulsen und die Kontextgestaltung. Intervenieren, Instruieren und damit die gezielte Steuerung von Veränderungen sind damit zumindest von der theoretischen Konzeption her ausgeschlossen. Wirksamkeits- bzw. Evaluationsforschung ist daher im systemischen Arbeitskontext nur durch einen theoretischen Kompromiss möglich, der darin besteht systemische Phänomene mit linear-kausalen Methoden zu messen.

5.2. Fundamentale methodische Probleme

Ein weiteres Problem der Wirksamkeitsforschung, welches auch im Kontext von Therapie, Pädagogik, Wirtschaftsförderung u. v. a. komplexen gesellschaftliche Anwendungsfelder präsent ist, liegt in verschiedenen methodischen Problemen, die sich bei Formaten wie Coaching, Training, Organisationsberatung usw. ebenfalls in fast unüberwindlicher Deutlichkeit in den Weg stellen (vgl. Bachmann, 2015). Dazu gehören:

- die Abwesenheit bzw. Unzulänglichkeit von Diagnosen und damit
- die Unmöglichkeit homogene Stichproben zu ziehen sowie
- die Uneinheitlichkeit und damit Nicht-Vergleichbarkeit der Interventionen,
- die Perspektivenabhängigkeit der Wirkungen,
- die Heterogenität der Untersuchungskontexte mit vielfältigen nicht-kontrollierbaren Einflussfaktoren und schließlich
- ökonomische, rechtliche, ethisch u. a. Restriktionen des Zugangs zum Forschungsfeld.

Angesichts dieser Probleme müssen in dieser Pilotstudie vorhandene Studien und deren Ergebnisse entsprechend kontextualisiert und damit anders betrachtet und bewertet werden als beispielsweise in der Pharmaforschung oder anderen evidenzbasiert arbeitenden Naturwissenschaften.

5.3. Die Verknüpfung von Theorie und Intervention

„Interventionen sind, wie der Name schon sagt, ein Dazwischengehen, ein Hineingehen" (Seliger 2022, S. 153). Sie stellen eine besondere Form der Kommunikation dar, bei welcher es weniger um Austausch von inneren Landkarten geht als um Aktivitäten eines Akteurs mit der Absicht, bestimmte Wirkungen bei einem anderen Akteur oder einer Akteurin hervorzubringen. Interventionen werden angewendet, um bei anderen Systemen eine Unterbrechung von Mustern, sei es der Wahrnehmung, des Verhaltens oder der Interaktion zu bewirken. Der Wunsch, in die Prozesse eines lebenden Systems einzugreifen, ist nachvollziehbar. Wer möchte denn nicht bewirken, dass die Kinder ihr Zimmer aufräumen, dass Mitarbeitende das tun, mit was man sie beauftragt? Doch alle Versuche müssen an der Eigendynamik und Autonomie lebender Systeme letztlich scheitern. Systeme sind strukturdeterminiert, sie treffen ihre Entscheidungen auf Basis ihrer eigenen Erfahrungen und sie tun, was sie wollen (und können) (Seliger 2022). „Es geht darum ein Verständnis für die grundlegenden Schwierigkeiten der Intervention in komplexe Systeme zu erzeugen und deutlich zu machen, dass es im Kontext nichttrivialer Maschinen nicht mehr genügt auf ein Knöpfchen

zu drücken, ein Gesetz zu machen, eine Anordnung zu geben, ein Medikament zu verschreiben oder eine neue Vorschrift zu erlassen (Willke 2005, S. 4).“ Interventionen stellen Kommunikationsformen der wechselseitigen Einflussnahme bzw. -absicht dar. Bei solch einer Kommunikation treffen die Absicht der einen auf Muster der anderen, und es ist prinzipiell offen, welche Wirkung das mit sich bringt. Alle verfügen über Möglichkeiten des Denkens und Handelns. Wir sprechen von doppelter Kontingenz oder einfacher ausgedrückt: Alle können machen, was sie machen können. Interventionen sind infolgedessen komplexe Vorhaben (Seliger 2022). „Jeder Akteur, der sich ein Bild von einer bestimmten Situation macht, in der er intervenieren möchte, macht sich eben genau dies: ein Bild aufgrund seiner Beobachtung der Situation. Es liegt auf der Hand, dass es von der Art und Weise, den Möglichkeiten und Restriktionen des Beobachters abhängt, welches Bild dabei herauskommt und zu welcher Art und Form der Intervention ihn dies führt“ (Willke 2005, S. 11). Für alle, die die Aufgabe haben, bei anderen Systemen gewünschte Wirkungen zu erzielen, sind dies schlechte Nachrichten (Seliger 2022). Aber zur Beruhigung sei angemerkt: „Interventionen sind möglich, aber ihre Erfolge sind ungewiss“ (Willke 2005, S. 9).
Eine Intervention vermittelt somit immer, direkt oder indirekt eine Form der Beschreibung von Wirklichkeit. Es ist irrelevant, ob eine Intervention formal systemisch ist oder nicht. Wesentlich ist, ob sie einen konstruktiven Unterschied zur gewohnten Weise, die Welt zu betrachten, herbeiführt oder nicht. Mit jeder Intervention wird eine Beschreibung der Realität angeboten, welche vom ratsuchenden System angenommen, abgelehnt oder unbeachtet gelassen werden kann (von Schlippe & Schweitzer, 2019, S. 90). Auch wenn der direktive Zugang oder Zugriff nicht gewährt wird, so gibt es mehr oder weniger brauchbare Irritationen. Der Erfolg ist jedoch erst im Nachhinein sichtbar. Somit ist Intervention keine einmalige Handlung, eher eine (Kontroll-)Schleife: Interventionshandeln 1 – Wirkung beobachten – Rückschlüsse auf das System ziehen – Interventionshandeln 2 usw. „Keineswegs muss man Systeme kennen, um zu intervenieren, eher gilt der Satz: Interveniere und du lernst das System kennen“ (Groth, 2017, S. 106).

Für die Wirksamkeitsforschung im systemischen Kontext bedeutet dies, dass es problematisch ist, genau zu definieren, was eine systemische Intervention ist. Daher lassen sich zunächst zwei Klassen von Interventionen unterscheiden:

Typ 1: Interventionen, also Methoden, welche direkt im systemischen Kontext von Theorie und Praxis entstanden sind, d. h. die aus systemtheoretischen Überlegungen abgeleitet wurden und als typisch für die systemische Praxis unterschiedlicher Ausrichtungen angesehen werden können. Dazu gehören z. B. das *Reflecting Team*, der Meta-Mirror, Systemaufstellungen, zirkuläres Fragen, systemische-lösungsorientierte Fragen, systemische Beratungsarchitekturen, Beratersystem und Beratungssystem konstituieren sich.

Typ 2: Interventionen, also Methoden, welche sich nicht direkt aus der systemischen Theorie und Praxis ableiten lassen, aber auf Basis systemischen Denkens (also theoriegeleitet) und auf Basis einer systemischen Grundhaltung eingesetzt werden.

Zur Orientierung und Einordnung von Publikationen zur Wirksamkeit systemischer Interventionen bietet sich aufgrund der o.g. Probleme das Beratungsmodell von Kantor (zitiert nach Rappe-Giesecke, 2002). Kantor unterscheidet für den Beratungskontext drei Ebenen, die stark an den systemischen Dreisprung „Beschreiben, Erklären, Bewerten" (Simon, 2020) erinnern. Die Ebene der Beschreibung nennt Kantor die *theory of the thing*, die Theorie der Sache. Daraus leitet sich die *theory of change*, die Theorie der Veränderung ab, aus der sich schließlich eine *theory how to intervene*, eine Theorie der Intervention ergibt. Folgt man diesem Modell, ist eine Intervention immer dann systemisch, wenn sie theoriegeleitet aus den Systemtheorien und hypothesentestend, also auf Basis einer bestimmten (systemischen) Grundhaltung, gewählt wurde. Einen praxisnahen Überblick über systemische Settings und Interventionen in der Organisationsberatung geben Neuberger (2006) und für die personenorientierte Arbeit bzw. die Arbeit mit Gruppen (von Schlippe & Schweitzer, 2019).

5.4. Systemische Haltung

Systemische Praxis ist nicht beschreibbar als direkte Umsetzung systemtheoretischer Konzepte und zudem nicht als rein handwerkliche Kombination von Methoden und Techniken. Die Person des systemischen Praktikers sowie die Beziehung zum Ratsuchenden spielt ebenso eine wesentliche Rolle sowie der Kontext, in dem die systemische Arbeit stattfindet. Beides wird miteinander verknüpft durch eine Reihe grundlegender, das konkrete Handeln inspirierenden Prämissen und Haltungen (von Schlippe & Schweitzer, 2016, S. 199). „Auf der Beziehungsschiene fährt der Zug der Interventionen, fährt der Zug der Tools und Techniken. Wenn es die Schiene gar nicht gibt, fährt auch nichts, bewegt sich auch nichts" (Erpenbeck, 2020, S. 19).

Eigentlich liegt es auf der Hand, dass je nach Qualität der Beziehung, nach der gesamten verbrachten Zeit und dem damit gewachsenen Vertrauen (oder natürlich auch ansteigender Verärgerung übereinander) und ganz allgemein danach, wie die Menschen drauf sind (der jeweilige Systemzustand), identische Interventionen bei denselben Klienten zu verschiedenen Zeitpunkten vollkommen unterschiedliche Wirkungen erzielen dürfen (vgl. von Schlippe & Schweitzer, 2019, S. 73). Im Vordergrund steht es, an konstruktiven Randbedingungen dafür zu arbeiten, dass Musterveränderungen wahrscheinlicher werden. Wenn im Rahmen der Therapie und Beratung bei „selbstorganisierten Systemen Ordnungs-Ordnungs-Übergänge angeregt werden, die mit einer Labilisierung und Chaotisierung gewohnter Muster einhergehen, dann bedarf es hierzu des stabilisierenden Fundaments einer vertrauensvollen Beziehung" (von Schlippe & Schweitzer, 2019, S. 75). Denn wenn die angesprochene Verunsicherung in einen sichernden Rahmen integriert werden kann, dann sind die Randbedingungen dafür vorhanden, dass sich die Chancen für die Entwicklung neuer, konstruktiver Muster erhöhen, dass also die „konstruktive Anschlussinteraktion" im ratsuchenden System wahrscheinlicher wird, welches damit wieder „anregungsoffen für Zufälle" (Luhmann, 1988 zitiert nach von Schlippe & Schweitzer, 2019) wird. Genau das stellt nach von Schlippe & Schweitzer (2019, S. 84) das „Kerngeschäft systemischer Praxis" dar.

Systemisches Arbeiten ist also ohne eine tragfähige Beziehung nicht denkbar. Die Beziehung ist demnach Teil der Interventionen und deren Qualität direkt aus der Theorie der Sache und der Theorie der Veränderung abzuleiten. Beides mündet in einer spezifischen Haltung, so wie sie für jede therapeutische Schule typisch bzw. prägend ist. In der Psychoanalyse (Simon, 1990) war es einmal die möglichst vollkommene Beziehungsabstinenz, um den Prozess der psychoanalytischen Kur nicht zu beeinträchtigen, in der klientenzentrierten Therapie von Rogers (1972) sind es die bekannten drei Grundfaktoren, welche die therapeutische Haltung prägen.

Die systemische Grundhaltung leitet sich aus den theoretischen Annahmen über die Eigenschaften und Dynamiken von Systemen ab (Ludewig, 2000; Rotthaus, 1989; Weber, 2002). Rotthaus (1989) benennt die Prämissen Verantwortungsklärung, Anerkennung der Grenzen des Machbaren, Vertrauen in die Ressourcen des Klienten, Bescheidenheit im Werten und Urteilen, Wecken von Kreativität und Verzicht auf Ergründen der Ursache. Weber (2002) fasst sie mit gleichem Grundton den Prämissen Anerkennung des Vorhandenen, Respekt und Achtung, Ressourcenorientierung, Lösungsorientierung, Absichtslosigkeit und Zurückhaltung zusammen.

5.5. Implikationen

Bei der Recherche, Sichtung und Bewertung von wissenschaftlichen Arbeiten zur Wirksamkeit systemischer Interventionen im Arbeits- und Organisationskontext und damit für den Einschluss von Studien ergeben sich aus den in den letzten Kapiteln beschriebenen Problemen und Ausführungen folgende Implikationen und damit *inhaltliche* Einschlussbedingungen für Studien. Studien werden eingeschlossen, wenn

- sie sich explizit auf den Kontext von Arbeit und Organisationen beziehen, d. h. keine therapeutischen, psycho-sozialen oder lebensberaterischen Fokus haben.
- darin typische systemische Interventionen wie sie in Abschnitt 5.3 als Typ 1 beschrieben wurden oder
- die Interventionen nicht dem Typ 1 zuzuordnen sind, aber die Intervenierenden erkennbar dokumentiert systemisch-theoriegeleitet vorgehen, über ein systemisches Beratungsverständnis bzw. über eine umfassende systemische Qualifikation verfügen.
- sie hinsichtlich wissenschaftlichen Zugangs, Methodik und Auswertungsstatistik nachvollziehbar einzuordnen sind.

Evidenz-Klassen		Studienanforderungen
I	a	systematische Übersichtsarbeit bzw. Metaanalysen und RCT*-Studien
	b	hochqualifizierte RCT-Studie
II	a	gut angelegte Studie ohne Randomisierung
III		gut angelegte, nicht-experimentelle deskriptive Studien
IV		Berichte und Meinungen von Expertenkreisen, Konsensuskonferenzen und/oder Erfahrungsberichten anerkannter Autoritäten, beschreibende Studien

*RCT – randomized controlled trial

Tab. 2: Übersicht über die Evidenzklassen und Studienanforderung

Bezüglich der Studienqualität orientieren wir uns an dem bewährten Schema der *evidence based medicine* (EBM), welches auch schon in der Heidelberger Studie zu Systemaufstellungen von Weinhold et al. (2014) zum Einsatz kam. Danach werden vier Klassen von Studien und wissenschaftlichen Arbeiten unterschieden (Tab. 2) und somit als *methodische* Kriterien herangezogen.

Entsprechend der dargelegten Kriterien sind die gefundenen Studien nach der Recherchephase entsprechend selegiert worden. Die eingeschlossenen Studien werden dann bei der Zusammenfassung und Interpretation der Ergebnisse entsprechend der inhaltlichen und der methodischen Kriterien gewichtet.

6. Methodik

Das methodische Vorgehen ist in der folgenden Abbildung skizziert und folgt im Wesentlichen der Logik eines *systematic literature review* – SLR (Guba 2008). Im Anschluss an die Formulierung der Forschungsfrage wurden das Recherchefeld und die Suchbegriffe sowie Quellen definiert. Die Recherche ergab Stand Juni 2023 *571* relevante Suchergebnisse von Artikeln, Buchkapiteln, Büchern, Forschungsberichten bzw. universitären Abschlussarbeiten. Diese wurden entsprechend der Einschlusskriterien gesichtet und davon *320* Studien ausgewählt, die anschließend gesichtet, zusammengefasst und bewertet wurden.

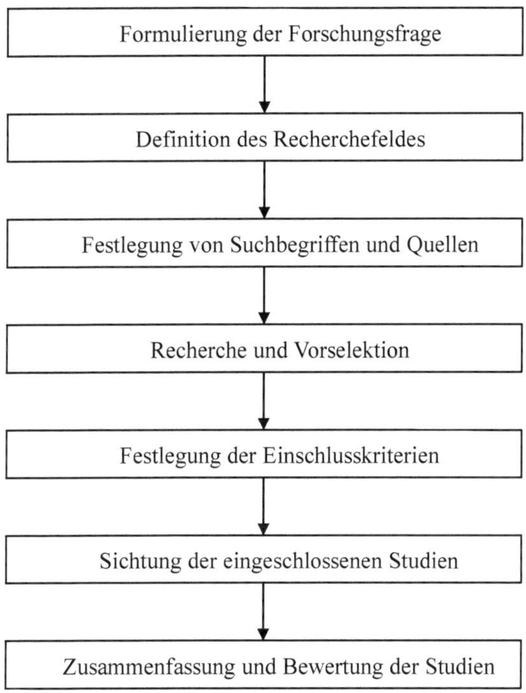

Abb. 1: Methodisches Vorgehen

6.1. SUCHBEGRIFFE

Zunächst wurden die aus den konzeptionellen Überlegungen resultierenden Suchbegriffe in Deutsch und Englisch sowohl für die verschiedenen systemischen Ansätze, für die unterschiedlichen Arbeitsformate, für typische systemische Methoden (Interventionstyp 1) und für die Eingrenzung der wissenschaftlichen Fachgebiete definiert.

Ansätze:	systemisch-konstruktivistisch, systemisch-lösungsorientiert, personzentriert, Synergetik, *Systems Thinking, System Dynamics*, Systemaufstellungen, narrativ, hypno-systemisch, systemisch-psychodynamisch
Arbeitsformate:	Coaching, Teamentwicklung, Teamcoaching, Gruppencoaching, Beratung & Coaching im Mehrpersonensetting, Training, Supervision, Mediation, Organisationsberatung
Interventionen:	Wunderfrage, *Reflecting Team*, Meta-Mirror, zirkuläres Fragen, Skalierung, Reframing
Fachgebiete:	Psychologie, Soziologie, Betriebswirtschaft, Pädagogik, Informatik, Sozialwissenschaften, Ingenieurwissenschaften

Basierend auf diesen Begriffen wurden die Suchbegriffe in Deutsch und Englisch festgelegt. Die systematische Literaturrecherche erfolgte im Januar und Februar 2021, eine ergänzende Recherche fand im Juni 2023 statt. Die Suchstrategie war zunächst unspezifisch, um durch die erste explorative Recherche einen Eindruck von der Studienlage zu gewinnen und um keine relevanten Publikationen zu übersehen. Im ersten Schritt wurde nach folgenden Begriffen gesucht:

Deutsche Suchbegriffe

- System, systemisch, lösungsorientiert, Kybernetik, Selbstorganisation
- Wirksamkeit, Wirkung, Wirkfaktoren, Nutzen, Evaluation, Effektivität, Effekt, Intervention
- Arbeit, Organisation
- Beratung, Prozessberatung, Prozessbegleitung, Coaching, Mediation, Moderation

- Organisationsberatung, Organisationsentwicklung, Change-Management, Trainings
- Aufstellungen, Aufstellungsarbeit, Systemaufstellungen, Strukturaufstellungen, Organisationsaufstellungen, narrativ, Storytelling, Wunderfrage, reflektierendes Team, zirkuläres Fragen, Meta-Mirror, Reframing

Englische Suchbegriffe

- systemic, system, solution-focused, solution-oriented, cybernetics, self-organization
- effect, benefits, outcomes, evaluation, effectiveness, results, intervention
- work, organization
- consulting, process consulting, coaching, mediation, moderation, counselling, organizational consulting, organizational development, trainings
- constellation work, system constellations, systemic structural constellations, narrative, storytelling, reframing, reflecting team, miracle-question, meta mirror.

Die Suchbegriffe wurden so durchkombiniert, dass immer in Verbindung mit den Begriffen „System/systemisch“ und „Wirkung/Wirksamkeit“ sowie „Organisation/Arbeit“ zusammen mit den anderen Begriffen gesucht wurde. Die Suchergebnisse wurden dann anhand des Titels bzw. des Abstracts bezüglich der inhaltlichen und methodischen Kriterien manuell selegiert. Die Suche erfolgte auf Englisch und Deutsch. Falls die Titel bzw. Abstracts keine eindeutige inhaltliche Zuordnung ergaben, wurde der gesamte Artikel zur Entscheidungsfindung hinsichtlich seiner Relevanz herangezogen. Des Weiteren wurden Referenzlisten publizierter Original- und Übersichtsarbeiten nach weiterführenden Literaturstellen überprüft und Artikel, Bücher sowie Abschlussarbeiten (Diplom-, Bachelor- und Masterarbeiten, Dissertationen und Habilitationsschriften) einbezogen.

6.2. Recherchequellen

Folgende Quellen wurden nach Studien und Publikationen durchsucht: Datenbanken (z. B. Google Scholar, Deutsche Nationalbibliothek, Research Gate), Fachzeitschriften, Webseiten, Verlage, Verbände und Gesellschaften. Darüber hinaus wurden relevante Studien zur Wirksamkeitsforschung zur systemischen Therapie und deren Bezüge zum Kontext von Arbeit und Organisationen gesichtet. Weiterhin wurde der Abschlussbericht zum Prüfver-

fahren „Systemische Therapie bei Erwachsenen als Psychotherapieverfahren" des Instituts für Qualität und Wirtschaftlichkeit im Gesundheitswesen (IQWiG) in Hinsicht auf Studien mit Bezug zum Arbeits- und Organisationskontext gesichtet.
In den folgenden Abschnitten sind die verwendeten Recherchequellen detailliert aufgelistet.

Fachzeitschriften

- Coaching Theorie & Praxis
- Coaching-Magazin
- Das gepfefferte Ferkel – Online-Journal für systemisches Denken und Handeln
- Familiendynamik – Interdisziplinäre Zeitschrift für systemorientierte Praxis und Forschung
- Gruppe, Interaktion, Organisation
- Gruppendynamik und Organisationsberatung
- Journal für Psychologie
- Konfliktdynamik, Verhandeln, Vermitteln und führen in Organisationen
- Kontext – Zeitschrift für Systemische Therapie und Familientherapie
- Organisationsberatung, Supervision, Coaching
- Organisationsentwicklung
- Person – Internationale Zeitschrift für personzentrierte und experienzielle Psychotherapie und Beratung
- Perspektive Mediation
- Soziale Systeme – Zeitschrift für soziologische Theorie
- Systemagazin
- Systhema
- Systeme – Interdisziplinäre Zeitschrift für systemisch orientierte Forschung und Praxis in den Humanwissenschaften
- Wirtschaftspsychologie aktuell
- Zeitschrift für Arbeits- und Organisationspsychologie
- Zeitschrift für Evaluation
- Zeitschrift Führung und Organisation
- Zeitschrift für Organisation
- Zeitschrift für Organisationsentwicklung
- Zeitschrift für systemische Therapie
- Zeitschrift für systemische Therapie und Beratung
- Academy of Management Learning and Education
- Academy of Management Review
- Administrative Science Quarterly

- American Psychologist
- American Psychological Assoziation
- British Journal of Management
- Consulting Psychology: Practice & Research
- Coaching: An International Journal of Theory, Research and Practice
- Evaluating Training Programs
- Human Systems – the Journal of Therapy, Consultation and Training
- InterAction – The Journal of Solution Focus in Organizations
- International Coaching Psychology Review
- International journal of Behavioral Development
- International Journal of Evidence Based Coaching and Mentoring
- International Journal of Management Reviews
- International Journal of Training and Development
- Journal of Applied Psychology
- Journal of Business and Psychology
- Journal of Change Management
- Journal of Coaching Education
- Journal of Continuing Education in the Health Professions
- Journal of Consulting and Clinical Psychology
- Journal of Counseling Psychology
- Journal of Human Resource Management
- Journal of Leadership, Accountability and Ethics
- Journal of Leadership Studies
- Journal of Management Studies
- Journal of Organizational Behaviour
- Journal of Occupational and Organizational Psychology
- Journal of Personality and social Psychology
- Journal of Positive Psychology
- Kybernetes
- Leadership & Organization Development Journal
- Management Learning
- Organizational Research Methods
- Organizational Development Journal
- Organizational Studies
- Personnel Psychology
- Personnel Review
- Small Group Research
- Strategic Management Journal
- The Leadership Quarterly

Datenbanken und Suchmaschinen

- Google Scholar
- Deutsche Nationalbibliothek (DNB), Dissertationen
- OPUS (Abschlussarbeiten, Dissertationen)
- Research Gate
- PubPsych (PSYNDEX, PASCAL, ISOC-Psicología, MEDLINE, ERIC, NARCIS, NORART, PsychOpen, PsychData)
- Universitätsbibliotheken

Webseiten

- www.bps.org.uk/publications/coaching-psychologist
- www.coaching-evaluationen.de
- www.coaching-meets-research.ch
- www.coaching-report.de
- www.coaching-report.de/literatur.html
- www.isfcp.info
- www.istup-ffm.de
- www.onlinelibrary.wiley.com/
- www.psycnet.apa.org/PsycARTICLES/journal/ccp/68/1
- www.ssoar.info
- www.systemisch.de/texte/ludewig.htm
- www.systemische-dialoge.net
- www.systemisch.net
- www.systemisch-forschen.de
- www.uni-marburg.de/de/fb02/professuren/bwl/bwl01/forschung/coachingstudie
- www.us.sagepub.com/en-us/nam/home
- www.isss.org
- www.wosc.co
- www.ifsr.org
- www.asc-cybernetics.org

Verbände und Gesellschaften

- Arbeitsgemeinschaft für psychoanalytisch-systemische Forschung und Therapie
- Deutsche Gesellschaft für Systemische Therapie und Familientherapie
- Deutsche Gesellschaft für Systemaufstellungen
- International Coaching Federation
- International Society for the Systems Sciences
- Österreichische Arbeitsgemeinschaft für systemische Therapie und systemische Studien

- Schweizerische Gesellschaft für systemische Therapie und Beratung
- Systemische Gesellschaft

Verlage
- Carl-Auer Verlag
- Hogrefe Verlag
- Springer Verlag
- Vandenhoeck & Ruprecht Verlag

Neben der elektronischen Recherche im Internet, in Bibliotheken und Datenbanken wurde das Netzwerk der SG und der DGSF befragt. Dies erfolgte über einen Aufruf im Newsletter. Zudem erfolgten Aufrufe über weitere Plattformen und Kanäle: Homepage artop.de, Research Gate, LinkedIn sowie E-Mail-Anfragen an namhafte 62 Vertreter und Vertreterinnen der systemischen Wissenschaft und Praxis. Es ergaben sich 24 Rückmeldungen, aus denen in einigen Fällen ein fachlicher und persönlicher Austausch resultierte.

6.3. Studien- und Literaturauswahl

Alle potenziell relevanten Referenzen wurden von den Autoren gesichtet und ausgewählt. Um einen individuellen Bias im Ranking-Prozess zu vermeiden, wurden die Studien unabhängig voneinander von den Autoren gesichtet und im Hinblick auf Ein- oder Ausschluss unabhängig voneinander bewertet und ausgewählt. Bei fehlender Übereinstimmung wurde der Ein- bzw. Ausschluss ausdiskutiert. Alle gefundenen Studien sind im Studienverzeichnis der eingeschlossenen Studien (Abschnitt 0) bzw. der nicht-eingeschlossenen Studien (Abschnitt 0) aufgeführt.

7. Ergebnisse

Die Ergebnisdarstellung konzentriert sich auf die Bewertung und Einordnung der Studien für die jeweiligen systemischen Ansätze sowie die verschiedenen Formate. Aufgrund der Heterogenität der Studien hinsichtlich Studiendesign, systemischer Ansätze, der untersuchten Einsatzfelder sowie der Formate können keine systematischen Zusammenhänge zwischen Wirkfaktoren und Wirkungen dargestellt werden. In den meisten Studien wurden gar keine Wirkfaktoren dargestellt oder variiert bzw. es wurden verschiedene Wirkung auf unterschiedlichen Ebenen untersucht, aber nicht systematisch bzw. theoretisch abgeleitet. Aus diesem Grund ist vor den Darstellungen der Studien in jedem der folgenden Kapitel jeweils eine Tabelle enthalten, in der die gefundenen Wirkfaktoren und Wirkungen aufgelistet und klassifiziert wurden, ohne dass dadurch kausale Wirkzusammenhänge oder quantitative Aussagen getroffen werden können. Diesbezügliche Fragestellung bleiben damit weiterführenden Projekten in diesem Feld vorbehalten.

7.1. Systemisches Coaching

Im folgenden Kapitel wird ein Überblick über den Stand der Wirksamkeitsforschung zum systemischen Coaching gegeben. Studien zu Coaching, die auf Grundlage einer einheitlichen systemischen Schule oder Theorie basieren, liegen vor, sind aber noch selten. Um einen ersten Überblick über den Forschungsstand zu geben, werden einleitend die wesentlichsten Ergebnisse der inzwischen vorliegenden Metaanalysen dargestellt. In Metaanalysen werden die Ergebnisse aller Studien, die bestimmten vergleichbaren Kriterien entsprechen, zusammengefasst. Daran anknüpfend werden die wesentlichsten Studien in Unterkapitel nach den folgenden verschiedenen systemischen Ansätzen gegliedert:

- Systemisch-konstruktivistisch
- Systemisch-lösungsorientiert
- Hypnosystemisch
- Systemisch-psychodynamisch
- Systemaufstellungen im Coaching
- Narrative Ansätze

Innerhalb dieser Kapitel erfolgt eine Staffelung nach *Evidenzklassen (EK)* im Hinblick auf die verschiedenen Untersuchungsdesigns und Methodiken.

- I a Metaanalysen, Reviews
- I b Randomized Controlled Trials
- II Studien ohne Randomisierung
- III Deskriptive Studien, Fallstudien
- IV Expertenmeinungen, Praxisberichte etc.

Vor dem Hintergrund des vorherigen Kapitels erfolgt eine Bewertung der jeweiligen Studien in zusammengefasster Form am Ende dieses Kapitels. Dabei werden jeweils die zentralen Ergebnisse zur Wirksamkeit und Wirkfaktoren von Coaching dargestellt. Der Fokus liegt dabei auf der Gestaltung des Coachingprozesses und -settings zur Coach-Klienten bzw. Klientinnen-Beziehung sowie zu Eigenschaften von Coach und Klient bzw. Klientin. Abschließend erfolgen ein Resümee sowie eine Bewertung des Forschungsstandes.

Evidenz innerhalb einer Auswertungsgruppe der systemischen Ansätze erfolgt anschließend anhand von drei *Bewertungsklassen (BK)*, in denen sich jeweils die Quantität und Qualität der Studienlage widerspiegelt.

- BK 1 – starke Evidenz: Es liegen mehrere, qualitativ hochwertige Studien mit größeren Stichproben (EK I a und b) vor, die sich inhaltlich klar einem systemischen Ansatz zuordnen lassen.
- BK 2 – mittlere Evidenz: Es liegen qualitativ hinreichende Studien bzw. gut aufbereitete Fallstudien (EK II a und b, III) vor, die sich inhaltlich einem oder mehreren systemischen Ansätzen zuordnen lassen.
- BK 3 – schwache Evidenz: Es liegen nur wenige oder einzelne Publikationen, die kaum empirische Daten enthalten bzw. kein elaboriertes Studiendesign aufweisen (EK IV), vor bzw. die inhaltliche Zuordnung zu den systemischen Ansätzen ist unklar.

Einleitend ist anzumerken, dass es nicht möglich war, Zugang zu den gesamten analysierten Studien der folgenden Metaanalysen zu erhalten. Da in den Analysen nur partiell eine konkrete Definition der jeweiligen Coaching-Ansätze erfolgte, werden die gesamten Ergebnisse illustriert. Daran anknüpfend werden jeweils die Referenzen der enthaltenen Studien mit systemischem Hintergrund aufgelistet. Zudem ist anzumerken, dass die meisten dieser Studien im Feld des „Lösungsorientierten Coachings" angesiedelt sind.

7.1.1. Metaanalysen und Reviews

Es konnten 10 Metaanalysen bzw. Reviews in die Studie eingeschlossen werden. Damit kann für diesen Untersuchungsbereich die *Bewertungsklasse I* vergeben werden, wenn sich auch nur wenige der Studien (n = 30) mehr oder weniger eindeutig dem systemischen Ansatz zuordnen lassen. Die

Studie von Evers et al. (2006) wurde sechs Mal in die Metaanalysen eingeschlossen, die Studien von Grant et al. (2009 und 2010) jeweils drei Mal. Zusammenfassend kann gesagt werden, dass in den Metaanalysen in folgenden Bereichen Effekte der Wirksamkeit belegt werden (Tab. 3).

Systemisches Coaching (Metaanalysen)	
Wirkfaktoren	
Arbeitsbeziehung – Rapport, Vertrauen, Commitment – Beziehung Coach-Klient/in – Engagement – Authentizität *Rahmenbedingungen* – Organisationskultur – interne Coaches – Qualifikation der Coaches	*Methoden & Arbeitsweise* – Direkte Unterstützung und Zielorientierung – Wertschätzung und emotionale Unterstützung – Ressourcenaktivierung als Hilfe zur Selbsthilfe und Umsetzungsbegleitung – Gestaltung der Zielformulierung und -annäherung – Einsatz unterschiedlicher Techniken – konstruktive Kommunikation – Feedback
Wirkungen	
Kompetenzentwicklung – Förderung der Führungskompetenz – Steigerung der Selbstwirksamkeit und Selbstwirksamkeitserwartung – Rollen- und Zielklarheit – Steigerung der Reflexionskompetenzen, Bewusstheit, neue Perspektiven – Verbesserung der Kommunikationskompetenzen *Individuelles Erleben* – Steigerung der Zufriedenheit – Verbesserung des Wohlbefindens	– Reduzierung des Inkongruenzerlebens – emotionale Entlastung, Coping – bessere und zielgerichtetere Selbstregulation – effektiveres Handeln – Einstellungsänderungen zur Arbeit *Leistungsverbesserung* – Steigerung der individuellen und organisationalen Leistungen – mehr Karriere- und Organisationscommitment – Verbesserung des Betriebsklimas und der Zusammenarbeit

Tab. 3: Überblick über die Wirkfaktoren und Wirkungen aus den Studien zum Systemischen Coaching innerhalb der Metaanalysen zu Wirkungen von Coaching

Böning, U. (2015). Ergebnisse der Coaching-Forschung: Aktuelle Studien – ausgewertet für die Coaching-Praxis (2015.). Berlin, Heidelberg: Springer Berlin Heidelberg. ***EK I***

Böning & Kegel (2015) ordnen die empirischen Forschungsstudien des Coachings systematisch nach verschiedenen Anwendungsfeldern bzw. Milieus des Coachings. An dieser Stelle werden jedoch nur die Felder aus dem Kontext der Arbeitswelt skizziert, die Studien mit systemischen Ansätzen beinhalten. 61 Studien befassen sich mit den Themen des Business Coaching. Dieses Kapitel wird untergliedert in 32 Studien zum *Leadership Coaching*: Die Themen adressieren überwiegend die Führungskompetenz der Klienten oder auch die mit ihrer Führungsrolle verbundenen Herausforderungen im Arbeitsalltag. Hinsichtlich der Ergebnisse der Leadership-Coachings ist festzustellen, dass Coaching eine sehr wirksame spezifische und persönliche Förderung der allgemeinen Führungskompetenz von Führungskräften darstellt. Beispielsweise reduzierte sich das Inkongruenzerleben signifikant, was als Indikator für eine Abnahme der durch die neue Rolle und die damit verknüpften Erfahrungen in neuen Situationen ausgelösten Irritationen, Unsicherheiten und Selbstbild-Reflexionen verstanden werden kann. Die registrierten Reaktionen und konkreten Verhaltensveränderungen nach dem Coaching verweisen auf seine positive Wirksamkeit. Bei dieser fällt ganz allgemein der wesentliche Aspekt der erhöhten Selbstwirksamkeit auf.

Enthaltene Studien (systemischer Ansatz)

Baron, L. & Morin, L. (2010). The impact of executive coaching on self-efficacy related to management soft skills. Leadership & Organization Development Journal.

Carr, C. & Peters, J. (2013). The experience of team coaching: A dual case study. International Coaching Psychology Review, 8(1), 80–98.

Ein Teil der Studien bezieht sich auf das *Managerial Coaching*. Dabei geht es vordergründig darum, wie ein coachender Führungsstil des Vorgesetzten sich positiv auf die Leistung/das Verhalten der Mitarbeitenden auswirkt und zudem um die Entwicklung der coachenden Führungskräfte hinsichtlich des Aufbaus ihrer entsprechenden Kompetenzen sowie der Entwicklung ihrer Mitarbeitenden. Im Hinblick auf die Beziehung zwischen coachender Führungskraft und Mitarbeitenden zeigte sich in den Studien deutlich, dass sich ein guter Rapport, Vertrauen und Commitment positiv auswirken. Darüber hinaus ist eine konstruktive Kommunikation, Rückmeldungen, die Organisationskultur sowie ein direkt unterstützender und zielorientierter Umgang mit den Mitarbeitenden wesentlich. Beachtlich ist nach Böning & Kegel

(2015), wie offensichtlich ein Managerial-Coaching u. a. zu einer größeren Rollen- und Zielklarheit, zu Zufriedenheit, besseren Leistungen, stärkerer Selbstwirksamkeitserwartung und einem höheren Karriere- und Organisationscommitment führt.

Der größte in den Studien des *Life-Coachings* repräsentierte Bereich ist das Gesundheitscoaching mit 25 Studien. Die Ergebnisse der Studien zu den Effekten von Gesundheitscoaching vermitteln den Eindruck, dass die stattgefundenen Interventionen einen positiven Einfluss auf die Teilnehmenden, ihre Coaching-Themen und die Ziele hatten. Ein direktives Vorgehen und eine hohe Veränderungsbereitschaft erwiesen sich als erfolgversprechend.

Enthaltene Studien (systemischer Ansatz)

Woodhead, V. (2011). How does coaching help to support team working? A case study in the NHS. International Journal of Evidence Based Coaching and Mentoring, (Special Issue 5), 102–119.

Law, H. & Aquilina, R. (2013). Developing a healthcare leadership coaching model using action research and systems approaches – a case study: Implementing an executive coaching programme to support nurse managers in achieving organisational objectives in Malta. International Coaching Psychology.

In einem weiteren Kapitel beleuchteten sie 23 Studien zum Anwendungsfeld *Coaching im Non-Profit Bereich*: zuerst beziehen sich 10 Studien auf den Verwaltungskontext. Es zeigte sich beispielsweise, dass Coaching in komplexen Entwicklungsprogrammen sehr wertvoll ist. Anscheinend bewirkt mehr Coaching auch einen effektiveren Transfer. Coaching führte zudem zu einem besseren Führungsverhalten, wirkte sich positiv auf Betriebsklima, die Leistung, die Zusammenarbeit, die Selbstwirksamkeitserwartung gegenüber Zielsetzungen und die Ergebniserwartung gegenüber dem eigenen Handeln aus.

Enthaltene Studien (systemischer Ansatz)

Evers, W. J., Brouwers, A. & Tomic, W. (2006). A quasi-experimental study on management coaching effectiveness. Consulting Psychology Journal: Practice and Research, 58(3), 174.

Passmore, J. (2010). A grounded theory study of the coachee experience: The implications for training and practice in coaching psychology. International Coaching Psychology Review, 5(1), 48–62.

de Haan, E., & Nilsson, V. O. (2023). What Can We Know about the Effectiveness of Coaching? A Meta-Analysis Based Only on Randomized Controlled Trials. Academy of Management Learning & Education, Vol. 00, No. 00, 1–21. https://doi.org/10.5465/amle.2022.0107. **EK 1**

De Haan (2023) fast in seiner Metaanalyse 36 RTC-Studien zur Wirksamkeit von Coaching zusammen und bescheinigt dem Coaching allgemein eine hohe Wirksamkeit. Die Schwäche der Studie liegt darin, dass nur 10 der enthaltenden Studien mit ausgebildeten Coaches durchgeführt wurden. Von diesen 10 Studien ließ sich eine Studie dem systemischen Ansatz zuordnen.

Enthaltene Studien (systemischer Ansatz)

Stelter, R., Nielsen, G., & Wikman, J. M. (2011). Narrative-collaborative group coaching develops social capital – a randomised control trial and further implications of the social impact of the intervention. Coaching: An International Journal of Theory, Research and Practice, 4(2), 123–137.

de Haro García, J. M. (2012). Executive coaching results: A classification proposal. Papeles del Psicólogo, 33(3), 221–226. ***EK I***

De Haro García (2012) teilt die Ergebnisse verschiedener Coachingstudien in seinem Beitrag in drei Kategorien ein. Abhängig von der Art der Variablen, auf die Bezug genommen wird, sind das persönliche Eigenschaften, Verhalten oder Geschäftsergebnisse. Die meisten Studien, die sich mit der Wirksamkeit von Führungskräfte-Coaching befasst haben, wurden als qualitative Analysen mit Teilnehmenden durchgeführt, die an einem Coaching teilgenommen hatten. Die Mehrzahl der auf diese Weise gewonnenen Ergebnisse unterstützen die Annahme, dass Führungskräfte-Coaching positive Ergebnisse bezüglich der o. g. Variablen hervorbringt.

Enthaltene Studien (systemischer Ansatz)

Evers, W. J., Brouwers, A. & Tomic, W. (2006). A quasi-experimental study on management coaching effectiveness. Consulting Psychology Journal: Practice and Research, 58(3), 174.

de Meuse, K. P., Dai, G. & Lee, R. J. (2009). Evaluating the effectiveness of executive coaching: Beyond ROI?. Coaching: An international journal of theory, research, and practice, 2(2), 117–134. ***EK I***

Die Ergebnisse der relativ kleinen Metaanalyse von de Meuse et al. (2009) mit 6 Studien, die randomisierte Kontrollstudien einschloss, besagen, dass

Coaching zur Verbesserung von Fähigkeiten und Leistungen von Führungskräften führt. Sie differenzieren zwischen einer Effektstärke, die auf Fremdeinschätzungen (0,50) basiert und Wirkungen des Coachings, welche auf Selbsteinschätzungen (1,27) basieren. Sie zeigten, dass Coaching eine positive Wirkung hatte, welche sich verstärkte, wenn es mit spezifischen Zielen verknüpft war.

Enthaltene Studie (systemischer Ansatz)

Evers, W. J., Brouwers, A. & Tomic, W. (2006). A quasi-experimental study on management coaching effectiveness. Consulting Psychology Journal: Practice and Research, 58(3), 174.

Jones, R. J., Woods, S. A. & Guillaume, Y. R. (2016). The effectiveness of workplace coaching: A meta-analysis of learning and performance outcomes from coaching. Journal of Occupational and Organizational Psychology, 89(2), 249–277. ***EK I***

Jones et al. (2016) zeigten in ihrer Metaanalyse mit 17 Studien (14 mit Kontrollgruppen; 3 Prä-Post-Vergleiche), dass Coaching positive Effekte auf organisationale Ergebnisse insgesamt (δ = 0,36) und auf spezifische Formen von Ergebniskriterien (fähigkeitsbasiert δ = 0,28; affektiv δ = 0,51; Ergebnisse auf individueller Ebene δ = 1,24) hatte. Sie erforschten auch die Moderation durch eine Reihe von Faktoren der Coaching-Praxis (Verwendung von Multi-Quellen-Feedback; Art des Coaches; Coaching-Format; Langlebigkeit des Coachings). Die Untersuchungen der Praxis-Moderatoren zeigten eine signifikante Moderation der Effektgröße für die Art des Coaches (mit stärkeren Effekten für interne Coaches im Vergleich zu externen Coaches) und die Verwendung von Multisource-Feedback (wobei die Verwendung von Multisource-Feedback zu kleineren positiven Effekten führte).

Enthaltene Studien (systemischer Ansatz)

Evers, W. J., Brouwers, A. & Tomic, W. (2006). A quasi-experimental study on management coaching effectiveness. Consulting Psychology Journal: Practice and Research, 58(3), 174.

Grant, A. M., Curtayne, L. & Burton, G. (2009). Executive coaching enhances goal attainment, resilience, and workplace well-being: A randomised controlled study. The journal of positive psychology, 4(5), 396–407.

Grant, A. M., Green, L. S. & Rynsaardt, J. (2010). Developmental coaching for high school teachers: executive coaching goes to school. Consulting Psychology Journal: Practice and Research, 62(3), 151.

Kotte, S., Hinn, D., Oellerich, K. & Möller, H. (2016). Der Stand der Coachingforschung: Kernergebnisse der vorliegenden Metaanalysen. Organisationsberatung, Supervision, Coaching, 23(1), 5–23. ***EK I***

Kotte et al. (2016) geben einen Überblick über den Stand der quantitativen Coachingforschung. Dazu werden die Ergebnisse der vier inzwischen zu Coaching vorliegenden Metaanalysen (De Meuse et al., 2009; Jones et al., 2015; Theeboom et al., 2014; Sonesh, 2015) zusammengefasst und zueinander in Bezug gesetzt. Ihr Fazit ist, „dass Coaching wirkt. Allerdings schwankt die Stärke der Effekte zwischen den und innerhalb der Metaanalysen stark, was umso deutlicher macht, dass zukünftig weniger Wirksamkeits- und mehr Wirkfaktoren-Forschung nötig ist." Deutlich ist, dass der selbsteingeschätzte Coachingerfolg signifikant höher ausfällt als der von anderem wahrgenommenem Erfolg. Gleichzeitig verdeutlichen die Differenzen, dass der Coachingerfolg aus verschiedenen Perspektiven der unterschiedlichen organisationalen Stakeholder durchaus kontrovers bewertet wird. In Bezug auf die Wirkfaktoren ergeben die vorläufigen Ergebnisse zum Coachingprozess und -setting: Es zeigt sich kein eindeutiger Einfluss der Coachingdauer auf den Coachingerfolg; hier müssten zukünftige Untersuchungen die „Schwere" des Anliegens mit beleuchten. Die explizite Bearbeitung von 360-Grad-Feedbackergebnissen im Coaching birgt vielleicht mehr Risiken, als man zunächst annehmen könnte, wohingegen sich Face-to-face und Blended-Coaching nicht voneinander zu unterscheiden scheinen. Die Relevanz der Coach-Coachee-Beziehung für den Coachingerfolg kann auch metaanalytisch bestätigt werden. Hinsichtlich des Einflusses von Coach-Merkmalen für den Coachingerfolg scheint der interne Coach gegenüber externen Coaches Vorteile aufzuweisen, die in zukünftigen Studien konsolidiert werden müssten. Auch im Hinblick auf den fachlichen Hintergrund (für den eine Mischung aus psychologischem und nicht-psychologischem Know-how am förderlichsten scheint) und die Expertise von Coaches besteht weiterer Forschungsbedarf. Schließlich liefern die Metaanalysen Hinweise auf signifikante Unterschiede zwischen Studierendenstichproben und „echten" Coachees, d. h. Professionals, derart, dass die Effekte an Studierenden die Effekte im Feld möglicherweise überschätzen. Damit wird der Bedarf, ökologisch valide Coachingforschung mit echten Coaches und Professionals als Coachees durchzuführen, noch einmal unterstrichen.

Künzli, H. (2005). Wirksamkeitsforschung im Führungskräfte-Coaching. Organisationsberatung, Supervision, Coaching, 12(3), 231–243. ***EK I***

Künzli (2005) erstellt eine vergleichende Zusammenfassung von 22 empirischen Forschungsarbeiten aus dem deutschen und angelsächsischen Sprachraum zu Wirkungen und Wirkfaktoren im Führungskräfte-Coaching. Insgesamt zeichnet sich ein positives Gesamtbild ab: Coaching wirkt und die Wirkungen sind teilweise beträchtlich. Die Führungskräfte fühlen sich nach der Coaching-Intervention entlastet, sie entwickeln neue Sichtweisen, steigern ihre Reflexions-, Kommunikations- und Führungskompetenzen, sie handeln effektiver und verhelfen ihren Organisationen zu mehr Ertrag. Wirkfaktoren sind die Beziehung, die elaborierte Gestaltung der Zielformulierung und -annäherung, die Qualifikation, das Engagement und die Authentizität des Coaches sowie ein angepasster Einsatz verschiedener Techniken.

Enthaltene Studien (systemischer Ansatz)

Jansen, A., Mäthner, E. & Bachmann, T. (2004): Erfolgreiches Coaching. Wirkfaktoren im Einzelcoaching. Kröning: Asanger.

Laske, O.E. (1999). Transformative effects of coaching on executive's professional agenda. Ann Harbor: University of Michigan Press.

Schmidt, T. (2003). Coaching. Eine empirische Studie zu Erfolgsfaktoren bei Einzelcoaching. Unveröff. Diplomarbeit, Technische Universität Berlin, Institut für Psychologie und Arbeitswissenschaft.

Behrendt, P. (2004). Was kann Psychodrama zu einem erfolgreichen Coaching beitragen? Eine wirkfaktorenorientierte Prozessanalyse im Transfercoaching. Unveröff. Diplomarbeit an der Universität Freiburg.

Künzli, H. (2009). Wirksamkeitsforschung im Führungskräfte-Coaching. Organisationsberatung, Supervision, Coaching, 16(1), 4–18. ***EK I***

Künzli (2009) nimmt in dieser Arbeit Bezug auf die vorab dargestellte Übersichtsarbeit (2005) zum Thema Wirksamkeitsforschung im Führungskräfte-Coaching. Darüber hinaus werden acht neue Arbeiten zum Thema vorgestellt. Obwohl die Anzahl der empirischen Studien immer noch gering ist und die meisten mit methodischen Mängeln behaftet sind, entsteht der Eindruck, dass Coaching wirkt.

Enthaltene Studien (systemischer Ansatz)

Behrendt, P. (2004). Was kann Psychodrama zu einem erfolgreichen Coaching beitragen? Eine wirkfaktorenorientierte Prozessanalyse im

Transfercoaching. Unveröffentlichte Diplomarbeit an der Universität Freiburg.

Evers, W. J., Brouwers, A. & Tomic, W. (2006). A quasi-experimental study on management coaching effectiveness. Consulting Psychology Journal: Practice and Research, 58(3), 174.

Theeboom, T., Beersma, B. & van Vianen, A. E. (2014). Does coaching work? A meta-analysis on the effects of coaching on individual level outcomes in an organizational context. The Journal of Positive Psychology, 9(1), 1–18. ***EK I***

Theeboom et al. (2014) beziehen 18 Studien (8 randomisierte, 6 mit nicht-randomisierten Vergleichsgruppen und 4 mit Vorher-Nachher-Messungen) in ihre Metaanalyse ein. Die Analyse ergab eine mittlere Gesamt-Effektstärke (g = .66). Sie weisen nach, dass Coaching im organisationalen Kontext positive Effekte mit Effektgrößen von g = .43 (Bewältigung) bis g = .74 (zielgerichtete Selbstregulation) im Hinblick auf folgende Kategorien hat: Leistung/ Fähigkeiten, Wohlbefinden, Coping, Einstellung zur Arbeit und zielgerichtete Selbstregulation.

Enthaltene Studien (systemischer Ansatz)

Grant, A. M. (2003). The impact of life coaching on goal attainment, metacognition, and mental health. Social Behavior and Personality: an international journal, 31(3), 253–263.

Grant, A. M. (2008). Personal life coaching for coaches-in-training enhances goal attainment, insight, and learning. Coaching: An International Journal of Theory, Research and Practice, 1, 54–70.

Grant, A. M., Curtayne, L. & Burton, G. (2009). Executive coaching enhances goal attainment, resilience, and workplace well-being: A randomised controlled study. The journal of positive psychology, 4(5), 396–407.

Grant, A. M., Green, L. S. & Rynsaardt, J. (2010). Developmental coaching for high school teachers: Executive coaching goes to school. Consulting Psychology Journal, 62 (3), 151–168.

Green, L. S., Oades, L. G. & Grant, A. M. (2006). Cognitive-behavioral, solution-focused life coaching: Enhancing goal striving, well-being, and hope. Journal of Positive Psychology, 1, 142–149.

Green, L. S., Grant, A. M. & Rynsaardt, J. (2007). Evidence based life coaching for senior high school students: Building hardiness and hope. International Coaching Psychology Review, 2, 24–32.

Poepsel, M. A. (2011). The impact of an online evidence-based coaching program on goal striving, subjective well-being, and level of hope (Doctoral dissertation, Capella University).

Spence, G. B. & Grant, A. M. (2007). Professional and peer life coaching and the enhancement of goal striving and well-being: An exploratory study. Journal of Positive Psychology, 2, 185–194.

Wang, Q., Lai, Y. L., Xu, X. & McDowall, A. (2021). The effectiveness of workplace coaching: a meta-analysis of contemporary psychologically informed coaching approaches. Journal of Work-Applied Management. ***EK I***

Wang et al. (2021) untersuchen in ihrer Metaanalyse psychologisch fundierte Coaching-Ansätze für evidenzbasiertes Management am Arbeitsplatz. Diese Analyse synthetisiert frühere empirische Coaching-Forschungsergebnisse zu kognitiv-behavioralen und positiv-psychologischen Ansätzen im Hinblick auf eine Reihe von Ergebnissen am Arbeitsplatz, einschließlich Lernen, Leistung und psychologischem Wohlbefinden. Sie führten eine systematische Literaturrecherche durch, um Primärstudien zu identifizieren, und führten dann eine Metaanalyse mit robusten Varianzschätzungen durch, um die Gesamteffektgröße und die Effekte der einzelnen Moderatoren zu testen. Die Ergebnisse bestätigen, dass psychologisch fundierte Coaching-Ansätze effektive arbeitsbezogene Ergebnisse erleichterten, insbesondere in Bezug auf Zielerreichung ($g = 1.29$) und Selbstwirksamkeit ($g = 0.59$). Zudem erzeugten die identifizierten Coaching-Frameworks einen größeren Einfluss auf die objektive, von Anderen bewertete Arbeitsleistung (z. B. 360-Grad-Feedback) als auf die selbstberichtete Leistung der Coachees. Außerdem stimulierte ein kognitiv-behavioral orientierter Coachingprozess die interne Selbstregulation und das Bewusstsein der Individuen, um die Arbeitszufriedenheit zu fördern und nachhaltige Veränderungen zu ermöglichen. Es gab jedoch keinen statistisch signifikanten Unterschied zwischen beliebten und weniger genutzten Coaching-Ansätzen. Stattdessen führte ein integrativer Coaching-Ansatz, der verschiedene Ansätze kombiniert, zu besseren Ergebnissen ($g = 0{,}71$), einschließlich des psychologischen Wohlbefindens der Coachees. Effektive Coaching-Aktivitäten sollten kognitive Bewältigung (z. B. die Kombination von kognitiver Verhaltens- und lösungsfokussierter Techniken), positive individuelle Eigenschaften (d. h. stärkenbasierter Ansatz) und kontextuelle Faktoren für einen integrativen Ansatz integrieren, um die gesamte Bandbreite der Werte, Motivatoren und organisatorischen Ressourcen der Coachees anzusprechen.

Enthaltene Studien (systemischer Ansatz)

Burke, D. & Linley, P. A. (2007). Enhancing goal self-concordance through coaching. International Coaching Psychology Review, Vol. 2 No. 1, pp. 62–69.

Evers, W. J., Brouwers, A. & Tomic, W. (2006). A quasi-experimental study on management coaching effectiveness. Consulting Psychology Journal: Practice and Research, Vol. 58 No. 3, pp. 174–182.

Grant, A. M., Curtayne, L. & Burton, G. (2009). Executive coaching enhances goal attainment, resilience and workplace well-being: a randomised controlled study. The Journal of Positive Psychology, Vol. 4 No. 5, pp. 396–407.

Grant, A. M., Green, L. S. & Rynsaardt, J. (2010). Developmental coaching for high school teachers: executive coaching goes to school. Consulting Psychology Journal: Practice and Research, Vol. 62 No. 3, pp. 151–168.

Grant, A. M. (2014). The efficacy of executive coaching in times of organisational change. Journal of Change Management, Vol. 14 No. 2, pp. 258–280.

Yu, N., Collins, C. G., Cavanagh, M., White, K. & Fairbrother, G. (2008). Positive coaching with frontline managers: enhancing their effectiveness and understanding why. International Coaching Psychology Review, Vol. 3 No. 2, pp. 110–122.

7.1.2. Systemisch-konstruktivistisches Coaching

Für den Bereich Coaching auf Basis allgemein systemisch-konstruktivistischer Perspektive konnten 44 Studien in die Analysen einfließen. Diese sind von unterschiedlicher Qualität und Aussagekraft. 11 Studien lassen sich der Evidenzklasse IV zuordnen, 23 der EK III, 9 der EK II sowie 1 der EK I. Damit kann für diesen Untersuchungsbereich die *Bewertungsklasse II* vergeben werden. Zusammenfassend kann gesagt werden, dass Systemisch-konstruktivistisches Coaching insbesondere in folgenden Bereichen Effekte der Wirksamkeit zeigt (Tab. 4).

Systemisch-konstruktivistisches Coaching	
Wirkfaktoren	
Arbeitsbeziehung – Beziehungsqualität (Vertrauen, Sympathie, Offenheit/ Ehrlichkeit, Gleichwertigkeit, Akzeptanz) *Methoden & Arbeitsweise* – Aufmerksamkeitsfokussierung in Verbindung mit Ressourcenaktivierung – Einsatz von verbalorientierten bzw. verhaltensorientierten Techniken – Unterstützung und Zuhören – Herausfordern des Coachees – Unterstützung durch Pferde – Tägliche Reflexion – Generische Prinzipien – Aktivitäts- und Handlungskompetenzen – Beachtung relevanter Umwelten – Initiierung und Ermöglichung von Lernen – Reflexion im Beratungsprozess – Relevanz von zu bearbeitenden Phasen/Arbeitsschritten – Relevanz der synergetischen Wirkprinzipien	– Problemspezifische Interventionen – Double-loop learning – Prozessgestaltung – Verwendung der Ökosystemtheorie *Rahmenbedingungen* – Coaching-Anlass – Coaching-Bereitschaft – Veränderungsmotivation der Klienten – Ressourcen der Organisation – Organisationskultur *Klient/ Klientin* – Positive vorherrschende Sichtweise von Coaching in der Organisation – Feedback-orientierte Kultur *Coach* – Erfahrung des Coaches – Persönliche Kompetenzen der Coaches – Qualifikation und Involvement des Coaches – Individueller Arbeitsstil
Wirkungen	
Kompetenzentwicklung – Verbesserung der Selbststeuerungskompetenzen – Erhöhung der Selbstwirksamkeit – Steigerung der Konzentration – Steigerung der Handlungsorientierung – Verbesserung des Kommunikationsstils – Verbesserung der Führungskompetenz – Anpassung des Führungs- und Beziehungsstils – Unterstützung von Partizipation – Ressourcenaktivierung	– Rollenklarheit – Verbesserung des Einblicks in Interaktionen und das eigene Verhalten – Reflexion der Biografie – Reflexion des Führungsverhaltens – Einnahme einer breiteren Perspektive – Reflexion der eigenen Arbeitsweise – Reflexion der eigenen Kompetenzen – Bessere Wahrnehmung von Teamprozessen *Leistungsverbesserung* – Einfluss auf organisationales Umfeld – Zielerreichung

Individuelles Erleben – Steigerung der Zufriedenheit – Emotionale Ausgeglichenheit – Reduzierung des Inkongruenzerlebens – Verbesserung der Selbstwahrnehmung – Stärkung von Veränderungsbereitschaft – Identifikation mit der Organisation – Umgang mit Ängsten und Befürchtungen in Veränderungsprozessen verbessern *Reflexion* – Zielklarheit	– Förderung organisatorischen und persönlichen Lernens – Verbesserung der fachlichen Zusammenarbeit – Verbesserung des individuelle Zeit- und Projektmanagements – Arbeit mit Zielvereinbarungen in Projekten – Verbesserung des Teamklimas – Besserer Umgang mit Konflikten

Tab. 4: Überblick über die Wirkfaktoren und Wirkungen aus den Studien zum systemisch-konstruktivistischen Coaching

Folgende Publikationen wurden für den Bereich des Systemisch-konstruktivistischen Coachings eingeschlossen und gesichtet:

Bär, C. & Bommeli, B. (2013). Ein Beratungskonzept: durch Selbstreflexion und Feedback die eigene Handlungsfähigkeit vergrößern – am Beispiel „Konflikt“. Masterarbeit, Züricher Hochschule für angewandte Wissenschaft. ***EK III***

Bär & Bommeli (2013) führen im Rahmen ihrer Masterarbeit mit einem selbst entwickelten Beratungskonzept Beratungen mit sechs Teilnehmenden durch, die alle einen zwischenmenschlichen Konflikt mitbrachten. Die Untersuchung zeigte, dass sich die Erwartungstypen im erweiterten kognitiven Motivationsmodell von Heckhausen durch die Beratungen verändern konnten. Die Selbstwirksamkeitserwartung zeigt die meisten positiven Veränderungen auf. Andererseits wurde mittels Interviews gezeigt, dass die Beratung im Zweierteam, die Arbeit mit dem Reflektierenden Team und dem Inneren Team besonders hilfreiche Interventionen darstellten.

Behrendt, P. (2004). Was kann Psychodrama zu einem erfolgreichen Coaching beitragen? Eine wirkfaktorenorientierte Prozessanalyse im Transfercoaching. Unveröff. Diplomarbeit an der Universität Freiburg. ***EK II***

In der Studie von Behrendt (2006) wurde ein Vergleich zwischen dem Psychodramatischen und dem Systemischen Ansatz im Coaching hinsichtlich der Wirksamkeit und Wirkfaktoren durchgeführt. Im Ergebnis konnte festgestellt werden, dass beide Ansätze wirksam sind, in dieser Studie jedoch der Psychodramatische Ansatz stärkere Effekte in folgenden Bereichen zeigt: Es zeigten sich die vier Wirkfaktoren (Ressourcenaktivierung, Themenaktualisierung, motivationale Klärung, Bewältigung) als elementar in kurz- und mittelfristig erfolgreichen Coachingprozessen. In dem experimentellen Vergleich wurde das psychodramatische Coaching zudem wesentlich besser bewertet als das Vergleichscoaching, was nach Behrendt (2006) durch den Ressourcen- und Wachstumsfokus sowie die sehr gute Beziehungskompetenz der Psychodramatiker erklärt werden kann. Des Weiteren zeigen die Auswertungen, dass ein dosierter und gezielter Einsatz des psychodramatischen Methodenrepertoires fruchtbarer zu sein scheint als der zeitlich umfassende Einsatz des Psychodramas als Hauptinterventionsmethode.

Bhatnagar, V. R. (2020). Systemic coaching for higher effectiveness. Industrial and Commercial Training. ***EK II***

Bhatnagar (2020) verwendete die Ökosystemtheorie als alternativen Ansatz, um im Rahmen einer Aktionsforschung in einer indischen Produktionsorganisation, Daten auf drei Ebenen verschachtelter Systeme zu sammeln: dem Mikrosystem (intrapersonale und direkte Berichte des Coachees), dem Mesosystem (Peers und Manager des Coachees) und dem Makrosystem (kulturelle Ebene). Er nutzte eine nicht-experimentelle, zweckgebundene Stichprobe und eine Querschnittserhebungsmethode zur Datenerhebung. Die Analyse der Daten hilft Coaches, eine effektive Coaching-Intervention auf mehreren Ebenen – intrapersonal, dyadisch und organisatorisch – zu gestalten und durchzuführen. Die Verwendung der Ökosystemtheorie für die Durchführung von systemischem Coaching ist ein effektiver Ansatz zur Professionalisierung von Coaching und zur Steigerung der Effektivität von Coaching.

Coetzee, M. E. (2019). The Application of a Systemic World View Within Coaching as Strategy for Leadership Development. University of Johannesburg (South Africa). ***EK III***

Das Ziel der Studie von Coetzee (2019) war es, eine alternative Strategie zum Coaching, welche auf einer systemischen Perspektive basiert, in der Praxis vorzuschlagen. Sie evaluierte die aktuellen Coaching-Ansätze, die in der Literatur und in der Praxis beschrieben werden, im Hinblick auf ihre zugrunde liegenden Weltanschauungen, d. h. Newtonsche, allgemeine Systemtheorie (GST) und systemisch. Um die verschiedenen Weltanschauungen, die den verschiedenen Coaching-Ansätzen zugrunde liegen, zu identifizieren und zu kontrastieren, wurden im Rahmen einer qualitativen Untersuchung (Karten-Sortier-Methode) sechs Coaches und 14 Coachees befragt.

Die Ergebnisse zeigten die aufkommende Praxis einer systemischen Strategie für das Coaching, die mehr auf die neu entstehende Welt der Führungskräfte abzielen. Dies steht im Gegensatz zu den dominanten Coaching-Ansätzen in der Literatur, wie in der Studie beschrieben.

Deplazes, S., Schwyter, S. & Möller, H. (2016). Ein Blick auf Coachingprozesse – Die Interventionen des Coachs, dargestellt und analysiert mittels des KaSyCo-C. Coaching Theorie & Praxis, 2(1), 9–19. ***EK III***

Anhand von Videos von neun Coachingprozessen, durchgeführt von sechs Coaching-Experten und Expertinnen, entwickelten Deplazes et al. (2016) induktiv ein Kategoriensystem der verwendeten Interventionen, welches matrixartig die Interventionsformen und inhaltlichen Schwerpunkte der Intervention darstellt. Es zeigt sich, dass Coaches ungefähr die Hälfte der gesamten Coachingdauer zuhören und je knapp 20 Prozent reflektieren oder Fragen stellen. Es werden überwiegend geschlossene, gefolgt von offenen und deutlich weniger spezifischen Frageformen wie die zirkulären oder hypothetischen Fragen gestellt. Den Inhalt der Interventionen betreffend zeigt sich ein heterogenes Bild. Am häufigsten fokussieren die Interventionen das Erleben und Verhalten der Klient/innen gefolgt von dem Fokus auf das Klientensystem.

Drinnan, S., Olinek, B., Lecorre, C., Maslyk, T. & MacKin, C. (2011). Small can be big: The impact of small coaching projects in health care system. The International Journal of Coaching in Organizations, 31(8), 3. ***EK III***

In der Fallstudie von Drinnan et al. (2011) wurde anhand des Meta-Mirror der Kommunikationsstil eines Arztes mit den Angehörigen und/oder Kollegen des Patienten reflektiert. Die Intervention verhalf dem Arzt, einen besseren Einblick in diese Interaktionen und sein Verhalten zu bekommen. Seit der Durchführung gab es keine weiteren Beschwerden mehr und der Berater beschreibt ein gestiegenes Vertrauen im Umgang nicht nur mit Angehörigen, sondern auch mit Kollegen.

Ebner, K. (2016). Veränderungen durch Coaching: Wie lernt ein Coachee im Coaching-Prozess? In Qualität im Coaching). Berlin, Heidelberg: Springer, 81–91. ***EK IV***

Unter Bezugnahme auf Ergebnisse ihrer Dissertation stellt Ebner (2016) die Ergebnisse eines Coachings mit einem Anliegen aus der beruflichen Lebensumwelt der Klienten und Klientinnen (z. B. Stressbewältigung) dar. Konkreter zeigte sie, dass Klienten an bedeutsamen Kompetenzen gewinnen, wie

z. B. Selbststeuerungskompetenzen und selbstwirksamkeitsdienlichen Überzeugungen. Es wird gezeigt, dass die Effekte von Coaching beispielsweise von einer proaktiven Veränderungsmotivation und der Selbstreflexionsfähigkeit der Klientinnen abhängen, und es wird davon ausgegangen, dass die Beziehungsqualität nicht allein durch die interpersonalen Kompetenzen des Coaches bestimmt wird. Die Klienten tragen mit ihren Fähigkeiten und Eigenschaften ebenso zu einer gelingenden Beziehungsgestaltung bei.

Friesenhahn, J. (2016). (In)direkte Effekte von Coaching. In R. Wegener, M. Loebbert & A. Fritze (Hrsg.). Zur Differenzierung von Handlungsfeldern im Coaching, (pp. 429–440). Springer VS, Wiesbaden. ***EK III***

Die qualitative Untersuchung von Friesenhahn (2016) fand in einem Großunternehmen statt. Die Fragestellungen wurden an zwei Fällen explorativ untersucht. Dabei lag der Fokus auf den Prinzipien der Stabilität (durch Beziehungsgestaltung gefestigt) und der Destabilisierung (durch die vielfältigen Interventionen). Dies weist darauf hin, dass es für die Wirksamkeit von Coaching essenziell ist, über dynamische Veränderungen Systemmuster zu beeinflussen. Synchronisation scheint dabei eher beiläufig und unbewusst stattzufinden – musste jedoch vorliegen, da Änderungen sonst kaum hätten angeregt werden können. Bezüglich der Effektivität der Coachings konnten in beiden Fällen Effekte auf emotionaler, kognitiver und behavioraler Ebene festgestellt werden.

Friesenhahn, J. (2017). Kommunikation als Basis wirkungsvollen Führungskräfte-Coachings Wiesbaden: Springer. ***EK II***

Friesenhahn (2016) untersuchte vor ähnlichem theoretischen Hintergrund mittels eines komplexen, multimodalen Forschungsdesigns, das quantitative und qualitative Forschungsmethoden kombiniert, welche Wirksamkeit pferdegestütztes Coaching auf die Führungskompetenz hat. Es wird veranschaulicht, wie Synchronisation, emotional-intuitiv und bewusst-methodisch zwischen Coach und Coachee entsteht. Die Hinzunahme eines Pferdes beeinflusst den Coaching-Prozess und die Beziehung zwischen Coach und Klient. Es wird aufgezeigt, dass die Unterstützung von Pferden eine Möglichkeit sein kann, die körpersprachliche, emotionale und intuitive Ebene im Coaching verstärkt zu integrieren. Die Effekte des untersuchten pferdegestützten Coachings lassen sich in zwei Bereiche zusammenfassen: Zum einen wurden sich die Klienten ihrer eigenen Verhaltens-, Denk- und Gefühlsmuster bewusst und begannen diese zu verändern, z. B. sich weniger Zeitdruck zu machen oder erreichte Ziele zu genießen. Zum anderen verbesserten sie ihre Führungskompetenz, indem sie ihren verbalen und nonverbalen

Ausdruck in Übereinstimmung brachten, ihren individuellen Führungsstil reflektierten und lernten, ihn flexibel anzupassen.

Frohn, D. & Fasel, C. (2019). Subjektive Theorien zu systemischem Coaching – Eine qualitative Studie mit Absolventen_innen von Coaching-Ausbildungen. Journal of Business and Media Psychology (2019) 10, Heft 1, S. 32–36. ***EK III***

Frohn & Fasel (2019) untersuchten in ihrer qualitativen Studie, die Qualität und den Erfolg von systemischem Coaching aus der Sicht von Teilnehmenden und Absolventen und Absolventinnen von Ausbildungen zum systemischen Coach. Dabei wird sich an dem methodischen Prozess des Forschungsprogramms „Subjektive Theorien" orientiert. Es wird konkret untersucht, über welche subjektiven Theorien in Bezug auf gutes systemisches Coaching die Teilnehmenden und Absolventen und Absolventinnen der Ausbildung verfügen. Dabei wird zusätzlich auf die Unterschiede der subjektiven Theorien abhängig vom Ausbildungszeitraum eingegangen. Vor diesem Hintergrund nahmen zehn Personen an der Untersuchung teil. Die Ergebnisse aller Teilnehmenden zeigen, dass sich die Erfolgsfaktoren von systemischem Coaching insbesondere auf den Coach, die Coachees und den Prozess beziehen. Es wird darüber hinaus deutlich, dass die Ergebnisse der Teilnehmenden mit der Arbeitsphilosophie des Ausbildungsinstituts übereinstimmen.

Graf, E. M. & Spranz-Fogasy, T. (2018). Welche Frage, wann und warum? – Eine qualitativ-linguistische Programmatik zur Erforschung von Frage-Sequenzen als zentrale Veränderungspraktik im Coaching. Coaching Theorie & Praxis, 4(1), 17–32. ***EK IV***

Graf & Spranz-Fogasy (2018) setzen sich mit der kommunikativen Praktik „Fragen" im Beratungsformat Führungskräfte-Coaching auseinander. Fragen sind weder in der quantitativ operierenden, psychologischen Wirksamkeits- bzw. Outcome-Forschung noch in der qualitativ operierenden, linguistischen Prozessforschung (zentraler) Forschungsgegenstand. In einem ersten vorbereitenden Schritt machten sie es sich zur Aufgabe, das Phänomen „Fragen im Coaching" als Forschungsgegenstand der linguistischen Gesprächsanalyse zu etablieren. Fragen im Coaching werden dabei sowohl bezüglich ihrer Form, ihrer Funktion als auch als institutionsspezifische soziale Praktik diskutiert, wobei Erkenntnisse zur Verwendung von Fragen in benachbarten professionellen Gesprächen wie Psychotherapie oder Arzt-Patient-Kommunikation als erste Orientierung herangezogen werden. Im Zentrum der gesprächsanalytischen Diskussion steht der Beitrag, den Frage-Sequenzen zur Veränderung und damit zur lokalen Wirksamkeit von Coaching leisten. Sie skizzieren eine kritische Evaluation der Möglichkeiten einer gesprächsanalytischen Erforschung von Frage-Sequenzen und stellen den Mehrwert von interprofessioneller und interdisziplinärer, insbesondere linguistischer und psychologischer Forschung für die Coaching-Praxis dar. Die qualitativ operierende Gesprächsanalyse erlaubt die Entwicklung und Beschreibung einer Frage-Typologie für das Beratungsformat Coaching auf der Basis einer sequenziellen Analyse der sprachlichen Mikroebene authentischer Coaching-Gespräche. Dieses Vorgehen ermöglicht es die Zug-um-Zug Qualität und Kontextualisierung von Frage-Sequenzen herauszuarbeiten und zu beschreiben. Kontextualisierung bezieht sich dabei sowohl auf den lokalen als auch den globalen Gesprächsverlauf im Coaching entlang einzelner Sitzungen und gesamter Prozesse. Auf diese Weise werden Erkenntnisse über die strukturellen und organisatorischen Interaktionseigenschaften von Frage-Sequenzen im Interaktionstyp Coaching generiert.

Halliwell, P. R., Mitchell, R. J. & Boyle, B. (2021). Leadership coaching's efficacy and effect mechanisms – a mixed-methods study, Coaching: An International Journal of Theory, Research and Practice, DOI: 10.1080/ 17521882.2021. 1884110. ***EK III***

Auf der Basis der Theorie des Erwachsenenlernens und unter Verwendung eines Mixed-Methods-Studiendesigns arbeiteten Halliwell et al. (2021) weitere positive Wirkungen von Coaching auf Führungskräfte in Organisationen heraus. Thematische Analysen der Daten aus neunzehn halbstrukturierten Interviews deuten darauf hin, dass durch die Unterstützung, das Zuhören und das Herausfordern des Coachees durch den Coach, Leadership-Coaching den Coachees hilft, ihre Selbstwahrnehmung, ihr Selbstvertrauen, ihre Klarheit und ihren Fokus zu erhöhen und eine breitere Perspektive einzunehmen und hilft, den positiven Effekt von Coaching zu erklären, der in der Prä-Posttest-Studie mit 70 gecoachten Führungskräften beobachtet wurde. Zusammengenommen deuten diese Ergebnisse darauf hin, dass Leadership-Coaching den „Praktiken und Entdeckungen", die absichtlichen Veränderungen und transformatives Lernen erleichtern, die mit gewünschten und nachhaltigen Veränderungen in Verbindung gebracht werden, sehr ähnlich ist und eine starke Unterstützung für die Wirksamkeit von Coaching als führereigene Entwicklungsintervention bietet.

Hausner, M. (2020). Synergetisches Prozessmanagement im Coaching. Ein Praxisbericht. ***EK IV***

Hausner (2020) fasst die wesentlichen Ergebnisse eines laufenden Coaching-Prozesses mit einem C-Level Manager eines mittelständischen Betriebes mit über 400 Mitarbeitenden zusammen. Das Synergetische Prozessmanagement (SPM) nach Haken & Schiepek (2010), stellt die theoretische und konzeptionelle Rahmung der Intervention des personenbezogenen Performance-Coachings dar. Aus der Perspektive des Klienten wird die tägliche Reflexion in Kombination mit Coaching als hilfreich und günstig erlebt. Das erstellte Fallkonzept (ISM) und die Zeitreihen durch SNS führen zu mehr Verbindlichkeit und Klarheit für die erarbeiteten Themen. Die Frequenz der täglichen Reflexion erscheint auch im Coaching machbar. Aus der Perspektive des Coaches wird berichtet, dass die SNS-Reports zur Vorbereitung der Coachings sehr hilfreich sind. Sie bieten eine hilfreiche Grundlage zur anschließenden Evaluation.

Hausner, M. (2015). Coaching für Fach- und Führungskräfte im Mittelstand – Generische Wirkprinzipien der Synergetik und kognitiv-behavioristische Modelle und Interventionen als Gestaltungselemente personenbezogener Beratung. Hausarbeit. Uni Heidelberg. ***EK IV***

Anhand mehrerer Gesprächssequenzen versuchte Hausner (2015) insbesondere die acht generischen Prinzipien sichtbar zu machen, zu erklären und mit dem kognitiven Modell und eingesetzter Interventionen der kognitiven Verhaltenstherapie (KVT) in Verbindung zu bringen. Die Problemlösephasen konnten skizzenhaft erwähnt werden, da sich die Sequenzen schwerpunktmäßig nur in zwei von sechs Phasen bewegt haben. Es ist nach ihm in aller Vorläufigkeit exemplarisch gelungen, die Wirkung der generischen Prinzipien sichtbar zu machen. Es legt sich für ihn der Schluss nahe, dass deren Berücksichtigung tatsächlich förderliche Bedingungen für Selbstorganisation schaffen können.

Hebenstreit, N. & Hinzdorf, K. (2006). Taking the lead: Effectiveness of a Modular Coaching program for Transformational leadership Development. IJCO, 52. Sf. ***EK III***

Hebenstreit & Hinzdorf (2006) führten ein sogenanntes Leadership Circle (LC) Coaching-Programm anhand von zwei Pilotgruppen mit je 16 Führungskräften durch. LC verfolgt sowohl einen persönlichen als auch einen Gruppenansatz zur Maximierung des Lernens und zur Stimulierung der Transformation bei Führungskräften. Dieses Programm ist so konzipiert, dass es kognitives Lernen auf einer sehr tiefen Ebene verbindet, um beobachtbare Veränderungen und messbare Ergebnisse in sieben Führungsfähigkeiten zu erzielen. Um das Lernen zu maximieren und die Transformation bei Führungskräften zu fördern, wurde die integrale Perspektive (nach Ken Wilber) als Bezugsrahmen für alle Interventionen gewählt. Die Ergebnisse dieses Pilotprojekts legen einen modularen Ansatz für Coaching-Initiativen nahe, der dem Coachee maximale Sicherheit bei der Auswahl und Ausübung seiner Entwicklungskomponenten bietet. Die Effekte sprechen stark für einen modularen Ansatz für Coaching-Initiativen, die auf die Entwicklung von Führungskräften in und zwischen Organisationen zugeschnitten sind. Vorläufige Daten aus anderen Testgruppen wie den nächsten beiden Gruppen von Schulleitern sowie einer Gruppe von zwölf Führungskräften aus einem Unternehmen der holzverarbeitenden Industrie zeigen, dass das Konzept sowohl für interne Gruppen, die nur aus Führungskräften innerhalb einer Organisation bestehen, ebenso effektiv ist wie in offenen Gruppen, die aus Führungskräften mit unterschiedlichem organisatorischem Hintergrund zusammengesetzt sind.

Hein, J. (2011) Wirksamkeit von Einzel-Coaching in der Organisation. Empirische Untersuchung direkter und indirekter Effekte (Magisterarbeit, Universität Heidelberg). ***EK III***

Um Wirkmechanismen im Coaching-Prozess zu untersuchen, führte Hein (2011) unter Rückbezug auf die generischen Prinzipien (vgl. Haken & Schiepek 2010) Interviews mit Coaches und Coachees durch. Daraus lässt sich schließen, dass in beiden Fällen die Wirksamkeit von Coaching vor allem auf der kognitiven Ebene ansetzt. In beiden Fällen drücken sich Änderungen der kognitiv-emotionalen Muster auch im Verhalten der Coachees aus. Dennoch beschreiben auch sie einen großen Einfluss auf deren Umfeld.

Hertkorn, M. (2009). Evaluation des systemischen Verfahrens High Profiling Coaching. Organisationsberatung, Supervision, Coaching, 16(1), 66–71. doi:10.1007/s11613-009-0115-y. ***EK III***

Die von Hertkorn (2009) durchgeführte qualitative Evaluation des systemischen *High-Profiling-Coaching* ergab, dass der Coaching-Anlass eine wesentliche Rolle im Hinblick auf die Nachhaltigkeit des Prozesses spielt. Es konnte eine besondere Eignung für Deutero-Lernprozesse (Bateson, 2000) festgestellt werden. Das untersuchte Verfahren ist besonders für selbst motivierte und geschickte Coachees geeignet. Es wurden Verhaltensänderungen beschrieben, die auch noch Jahre nach dem Coaching benannt werden konnten, und es fanden sich zahlreiche Hinweise auf die Reflexion von Biographie und Führungsverhalten.

Jansen, A., Mäthner, E. & Bachmann, T. (2004): Erfolgreiches Coaching. Wirkfaktoren im Einzelcoaching. Kröning: Asanger. ***EK II***

Jansen et al. (2004) befragten in einer explorativen Fragebogenstudie 89 organisationsexterne Coaches und 74 ihrer Klienten nach Anlässen, Zielen, Methoden und Wirkungen im Coaching. Die Daten wurden qualitativ und quantitativ ausgewertet. Als wirksam erwiesen sich insbesondere die Beziehung, der Einsatz von verbalorientierten bzw. verhaltensorientierten Techniken sowie die Veränderungsmotivation der Klienten. Die Erfolgskriterien Zufriedenheit und Zielerreichung standen vor allem mit der guten Beziehung in Verbindung. Geringe Übereinstimmung in der Wahrnehmung des Coachingprozesses ist mit geringer Zufriedenheit des Klienten verbunden.

Jonassen, M. (2009). Wirkungsvolles Coaching: Wie arbeiten erfolgreiche Coaches, um Veränderungen herbeizuführen? In Praxeologie des Coaching. Wiesbaden: Verlag für Sozialwissenschaften. 43–58. ***EK III***

Jonassen (2009) untersuchte anhand von Video-Aufzeichnungen sechs Live-Beratungen prominenter Coaches. Anschließend führte sie qualitative Interviews mit den Coaches und Coachees und dem Plenum durch, um Eindrücke und Beobachtungen zu sammeln. Diese Arbeit führte zu der Erkenntnis, dass die Aufmerksamkeitsfokussierung in Verbindung mit der Ressourcenaktivierung von hoher Bedeutung für ein wirkungsvolles Coaching ist und dass das Coaching umso wirkungsvoller ist, je mehr Prozess-Schritte des Rubikon-Prozesses einbezogen werden. Im Beratungsfall von Gunther Schmidt erkannte der Klient, dass seine unbewussten Lösungsstrategien Ursache für sein Befinden waren. Der Klientin von Astrid Schreyögg wurde bewusst, dass sie die Situation ihres Chefs und ihr eigenes Verhalten eingeschränkt wahrgenommen hatte. Rudolf Wimmer unterstützte seinen Klienten bei der Klärung seiner persönlichen Motivation und der Situation seines Unternehmens, sodass er die Anforderungen an sich selbst erkennen konnte. Und die Klientin von Sonja Raddatz konnte ihr Dilemma aufgrund unterschiedlicher Zielvorstellungen mit ihrem Klientensystem klären und ihre professionellen Ansprüche wiederfinden, indem sie ihre Selbstbeschreibung korrigierte.

Kahn, M. S. (2011). Coaching on the axis: An integrative and systemic approach to business coaching. International Coaching Psychology Review, 6(2), 194–210. ***EK III***

Kahn (2011) erforschte in einer Fallstudie einen integrativen und systemischen Ansatz im Coaching mit einer neu ernannten Führungskraft in einem multinationalen Unternehmen. Es unterstützte sie in ihrer neuen Rolle als leitende Angestellte. Sie war anschließend in der Lage, ihren Führungs- und Beziehungsstil messbar anzupassen, um die geschäftlichen Erwartungen in ihrer neuen Rolle zu erfüllen.

Kohli, A. (2016). Short Survey of Coach Training and Coaching Companies. In Effective Coaching, and the Fallacy of Sustainable Change. Springer, Cham., 153–170. ***EK IV***

Kohli (2016) stellt seine Erfahrungen als teilnehmender Beobachter in verschieden Coaching-Kursen dar. Neben den 123 Interviews mit Entscheidungsträgern: CEOs, Managern, Coaches und Unternehmern, und seiner Coaching-Erfahrung mit 165 Klienten über 5 Jahre hinweg, entschied er sich, an unterschiedlichen Coaching-Kursen teilzunehmen. Dies tat er, um festzustellen, was verschiedene Institute und Schulen als Coaching bezeichnen und um ihre Wirksamkeit zu bewerten. Er nutzte die bewährte Methode des „teilnehmenden Beobachters", die von dem berühmten Anthropologen Bronislaw Malinowski entwickelt wurde, um herauszufinden, ob es im Coaching noch mehr zu lernen gibt, zum Beispiel durch die Hinzunahme von Hypnotherapie, NLP, systemischem Coaching und anderen Kursen. Nach intensiver Beschäftigung mit verschiedenen Kursen ist er zu dem Schluss gekommen, dass effektives Coaching nur mit einer bewährten Methodik möglich ist und nicht durch Fächer, die „Coaching" als einfaches Additiv anbieten.

Kumkani, E. M. (2016). Coaching for the systemic development of leadership in organisations (Doctoral dissertation, University of Kwazulu-Natal). ***EK III***

Anhand von 15 Experteninterviews zeigt Kumkani (2016), dass Coaching eine befähigende Intervention für die systemische Entwicklung von strategischen Führungskräften in Organisationen sein kann: dyadisches Coaching als alleiniger Ansatz für die Entwicklung von Führungskräften in Organisationen ist von begrenztem Nutzen. Diese Studie identifizierte folgende potenziellen Vorteile: Es wirkt sich positiv auf das Engagement der Mitarbeiter aus; spielt eine entscheidende Rolle bei der Bindung der Mitarbeiter an ihre Organisationen; es fördert das organisatorische und persönliche Lernen und trägt dazu bei; es ist der Schlüssel für nachhaltige Veränderungen innerhalb von Organisationen.

Künzli, H. (2016). Ein Tag Coaching: Evaluation der Wirksamkeit von Coachings nach dem Modell der Coachingkonzeption „Systemisch-konstruktivistisches Einzel- und Teamcoaching im Management" SKETM. Coaching Theorie & Praxis, 2(1), 49–65. ***EK II***

Künzli (2016) evaluiert Coachings auf Basis einer Befragung von 70 Klienten (64 Fragebögen ausgewertet), die nach dem Modell „Systemisch-konstruktivistisches Einzel- und Teamcoaching im Management" (SKETM) erfolgten. Zur Überprüfung der Fragestellung nutze er ein quasiexperimentelles Wartekontrollgruppendesign mit drei Messzeitpunkten. Im Ergebnis bewertet Künzli das Modell als „wirksame Intervention, die bei unterschiedlichen Anliegen zur Zielannäherung, der Anliegenklärung und -umsetzung sowie der Reduzierung des Inkongruenzerlebens beiträgt.“

Laske, O. E. (1999). Transformative effects of coaching on executives' professional agenda (Doctoral dissertation, Massachusetts School of Professional Psychology). ***EK III***

Die Dissertation von Laske (1999) basiert auf sechs Fallstudien. Er analysierte die beiden Theorietypen der Führungskräfte- und Erwachsenenentwicklung. Diese beiden Theorietypen repräsentieren unterschiedliche Kulturen, in denen der Begriff „Entwicklung” auf zwei verschiedene, aber komplementäre Arten genutzt wird. Laske untersuchte, ob die Veränderung der Ziele der Gecoachten auf Verhaltenslernen oder auf wesensmäßiger Entwicklung (*ontic development*) beruhte. Er kommt zum Schluss, dass wesensmäßige Veränderungen durch Coaching zu erreichen sind, diese jedoch in Abhängigkeit zur wesensmäßigen Entwicklung des Coaches stehen.

Mai, V. (2020). Projektcoaching und Leadership-Coaching als integrative Elemente in der Ingenieurausbildung. TH Köln: Forschung und Innovation in der Hochschulbildung. ***EK II***

Mai (2020) untersuchte im Kontext der Ingenieurausbildung wie systemisches Coaching hilfreich sein kann, um Personen und Organisationen im Umgang mit Komplexität zu begleiten. Coaching half dabei, ein ganzheitlich-systemisches Verständnis des digitalen Wandels zu entwickeln und zentrale Kompetenzen wie Reflexionsfähigkeit zu erwerben. Es werden die Ergebnisse zweier Studien (Fragbogenerhebung N = 321 und teilnehmende Beobachtung in zwei Projektmeetings) vorgestellt, die den Einsatz von Projektcoaching und Leadership-Coaching in projektbasierten Modulen mit großen Teilnehmendenzahlen untersuchten. Die Forschungsergebnisse stützen zum einen die Annahme, dass das hier konzipierte Coaching die Studierenden dabei begleitet, Metakompetenzen wie Reflexionsfähigkeit und Self-Awareness zu entwickeln. Zum anderen unterstreichen die Ergebnisse das Vorgehen, Kompetenzen nicht nur einmalig im Studium, sondern aufeinander aufbauend durchgängig zu trainieren. Als Wirkfaktoren wurden die Coachingbeziehung (Sympathie, Offenheit/ Ehrlichkeit, Akzeptanz, Gleichwertigkeit und Vertrauen) und als Wirkungen die Verbesserung der fachlichen Zusammenarbeit, des individuellen Zeit- und Projektprojektmanagements, des Treffens von Zielvereinbarungen im Team, der Atmosphäre und des Umgang mit Konflikten sowie der Selbstwahrnehmung. Individuelle Wirkungen bezogen sich auf die Wahrnehmung und Reflexion der eigenen Arbeitsweise und Kompetenzen sowie von Teamprozessen.

Mayer C. H., Viviers R. (2016). Systemic Thinking and Transcultural Approaches in Coaching Psychology: Introducing a New Coaching Framework. In van Zyl L., Stander M., Odendaal A. (eds) Coaching Psychology: Meta-theoretical perspectives and applications in multicultural contexts. Springer, Cham. https://doi.org/10.1007/978-3-319-31012-1_10. ***EK IV***

Mayer & Viviers (2016) stellen die theoretischen Ansätze des systemischen Denkens und der Transkulturalität (Welsch) im Rahmen der Positiven Psychologie des Coachings vor. Sie skizzierten zudem das Profil eines systemischen und transkulturellen Coaches und schlugen Interventionsmethoden wie die Aufstellungsarbeit vor, die zum vorgestellten transkulturellen systemischen Coaching-Rahmenwerk beitragen. Sie argumentieren, dass systemisches Denken und transkulturelle Ansätze die Effektivität von Coaching unterstützen können, indem sie Werkzeuge und Interventionen zur Verfügung stellen, um komplexe Fragestellungen, Themen und Beziehungen und deren Verflechtungen über unterschiedliche Systeme und Ebenen bei Personen und Organisationen zu erfassen. Der vorgestellte Rahmen schlägt drei Phasen im Coaching vor, nämlich die Input-, die Prozess- und die Output-Phase, um mit der erwarteten Komplexität der Coaching-Psychologie-Prozesse umzugehen, um das optimale Funktionieren und die psychische Gesundheit und das Wohlbefinden auf verschiedenen Systemebenen zu erhöhen.

Reckert, H. W. (2019). Coaching als gesellschaftlich verantwortliches Führen: Im Sport, im betrieblichen Gesundheitsmanagement und in der Agilen Transformation. In CSR und Sportmanagement. Berlin, Heidelberg: Springer-Gabler, 325–338). ***EK III***

Reckert (2019) beleuchtet in einem Fallbeispiel ein Einzelcoaching einer Führungskraft im Kontext agiler Transformation in seiner neuen Rolle als Scrum-Master. Neben der Rollenreflexion förderte das Coaching die Reflexion auf mehreren Ebenen der Persönlichkeit. Weiterhin reflektierten sie die Beziehung zum *least preferred co-worker* mithilfe des *Meta-Mirrors.* Die begleitete Führungskraft hatte massiv mit dem Status-Verlust zu kämpfen, was sich bis in das soziale Gefüge der eigenen Familie auswirkte. Das Coaching halft mit der neuen Rollenidentität leichter zurecht zu kommen und vor allem mehr emotionale Ausgeglichenheit zu bewirken.

Stout-Rostron, S. (2011). How Does Coaching Positively Impact Organizational and Societal Change?. In Positive psychology as social change. Dordrecht: Springer, 237–266. ***EK IV***

Die Studie von Stout-Rostron (2011) umfasst Erzählungen und selbstreflexive Untersuchungen einer kleinen Stichprobe von führenden Coaches, Beratern und Führungskräften, die Coaching in ihren Organisationen einsetzen. Es wurden Interviews geführt und gesammelt, um zu verstehen, ob und wie Coaching den organisatorischen und gesellschaftlichen Wandel beeinflusst hat. Eine Reihe von Top-Führungskräften und Managern wurden befragt, die Coaching in ihren Organisationen nutzen, sowie Coaching-Berater, -Praktiker und Forscher, Coaching-Psychologen und Spezialisten für Personal- und Organisationsentwicklung. Ihre Geschichten und das Wissen, das sie aus dem Coaching gewonnen haben, zeigen Möglichkeiten auf, Einzel- und Teamcoaching zu nutzen, um Einzelpersonen, Organisationen und Gemeinschaften zu stärken. Alle Teilnehmenden an dieser Forschungsstudie betonten, dass Coaching der Weg aus den Schwierigkeiten und Konflikten ist, mit denen wir als Mitmenschen im 21. Jahrhundert konfrontiert sind.

Salomaa, R. (2015). Expatriate coaching: factors impacting coaching success, Journal of Global Mobility, Vol. 3 No. 3, 216–243. https:// doi.org/ 10.1108/JGM-10-2014-0050. ***EK III***

Salomaa (2015) führte 25 halbstrukturierte Interviews mit gecoachten Expatriates, Coaches und Personalverantwortlichen durch. Die 16 identifizierten Faktoren wurden im Hinblick auf das Vier-Quadranten-Framework von Ken Wilber kategorisiert. Die Ergebnisse deuten darauf hin, dass der Coaching-Erfolg durch folgende Aspekte beeinflusst wird: aus der Perspektive von Coach und Coachee als Individuen, internationale Erfahrung des Coaches; aus der Perspektive der Coaching-Beziehung, Coaching-Sprache und Führungsstil des Managers; aus der Perspektive von Verhaltensweisen, Prozessen, Modellen und Techniken; ein klarer Vertrag mit Zielen und Evaluation und herausforderndes Verhalten des Coaches; und aus der Perspektive des Systems, organisatorische Unterstützung.

Schiersmann, C. & Thiel, H. (2018). Was wirkt eigentlich in der Beratung? Auf dem Weg zu einer allgemeinen Theorie der Beratung Coaching-Prozessforschung, 175–193. https://doi.org/10.13109/9783666402920.175. ***EK IV***

Schiersmann & Thiel (2018) stellen die Entwicklung von einzelnen Schulen der Beratung hin zu Wirkfaktorenmodellen dar. Vor diesem Hintergrund skizzieren sie ihr Heidelberger Prozessmodell integrativer Beratung. Es basiert sowohl auf dem phasenorientierten Modell der Problemlöseforschung als auch auf der Theorie der Selbstorganisation und schreibt zudem der Reflexion im Beratungsprozess einen wesentlichen Stellenwert zu. Die Bedeutung von zu bearbeitenden Phasen/Arbeitsschritten als eher aufgabenbezogenen Erfolgsfaktoren und die Relevanz der synergetischen Wirkprinzipien als eher sozial-emotionalen Aspekten der Beratung werden durch den Reflexionsprozess begleitet. Mit der Orientierung der Beratung an diesen beiden auf einer Metaebene angesiedelten Prozessmodellen einschließlich der Fokussierung von Reflexion als zentralem Bestandteil von Beratung wird der Weg zu einer allgemeinen Theorie der Beratung beschritten – jenseits von Schulen und Formaten. Ein solches Modell kann sich auf die empirischen Ergebnisse stützen, denen zufolge nicht die Methoden/Schulen im engeren Sinne den Erfolg einer Beratung ausmachen, sondern eher die allgemeineren Wirkfaktoren. Dabei besteht die Herausforderung zukünftig darin, diese angemessen zu operationalisieren und eine Plausibilität der potenziellen Zuordnung von Techniken der verschiedenen Beratungsschulen zu den Wirkfaktoren zu entwickeln. Diese Orientierung hat Folgen für die Beratungsausbildung. Beratende müssen demzufolge zwar über eine große Bandbreite von Techniken verfügen, sie müssen allerdings vor allem darauf achten, dass sie mit ihren Interventionen die Wirkprinzipien realisieren. Dies stärkt die Professionalisierung der Beratung.

Schiersmann, C. & Thiel, H. U. (2014). Coaching von Führungskräften als OE-Strategie. In Organisationsentwicklung. Wiesbaden: Springer VS, 399-431. ***EK III***

Anhand von Fallbeispielen stellen Schiersmann & Thiel (2014) die Wirksamkeit von Coaching von Führungskräften im Rahmen der Organisationsentwicklung (OE) dar. In der OE wurde der Einbezug der Führungskräfte bzw. des Top-Managements eines Unternehmens in den Veränderungsprozess wie auch die Weiterentwicklung von Organisationen durch eine Top-down-Strategie länger vernachlässigt. Der Erfolg eines OE-Prozesses ist aber nachweislich abhängig von der aktiven Unterstützung durch Führungskräfte bzw. durch das Top-Management über den gesamten Zeitraum eines organisationalen Wandels. Daher sehen sie das organisationsbezogene Coaching einer Führungskraft oder der gesamten Führungsebene als wirksamen Faktor für einen erfolgreichen OE-Prozess an. Sie illustrieren zudem den Organisationsbezug beim Coaching einer Führungskraft durch die Methode der ‚System-Struktur-Zeichnung'. An dem Fallbeispiel wird aufgezeigt, wie sich in einem dyadischen Interaktionsproblem das Beziehungsmuster auf und zwischen mehreren Hierarchieebenen widerspiegelt. An einem weiteren Fallbeispiel wird einer Führungskraft im organisationsbezogenen Einzelcoaching bewusst, welche förderlichen und hinderlichen Einflussfaktoren auf ‚ihre' OE vorhanden sind. Das geschieht mittels der Methode der systemischen Aufstellungsarbeit mit kreativen Materialien. Das Coaching als eine Strategie der OE wird an einem weiteren Fallbeispiel deutlich, an dem die gesamte oberste Hierarchie-Ebene des Unternehmens teilhatte. Das Coaching von Führungskräften durch einen OE-Berater kann sich ebenso auf die Begleitung der Entwicklung und Implementierung einer Topdown-Strategie im Unternehmen beziehen. Das veranschaulichen sie exemplarisch anhand der *Balanced Scorecard* (BSC).

Schmidt, T. (2003). Coaching. Eine empirische Studie zu Erfolgsfaktoren beim Einzel-Coaching. (Diplomarbeit, Berlin). ***EK II***

Schmidt (2003) ermittelte in einer Korrelationsstudie faktoranalytisch zehn Wirkfaktoren, wovon neun signifikant mit dem Coachingerfolg in Verbindung standen. Wichtigste Erfolgsfaktoren waren die Qualifikation und das Involvement des Coaches. Die weitergehende Analyse zeigt, dass das „berufliche System" entgegen anderslautenden bisherigen Befunden nicht als bedingender Erfolgsfaktor von Coaching gelten muss.

Schwamm, N. (2011). Wirksamkeit von Coaching: Konzeption, Durchführung und Evaluation von Coaching mit Unterstützung durch Selbstcoaching-Leitfäden zur Erhöhung der Zielerreichung, Selbstreflexion und Selbstwirksamkeit (1. Aufl.). GRIN Verlag. ***EK I***

Schwamm (2011) untersucht die Wirksamkeit von Coaching anhand von Coaching Gesprächen und Selbst-Coaching-Leitfäden. Mit 35 Teilnehmenden wurden jeweils zwei Gespräche nach dem systemischen Coaching Ansatz durchgeführt. 20 der 35 Partizipanten erhielten zusätzlich Selbst-Coaching Leitfäden zur Bearbeitung. Die Wirksamkeit wurde anhand von Fragebögen gemessen, welche die Hauptvariablenkomplexe Zielerreichung, Selbstreflexion und Selbstwirksamkeit erhoben. Die Fragebögen wurden zu vier unterschiedlichen Messzeitpunkten vor, während und nach dem Coaching-Prozess eingesetzt. Als Vergleichsgruppe dienten 35 Personen, die keine der beiden Interventionen erhielten, sondern nur an der Fragebogenerhebung teilnahmen. Zur Auswertung der Analyse wurden zunächst Prätest-Unterschiede zwischen den Gruppen überprüft und anschließend im Rahmen einer varianzanalytischen Interventionsprüfung die Veränderungen über die vier Messzeitpunkte zwischen den Gruppen verglichen. Es kamen Prätest-Unterschiede zwischen den beiden Coaching-Gruppen und der Kontrollgruppe auf, die im Rahmen der weiteren Auswertung kontrolliert wurden. Bei der Interventionsprüfung wurden signifikante Effekte des Coachings auf die Klarheit und Konkretheit beruflicher Ziele, die Sicherheit hinsichtlich der Ziele sowie die Aktivität zur Zielerreichung nachgewiesen. Zudem wiesen die Coaching-Gruppen eine signifikante Steigerung der Selbstaufmerksamkeit, der Selbstwirksamkeit sowie der Handlungsorientierung auf. Hinsichtlich des Selbstcoachings liefern die Ergebnisse Hinweise auf die Wirksamkeit im Sinne einer Veränderungsunterstützung der Coaching-Klienten. Darüber hinaus wurden die Einflüsse möglicher Moderatorvariablen mittels Korrelationen untersucht und die Stabilität der Effekte überprüft. Die festgestellten Effekte können aufgrund der vorliegenden Daten für mindestens sechs Wochen nach dem letzten Coaching-Gespräch als stabil angenommen werden. Des Weiteren zeigten sich Zusammenhänge zwischen den Veränderungen der abhängigen Variablen und Prätest-Werten der Moderatorvariablen.

Schmitz, S. (2022). Systemisches Coaching als Erfolgsfaktor im Change Management – Eine empirische Untersuchung zur Darstellung wirksamer Interventionen. Wiesbaden: Springer. ***EK III***

Schmitz (2022) führte anhand einer explorativen qualitativen Feldstudie halbstrukturierte leitfaden-gestützte Experteninterviews mit Systemischen Coaches durch. Mithilfe qualitativer Inhaltsanalyse wurden geeignete Coaching-Möglichkeiten für folgende Herausforderungen in Veränderungsprozessen identifiziert: Unternehmensweit eine Veränderungsnotwendigkeit erzeugen, Führungskräfte stärken, eine Vision erstellen und Identifikation der Mitarbeitenden mit der Organisation dadurch stärken, Ängste und Bedürfnisse der Mitarbeitenden ergründen, Erfolge und förderliche Ressourcen erkennen und Mitarbeitende in Lösungsfindungen mit einbeziehen. Es wurden kulturelle und ressourcen-technische Faktoren der jeweiligen Organisation sowie der individuelle Einfluss der Coaches als Kovariaten identifiziert.

Sotzko, V. (2013). Resilienz-Coaching oder von der Kunst, die zweite Geige zu spielen: Eine qualitative Untersuchung zur Beratung von Führungskräften in Krisensituationen. Heidelberg: Carl-Auer-Systeme. ***EK III***

Sotzko (2013) untersuchte auf Basis von neun Experten- und Expertinneninterviews, in denen 19 Fälle akuter Krisenunterstützung von Führungskräften geschildert wurden, Wirkfaktoren und die Rolle von Coaches aus systemisch-konstruktivistischer Sicht. Aus den Interviewdaten wurden Kategorien gebildet: Anamnese, Anerkennung, Anschlussfähigkeit, Auftrag, Beobachtung, Beziehung, Emotionen, Experten, Führung, Haltung, Helfersysteme, Intervention, Intervision, Konstruktivismus, Kontext, Lebensbezug, Lernen, Medien, Nachbetreuung, Opfer, Organisation, Psychoedukation, psychosoziale Maßnahmen, Psychotrauma, Relevante Umwelten, Ressourcen, Schuld, Selbstfürsorge, Setting, Suizid, Supervision, Symptome, Systemisches Denken und Handeln, Trauer, Übertragung und Wirklichkeitskonstruktion. Diese wurden zu fünf Schlüsselkategorien zusammengefasst: Systemisch-konstruktivistisches Paradigma, Helfersystem, Beratungssystem, Helfersystem und relevante Umwelten, Helfersystem und Lernen. Daraus wurde vier Kernkompetenzen für die Arbeit im Coaching abgeleitet: Persönliche Kompetenzen der Coaches, Aktivitäts- und Handlungskompetenzen, Beachtung relevanter Umwelten und die Initiierung und Ermöglichung von Lernprozessen. Diesen vier Kompetenzfeldern liegt das systemisch-konstruktivistische Paradigma sowohl als Haltung als auch als Handlungsrahmen zugrunde.

Spence, G. B., Stout-Rostron, S., Reenen, M. V. & Glashoff, B. (2019). Exploring the delayed effects of leadership coaching: a pilot study. Coaching: An International Journal of Theory, Research and Practice, 12(2), 125–146. ***EK III***

Spence et al. (2019) führten halbstrukturierte Interviews mit 15 Führungskräften durch. Die Daten bestätigten, dass Coaching in vielerlei Hinsicht unmittelbar vorteilhaft war (z. B. verbesserter Kommunikationsstil), zeigten aber auch, dass einige Lernerfahrungen der Klienten eine Inkubationszeit oder ein auslösendes Ereignis benötigten, bevor sie sich im Verhalten manifestierten. Bei der Interpretation dieser Ergebnisse werden Theorien des transformatorischen Lernens diskutiert, zusammen mit einer Modellierung von Faktoren, die das Auftreten von verzögerten Effekten beeinflussen könnten.

Steege, M. v.d. (2017). Strategic Systems Coaching for Leaders in Turbulent Times. In Elkington, R., Steege, M.V.D., Glick-Smith, J. & Breen, J.M. (Ed.) Visionary Leadership in a Turbulent World, Emerald Publishing Limited, 229–258. https://doi.org/10.1108/978-1-78714-242-820171010. ***EK IV***

Auf Basis ihrer Praxiserfahrungen und der Ergebnisse ihrer Fallstudien stellt van Steege (2017) die Wirksamkeit systemischen Coachings im Führungskontext dar. Führung ist danach eine Reise mit einer Reihe von verschiedenen Aufgaben, die sich alle gleichzeitig entfalten: das Streben, visionär zu sein, das Streben danach, den Kontext in der Ungewissheit zu verstehen, in der Komplexität Klarheit zu schaffen und das Streben inmitten von Mehrdeutigkeit agil zu sein. Die nachgelagerte Wirkung der Führung hat einen erheblichen Einfluss auf die Ergebnisse anderer Personen, Teams und der Organisation, ganz zu schweigen vom externen System einschließlich der

Gemeinschaft, Kunden und das breitere Umfeld. Im Gegenzug beeinflusst das komplexe System wiederum auch Sie. Ein Systemischer Coach kann daher dabei helfen, sich auf allen Ebenen der Organisation besser zu engagieren, um gemeinsam als Ganzes effektiver zu funktionieren. Systemisches Coaching ist ein umfassender, tiefgreifender Prozess und stellt eine bedeutende Chance für Führungskräfte und Organisationen dar, sich besser zu vernetzen, sich auf das kontinuierliche Lernen und den Wandel einzulassen, die sie benötigen, um ihre Organisationen auf den Weg der Zukunftsfähigkeit, Nachhaltigkeit und zielgerichteter Wertschöpfung zu führen.

Stout-Rostron, S. (2011). How is Coaching Impacting Systemic and Cultural Change Within Organizations?. International Journal for Coaching in Organizations (IJCO). ***EK IV***

Stout-Rostron (2011) befragte Berater, Führungskräfte und Praktiker, die Coaching für das Management und die Entwicklung von Mitarbeitern, für die Ausbildung von Führungskräften in ihren Business Schools oder für die Einführung von systemischen Coaching-Interventionen in ihren Organisationen einsetzen. Der Zweck dieser Interviews war es, die Stimmen derjenigen zu hören, die an der Spitze des Coachings für systemische und kulturelle Veränderungen in Organisationen und Institutionen innerhalb eines Geschäftskontextes arbeiten. Es gibt reichhaltige Verbindungen in diesen Geschichten sowie eine breite Palette von Perspektiven, die untersuchen, was in der Coaching-Community auf organisatorischer und institutioneller Ebene innovativ und kooperativ ist. Wenn Führungskräfte die soziale Identität und den übergeordneten Zweck einer bestimmten Gruppe repräsentieren, erklären diese Geschichten, wie Coaching die Kraft hat, Organisationen in menschliche Gemeinschaften zu verwandeln, die durch einen gemeinsamen Zweck vereint sind.

Strikker, F. (2015). Kontakt, Kontext, Interventionen und Ressourcen – eine kriteriengeleitete Beurteilung eines Coachingprozesses. In Bewertung von Coachingprozessen. Wiesbaden: Springer, 287–298. ***EK III***

Strikker (2015) bewertet einen Coachingsprozess anhand folgender Kriterien: Beziehung zwischen Klientin und Coach, Einbezug des Kontextes, Art der Interventionen, Umgang mit den Medien Telefon und Virtuellem Coaching, Ressourcenaktivierung und als übergeordnete Kategorie Viabilität. Im Verlauf der drei Sitzungen changiert die Thematik zwischen beruflichen und persönlichen Perspektiven sowie zwischen Selbst- und Fremdbild. Die Klientin scheint mit dem Verlauf der Sitzungen weitestgehend zufrieden zu sein, die nachhaltige Wirkung des Coachings bleibt dennoch offen. Die

Beziehung zwischen Klientin und Coach scheint sehr gut zu sein, der Kontext hätte stärker fokussiert werden können, die Interventionen sind durch die mediale Auswahl eingeschränkt, während die Ressourcenaktivierung nur eingeschränkt beobachtet werden kann.

Valentine, M. (2019). Contextual Coaching: Leveraging Context for Alignment in the System. Philosophy of Coaching: An International Journal, 4(1). ***EK II***

Die Ergebnisse der mehrphasigen qualitativen und quantitativen Studie von Valentine (2019) legen nahe, dass eine starke Korrelation zwischen dem sichtbaren Grad des Engagements der Führungskräfte (außerhalb der Personalabteilung) im Coaching-Prozess und dem Erreichen von Coaching-Ergebnissen durch die Teilnehmenden des Prozesses besteht. Dies kann ergänzt werden durch das Ausmaß, in dem die vorherrschende Sichtweise von Coaching in der Organisation positiv ist und die Kultur eine Feedback-orientierte Kultur ist. Für den Erfolg des Coaching spielt es demnach eine wichtige Rolle wie kontextuelle Faktoren identifiziert und berücksichtigt werden.

von Au, C. (2017) (Hrsg.). Entwicklung von Führungspersönlichkeiten und Führungskulturen, Leadership und Angewandte Psychologie, DOI 10.1007/978-3-658-16907-7_1. ***EK IV***

In ihrem Beitrag diskutiert von Au (2017) die Anforderungen an effektive und nachhaltige holistische Führungskräfteentwicklungsprogramme. Als Kernstück einer ganzheitlichen Führungskräfteentwicklung werden das Systemische Coaching sowie ergänzende systemische Maßnahmen vorgestellt. Es folgt die Erörterung der Implementierung des Entwicklungsprogramms in Abhängigkeit der Organisationsspezifika und des organisationsspezifischen Reifegrads. Hierbei wird auch die Notwendigkeit der Einbeziehung der Führungspersönlichkeiten sowie die Anforderungen an den systemischen Leadership-Coach und Berater diskutiert. Es reicht bei der Einführung bzw. Entwicklung von Führungskräfteentwicklungsprogrammen somit nicht aus nur die (isolierte) individuelle Kompetenzentwicklung der Führungspersönlichkeiten in den Fokus zu stellen. Um eine holistisch-systemisch nachhaltige Wirkung zu erzielen, sollte neben der persönlichen Entwicklung der Führungspersönlichkeiten auch die organisationale Entwicklung der Organisation stehen. Dies erfordert einerseits ein organisationsspezifisches Andocken sowie eine Verknüpfung des Leadership Development mit der Organisations- und der holistischen Talent Management Strategie. Andererseits sollte durch das Führungskräfteentwicklungsprogramm ein organisationales

Lernen im Sinne der „Lernenden Organisation" ausgelöst und aufrechterhalten werden können. Diesbezüglich bieten sich Systemisches Leadership-, Individual- und Teamcoaching sowie weitere effektive und nachhaltige systemische Führungskräfteentwicklungsmaßnahmen an.

Wahl, A. (2018). Selbstorganisation fördern in der beruflichen Beratung. Die Synergetik als metatheoretisches Rahmenkonzept zur Fundierung eines integrativen Beratungsansatzes (Doctoral dissertation, Ruprecht-Karls-Universität Heidelberg). ***EK III***

Wahl (2018) legte in ihrer Arbeit die Synergetik als Theorie der Selbstorganisation als Metatheorie zugrunde und bezog sie in Anlehnung an das Modell des Synergetischen Prozessmanagements auf das Beratungsfeld. Der konkrete Untersuchungsgegenstand der Arbeit ist die Auseinandersetzung mit der Übertragbarkeit der Grundlagen der Synergetik auf den Sektor der Beratung, um Antworten auf die Frage zu finden, inwiefern diese „generelle Theorie von Veränderungs- und Innovationsprozessen" (Haken & Schiepek, 2010, S. 445) zur Gestaltung und Begründung beraterischer Prozesse herangezogen werden kann. Der Schwerpunkt dieser Arbeit liegt also weniger auf der Wirkung (Outcome) von Beratung, die sich z. B. in einem Arbeitsplatzwechsel oder einem beruflichen Aufstieg ausdrücken kann, sondern vielmehr auf der Gestaltung des Beratungsprozesses, der die Selbstorganisationsfähigkeit zu fördern beabsichtigt. Im empirischen Teil der Arbeit wurden die Ergebnisse und Wissensfelder auf drei reale Beratungsfälle angewandt und ausführlich reflektiert. Auf der Basis von Monitoring-Daten aus dem Beratungsprozess in Verbindung mit feldspezifischem Wissen (Fundierung übergreifender Merkmale zur Förderung von Selbstorganisation mit beratungsrelevantem Wissen) und mit Handlungswissen (entsprechend den zugrunde liegenden Beratungsansätzen) können selbstorganisationsförderliche Interaktionsmöglichkeiten abgeleitet und in den Fallbeispielen angewendet werden (empirisch begründetes Beratungshandeln). Auf diesem Weg wird es möglich, feldspezifisches Wissen empirisch beschreiben und begründen zu können sowie Erfahrungswissen zu generieren. Die Ergebnisse bestätigen die Aussage, dass „unterschiedliche generische Prinzipien zu unterschiedlichen Phasen in der Psychotherapie eine unterschiedliche Bedeutung erhalten können" (Haken & Schiepek 2010, S. 437). In der sitzungsbezogenen Reflexion der generischen Prinzipien wurde deutlich, dass in verschiedenen Phasen eines Prozesses bestimmte generische Prinzipien verstärkt Anwendung finden. Zusammenfassend kann bemerkt werden, dass die Theorie der Synergetik ein großes Potenzial birgt, um Veränderungsprozesse in der Beratung aber auch darüber hinaus in anderen Feldern, die Entwicklungsprozesse zum Gegenstand haben, erfolgreich fördern und abbilden zu können.

*Zehrer, A. & Leiß, G. (2018). Betriebsnachfolge achtsam gestalten – die Rolle des systemischen Nachfolge-Coachings in Unternehmerfamilien am Beispiel des ****Hotel Alpenglühen. Coaching Theorie & Praxis, 4(1), 55–67.* ***EK III***

In einem Fallbeispiel von Zehrer & Leiß (2018) werden im Prozess einer Betriebsnachfolge innerhalb der Familie die eingesetzten Gesprächsformate – Einzelgespräche, Paargespräche und Familienworkshops – sowie angewandten Coaching-Methoden beschrieben, zu Arbeitshypothesen verdichtet und in ein daraus abgeleitetes Vorgehensmodell für ein systemisches Nachfolge-Coaching überführt. Aus Sicht der Coaches war zu beobachten, dass erarbeitete Themen entlang des Vorgehensmodells eher mittel- und langfristig ausgewirkt haben und hier ein Vertrauen in den Prozess sehr bedeutsam war. Dies wurde auch von der Unternehmerfamilie bestätigt. Insgesamt wurde von der Unternehmerfamilie rückgemeldet, dass der gesamte Prozess als wirksam gesehen wurde.

Zimmermann, L. C. & Antoni, C. H. (2018). Problem-Specific Coaching Interventions Influence Goal Attainment via Double-Loop Learning. Zeitschrift für Arbeits- und Organisationspsychologie, 62(4), pp. 188–201. doi:10.1026/0932-4089/a000281. ***EK II***

Zimmermann & Antoni (2018) untersuchten mittels längsschnittlicher Mehr-Ebenen-Analysen 33 Coachingdyaden. Dabei liegt ein besonderer Fokus auf den noch wenig beforschten Mediationsprozessen innerhalb eines Coachings. Es zeigte sich, dass die Klienten über die Coachingsitzungen hinweg eine zunehmend höhere Zielerreichung wahrnahmen. Außerdem konnte ein Effekt der problemspezifischen Interventionen der Coaches (Klärung und Bewältigung) auf die von Klienten wahrgenommene Zielerreichung gefunden werden, die durch Lernprozesse des Klienten (double-loop learning) mediiert wurden.

7.1.3. Systemisch-lösungsorientiertes Coaching

Für den Bereich Lösungsorientiertes (vs. Problemorientiertes) Coaching konnten 36 Studien in die Analysen einfließen. Diese sind von unterschiedlicher Qualität und Aussagekraft. Eine Studie lässt sich der Evidenzklasse IV, 12 der EK III, 13 der EK II und 10 der EK I zuordnen. Damit kann für diesen Untersuchungsbereich die *Bewertungsklasse I* vergeben werden. Zusammenfassend kann gesagt werden, dass Systemisch-lösungsorientiertes Coaching insbesondere in folgenden Bereichen Effekte der Wirksamkeit zeigt (Tab. 5).

Systemisch-lösungsorientiertes Coaching	
Wirkfaktoren	
Arbeitsbeziehung – geteiltes Expertentum von Coach (Prozess- und Struktur) und Klient (Inhalt) – Systemisch-lösungsorientierte Haltung *Rahmenbedingungen* – optimale Anzahl der Sitzungen – affektives organisatorisches Engagement – Unterstützung durch das Arbeitsumfeld – förderlicher organisationaler Kontext – hohe Autonomie bzw. hohe Managementunterstützung – Qualitätsbewusstsein	*Methoden und Arbeitsweise* – Klarheit von Zielen und Aufgaben – Lösungs- und Ressourcenorientierten Interventionen aus dem Bereich systemischer Techniken – meta-reflexives Wissen der Coaches um Prozesse, Strukturen und Handlungsdynamiken – Technik der Unterschiedsbildung – breites Spektrum an Fragetechniken – Aufmerksamkeitslenkung durch den Coach – Generische Prinzipien – Selbst-Konkordanz – Mehr Lösungsorientierung, weniger Selbstreflexion – lösungsorientiertes kognitiv-verhaltenstherapeutisches Coaching – Relevanz des Fachwissens
Wirkungen	
Kompetenzentwicklung – Steigerung der Selbstwirksamkeit – Verbesserung des lösungsorientierten Denkens – Verbesserung der Führungskompetenz – Selbststeuerungsmöglichkeiten – Selbstwirksamkeit – Proaktivität – Aufbauen von Managementfähigkeiten – Besserer Umgang mit organisatorischen Veränderungen – Identifikation von Entwicklungsbereichen und Zielen – Verbesserung der Handlungsplanung – Zukunftsorientierung – Handlungsfähigkeit *Individuelles Erleben* – Entspannung und Wohlbefinden – Verbesserung der Selbstwahrnehmung – Steigerung der Proaktivität	– Verbesserung der Selbsteinsicht – Verbesserung bei psych. Problemen – Lösen von Blockaden – Steigerung des Selbstvertrauens und der persönlichen Einsicht – Steigerung der Selbstreflexion – Erhöhung der Selbststeuerungskompetenz – Erhöhung der Resilienz – Veränderung des psych. Wohlbefindens – Steigerung der Widerstandsfähigkeit – Zunahme der Hoffnung *Leistungsverbesserung* – Verbesserung der Fähigkeit Entscheidungen zu treffen – Verbesserung im Zeitmanagement – Erreichen von organisatorischen und persönlichen Zielen – Verbesserung der Zielerreichung – Verbesserung der Unterrichtsqualität – Erreichen persönlicher Ziele

– Angstreduktion	– Zunahme der Zielstrebigkeit
– Verbesserung kognitiver Belastbarkeit	

Tab. 5: Überblick über die Wirkfaktoren und Wirkungen aus den Studien zum Systemisch-lösungsorientierten Coaching

Folgende Publikationen wurden für den Bereich des Systemisch-lösungsorientierten Coachings eingeschlossen und gesichtet:

Abdulla, A. & Woods, R. (2020). Obstacles vs. Resources-Comparing the Effects of a Problem-Focused, Solution-Focused and Combined Approach on Perceived Goal Attainability and Commitment. International journal of applied positive psychology, 1–20. ***EK I***

Im Fokus der Untersuchung von Abdulla & Woods (2020) steht die Auswirkung der verschiedenen Arten von Fragen, die im Coaching genutzt werden. Die Studie vergleicht die relative Wirkung von 1) *Solution focused* (SF) mit 2) *Problem focused* (PF) Coaching-Fragen und mit 3) einer Kombination aus problem- und lösungsfokussierten (PF und SF) Coaching-Fragen. 80 Teilnehmende wurden nach dem Zufallsprinzip den Coaching-Bedingungen PF, SF oder PF und SF zugewiesen. Es ist anzumerken, dass keine ganze Coaching-Sitzung durchgeführt wurde – in einer experimentellen Selbst-Coaching-Übung beantworteten die Teilnehmenden verschiedene Arten von Coaching-Fragen: SF-Fragen waren bei allen Messgrößen effektiver als PF-Fragen. SF-Fragen waren auch effektiver bei der Steigerung der Selbstwirksamkeit und führten zur Verringerung des negativen Affekts im Vergleich zu einem kombinierten PF-und-SF Ansatz. Es wurde festgestellt, dass dysfunktionale Einstellungen nachteilige Auswirkungen auf den negativen Affekt sowohl nach PF-Fragen als auch nach PF/SF-Fragen, nicht aber bei SF-Fragen hatten. Eine weitere Analyse ergab, dass PF-Fragen signifikant weniger wirksam waren, um den negativen Affekt bei den Teilnehmenden mit hohen dysfunktionalen Einstellungen, nicht aber für diejenigen mit „niedrigen“ dysfunktionalen Einstellungen zu reduzieren. Bei den Teilnehmenden mit 'niedriger' dysfunktionaler Einstellungen waren alle drei Coachingstile gleichermaßen wirksam bei der Reduzierung des negativen Affekts. Diese Untersuchung legt nahe, dass SF Ansätze effektiver sind als PF oder die Kombination PF und SF.

Atad, O. I. & Grant, A. M. (2021), Evidence-based coaching as a supplement to traditional lectures: impact on undergraduates' goal attainment and measures of mental well-being, International Journal of Mentoring and Coaching in Education. https://doi.org/10.1108/IJMCE-05-2020-0024. ***EK I***

In der Studie von Atad & Grant (2021) sollte untersucht werden, wie sich die traditionelle Hochschulausbildung (Vorlesungsformat) auf verschiedene Ergebnisse auswirkt – einschließlich Zielerreichung, Psychopathologie (Stress, Angst und Depression), Resilienz, lösungsorientiertes Denken und Selbsteinsicht – im Vergleich zu den Auswirkungen einer traditionellen Ausbildung, die durch ein Gesundheitscoaching ergänzt wird, das per Zoom-Videokonferenz durchgeführt wird. Die Studie, an der israelische Studierende im fortgeschrittenen Alter teilnahmen, die in einem Kurs zur Gesundheitsförderung eingeschrieben waren (n = 178) verwendete ein randomisiertes, kontrolliertes Prä-Post-Design zwischen den Probanden. Die Teilnehmenden wurden nach dem Zufallsprinzip entweder einer traditionellen Lehrveranstaltung (n = 90) oder einem Coaching (n = 88) zugeteilt. Alle Teilnehmenden besuchten 13 wöchentliche Kursvorlesungen; die Teilnehmer der Coaching-Bedingung nahmen zusätzlich an wöchentlichen Zoom-basierten Coaching-Sitzungen mit ausgebildeten Gesundheitscoaches teil. Jeder Teilnehmer füllte zu Beginn und am Ende des Semesters einen Online-Fragebogen aus. Im Vergleich zu den Teilnehmern der traditionellen Ausbildung zeigten die Teilnehmer der Coaching-Bedingung im Laufe des Semesters eine signifikante Verbesserung der Zielerreichung, des lösungsorientierten Denkens, der Selbsteinsicht, der Resilienz und der Psychopathologie. Bei den Teilnehmern an der traditionellen Ausbildung gab es keine Veränderungen bei diesen Messwerten.

Baron, L. & Morin, L. (2010). The impact of executive coaching on self-efficacy related to management soft skills. Leadership & Organization Development Journal, 31(1), 18-38. https://doi.org/10.1108/01437731011010362. ***EK II***

Baron & Morin (2009) führten in einer Prä-Post-Studie eines Leadership-Entwicklungsprogramms in einem großen internationalen Produktionsunternehmen von 73 Managern mit drei Trainingsmethoden durch: Präsenzseminare, Action-Learning-Gruppen und Führungskräfte-Coaching. Es wurden Daten von zwei Stichproben gesammelt: 73 Manager, die über einen Zeitraum von acht Monaten ein Executive Coaching erhielten, und 24 Coaches. 31 Coach-Coachee-Dyaden wurden ausgewertet. Die Ergebnisse zeigen, dass die Anzahl der Coaching-Sitzungen einen positiven und signifikanten Zusammenhang mit der Selbstwirksamkeit nach dem Training aufweist. Die

Ergebnisse zeigen auch, dass Nützlichkeitsurteil, affektives organisatorisches Engagement und Unterstützung durch das Arbeitsumfeld jeweils einen positiven und signifikanten Zusammenhang mit der Selbstwirksamkeit nach dem Training haben.

Berninger-Schäfer, E. (2015). Systemisch lösungsorientierte Bewertungskriterien der Karlsruher Schule. In Bewertung von Coachingprozessen (pp. 101–118). Springer, Wiesbaden. ***EK III***

Berninger-Schäfer (2015) untersuchte Transkripte von drei Coachingsitzungen, die über Telefon und mit einem virtuellen Coachingtool durchgeführt wurden. Das Anliegen des Klienten, bestand darin, sich zukünftig in Studienleitungssitzungen in einer akademischen Bildungsreinrichtung selbstbewusster einbringen zu können und von den beiden Kollegen wahrgenommen zu werden sowie seinen Leitungsanspruch deutlich zu machen, insbesondere in Hinblick auf potenzielle Nachfolger. Das Besondere an diesem Coaching ist die Transferorientierung, die Prozesssteuerung und die Fokussetzung auf Ziele und Lösungen. Die Klarheit der Prozessstruktur wird durch das elektronische Tool vorgegeben und gestärkt. Durch den telefonischen Kontakt ist die Nähe zwischen Klient und Coach klar gegeben. Das Fehlen von Ablenkungen, die im Präsenzcoaching eher vorhanden sind, scheint die schnelle und konzentrierte Hinführung zum Coachingziel zu begünstigen. Das elektronische Tool führt zu Transparenz und erleichtert die Aufmerksamkeitslenkung durch den Coach, insbesondere auf Ziele und Maßnahmen. Ein weiterer Wirkfaktor des Coachings ist die Erhöhung der Selbstwirksamkeit des Klienten durch Bewusstmachung der positiven Auswirkungen des eigenen Verhaltens. Ressourcenaktivierung, ein breites Methodenspektrum an Fragetechniken und die Lenkung der Aufmerksamkeit auf positive Zustände ist sehr gut zu beobachten. Die Selbstreflexion des Klienten wird gesteigert, insbesondere auch durch die Technik der Unterschiedsbildung.

Bickerich, K. (2018). Führungskräfte-Coaching im Kontext organisationaler Veränderungsprozesse (Doctoral dissertation, Ruprecht-Karls-Universität Heidelberg). ***EK III***

Bickerich (2018) zeigte im Rahmen ihrer Dissertation, dass Change-Coachings positive Effekte für Führungskräfte erzielen, wenn der organisationale Kontext für die Umsetzung des Gelernten förderlich ist (im Sinne von Autonomie und Managementunterstützung). Die Arbeit zeigt zudem auf, dass Coaches bei der Methodenwahl sowohl von der kognitiven Change-Bewertung und emotionalen Reaktion des Coachee als auch von ihrem eigenen positiven Affekt beeinflusst werden können.

Bickerich, K. & Michel, A. (2016). Führungskräfte-Coaching bei Change Prozessen: Die Rolle von Autonomie und Managementunterstützung. Zeitschrift für Arbeits- und Organisationspsychologie, 60(4), pp. 212–226. doi:10.1026/0932-4089/a000226. ***EK III***

Bickerich & Michel (2016) befragten 66 Führungskräfte im mittleren Management während laufender Change-Prozesse in unterschiedlichen Organisationen zu drei Messzeitpunkten. Führungskräfte mit Coaching weisen, im Vergleich zu Führungskräften ohne Coaching, nach sechs Monaten und bei hoher Autonomie bzw. hoher Managementunterstützung höhere Werte in beruflicher Selbstwirksamkeitserwartung, Führungsverhalten und positivem Affekt sowie niedrigere Werte im negativen Affekt auf.

Bickerich, K., Michel, A. & O'Shea, D. (2018). Executive coaching during organizational change: a qualitative study of executives and coaches perspectives. Coaching: An International Journal of Theory, Research and Practice, 11(2), 117–143. ***EK III***

Bickerich et al. (2018) befragten in einer qualitativen Interviewstudie sowohl Führungskräfte als auch Coaches zu ihren Erfahrungen mit organisatorischen Veränderungen und der Rolle von Coaching als Entwicklungsinstrument für Führungskräfte beim Management von Veränderungsinitiativen. Während des Coachings konzentrierten sich die Erwartungen der Führungskräfte an das Coaching auf ihre Reaktionen auf die Veränderung und ihr Bedürfnis, sich auf das Führungsverhalten einzulassen. In Bezug auf die Nach-Coaching-Phase erwarteten die Führungskräfte sowohl organisatorische (Umsetzung der Veränderung) als auch soziale (Umgang mit anderen durch die Veränderung) Ergebnisse des Veränderungs-Coaching-Prozesses. Die Coaches sprachen von ihrer Rolle, die Führungskraft dabei zu unterstützen, Verhaltensweisen und Bewältigungsfähigkeiten zu entwickeln, um den Veränderungsprozess zu bewältigen (Selbstmanagement).

Burke, D. & Linley, P. A. (2007). Enhancing goal self-concordance through coaching. International Coaching Psychology Review, Vol. 2 No. 1, 62–69. ***EK II***

Burke und Linley (2007) prüfen die Annahme, dass Ziele, die mit den individuellen Bedürfnissen übereinstimmen, bereitwilliger verfolgt und besser erreicht werden (*self concordance*) und, dass deren Erreichen zu einem höheren Wohlbefinden führen kann. Dies wurde in einer Studie mit Führungskräften untersucht. Es wurde die Hypothese aufgestellt, dass das durch das Coaching geschärfte Bewusstsein zu Veränderungen in der Selbstkonkordanz (Art der Motivation) und im Engagement (ein Maß für die Stärke der

Motivation) führt. Dazu wurde ein Einzelgruppendesign mit wiederholten Messungen verwendet. 26 Teilnehmende – allesamt Führungskräfte aus der Wirtschaft – legten drei Ziele fest und erhielten dann ein Einzelcoaching, das sich auf ein Ziel konzentrierte, erhielten aber kein Coaching für die übrigen Ziele. Die Hypothese wurde bestätigt: Es gab signifikante Veränderungen (Steigerungen) bei der Selbstübereinstimmung und Engagement für das gecoachte Ziel. Auch bei einigen anderen Zielen, die nicht gecoacht wurden, stieg die Selbstübereinstimmung und das Engagement für einige der anderen, nicht gecoachten Ziele. Diese Ergebnisse werden unter Bezugnahme auf die Literatur zum Thema Zielerreichung und Coaching diskutiert und Vorschläge für weitere Forschungen gemacht.

Bose, D. von, Martens-Schmidt, K., Suchardt-Hain (2003): Führungskräfte im Gespräch über Coaching. Eine empirische Studie. In: K. Martens-Schmidt (Hrsg.), Coaching als Beratungssystem. Grundlagen, Konzepte, Methoden Heidelberg: Economica, 1–54. ***EK III***

In einer Interviewstudie von Bose et al. (2003) mit 31 Führungskräften über Coaching konnten acht relevante Aspekte, die für die weitere Entwicklung und den Einsatz von Coaching relevant sind, identifiziert werden. Diese sind (1) Qualitätsbewusstsein, (2) meta-reflexives Wissen der Coaches um Strukturen, Prozesse und Handlungsdynamiken, (3) Bedeutsamkeit von lösungs- und ressourcenorientierten Interventionen aus dem Bereich systemischer Techniken, (4) geteiltes Expertentum von Coach (Prozess- und Struktur) und Klient (Inhalt), (5) Coaching zu enttabuisieren und niedrigschwellig in Organisationen anzubieten, (7) Genderaspekte zu berücksichtigen und (8) maßgeschneiderte Coachingprozesse durchzuführen.

Braunstein, K. & Grant, A. M. (2016). Approaching solutions or avoiding problems? The differential effects of approach and avoidance goals with solution-focused and problem-focused coaching questions. Coaching: An International Journal of Theory, Research and Practice, 9(2), 93–109. ***EK II***

Ziel dieser quasi-randomisierten Studie von Braunstein & Grant (2016) war es, Einblicke in die Dynamik verschiedener Arten von Coaching-Fragen zu geben, indem sie die Wechselwirkungen zwischen lösungsfokussierten (SF) und problemfokussierten (PF) Fragen und Annäherungs-/Vermeidungszielen untersuchten. Frühere Untersuchungen haben ergeben, dass SF-Fragen zu positiveren Resultaten führen als PF-Fragen. Ein anderer Teil der Forschung hat sich mit den unterschiedlichen Auswirkungen von Annäherungs- und Vermeidungszielen befasst. Diese beiden zwei getrennten theoretischen

Rahmen haben die Coaching-Praktiker-Literatur beeinflusst, aber keine Forschung hat ihre gemeinsamen Effekte untersucht. Sie untersuchten 140 Teilnehmende (Universitätsstudierende) die (in einem 2×2) (Coaching-Frage: SF vs. PF) (Zieltyp: Annäherung vs. Vermeidung) zufällig zugeteilt wurden. SF-Fragen führten zu einem größeren Anstieg von positivem Affekt, Selbstwirksamkeit und Zielfortschritt und einer stärkeren Abnahme des negativen Affekts als PF-Fragen. Entgegen den Erwartungen gab es keine Unterschiede zwischen Annäherungs- und Vermeidungszielen.

de Haan, E., Grant, A. M., Burger, Y. & Eriksson, P. O. (2016). A large-scale study of executive and workplace coaching: The relative contributions of relationship, personality match, and self-efficacy. Consulting Psychology Journal: Practice and Research, 68(3), 189. ***EK II***

De Haan et al. (2016) sammelten unter Verwendung eines retrospektiven Designs Daten von 1.895 Klienten-Coach-Paaren (366 verschiedene Coaches) aus 34 Ländern und 92 Sponsoren für insgesamt 3.882 übereinstimmende Umfragen. Die Ergebnisse zeigen, dass die Klarheit von Zielen und Aufgaben als die wirkungsvollsten Variable für den Erfolg des Coachings betrachtet wird. Diese wirken sich auch im Positiven auf die Coach-Klienten-Beziehung aus.

Eberling, W., Bruederlin, G. & Alt, M. (2018). „Blended Business Coaching" mit dem Laufbahnkoffer HR. In R. Wegener, S. Deplazes, M. Hanseler, H. Künzli, S. Neumann, A. Ryter, W. Widulle (Eds.), Wirkung im Coaching. Göttingen: Vandenhoeck & Ruprecht, 176–187. ***EK III***

Eberling et al. (2018) stellen ein modernes Blended-Coaching-Konzept vor, das an der Fachhochschule Nordwestschweiz in einem Pilotprojekt entwickelt wurde und in dem das Tool der „Laufbahnkoffer HR" (LKHR) zur Anwendung kommt. Der LKHR unterstützt bei der Entscheidung, beim Finden und Verfolgen beruflicher Zielsetzungen in Situationen der Spezialisierung oder Neuorientierung und erhöht signifikant die Selbststeuerungsmöglichkeiten von Weiterbildungsteilnehmenden. Der LKHR entspricht neuesten wissenschaftlichen Trends, die seit Längerem im therapeutischen Bereich mit computergestützten Systemen wie dem Synergetic Navigation System SNS als Erfolgsmodell erforscht werden. „Blended Coaching mit dem Laufbahnkoffer HR" stellt eine neue Art des „ressourcenorientierten und kompetenzbasierten" Coachings dar, das in der Weiterbildung den Kursteilnehmenden eine gezielte Gestaltung des Überganges ermöglicht. Nach den Grundannahmen eines ressourcen- und lösungsorientierten Ansatzes (Bamberger,

2001; Eberling, 2016; Storch & Kuhl, 2012) steht die Erhöhung der Selbstreflexions- und Selbststeuerungskompetenz im Mittelpunkt, die durch den Laufbahnkoffer HR maßgeblich gefördert wird (Greif, 2016). Durch die geplanten Weiterentwicklungen anhand eines Kompetenzprofils und die Verwendung der acht generischen Prinzipien nach Schiepek erhält der „Laufbahnkoffer HR“ Anschluss an moderne Entwicklungen wie die des Real-Time Monitorings, die eine neue und vielversprechende Richtung einer evidenzbasierten wissenschaftlichen Forschung darstellen. Zugleich wird damit Orientierungs- und Handlungswissen für eine immer schneller und komplexer werdende Welt (Guwak & Stroltz, 2012) bereitgestellt.

Evers, W. J., Brouwers, A. & Tomic, W. (2006). A quasi-experimental study on management coaching effectiveness. Consulting Psychology Journal: Practice and Research, 58(3), 174. ***EK II***

Evers et al. (2006) führten eine quasi-experimentelle Studie durch, um herauszufinden, ob Coaching auf Basis des GROW-Modells (Whitmore) tatsächlich zu den angenommenen individuellen Zielen führt. Sechzig Personen aus dem Management wurden in zwei Gruppen aufgeteilt. Die Ergebnisse zeigten, dass die gecoachte Gruppe signifikant höher als die Kontrollgruppe bei zwei Variablen Veränderung aufwiesen: Ergebniserwartungen, ausgewogen zu handeln und die Selbstwirksamkeitsüberzeugung, eigene Ziele zu setzen.

Fischer, M. (2020). Wie Business Coaching Entrepreneure unterstützen kann: Eine Studie über die Beeinflussung von Wohlbefinden, Stress, Selbstwirksamkeit, Proaktivität und Unternehmenserfolg. Universität Hohenheim. Abrufbar unter: http://opus.uni-hohenheim.de/volltexte/2020/1756/. ***EK II***

Im Rahmen ihrer Dissertation untersucht Fischer (2020) im Mixed-Method-Design ein auf die Bedürfnisse der Entrepreneure zugeschnittenes Coaching-Programm. Es wird für beide Stichproben festgestellt, dass die Prädiktoren Selbstwirksamkeit, Proaktivität, Wohlbefinden und Stress den subjektiven Unternehmenserfolg prognostizieren können.

Grant, A. M. (2003). The impact of life coaching on goal attainment, metacognition, and mental health. Social Behavior and Personality: an international journal, 31(3), 253–263. ***EK II***

Grant (2003) untersucht die Wirksamkeit von Life-Coaching auf die Zielerreichung. In einer explorativen Studie mit Selbst- und Gruppencoachings wurden die wichtigsten metakognitiven Faktoren, welche bei der Zielerreichung eine Rolle spielen untersucht. Dazu nahmen 20 Erwachsene an einem

Life-Coaching-Programm teil. Thema des Programms waren psychische Gesundheit, Lebensqualität und Zielerreichung. Verwendet wurden lösungsorientierte Methoden u. a. die Wunderfrage. Dabei wurde die Rolle von Selbstreflexion und Einsicht im Modell eines Selbstregulierungszyklus untersucht. Die Ergebnisse deuten darauf hin, dass intensive Selbstreflexion das Erreichen von Zielen nicht erleichtert und stärkt damit den lösungsorientierten Ansatz.

Grant, A. M., Curtayne, L. & Burton, G. (2009). Executive coaching enhances goal attainment, resilience, and workplace well-being: A randomised controlled study. The journal of positive psychology, 4(5), 396-407. ***EK I***

Grant et al. (2009) führten in einer randomisierten-kontrollierten Studie (RCT) mit 41 Führungskräften einer Behörde des öffentlichen Gesundheitswesens ein 360-Grad-Feedback, einen halbtägigen Führungsworkshop und vier Coachingsitzungen durch. Das Coaching führte zu verbesserter Zielerreichung, es erhöhte die Resilienz und das Wohlbefinden am Arbeitsplatz und Depressionen und Stress nahmen ab. Qualitative Antworten zeigten, dass es dazu beitrug, das Selbstvertrauen und die persönliche Einsicht zu erhöhen, Managementfähigkeiten aufzubauen und den Teilnehmenden half, mit organisatorischen Veränderungen umzugehen.

Grant, A. M., Green, L. S. & Rynsaardt, J. (2010). Developmental coaching for high school teachers: Executive coaching goes to school. Consulting Psychology Journal, 62 (3), 151–168. ***EK I***

Bei der Studie von Grant et al. (2010) handelte es sich sowohl um eine experimentelle (zufällig zugewiesene Bedingungen) als auch um eine quasiexperimentelle (Prä-Post) Studie. Es wurde ein randomisiertes kontrolliertes Design verwendet, um die Auswirkungen des Coachings auf die Zielerreichung, die psychische Gesundheit, das Wohlbefinden am Arbeitsplatz und die Resilienz zu untersuchen. Es wurde ein quasi-experimentelles (Prä-Post) Design verwendet, um die Auswirkungen des Coachings auf den Führungsstil zu untersuchen. Vierundvierzig High School-Lehrer wurden nach dem Zufallsprinzip entweder dem Coaching oder einer Kontrollgruppe zugeteilt. Für das Coaching wurde ein kognitiv-behavioraler, lösungsorientierter Ansatz verwendet und stützte sich auf Theorien zur Selbstführung und zur transformationalen Führung. Die Teilnehmer der Coaching-Gruppe erhielten ein Multirater-Feedback zu ihrem Führungsstil und nahmen an 10 Coaching-Sitzungen teil, die von professionellen Coaches über einen Zeitraum von 20 Wochen durchgeführt wurden. Im Vergleich zu einer zufällig zugeteilten Kontrollgruppe war die Teilnahme am Coaching mit einer besseren Zielerreichung, weniger Stress und Wohlbefinden am Arbeitsplatz und Widerstandsfähigkeit verbunden. Prä-Post-Analysen für die Coaching-Gruppe zeigten, dass das Coaching die selbstberichtete Leistung und die humanistisch- ermutigenden Komponenten des konstruktiven Führungsstils verbesserte und die selbstberichteten aggressiven/defensiven und passiven/defensiven Führungsstilen. Die Ergebnisse legen nahe, dass Coaching als Methode der beruflichen Entwicklung ein großes Potenzial hat, zur Entwicklung und zum Wohlergehen der Gesellschaft beizutragen, und zwar über die Unternehmen und Organisationen mit denen Führungscoaching und Executive Coaching normalerweise in Verbindung gebracht werden.

Grant, A. M. (2012). Making positive change: A randomized study comparing solution-focused vs. problem-focused coaching questions. Journal of Systemic Therapies, 31(2), 21–35. ***EK I***

In der Studie von Grant (2012) wurden die Auswirkungen von problem- und lösungsfokussierten Coaching-Fragen auf positiven und negativen Affekt, Selbstwirksamkeit, Zielorientierung und Handlungsplanung verglichen. Insgesamt 225 Teilnehmende wurden nach dem Zufallsprinzip entweder einer problemfokussierten oder einer lösungsfokussierten Coaching-Bedingung zugewiesen. Alle beschrieben ein reales Problem, das sie lösen wollten, und setzten sich ein Ziel zur Lösung dieses Problems. Anschließend füllten sie eine Reihe von Fragebögen aus, mit denen der Grad an positivem und negativem Affekt, die Selbstwirksamkeit und die Zielerreichung bewertet wurden. In der problemfokussierten Coaching-Bedingung beantworteten 108 Teilnehmer eine Reihe von problemfokussierten Coaching-Fragen und füllten anschließend eine zweite Messreihe aus. Die 117 Teilnehmenden einer lösungsfokussierten Coaching-Sitzung beantworteten spiegelbildlich zur problemfokussierten Bedingung lösungsfokussierte Fragen, darunter die „Wunderfrage". Sowohl die problemfokussierte als auch die lösungsfokussierte Coaching-Bedingung waren wirksam bei der Verbesserung der Zielorientierung. Die lösungsfokussierte Gruppe hatte jedoch einen signifikant größeren Zuwachs an Zielorientierung im Vergleich zur problemfokussierten Gruppe. Problemfokussierte Fragen hatten keinen Einfluss auf den positiven oder negativen Affekt oder die Selbstwirksamkeit. Im Gegensatz dazu erhöhte der lösungsfokussierte Ansatz signifikant den positiven Affekt, verringerte den negativen Affekt und erhöhte die Selbstwirksamkeit. Darüber hinaus entwickelte die lösungsorientierte Gruppe signifikant mehr Handlungsschritte, die ihnen helfen sollten, ihr Ziel zu erreichen.

Grant, A. M. (2014). The efficacy of executive coaching in times of organizational change. Journal of Change-Management, 14(2), 258–280. ***EK II***

Grant (2014) untersuchte anhand quantitativer und qualitativer Messungen die Auswirkungen von Führungskräfte-Coaching während einer Periode organisatorischen Wandels auf 31 Führungskräfte und Manager einer globalen Ingenieurberatungsorganisation. Die Teilnahme am Coaching war mit einer erhöhten Zielerreichung, einem verbesserten lösungsorientierten Denken, einer größeren Fähigkeit, mit Veränderungen umzugehen, einer erhöhten Selbstwirksamkeit und Resilienz von Führungskräften und einem Rückgang von Depressionen verbunden. Die positiven Auswirkungen des Coachings übertrugen sich auf nicht-berufliche Bereiche wie das Familienleben.

Grant, A. M. (2008). Personal life coaching for coaches-in-training enhances goal attainment, insight, and learning. Coaching: An International Journal of Theory, Research and Practice, 1, 54–70. ***EK II***

Grant (2008) untersuchte in einer qualitativ und quantitativ ausgerichteten Studie die Auswirkungen der obligatorischen Teilnahme an einem persönlichen Life-Coaching-Programm für Coaches in der Ausbildung, wobei er sich auf frühere Forschungen zur obligatorischen persönlichen Therapie für Therapeuten in der Ausbildung stützt. 29 Coaches in Ausbildung setzten sich persönliche Ziele und absolvierten ein 10- bis 12-wöchiges, fünfsitziges, lösungsorientiertes kognitiv-verhaltenstherapeutisches persönliches Coaching-Programm. Drei Sitzungen fanden persönlich statt, zwei per Telefon. Nach jeder Coaching-Sitzung führten Coach und Coachee unabhängig voneinander eine strukturierte Reflexionsübung durch. Die Teilnahme an dem Programm ging mit einer geringeren Angst, einer höheren Zielerreichung, einer verbesserten kognitiven Belastbarkeit und einem höheren Maß an persönlicher Einsicht einher. Die Teilnehmenden erzielten auch bessere Noten am Ende des Semesters im Vergleich zu einer Gruppe, die nicht an dem intensiven persönlichen Coaching-Programm teilgenommen hatte. Das psychische Wohlbefinden der Teilnehmenden änderte sich nicht.

Green, L. S., Oades, L. G. & Grant, A. M. (2006). Cognitive-behavioral, solution-focused life coaching: Enhancing goal striving, well-being, and hope. Journal of Positive Psychology, 1, 142–149. ***EK I***

Green et al. (2006) untersuchten die Auswirkungen eines 10-wöchigen kognitiv-behavioralen, lösungsfokussierten Life-Coaching-Gruppenprogramms. Die Teilnehmenden wurden nach dem Zufallsprinzip einem Life-Coaching-Gruppenprogramm (n = 28) oder einer Kontrollgruppe mit Warteliste (n = 28) zugeteilt. Die Teilnehmenden waren 56 Erwachsene (18–60 Jahre, 42 Frauen und 14 Männer, Durchschnittsalter 42,68 Jahre) aus einer normalen (nicht-klinischen) Population, d. h., die Werte auf der Depressions--, Angst-

und Stress-Skala (DASS-21) (Lovibond & Lovibond, 1995)[2] fielen alle in den normalen Bereich der Psychopathologie. Die Teilnahme am Life-Coaching-Gruppenprogramm war mit einer signifikanten Zunahme von Zielstrebigkeit, Wohlbefinden und Hoffnung verbunden, wobei die Verbesserungen bei einigen Variablen bis zu 30 Wochen später anhielten. Nach Green et al. (2006) könnte die Hoffnungstheorie diese positiven Ergebnisse erklären. Life-Coaching-Programme, die evidenzbasierte Techniken nutzen, können einen Rahmen für weitere Forschungen zu psychologischen Prozessen bieten, die in nicht-klinischen Bevölkerungsgruppen ablaufen, die eine zielgerichtete Veränderung anstreben und ihr positives psychologisches Funktionieren verbessern wollen.

Green, L. S., Grant, A. M. & Rynsaardt, J. (2007). Evidence based life coaching for senior high school students: Building hardiness and hope. International Coaching Psychology Review, 2, 24–32. ***EK I***

Green et al. (2007) untersuchten die Wirksamkeit eines evidenzbasierten (kognitiv-behavioralen, lösungsorientierten) Life-Coaching-Programms zur Verbesserung der kognitiven Widerstandsfähigkeit und Hoffnung bei Schülerinnen der Oberstufe. In einem randomisierten, kontrollierten Versuchsaufbau wurden 56 Oberstufenschülerinnen (Durchschnittsalter 16 Jahre) nach dem Zufallsprinzip einem individuellen Life-Coach (N = 28) oder einer Kontrollgruppe mit Warteliste (N = 28) zugewiesen. Zehn Lehrer wurden in Theorien und Techniken der Coaching-Psychologie durch einen manualisierten Workshop „Lehrer als Coach" geschult. Die Teilnehmenden wurden nach dem Zufallsprinzip einem Lehrer-Coach zugewiesen, mit dem sie sich über zwei Schuljahre hinweg in 10 Einzelsitzungen trafen. Life-Coaching wurde mit einer signifikanten Zunahme der kognitiven Widerstandsfähigkeit und der Hoffnung sowie mit einer signifikanten Abnahme der Depressionswerte in Verbindung gebracht. Die Studie kommt zu dem Schluss, dass Life-Coaching eine wirksame Maßnahme für Gymnasiasten sein kann.

*Heim, S. (2020). Systemisch-lösungsorientierte Kurzzeit-Interventionen durch Beratungslehrer*innen. Masterarbeit, Karl-Franzens-Universität Graz.* ***EK III***

---

[2] Lovibond, S. H., & Lovibond, P. F. (1995). Manual for the depression anxiety stress scales. Sydney: Psychology Foundation of Australia

Die Arbeit von Heim (2020) beschäftigt sich mit systemisch-lösungsorientierter Kurzzeitberatung durch Lehrpersonen im schulischen Kontext. Es wurde untersucht, welche Veränderungen Lehrpersonen durch die Beratung wahrnehmen und welche Interventionen ihnen als besonders hilfreich erscheinen. Mittels leitfadengestützter Experteninterviews wird der Frage nachgegangen, ob Veränderungen aufgrund einer lösungsorientierten Kurzzeitberatung von Lehrpersonen wahrnehmbar sind und welche Art von Interventionen als besonders hilfreich eingeschätzt wird. Die Ergebnisse zeigen deutlich positive und vielfältige Veränderungen nach einer lösungs-orientierten Kurzzeitberatung. Insbesondere die Haltung von systemisch-lösungsorientiert arbeitenden Beratungslehrpersonen wird als sehr hilfreich und unterstützend wahrgenommen, darüber hinaus zeigt sich, dass verschiedene Beratungselemente und Interventionen von Lehrpersonen übernommen und im Unterricht eingesetzt werden und zu einer Weiterentwicklung und Qualitätssteigerung des Unterrichts beitragen können.

Jordan, S. & Kauffeld, S. (2020). A mixed methods study of effects and antecedents of solution-focused questions in coaching. International Journal of Evidence Based Coaching & Mentoring, 18(1). ***EK II***

Jordan & Kauffeld (2020) untersuchten die Verhaltensreaktionen von Klienten auf lösungsfokussierte Fragen (SFQ) von Coaches, ihre Auswirkungen auf die Coaching-Ergebnisse und die karrierebezogenen Eigenschaften der Coaches, die SFQ fördern. Unter Verwendung eines Mixed-Methods-Design haben sie longitudinale Selbstauskünfte und Verhaltensdaten von 23 Coach-Klienten-Dyaden verwendet. Die Ergebnisse unterstreichen ihres Erachtens die Bedeutung der SFQ für die Qualität und den Erfolg von Coaching-Interventionen und sollten Coaches und Fachleute, die im (Business-)Coaching-Kontext arbeiten, für die Möglichkeiten sensibilisieren, die diese Befragungstechnik bietet. Ein besonderer Beitrag ergibt sich aus der Verwendung von Verhaltensdaten, die ein verbessertes, unvoreingenommenes Verständnis von Coaching-Prozessen auf einer Mikroebene ermöglicht.

Law, H. & Aquilina, R. (2013). Developing a healthcare leadership coaching model using action research and systems approaches – A case study: Implementing an executive coaching programme to support nurse managers in achieving organisational objectives in Malta. International Coaching Psychology Review. ***EK III***

Law & Aquilina (2013) untersuchten im Rahmen einer Aktionsforschung mit 12 zufällig ausgewählten Stationsleiterinnen und -leitern ein Führungscoaching-Programm in einem Krankenhaus. Es wurden 27 idealisierte Führungsattribute identifiziert. Sowohl die Gruppen- als auch die Einzelcoachingsitzungen erwiesen sich als effektiv, um den Teilnehmenden zu helfen, Entwicklungsbereiche und Ziele zu identifizieren. Die Auswirkungen des Coaching-Programms umfassten eine verbesserte Selbstwahrnehmung, das Gefühl der Unterstützung, die Fähigkeit, Entscheidungen zu treffen und Zeitrahmen einzuhalten sowie das Erreichen von organisatorischen und persönlichen Zielen. Die strukturierten Coaching-Programme hatten eine wesentliche Auswirkung auf die Entwicklung der Führungsfähigkeiten von Stationsleitern, boten ihnen eine kontinuierliche Unterstützung und halfen ihnen, sowohl persönliche als auch organisatorische Ziele zu erreichen.

Lemisiou, M. A. (2018). The effectiveness of person-centered coaching intervention in raising emotional and social intelligence competencies in the workplace. International Coaching Psychology Review, 12(2), 6–26. ***EK II***

Lemisiou (2018) untersuchte im Rahmen eines einjährigen personzentrierten Business-Coaching Programm mit dem Management und den Mitgliedern des Produktionsteams in einer Organisation die Entwicklung von emotionaler und sozialer Intelligenz. Sie verwendete ein experimentelles Design und wendete gepaarte t-Tests in den Prä- und Post-Interventionsbedingungen an. Die Analyse zeigte, dass die Intervention einen starken Effekt auf alle Messgrößen des Produktionsteams (N = 34) hatte (Zielkompetenzen, Gesamtbewertung, angezielte versus nicht angezielte Kompetenzen, EI versus SI-Kompetenzen) und eine signifikante Wirkung auf die gezielten Kompetenzen des Managementteams (N = 10) hatte.

Mayer, T. (2006). Erfolgsfaktoren bei der Integration von Coaching und Entwicklungsprogrammen. Organisationsberatung, Supervision, Coaching, 13(3), 239–250. ***EK IV***

Mayer (2006) schildert anhand von drei Praxisbeispielen, wie Coaching auf Basis des GROW-Modells und Entwicklungsprogramme für Führungskräfte integriert werden können. Im Hinblick auf das Ziel einer intensiveren und nachhaltigeren Kompetenzentwicklung profitiert sowohl das Coaching als auch das Entwicklungsprogramm von einer Kombination; deswegen ist eine hohe Integration anzustreben. Diese Integration ist erfolgreich, wenn sie strukturell eingebettet wird, Eigenarten der Zielgruppe berücksichtigt werden, akzeptanzförderliche Bezeichnungen gewählt werden und die Coaches/ Trainer die Verbindung zwischen den Elementen herstellen können.

Passmore, J. (2010). A grounded theory study of the coachee experience: The implications for training and practice in coaching psychology. International Coaching Psychology Review, 5(1), 48–62. ***EK III***

Passmore (2010) untersuchte in dieser Studie die wichtigsten Verhaltensweisen von Executive Coaches, die sich nach Ansicht der Coachees auf ihre Erfahrungen und Fortschritte auswirken. Er verwendete ein halbstrukturiertes Interviewdesign im Rahmen eines qualitativen Ansatzes. Zur Analyse der Transkripte und zur Erstellung einer Reihe von beschreibenden und konzeptionellen Codes wurde die Grounded Theory eingesetzt. Die Ergebnisse dieser kleinen Studie deuten darauf hin, dass Coachees nicht nur nach bestimmten Verhaltensweisen, sondern auch nach bestimmten persönlichen Eigenschaften bei einem Coach suchen. Die wichtigsten Verhaltensweisen und Eigenschaften, die identifiziert wurden, waren der gesunde Menschenverstand, die Vertraulichkeit, die Zusammenarbeit, das Stellen von Aufgaben zum Mitnehmen, die Balance zwischen Herausforderung und Unterstützung, Anregung zur Problemlösung, effektive Kommunikation, Konzentration, Beherrschung von Emotionen, Unterstützung bei der Entwicklung alternativer Perspektiven, die Verwendung einer Vielzahl von Fokussierungsinstrumenten und -techniken und die Nutzung des eigenen Selbst als Werkzeug.

Poepsel, M. A. (2011). The impact of an online evidence-based coaching program on goal striving, subjective well-being, and level of hope (Doctoral dissertation, Capella University). ***EK I***

Ziel der Studie von Poepsel (2011) war es, die Wirksamkeit eines evidenzbasierten Online-Coaching-Programms in Bezug auf die Zielerreichung, das subjektive Wohlbefinden und den Grad der Hoffnung zu untersuchen. Diese Studie sollte empirische Erkenntnisse zum entstehenden Feld des Online-Coachings beitragen. Das Forschungsdesign der Studie war ein Posttest mit zufälliger Zuweisung und Zwei-Gruppen-Vergleich. Poepsel rekrutierte eine Stichprobe von erwachsenen Internetnutzern in den Vereinigten Staaten, indem er verschiedene Website-Betreiber bat, die Studie zu erwähnen. Die Teilnehmenden wurden nach dem Zufallsprinzip entweder einer Kontrollgruppe mit Warteliste oder einer experimentellen Behandlungsgruppe zugewiesen, die an einem 8-wöchigen Online-Coaching-Programm teilnahmen. Bei dem Coaching-Programm handelte es sich um ein evidenzbasiertes Coaching-Programm, das sich auf eine Vielzahl validierter psychologischer Studien stützte. Das Programm wurde ausschließlich online durch eine Reihe strukturierter Übungen und offener Diskussionen durchgeführt. Ein zertifizierter Coach mit mehr als 5 Jahren professioneller Coaching-Erfahrung leitete das Programm und die Teilnehmenden interagierten während der gesamten Programmdauer mit dem Coach und anderen Teilnehmenden. Zu den

Messinstrumenten der vorliegenden Studie gehörten ein Fragebogen zur Zielerreichung, die Lebenszufriedenheitsskala und die State Hope Scale. Die Antworten wurden von allen Teilnehmenden nach Abschluss des Programms oder nach Zuweisung auf die Warteliste erhoben. Es wurde eine Hypothese entwickelt, die besagt, dass sich die Ergebnisse der experimentellen Coaching-Gruppe signifikant von denen der Kontrollgruppe mit Warteliste unterscheiden. Um die Hypothese zu testen, wurden die Ergebnisse der beiden Gruppen mithilfe einer Einweg-MANOVA mit entsprechenden Post-hoc-Tests verglichen. Die Ergebnisse der MANOVA waren signifikant, und anschließend wurde für jede der abhängigen Variablen der Studie ein Post-hoc-ANOVA-Test durchgeführt. Die univariaten Post-hoc-Tests der Zielerreichung und des subjektiven Wohlbefindens waren signifikant. Ein post-hoc univariater Test der Hoffnung war nicht signifikant. Das Online-Coaching erwies sich als wirksam in Bezug auf die identifizierten Coaching-Ergebnisse.

Redžep, L., Beersma, B. & Theeboom, T. (2014). The Implications of Self-Kindness for the Effectiveness of Coaching: Self-Compassion Moderates the Impact of Solution- vs. Problem-Focused Coaching Questions on Action Planning (Masterthesis, University of Amsterdam). ***EK I***

Redžep et al. (2014) untersuchten im Rahmen eines experimentellen 2x2-faktoriellen Designs mit einem ressourcenbasierten Ansatz für Coaching, ob die Wirksamkeit verschiedener Coaching-Ansätze, lösungsorientiert (SF) vs. problemfokussiert (PF), auf die Handlungsplanung von der persönlichen Ressource des Coachees, dem Selbstmitgefühl, abhängt (niedrig vs. hoch). Die Hypothese, dass SF im Vergleich zu PF-Coachingfragen zu einer effektiveren Handlungsplanung führen wird, vor allem, wenn das Selbstmitgefühl gering ist, wurde bei einem von drei Kriterien für die Handlungsplanung (d. h. Geläufigkeit) weitgehend unterstützt. SF führte zu einer effektiven Handlungsplanung sowohl bei Personen mit geringem und hohem Selbstmitgefühl. Wie erwartet, führte PF zu einer effektiveren Handlungsplanung bei Personen mit hohem und nicht bei solchen mit niedrigem Selbstmitgefühl. Überraschenderweise profitierten Coachees mit hohem Selbstmitgefühl etwas mehr von PF als von SF-Coaching.

Richardson, T. M. (2010). Solution-focused brief coaching as an executive coaching intervention: A quasi-experimental study (Doctoral dissertation, University of Phoenix). ***EK II***

Das Ziel der quasi-experimentellen Studie von Richardson (2010) war es, die Wirksamkeit von lösungsfokussiertem Kurzzeitcoaching als spezifische

Intervention im Führungskräfte-Coaching zu untersuchen. Die Studie verwendete ein Prä-Post-Design mit einer Experimentalgruppe und einer Kontrollgruppe. Sechs Führungskräfte erhielten im Rahmen dieser Studie sechs Coaching-Sitzungen. Zwölf Führungskräfte, die als Kontrollgruppe dienten, erhielten kein Coaching. Messinstrumente (das *Working Alliance Inventory*, der *Goal Attainment Survey* und die *Satisfaction with Life*-Skala) lieferten quantitative Ergebnisdaten zur Bestimmung von Verhalten, Leistung und emotionalen Veränderungen in Verbindung mit der Nutzung der EBK (die unabhängige Variable) zu bestimmen. Diese Messinstrumente (die abhängigen Variablen) wurden bei beiden Gruppen vor und nach der 6-wöchigen Coaching-Intervention durchgeführt. Der WAI-C-Pretest zeigte signifikante Unterschiede zwischen den Gruppen, was darauf hindeutet, dass die Coaches die Arbeitsallianz der gecoachten Teilnehmenden als signifikant größer wahrgenommen wurde als in der nicht gecoachten Gruppe. Der SWLS-Pretest zeigte signifikante Unterschiede zwischen den Gruppen, was darauf hindeutet, dass die Gruppe, die Coaching in Anspruch nahm, zu Beginn des Coachings eine geringere Lebenszufriedenheit hatte als die Kontrollgruppe.

Spence, G. B. & Grant, A. M. (2007). Professional and peer life coaching and the enhancement of goal striving and well-being: An exploratory study. Journal of Positive Psychology, 2, 185–194. ***EK I***

Die randomisierte kontrollierte Studie von Spence und Grant (2007) verglich Peer-Coaching mit professionellem Life-Coaching über einen Zeitraum von 10 Wochen mit 63 Teilnehmern. Die Ergebnisse zeigten, dass im Vergleich zu Peer Peer-Coaches und den Kontrollpersonen die Coachees der professionellen Coaches stärker in den Coaching-Prozess eingebunden waren, eine höhere Zielverpflichtung und -fortschritt sowie ein höheres Wohlbefinden in Bezug auf die Bewältigung der Umwelt aufwiesen; andere Facetten des Wohlbefindens veränderten sich nicht. Die Ergebnisse deuten darauf hin, dass die Anwesenheit einer unterstützenden Person eine notwendige, aber nicht ausreichende Bedingung ist, um das Zielstreben zu verbessern, und unterstreichen die Bedeutung von Fachwissen beim Coaching.

Waldman, J. & Abington, A. (2012). Beyond SF coaching: John Laing Integrated Services – an SF organisation. InterAction – The Journal of Solution Focus in Organizations, 4(1), 70–80. ***EK III***

Waldman & Abington (2012) stellen die Ergebnisse einer Fallstudie dar, in welcher ein lösungsorientiertes Coaching-Programm in ein Unternehmen implementiert wurde. Die Mitarbeitenden verwenden seitdem lösungsfokussierte Werkzeuge und Techniken in einer Weise, die weit über Coaching hinausgehen, und Lösungsorientierung ist nun ein wesentlicher Bestandteil geworden. Sie werden seitens der Manager in den Teams, Meetings, Kundenprojekten, Leistungsmanagement-Prozessen, 360-Grad-Beurteilungen, strategischer Planung und mehr angewendet. Der leitende Vertragsmanager berichtet von zunehmender Zukunftsorientierung.

Wolf, C. (2014). Musterzustände im Coaching erkennen und verändern. Organisationsberatung, Supervision, Coaching, 21(4), 469–482. ***EK III***

Wolf (2014) fundiert das Phänomen „Musterzustandsänderung" des systemisch-lösungsorientierten Coaching-Konzepts der Karlsruher Schule theoriegeleitet und mittels einer qualitativen Online-Befragung – das Verständnis und Erleben der in Ausbildung stehenden Coaches der Führungsakademie Baden-Württemberg werden gesammelt und diskutiert. Die Musterzustandsänderung fokussiert den Übergang vom Problemzustand hin zum Lösungszustand. In der Rolle der Klientel wurde der Begriff „befreiend" (6x) genannt. „Blockaden wurden gelöst", man empfand „Entspannung, da das Problem bzw. Anliegen lösbar erschien und man wieder handlungsfähig wurde." Die Musterzustandsänderung wurde als ein „körperlich wahrnehmbarer Zustand der positiven Energie" (3x) beschrieben, und „neue Handlungsmöglichkeiten eröffneten sich" (3x). Weitere Beschreibungen, waren „stärkend", „ermutigend", „energetisierend" (4x) und „öffnend" (5x). Bei der Wahrnehmung als Coach konnte unterschieden werden in Aussagen zum Erleben von Coach und Klient („Coachee hellt plötzlich sein Gesicht auf oder seufzt erleichtert. Bei mir nehme ich dann eine ähnliche Erleichterung wahr. Ich spüre: Jetzt hat sie/er es!"), Beobachtungen beim Klienten, die vom Coach wahrgenommen wurden („Die Aufmerksamkeit steigt. Die Energie nimmt zu, was sich auch an der Redegeschwindigkeit zeigen kann, Zufriedenheit kann sich einstellen.") und dem wahrgenommenen Erleben des Coaches selbst („Man ist erleichtert, freut sich und entspannt sich, da ab da dann der Klient/ Coachee selbst wieder aktiver wird, und man kann ihn/ sie eigene Bilder/ Lösungen entwickeln lassen."). Beim Erleben wurde allerdings auch erklärt, dass Unsicherheiten bestehen, ob die Musterzustandsänderung „gegriffen" hat (6x).

Wolf, C. (2014). Systemisch-lösungsorientiertes Coaching als unterstützter Lernprozess: Untersuchung von Änderungen des Musterzustands als förderlicher Initiator des Lernens. AV Akademikerverlag. ***EK III***

Wolf (2014) befasste sich in ihrer Arbeit mit Coaching als Unterstützung des Lernens. Bei dem Konzept von Coaching spielen dabei die Musterzustandsänderungen im Coaching die zentrale Rolle. Dies soll mithilfe gezielter Befragungen der Coachees und des Coaches, einer strukturierten Beobachtung von Coachee und Coach und Messungen bestimmter physiologischer Parameter verwirklicht werden. Aus den Ergebnissen der ersten Untersuchung lassen sich sowohl der chronologisch vorgesehene Ablauf als auch die Nachvollziehbarkeit der einzelnen Phasen im Coaching bestätigen. Lediglich die Verteilung von Problem- und Lösungsteil wird in dieser Untersuchung nicht dem konzeptionellen Anspruch gerecht. Trotzdem soll dieses Ergebnis nicht den Anspruch eines Schwerpunktes auf den Lösungsteil in diesem Konzept widerlegen. Das Resultat kann sich entsprechend den Rahmenbedingungen nachteilig auf die Annahme ausgewirkt haben. Die ungewohnte Verkabelung bzw. das fehlende Wissen des Coaches bei zwei Coachings über den Coachee und sein Verhalten im Coaching können dieses Ergebnis negativ beeinflusst haben. Die zweite Fragestellung bezog sich auf die Musterzustandsänderung als Initiator des Lernens im Coaching und ob sich dies anhand unterschiedlicher Untersuchungsverfahren gleichermaßen identifizieren lässt. Mithilfe eines komplexen Untersuchungsdesigns mit verschiedenen Instrumenten ließ sich eine Veränderung, ausgelöst durch die Musterzustandsänderung, erkennen. Dies lässt sich bei der Befragung des Coachees, der Befragung des Coaches, der eigenen Wahrnehmung, die in den Beobachtungsbogen dokumentiert wurde und anhand der Messungen der psycho-physiologischen Parameter nachweisen. Bei der Befragung der Coachee lassen sich trotz kleiner Stichprobe signifikante Unterschiede vor und nach dem Coaching feststellen, die eine Wirkung des Coachings zumindest subjektiv deutlich werden lassen. Die Veränderungen waren überwiegend positiv, wobei durch die kleine Stichprobe nur ein Teil der veränderten Items mit signifikanten und marginal signifikanten Werten die Grundgesamtheit repräsentieren. Auch bei der Leitfaden-Befragung des Coaches lassen sich positive Resultate auswerten, selbst wenn in zwei Coachings aus der Sicht des Coaches nicht wirklich ein Musterzustand herbeigeführt worden ist. Es wird gezeigt, dass für den Coaching-Erfolg einer Sitzung nicht nur die erfolgreiche Hinführung in den Musterzustand von Relevanz ist, sondern auch das Feedback, welches der Coachee zum Ende der Sitzung abgibt. Wenn der Coachee seine (Teil-)Ziele für erreicht hält, ist dies für den Coach auch ein positives Ergebnis. Bei zwei der Coachings handelte es sich um die erste Coaching-Sitzung im Coaching-Gesamtprozess, weswegen eine Einschätzung über den Verlauf des Coachings durch den Coach erschwert war.

Yu, N., Collins, C. G., Cavanagh, M., White, K. & Fairbrother, G. (2020). Positive coaching with frontline managers: enhancing their effectiveness and understanding why. Coaching Researched: A Coaching Psychology Reader, 269-283. ***EK II***

Yu et al. (2020) verwendeten ein gruppeninternes Prä-Post-Design: Es wurden bedarfsorientierte Workshops mit 17 Personen im Management sowie Gruppen- und Einzelcoaching über einen Zeitraum von sechs Monaten durchgeführt. Ein Fragebogen wurde verwendet, um Daten zu zwei Zeitpunkten zu sammeln. Die Teilnahme am Coaching war mit einer signifikant verbesserten Proaktivität, Kernleistung, Zielerreichung, Selbsteinschätzung, Motivation, positivem Affekt und Autonomie verbunden.

7.1.4. Hypnosystemisches Coaching

Für den Bereich Hypnosystemisches Coaching konnten 3 Studien in die Analysen einfließen. Diese Studien lassen sich der Evidenzklasse III zuordnen. Damit kann für diesen Untersuchungsbereich die *Bewertungsklasse III* vergeben werden. Zusammenfassend kann gesagt werden, dass Hypnosystemisches Coaching insbesondere in folgenden Bereichen Effekte der Wirksamkeit zeigte (Tab. 6).

<table>
<tr><th colspan="2">Hypnosystemisches Coaching</th></tr>
<tr><th colspan="2">Wirkfaktoren</th></tr>
<tr><td>Arbeitsbeziehung
– Vertrauen
– Empathie und emotionale Unterstützung
– Wertschätzung
Methoden & Arbeitsweise
– Ressourcenaktivierung</td><td>– Zielklärung und -konkretisierung
– Ergebnisorientierte Selbstreflexion
– Fragenstellen sowie Zuhören
– Affektaktivierung und -kalibrierung
– wertorientierte Selbst- und Problemreflexion</td></tr>
<tr><th colspan="2">Wirkungen</th></tr>
<tr><td>Kompetenzentwicklung
– Verbesserung der Führungskompetenz
– spezifisch-verhaltensbezogene Wirkungen (z. B. Bewältigung problematischer beruflicher Situationen, verändertes Führungshandeln)</td><td>Reflexion
– spezifisch-kognitive Wirkungen (z. B. innere Klarheit, Entscheidungsfindung)

Befindlichkeitssteigerung
– Steigerung der Zufriedenheit</td></tr>
</table>

Tab. 6: Überblick über die Wirkfaktoren und Wirkungen aus den Studien zum Hypnosystemischen Coaching

Folgende Publikationen wurden für den Bereich des Hypnosystemischen Coachings gesichtet und eingeschlossen:

Lindart, M. (2016). Was Coaching wirksam macht: Wirkfaktoren von Coachingprozessen im Fokus (1. Aufl. 2016.). Wiesbaden: Springer Fachmedien Wiesbaden. ***EK III***

Lindart (2016) zeigt anhand problemzentrierter Interviews folgende Wirkfaktoren bei Coachingprozessen auf hypnosystemischer Grundlage: Nach Meinung der Interviewpartner sind die folgenden sieben Wirkfaktoren am wesentlichsten für ein erfolgreiches hypnosystemisches Coaching: Vertrauen, Ressourcenaktivierung, Zielklärung und -konkretisierung, Wertschätzung, Empathie und emotionale Unterstützung, ergebnisorientierte Selbstreflexion, Fragenstellen sowie Zuhören. Aus der Umsetzung von Wirkfaktoren im hypnosystemischen Coaching resultieren vielfältige Erfolge. Diese lassen sich in allgemeine (z. B. Zufriedenheit, Zielerreichungsgrad), spezifisch-kognitive (z. B. innere Klarheit, Entscheidungsfindung), spezifisch-verhaltensbezogene (z. B. Bewältigung problematischer beruflicher Situationen, verändertes Führungshandeln) sowie spezifisch-systemische (z. B. positive Auswirkungen auf das berufliche Umfeld) Erfolge differenzieren. Am häufigsten waren die spezifisch-kognitiven Erfolge repräsentiert.

Persitzky, J. & Peschke, T. (2017). Führungskräfteentwicklung zur Förderung der Selbstorganisation im Unternehmen: Eine Fallstudie beim Unternehmen 50Hertz. In Entwicklung von Führungspersönlichkeiten und Führungskulturen). Wiesbaden: Springer, 141–159. ***EK III***

In einer Fallstudie von Persitzky & Peschke (2017) wird beschrieben, wie in einem mittelständischen Unternehmen über das Initiieren von Selbstorganisation mittels Führungskräfteentwicklung Anreize für wirksame Veränderungen geschaffen werden können. In der Beratungsarbeit wurde anlass- und bedarfsbezogen ein breites Spektrum an Ansätzen und Methoden genutzt, u. a. hypnosystemische Ansätze, verschiedene Formen der Praxisfallberatung (vgl. Schulz von Thun, 2006) oder die Klärungshilfe nach Thomann (2004). Im Ergebnis zeigen sich an vielen Stellen eine Verbesserung der individuellen Führungskompetenz, eine Verbesserung der bereichsübergreifenden Zusammenarbeit und eine erste Veränderung der Führungskultur hin zu mehr Selbstorganisation.

Schöttli, C. M. (2017). 5-dimensionales systemisches St. Galler Coaching Modell: wahrgenommene methodische Wirkfaktoren im Einzelcoaching aus der Perspektive der Klientel (Doctoral dissertation, Fachhochschule Nordwestschweiz. Hochschule für Angewandte Psychologie). ***EK III***

Schöttli (2017) konnte anhand qualitativer Interviews feststellen, dass die von Greif (2008) und Grawe et al. (1994) beschriebenen methodischen Wirkfaktoren von den befragten 12 Klientinnen und Klienten eines Coachings nach dem St. Galler Modell wahrgenommen werden. Deren Umsetzung im St. Galler Coaching Modell konnte außerdem mittels einer Dokumentanalyse theoretisch nachgewiesen werden. Als wichtigste Wirkfaktoren aus Sicht der Klientel zeigten sich die Affektaktivierung und -kalibrierung sowie die wertorientierte Selbst- und Problemreflexion.

7.1.5. Systemisch-psychodynamisches Coaching

Für den Bereich Systemisch-psychodynamisches Coaching konnten 5 Studien in die Analysen einfließen. Vier Studien lassen sich der Evidenzklasse III und eine der Klasse II zuordnen. Damit kann für diesen Untersuchungsbereich die *Bewertungsklasse III* vergeben werden. Zusammenfassend kann gesagt werden, dass Systemisch-psychodynamisches Coaching insbesondere in folgenden Bereichen Effekte der Wirksamkeit zeigt (Tab. 7).

<table>
<tr><th colspan="2">Systemisch-psychodynamisches Coaching</th></tr>
<tr><td colspan="2">Wirkfaktoren</td></tr>
<tr><td>Methoden & Arbeitsweise
– Coaching-Prozess
– vereinbarte Ziel</td><td>Rahmenbedingungen
– organisationskulturelle Merkmale</td></tr>
<tr><td colspan="2">Wirkungen</td></tr>
<tr><td>Kompetenzentwicklung
– Veränderungen im transformationellen Führungsverhalten und der Selbstwirksamkeit

Reflexion
– Reflexion der Führungsidentität und des unbewussten Führungsverhaltens
– Effektivere Wahrnehmung der Organisationsrollen</td><td>– Verständnis und Bewusstsein für Ängste und defensiven Verhaltensweisen in ihrer Interaktion
– Klarheit und Autorisierung in den primären Aufgaben- und normativen Rollen
– Gewinnende Einblicke in die unter der Oberfläche liegende Diversitätsdynamik</td></tr>
</table>

Tab. 7: Überblick über die Wirkfaktoren und Wirkungen aus den Studien zum Systemisch-psychodynamischen Coaching

Folgende Publikationen wurden für den Bereich des Systemisch-psychodynamischen Coachings eingeschlossen und gesichtet:

Cilliers, F. (2018). The experienced impact of systems psychodynamic leadership coaching amongst professionals in a financial services organization. South African Journal of Economic and Management Sciences, 21(1), 1–10. ***EK III***

Cilliers (2018) führte in einer großen südafrikanischen Finanzdienstleistungsorganisation qualitative Interviews mit 15 Buchhaltern durch. Diese erlebten systemisch-psychodynamisches Führungscoaching als anspruchsvoll, herausfordernd und dennoch erfüllend für die die Erforschung ihrer Führungsidentität. Es zeigte sich, dass die Systemische Psychodynamik als Coaching-Haltung eine positive Intervention ist, um das eigene unbewusste Führungsverhalten zu erforschen und ein signifikantes Maß an Verständnis und Bewusstsein für eigene Ängste und defensive Verhaltensweisen zu erlangen.

Cilliers, F. & Terblanche, L. (2010). The systems psychodynamic leadership coaching experiences of nursing managers. Health SA Gesondheid (Online), 15(1), 1–9. ***EK III***

Cilliers und Terblanche (2010) verwendeten ein qualitatives Forschungsdesign, um die systempsychodynamischen Lernerfahrungen von Pflegemanagern während eines Führungscoachings zu beleuchten. Sechs Führungskräfte aus dem Pflegebereich nahmen über einen Zeitraum von zehn Wochen an zehn Führungscoaching-Sitzungen teil. Die Ergebnisse wiesen auf Klarheit und Autorisierung in den primären Aufgaben- und normativen Rollen der Teilnehmenden hin; auf Angst und De-Autorisierung in ihren Erfahrungs- und Phänomenrollen; auf Angst im Grenzmanagement in Bezug auf den Machtmissbrauch durch andere; und auf die kontinuierliche Erforschung ihrer Führungsrollenidentität mit dem Ziel, Integration zu erreichen.

Day, A. (2010). Coaching at relational depth: a case study. Journal of Management Development, Vol. 29 No. 10, 864–876. https://doi.org/10.1108/02621711011084196. ***EK III***

Die Fallstudie von Day (2010) zeigt, wie die Dynamik der Coaching-Beziehung als eine Wiederholung unbewusster Prozesse des Klienten in der Organisation verstanden werden kann. Zudem, wie Coaches unbewusste Dynamiken in der Coaching-Beziehung verstehen und mit ihnen arbeiten können. Die Arbeit hebt hervor, wie die psychoanalytische Theorie von Individuen und Organisationen in einen relationalen Coaching-Ansatz integriert werden kann, der die Erkundung der Erfahrungen des Klienten mit seiner Arbeit im Organisationskontext erleichtert.

Hanan, F. (2014). A Preliminary Mixed Methods Study of an Executive Coaching Programme: Exploring Defined Goals, Described Outcomes and Systemic Functions. Masterthesis, INSEAD. ***EK II***

In der Studie von Hanan (2014) wird der Einfluss von Coaching auf das Führungsverhalten und Lernen untersucht. Im Rahmen einer Mixed-Methods-Studie wurde eine anfallende Gelegenheitsstichprobe (N = 18) von drei Coaching-Gruppen in verschiedenen Phasen eines internen Programms untersucht. Das Design umfasste eine retrospektive Prä-Post-Test-Erhebung in der quantitativen Phase. Diese wurde dann durch eine erklärende sequenzielle Phase ergänzt, in der halbstrukturierte Interviews und induktive Ansätze verwendet werden. Durch die Zusammenführung der Ergebnisse aus beiden Phasen und der Nutzung eines systemisch-psychodynamischen Konzepts, wurde untersucht, wie der Coaching-Prozess, vereinbarte Ziele und organisatorische Merkmale die Ergebnisse beeinflussten. Obwohl vorläufige quantitative Ergebnisse statistisch signifikante Belege für positive Veränderungen im transformationellen Führungsverhalten und der Selbstwirksamkeit von Führungskräften in der Gruppe in der Spätphase zeigten, zeigten die qualitativen Ergebnisse subtile Diskrepanzen zwischen den organisatorischen Absichten und den tatsächlichen Ergebnissen. Es gab auch Hinweise darauf, dass individuelles Coaching einen größeren Einfluss auf das Führungsverhalten hat, wenn es in kollaborative Arbeitsmethoden integriert wird.

Motsoaledi, L. & Cilliers, F. (2012). Executive coaching in diversity from the systems psychodynamic perspective. SA Journal of Industrial Psychology, 38(2), 32–43. ***EK III***

Motsoaledi & Cilliers (2012) untersuchten systemisch-psychodynamische Coachings an sechs Führungskräften in südafrikanischen Staatsministerien über einen Zeitraum von 10 Monaten. Das Coaching thematisierte und analysierte die organisatorischen Rollen der Führungskräfte. Sie analysierten die Daten mithilfe der Diskursanalyse. Das Coaching half den Führungskräften, Einblicke in die unter der Oberfläche liegende Diversitätsdynamik zu gewinnen, Diversität nachhaltig zu thematisieren und ihre Organisationsrollen effektiver wahrzunehmen.

7.1.6. Systemaufstellung im Coaching

Für den Bereich Systemaufstellung im Coaching konnten 4 Studien in die Analysen einfließen. Eine der Studien lässt sich der Evidenzklasse II, eine der Evidenzklasse III und zwei der EK IV zuordnen. Damit kann für diesen Untersuchungsbereich die *Bewertungsklasse III* vergeben werden. Zusammenfassend kann gesagt werden, dass Systemaufstellung im Coaching insbesondere in folgenden Bereichen Effekte der Wirksamkeit zeigt (Tab. 8).

Systemaufstellungen im Coaching	
Wirkfaktoren	
Methoden & Arbeitsweise – methodische Vielfalt	– hohe emotionale Eingebundenheit – sprachliche und aktionsmethodische Ebene
Wirkungen	
Lösungsfindung – Erarbeitung der Ressourcen und nachhaltiger Lösungen – Einstellungsveränderungen – Zunahme an Handlungsmöglichkeiten – Auseinandersetzung und Umsetzung der individuellen Aufstellungsbilder- und Prozesse im Alltag	*Reflexion* – Beschreibungen von Ursache-Wirkungs-Zusammenhängen in Organisationen – Verbesserung der Vorstellung von der Funktionalität und Konfigurierbarkeit organisatorischer Netzwerke und deren Beziehungen und Regeln – Komplexitätsreduktion – Komplexität des Prozesses erfassen – Öffnung für neue Sichtweisen

Tab. 8: Überblick über die Wirkfaktoren und Wirkungen aus den Studien zu Systemaufstellungen im Coaching

Folgende Publikationen wurden für den Bereich der Systemaufstellungen im Coaching eingeschlossen und gesichtet:

Burchardt, C. (2015). Advanced business coaching approach in combination with systemic constellation work to improve the business engineering process. In DS 80-11 Proceedings of the 20th International Conference on Engineering Design (ICED 15) Vol 11: Human Behaviour in Design, Design Education; Milan, Italy, 27-30.07. 15,307–318. ***EK IV***

Burchardt (2015) beschreibt in seinem Beitrag, inwiefern im Business-Engineering-Prozess Business Coaching mit Aufstellungsarbeit kombiniert werden kann, um die Innovationsfähigkeit eines Unternehmens zu verbessern und um diese Innovation in Gewinn umzuwandeln. Der Prozess dient als Plattform zur Lösung von Geschäftsproblemen und zur Gestaltung von Veränderungen – z. B. die Entwicklung einer nachhaltigen Unternehmenskultur, die Optimierung der Leistungsfähigkeit der Organisation und die Stärken der einzelnen Teammitglieder sowie des Teams als Ganzes zu aktivieren, um ihre Aufgaben auf die produktivste Weise im Unternehmen zu erfüllen. Business Coaching in Kombination mit dem systemischen Aufstellungsansatz wird als Gruppen-Simulationsmethode eingesetzt. Als Simulationsmethode liefert sie Beschreibungen von Ursache-Wirkungs-Zusammenhängen in Organisationen und gibt den Teilnehmenden eine Vorstellung von der Funktionalität und Konfigurierbarkeit organisatorischer Netzwerke von Beziehungen und Regeln. Die Systemische Aufstellungsarbeit bietet eine Gelegenheit, die natürlichen Ausgleichskräfte zu erleben und zu beeinflussen, die auf Führungskräfte, Teams und ganze Organisationssysteme beeinflussen. Durch moderierte Workshops und systemische Coaching-Interventionen werden drängende Themen beleuchtet, Komplexität aufgelöst, neue Ressourcen gefunden und nachhaltige Lösungen erarbeitet.

Lauterbach, M. (2014). Systemisches Gesundheitscoaching in Aktion. Zeitschrift für Psychodrama und Soziometrie, 13(2), 199–209. ***EK IV***

Lauterbach (2014) stellt seinen untersuchten Fall eines systemischen Gesundheitscoaching mit einem Klienten dar, welcher eine hohe Geldsumme, die er mit seinem kleinen Unternehmen eingenommen hat, aufgrund von längerem Drogen- und Alkoholkonsum sowie einer Spielsucht überwiegend ausgegeben hat. Zudem brachte diese Zeit körperliche und gesundheitliche Schäden mit sich. Das Coaching erfolgte einerseits sprachlich auf der Basis systemischer Fragen und Interventionen. Bedeutsam als wichtige Impulse waren die aktionsmethodischen Interventionen, wie v. a. die Aufstellungsarbeit. Neben der sprachlichen und der aktionsmethodischen Ebene sind die Dimension von Achtsamkeit, Gewahrseins, von Sinnhaftigkeit und Stimmigkeit zentral und für den Weg zu einer gesunden Lebenspraxis miteinander verbunden. Am Beispiel des Themas „Gesundheit im Coaching“ wurde gezeigt, wie sich durch methodische Vielfalt in Beratungsprozessen Entwicklungsdimensionen öffnen lassen, in denen die persönliche Ebene und gleichzeitig die transpersonale, zwischen- menschliche und spirituelle Ebene klingen. Alle Ebenen durchdringen sich von Beginn an gegenseitig, werden gleichzeitig spürbar. Dadurch lassen sich integrale Prozesse von Gesundung von Heilung anstoßen. Eine gesunde Lebenspraxis ist von der gesamten heilen Person geprägt, in der alle Ebenen in Resonanz sind. Individuelle Heilung ist dann auch kollektive Heilung. Mit Aktionsmethoden kann die Komplexität des Prozesses besonders gut erfasst werden. Boden und Rahmen bildet die Entwicklung von Achtsamkeit.

Lukesch, R. (2017). Wirksam Umstellen. Nachweis der Wirksamkeit Systemischer Strukturaufstellungen (SySt@) auf der Basis von Einstellungsänderungen. In: SyStemischer (11), S. 106–116. ***EK II***

Lukesch (2017) führte eine breit angelegte Wirksamkeitsstudie zu systemischen Strukturaufstellungen mit 151 Teilnehmenden durch. Dabei wurde ein Versuchs- und Kontrollgruppendesign mit zwei Messzeitpunkten verwendet. Die Versuchsgruppen ($N_1 = 40$ bzw. $N_2 = 34$) und die Kontrollgruppen ($N_3 = 32$; $N_4 = 15$; $N_5 = 10$; $N_6 = 20$) erhielten entweder ein anderes bzw. gar kein Treatment. Die Messung wurde mit der Repertory-Grid-Technik nach Kelly (1955) im Abstand von neun Monaten durchgeführt. Dabei bewerten die Teilnehmenden eigene zuvor genannte persönlich bedeutsame Konstrukte in ihrer Veränderung. Trotz fehlender inferenzstatistischer Auswertungen und einer nicht den wissenschaftlichen Standards entsprechender Darstellung der Studie können auf Basis von Prozentwerten Effekte für die Wirksamkeit systemischer Strukturaufstellung bei individuellen Einstellungsveränderungen abgeleitet werden.

Stegmaier, L. T. (2017). Inwieweit nehmen Systemaufstellungen Einfluss auf die subjektive Wahrnehmung von TeilnehmerInnen in ihrem Seelen(er)leben und im allgemeinen Wohlbefinden. Doctoral dissertation, Universität Wien. ***EK III***

Stegmaier (2017) zeigte mithilfe einer empirischen Feldstudie, bei der das problem- und lösungsorientierte Vorgehen eines systemischen Aufstellungsseminars im Fokus lag, dass die Teilnehmenden ihre grundlegende Verschlossenheit überwinden konnten, um den individuellen Lösungspfad und zukünftige Handlungsmöglichkeiten sichtbar zu machen, Neues zu entdecken und die objektive Wirklichkeit in anderer Weise zu deuten und auszusprechen. Alle Teilnehmenden berichteten von einer hohen emotionalen Eingebundenheit und positiven, nachwirkenden Erkenntnissen, welche eine wirksame Auseinandersetzung und Umsetzung der individuellen Aufstellungsbilder- und Prozesse im Alltag ermöglichen.

7.1.7. Narratives Coaching

Für den Bereich Narratives Coaching konnten 4 Studien in die Analyse einfließen. Drei Studien lassen sich der Evidenzklasse IV und eine der Klasse I zuordnen. Damit kann für diesen Untersuchungsbereich die *Bewertungsklasse II* vergeben werden. Zusammenfassend kann gesagt werden, dass Narratives Coaching insbesondere in folgenden Bereichen Effekte der Wirksamkeit zeigt (Tab. 9).

Narratives Coaching	
Wirkfaktoren	
Methoden & Arbeitsweise – gezielte Abfolge narrativer und behavioraler Komponenten im Coachingprozess	– Beachtung einer möglichst intensiven emotionalen Aktivierung der Klienten und Klientinnen
Wirkungen	
Kompetenzentwicklung – Selbstwirksamkeitserwartungen – Steigerung der Handlungsfähigkeit	*Reflexion* – Reflexion der Identität
Befindlichkeit – Erholung und Entspannung – allgemeines Wohlbefinden	*Wirkungen auf das Umfeld* – Beziehungsgestaltung am Arbeitsplatz

Tab. 9: Überblick über die Wirkfaktoren und Wirkungen aus den Studien zum Narrativen Coaching

Folgende Publikationen wurden für den Bereich des Narrativen Coachings eingeschlossen und gesichtet:

Blanc-Sahnoun, P. (2011). Narratives Coaching in einem Unternehmen nach einem Suizid. Systema (1), 19–31. ***EK IV***

Blanc-Sahnoun (2011) zeigt die Anwendung des narrativen Ansatzes im Kontext von professionellem Coaching – in einem Fall mit den Angestellten eines Unternehmens, nachdem ein Kollege Suizid begangen hatte. Durch den Einsatz externalisierender Gespräche, der Aussagen außenstehender Zeugen und einiger Fragen im Sinne einer narrativen Gemeinschaft: Der Ansatz trug dazu bei, in einem Kontext von erhöhter Spannung das Ausbilden tragfähiger Beziehungen am Arbeitsplatz zu unterstützen.

Dehn, C. (2008). Erst sprechen, dann handeln? Organisationsberatung, Supervision, Coaching, 15(2), 169–182. ***EK IV***

Dehn (2008) erarbeitete welche Wirkmechanismen quasi-therapeutischen Interventionen wie dem Coaching zugrunde liegen. Dazu brachte sie Banduras handlungstheoretisches Konstrukt der Selbstwirksamkeitserwartungen mit Ergebnissen aus Psychotherapieforschung und Neurophysiologie in Verbindung. Sie analysierte narrativ-verbale Aspekte von Interventionen und deren Beitrag zur Identitätskonstruktion basierend auf Erkenntnissen der Narrativen Psychologie. Behaviorale Komponenten, d. h. wie aus Erfahrungen dauerhafte neuronale Veränderungen und damit nachhaltige Verhaltensänderungen werden, stellte sie anhand von Forschungsergebnissen der Neurophysiologie dar. Die gezielte Abfolge narrativer und behavioraler Komponenten im Coachingprozess unter Beachtung einer möglichst intensiven emotionalen Aktivierung der Klientel berücksichtigt alle von Bandura ermittelten Quellen für die Entstehung von Selbstwirksamkeitserwartungen, wodurch eine deutliche Steigerung der Handlungsfähigkeit zu erwarten ist.

Stelter, R. & Law, H. (2010). Coaching – narrative-collaborative practice. International Coaching Psychology Review, 5(2), 152–164. ***EK IV***

Stelter & Law (2010) heben in ihrem Artikel hervor, dass narratives Coaching die selbstgeschaffene und reflektierte Führung unterstützen kann, eine kontinuierliche Entwicklung der Coaching-Methodik ermöglicht, da es sich auf Werte konzentriert, Gelegenheiten zur Sinngebung bietet und einen reflektierenden Raum für die Entfaltung von Narrativen in Bezug auf die Konstruktion von Realität und das Konzept von Bedeutung bereitstellt. Sie gestalten eine allgemeine narrative Coaching-Methodik, indem die allgemeinen Charakteristika der „externalisierenden Konversation" und des „Re-Authorings“ (zwei gängige Formen narrativer Methoden) einbinden und ihre kollaborativen Eigenschaften einschließlich des narrativen Coachings in Gruppen hervorheben. Sie kommen zu dem Schluss, dass Coaching als eine narrativ-kollaborative Praxis der Selbstidentität der Coachees Empowerment und soziale Anerkennung verschaffen kann.

Stelter, R., Nielsen, G., & Wikman, J. M. (2011). Narrative-collaborative group coaching develops social capital–a randomised control trial and further implications of the social impact of the intervention. Coaching: An International Journal of Theory, Research and Practice, 4(2), 123–137. ***EK I***

Das Ziel der Studie von Stelter et al. (2011) war es, den Einfluss des narrativ-kollaborativen Gruppencoaching auf die Karriereentwicklung, die Selbstreflexion und die allgemeine Befindlichkeit junger Sporttalente in Zusammenhang mit Sportkarriere, Bildungsanforderungen und Privatleben. Die Intervention basierte auf einem narrativ-kollaborativen Ansatz, der die Teilnehmenden dazu einlud, sich mit anderen auszutauschen und voneinander zu lernen. Das randomisierte Kontrolldesign basierte mit 77 Teilnehmenden (Fragebogen zur Messung von Erholung/Stress, Motivation und Handlungskontrolle). Eine zusätzliche qualitative Interviewstudie umfasste sechs Teilnehmende. Die Gruppen-Coaching-Intervention hatte einen signifikanten Effekt auf die Werte für Erholung und Entspannung im sozialen Miteinander und für das allgemeine Wohlbefinden. Die qualitative Studie zeigte, dass die Gruppen-Coaching Coaching-Teilnehmer den gemeinsamen Prozess der Sinnfindung als besonders wertvoll wahrnahmen.

7.2. Systemische Organisationsberatung

Im Folgenden wird der Stand der Wirksamkeitsforschung zur systemischen Organisationsberatung dargestellt. Studien, die auf Grundlage einer einheitlichen systemischen Schule oder Theorie basieren, liegen nur für bestimmte Ansätze vor, die Studienqualität ist sehr gemischt. Zunächst werden die ausgewählten Publikationen bezogen auf die systemischen Ansätze dargestellt und anschließend hinsichtlich ihrer Relevanz bewertet. Die Publikationen werden folgenden systemischen Ansätzen zugeordnet:

- Systemaufstellungen
- Systemisch-konstruktivistisch
- *System Dynamics* und *Systems Thinking*
- Systemisch-lösungsorientiert
- Narrative Ansätze

Innerhalb dieser Kapitel erfolgt eine Staffelung nach Evidenzklassen (EK) im Hinblick auf die verschiedenen Untersuchungsdesigns und Methodiken.

- I a Metaanalysen, Reviews
- I b Randomized Controlled Trials
- II Studien ohne Randomisierung
- III Deskriptive Studien, Fallstudien
- IV Expertenmeinungen, Praxisberichte etc.

Evidenz innerhalb einer Auswertungsgruppe der systemischen Ansätze erfolgt anschließend anhand von drei Bewertungsklassifikationen (BK), in denen sich jeweils die Quantität und Qualität der Studienlage widerspiegelt.

- BK 1 – starke Evidenz: Es liegen mehrere, qualitativ hochwertige Studien mit größeren Stichproben (EK I a und b) vor, die sich inhaltlich klar einem systemischen Ansatz zuordnen lassen
- BK 2 – mittlere Evidenz: Es liegen qualitativ hinreichende Studien bzw. gut aufbereitete Fallstudien (EK II a und B, III) vor die sich inhaltlich einem oder mehreren systemischen Ansätzen zuordnen lassen.
- BK 3 – schwache Evidenz: Es liegen nur wenige oder einzelne Publikationen, die kaum empirische Daten enthalten bzw. kein elaboriertes Studiendesign aufweisen (EK IV), vor bzw. die inhaltliche Zuordnung zu den systemischen Ansätzen ist unklar.

7.2.1. Systemaufstellungen im Organisationskontext

Für den Bereich der Systemaufstellungen konnten 36 Studien in die Analysen einfließen. Diese sind von unterschiedlicher Qualität und Aussagekraft. 15 Studien lassen sich der Evidenzklasse EK IV zuordnen, 12 der EK III und sieben der Evidenzklasse II und zwei der Evidenzklasse I. Damit kann für diesem Untersuchungsbereich die *Bewertungsklasse 1* vergeben werden.

Diese Bewertung basiert vor allem auf den Studien von Jurg (2008), Kopp (2008), Schröder (2015), Schumacher (2000), Weinhold & Reinhardt (2014) sowie Weinhold et al. (2014). Abgesehen von diesen Publikationen besteht die empirische Forschung zur Wirksamkeit von Systemaufstellungen im Organisationskontext überwiegend auf Falldarstellungen und Erfahrungsberichten bzw. methodisch wenig robusten Korrelations- bzw. Prä-Post-Befragungsstudien mit oft zu geringen Fallzahlen. Das lässt sich sicher durch die Heterogenität und Komplexität des Einsatzfeldes sowie der Akteure und den großen Untersuchungsaufwand begründen. Bemerkenswert ist die Anwendungsvielfalt der Methode, die von der Organisationsentwicklung über Konfliktmanagement und städtischer Raumplanung bis hin zur Lösung technischer Probleme reicht.

Hinsichtlich der Wirkfaktoren gibt es ein uneinheitliches Bild. Diese werden in den Studien kaum untersucht, lediglich eine Studie arbeitete mit einer Bedingungsvariation (Aufstellungen mit Personen vs. Aufstellung mit Figuren). Das Spektrum der in den Publikationen gemutmaßten Wirkfaktoren reicht von Effekten der interpersonalen (Körper-)Wahrnehmung bis hin zu Erklärungsmodellen aus der Quantenphysik oder den „Morphogenetischen Feldern“ (Sheldrake, 2005). Hauptkritikpunkt an der Methode bleibt die Abhängigkeit des Aufstellungsverlaufs und damit der Ergebnisse von der anleitenden Person (Objektivität) und die fehlende Replizierbarkeit (Reliabilität) z. B. bei Pacher (2002) thematisiert. Die Validität wird aus Sicht der Teilnehmenden und der Durchführenden als sehr hoch angegeben bzw. lässt sich objektivieren (siehe Ruppert, 2000). Hier spielen natürlich kognitive Verzerrungen wie der „*hindsight-effect*“ oder „*confirmation bias*“ eine unerforschte

Rolle. Trotz aller „Mängel“ und Unklarheiten bezüglich der Methode erweisen sich Systemaufstellungen als effizientes, kraftvolles und kreatives Werkzeug mit Wirkungen auf unterschiedlichsten Ebenen, welches in verantwortungsvollen und professionellen Händen als ein wesentlicher Bestandteil fundierten systemischen Arbeitens angesehen werden kann. Folgende Wirkungen von Systemaufstellungen wurden in den gesichteten Studien dargestellt (Tab. 10).

Systemaufstellungen im Organisationskontext

Wirkungen

Konflikte und Entscheidung
- neue Entscheidungskriterien
- Klärung von interpersonellen Problemen
- Bewusstmachung von Hindernissen und Ressourcen
- Bei Entscheidungsprozessen schnell Widersprüche aufzudecken
- Aufdeckung von Konflikten
- Hilfestellung bei Konflikten und Entscheidungsprozessen
- Klärung von kollegialen Beziehungsaspekten
- Bearbeitung familiärer Thematiken im beruflichen Kontext

Intrapersonelle Wirkungen
- Selbstwirksamkeitserwartung
- hoher subjektiv erlebter Nutzen
- Ängste identifizieren
- Wertereflexion
- Veränderung mentaler Modelle
- Förderung individuellen affektiven und kognitiven Lernens
- Einstellungs- und Verhaltensänderungen
- Förderung des systemischen Denkens bei Teilnehmenden
- Akzeptanz von problematischen Situationen in Organisationen
- Prozesse der Selbstreflexion
- Persönlichkeitsentwicklung
- Verbesserung des psychischen Befin-

Effizienz und Effektivität
- rasche Diagnose, Flexibilität und Multidimensionalität
- Zeit- und Ergebnisvorteil
- Hohe Nützlichkeit bei der Problembearbeitung
- ganzheitlicher Zugang
- Auslösen von Handlungsimpulsen

Perspektivwechsel und Komplexitätsreduktion
- Verstehen multikausaler Systemdynamiken
- Öffnung und Wahrnehmung des Systems
- der Blick von außen auf das System
- Auswirkungen und Interdependenzen in Projekten erkennen
- Beziehungskonstellationen kennenlernen
- ein didaktisches Instrument, um Komplexität zu vermitteln
- Komplexitätsreduktion
- strukturellen Dynamiken erkennen

Implizite Zusammenhänge aufdecken
- Unaussprechbares wird erfahrbar
- implizites Wissen wird expliziert
- unbewussten Dynamiken im System
- Sichtbarmachung von implizitem Wissen
- Strategische Themen entdecken
- Beziehungsgefüge und -qualitäten in Organisationen sichtbar machen

dens, des Systemerlebens und der Zielerreichung
- psychische Entlastung
- neue Perspektiven
- Zufriedenheit
- emotionaler Zugang zu „rationalen Problemen"
- geringeres Ausmaß an Inkongruenzerleben
- Verbesserungen der Befindlichkeit
- Steigerung der Arbeitszufriedenheit
- Erhöhte Extraversion
- Erhöhte Direktive Einstellung

Partizipation, Kooperation und Empowerment
- Ermöglichen von Partizipation
- Herstellen einer positiven Teamsituation
- Empowerment durch das Lösungsbild
- Steigerung der Kooperationswahrnehmung
- Verbundenheit zwischen Interessengruppen
- Kooperation und Kommunikation in Teams
- Stärkung von Organisationsidentität, -vision und -kultur
- Beziehungsgestaltung und Verbesserung von Zusammenarbeit

Szenarien testen und Lösungen finden
- Finden innovativer Zugänge, neue Lösungen entdecken
- Überwinden alter mentaler Modelle
- verschiedene Möglichkeiten können ausgetestet werden
- Wahrnehmung und Lösung von Problemen
- Erkennen von möglichen Handlungsschritten
- Gestaltung organisationaler Veränderungen
- Instrument zur Evaluation strategischer und operativer Entscheidungen

Berufliche Rolle reflektieren
- Rollen aller Beteiligten zu übernehmen
- Rolle besser verstehen
- Klärung von Führungs- und Kommunikationsproblemen
- Gelingen von Geschäfts- und Arbeitsbeziehungen beobachten
- Veränderungen in der Wahrnehmung von Arbeitsbeziehungen

Tab. 10: Überblick über die Wirkungen von Systemaufstellungen im Organisationskontext

Zusammenfassend lässt sich feststellen, dass die Wirksamkeit und der Einsatz von Systemaufstellungen im Organisationskontext quantitativ und qualitativ befriedigend und umfänglich dokumentiert sind.

Folgende Publikationen wurden für den Bereich der Systemaufstellungen eingeschlossen und gesichtet:

Arnold, M. G. (2018). Systemische Strukturaufstellungen in Beratung und Management. Springer Books.

Arnold, M. G. & Fischer, A. (2018). Systemic structural constellations in academia facilitating transformation processes towards sustainability. Journal of Contemporary Management, 15 (Special Edition 1), 139–170. ***EK IV***

In dem Buch von Arnold (2018) werden Systemaufstellungen und Erklärungsmodelle ihres Wirkens im Organisationskontext diskutiert. Methoden und Vorgehen werden durch zahlreiche und anschauliche Praxisbeispiele vorgestellt. Arnold & Fischer (2018) beschreiben in drei Fallstudien den Einsatz von Systemaufstellungen bei der Entwicklung von Nachhaltigkeitsstrategien für Organisationen. Ausführlich werden wissenschaftliche Qualitätskriterien (Objektivität, Reliabilität, Validität) bei der Untersuchung von Systemaufstellungen diskutiert. Ergebnisse der dargestellten Fälle zeigen, dass Systemaufstellungen hilfreich beim Verstehen multikausaler Systemdynamiken und dem Finden innovativer Zugänge und Ansätze sind. Informationen, Entdeckungen, Implementierungsoptionen und Erkenntnisse werden durch die Systemaufstellungen gefördert, sie unterstützen das Überwinden alter mentaler Modelle und die Bereitschaft zu Veränderungen. Zudem können neue Entscheidungskriterien und Zugänge zur Untersuchung komplexer Systemzusammenhänge erarbeitet werden. Systemaufstellungen erlauben Partizipation, Arbeit mit dem „kollektiven Unbewussten“ und zeigen innovative Wege und neue Möglichkeiten auf.

Baumgartner, M. (2006). Die kollektive Gestaltung einer gemeinsamen Organisationswirklichkeit: zur Diagnose von Organisationskultur anhand von Mitarbeiterbefragungen und systemischer Strukturaufstellungen in einem sozial-medizinischen Unternehmen (Doctoral dissertation, ETH Zürich). ***EK III***

Neben Erhebungsmethoden wie Fragebögen und Einzelinterviews hat die Arbeit von Baumgartner (2006) einen explorativen Charakter, indem die Methode der Systemischen Strukturaufstellungen (SySt) eingesetzt wurde. Baumgartner verfolgt zwei Ziele in der Arbeit. Erstens sollen „die Kultur“ und die Subkulturen eines sozial-medizinischen Unternehmens (SMU) diagnostiziert werden. Zweitens sollen dafür unterschiedliche Instrumente (Fragebogen, Einzelinterviews und SySt) zum Einsatz kommen und entsprechend diskutiert werden. Parallel zur schriftlichen Befragung der Mitarbeitenden des SMU (N = 345) wurden auch Einzelinterviews mit einer ausgewählten Gruppe von Mitarbeitenden durchgeführt (N = 15). In einer zweiten Erhebungsphase wurde je eine SySt in den vier wichtigsten Geschäftsfeldern des SMU durchgeführt. Die Teilnehmenden der SySt wurden mehrere Wochen nach der jeweiligen Aufstellung aufgefordert, einen schriftlichen Fragebogen SySt (N = 50) auszufüllen. Der Fragebogen SMU wurde verwendet, um organisationale Verhaltensweisen sowie Einstellungen der Mitarbeitenden zu erheben. Aufgrund der Einzelinterviews konnten verschiedene Wissensebenen der Mitarbeitenden beschrieben werden. Daraus konnten wiederum Rückschlüsse auf die Werthaltungen der Mitarbeitenden sowie deren Überzeugungen über die Ursachen von Problemen und entsprechenden Lösungsmöglichkeiten erfolgen. Außerdem konnten aufgrund der SySt-Ergebnisse vertieft oder neue Erkenntnisse erlangt werden. Durch die Methodentriangulation konnten die Erkenntnisse aus den Fragebögen, Einzelinterviews und SySt gegenseitig bestätigt werden, was als Beleg für die Validität der Verfahren betrachtet werden kann.

Die SySt sollten zudem dazu dienen, sich dem Kern der Organisationskultur, d. h. den durch die Mitarbeitenden gemeinsam konstruierten Bedeutungsmustern und Sinnzusammenhänge der „Organisationswirklichkeit", anzunähern. Die Ergebnisse sprechen dafür, dass aufgrund der SySt und der darauffolgenden Gruppendiskussion die gemeinsam konstruierten Bedeutungsmuster der wahrgenommenen organisationalen Dynamiken und Verhaltensweisen beschrieben werden konnten. Dabei wird insbesondere die Gruppendiskussion als bedeutsam erachtet. SySt alleine sind nach Baumgartner nicht in der Lage, an den Kern der Organisationskultur zu gelangen. In der Kombination mit anschließenden Gruppendiskussionen besteht jedoch eine hohe Wahrscheinlichkeit, an die Bedeutungsmuster und Sinnzusammenhänge der Systemmitglieder zu gelangen. Entsprechende Fragestellungen und eine gezielte Moderation der Gruppendiskussion müssten dafür eingesetzt werden.

Berreth, A. & Zirkler, M. (2007). Instrumentelle Innovation im Change-Management: die Übersetzungsleistungen des Managements (No. 05/07). WWZ Forschungsbericht. **EK III**

Berreth & Zirkler (2007) stellen eine Einzelfallstudie zum Einsatz von Systemaufstellungen bei einem Veränderungsprozess in einem Unternehmen vor. Es wurden sieben narrative Interviews mit Personen des Managements durchgeführt, welche an den Aufstellungen teilnahmen, die über einen Zeitraum von mehr als drei Jahren sechs Mal jährlich halbtäglich durchgeführt wurden. Dabei wurden personenbezogene, aber auch unternehmensbezogene z. B. operative oder strategische Themen bearbeitet. Die Teilnehmenden berichten zahlreiche Wirkungen: Unaussprechbares wird erfahrbar, verschiedene Möglichkeiten können ausgetestet werden, Reflexion wird angeregt, Probleme werden sichtbar, implizites Wissen wird expliziert, Fehler im Unternehmenssystem können entdeckt werden und die Sozialdimension wird stärker in den Fokus genommen.

Birkenkrahe, M. (2008). System constellations as a tool supporting organizational learning and change processes. International journal of learning and change, 3(2), 125–144. ***EK IV***

Birkenkrahe (2008) stellt drei Fallstudien im Unternehmenskontext vor. Als Ergebnisse der Systemaufstellungen werden Klärung von Führungs- und Kommunikationsproblemen im Management Team, Herstellen einer positiven Teamsituation und Entwicklung eines gemeinsamen Projekts sowie die Klärung von interpersonellen Problemen mit Auswirkungen auf Entscheidungsprozesse berichtet.

Finckh, C. & Reich, K. (2016). Systemic constellations in diversity management. The international journal of organizational diversity, 16 (4), 17–38. ***EK IV***

Anhand von zwei Fallstudien untersuchten Finckh & Reich (2016) die Arbeit mit Systemaufstellungen im *diversity management*. Im Artikel werden einige Äußerungen der Teilnehmenden sowie Einsatzmöglichkeiten von Systemaufstellungen dargestellt.

Gaudart A. & Herget J. (2018) Organisationsaufstellungen – eine systemische Methode zur Diagnose von Konflikten, Treibern und Barrieren im Kulturentwicklungsprozess. In: Herget J., Strobl H. (Eds.) Unternehmenskultur in der Praxis. Springer Gabler, Wiesbaden. ***EK IV***

Gaudart & Herget (2018) stellen in einem Fallbeispiel den Ablauf einer Systemaufstellung im Organisationskontext zum Thema Unternehmenskultur vor. Es werden der Prozess der Aufstellung, Erkenntnisse der Beteiligten sowie Ableitungen für die Praxis vorgestellt. Das sind u. a. rasche Diagnose, Flexibilität und Multidimensionalität, Schnelligkeit, der Blick von außen, Öffnung und Wahrnehmung des Systems, Bewusstmachung von Hindernissen und Ressourcen sowie die Anpassungsfähigkeit an Veränderungen des Systems.

Gehlert, T. (2020). System-Aufstellungen und ihre naturwissenschaftliche Begründung: Grundlage für eine innovative Methode zur Entscheidungsfindung in der Unternehmensführung (1st Ed. 2020.). Wiesbaden: Springer Fachmedien Wiesbaden. ***EK IV***

Gehlert (2020) liefert ein umfangreiches Werk zur wissenschaftlich-theoretischen Begründung des Funktionierens von Systemaufstellungen ab, und zwar aus einer quantenphysikalischen und informationstheoretischen Perspektive. Es werden Begründungen für die Anschlussfähigkeit der Methode im Organisationskontext sowie für die Validität der Ergebnisse formuliert.

Gutmark, B. J. (2014). Systemische Aufstellungen im organisationalen Kontext. Eine empirische Untersuchung zur Wirksamkeit von Organisationsaufstellungen. Dissertation, Universität Darmstadt. ***EK II***

Gutmark (2014) untersuchte in seiner Dissertation, welche Effekte Organisationsaufstellungen auf die Befindlichkeit, das Führungsverhalten und die Arbeitszufriedenheit von Teilnehmern an solchen Maßnahmen haben. Die Befindlichkeit wurde mit der Kieler Änderungssensitiven Symptomliste (KASSL) und dem Veränderungsfragebogen des Erlebens und Verhaltens (VEV), das Führungsverhalten mit dem Fragebogen zur Direktiven Einstellung (FDE) und die Arbeitszufriedenheit mit dem Fragebogen zur Erfassung des Organisationsklimas (FEO) gemessen. An der Untersuchung nahmen 113 Personen aus verschiedenen Unternehmen teil. Die Organisationsaufstellungen wurden im Rahmen eintägiger Aufstellungsseminare durchgeführt. Der Versuchsplan der Untersuchung entspricht einem quasi-experimentellen Design (Seminargruppe vs. Kontrollgruppe) mit dreifacher Messung (Prätest, Posttest sowie Stabilitätstest nach vier Monaten). In den Vorher-Nachher-Vergleichen konnten sowohl mit dem VEV als auch mit dem KASSL (Gesamtwert) erhebliche Verbesserungen der Befindlichkeit der Seminargruppe festgestellt werden. Diese Interventionseffekte erwiesen sich als stabil. Weiterhin ergab sich eine deutliche Verbesserung des Mittelwerts der Subskala „Handlungsraum“ des FEO. Auch dieser Effekt konnte in der Stabilitätsprüfung bestätigt werden. In der Stabilitätsüberprüfung (1. vs. 3. Messung) konnten zudem signifikante zeitverzögerte Interventionseffekte auf die Arbeitszufriedenheit und die direktive Einstellung ermittelt werden. Die Mittelwerte der Subskalen „Kollegialität“, „Bewertung der Arbeit“, „Arbeitsbelastung“, „Berufliche Perspektiven“ und „Einstellung zum Unternehmen“ des FEO erhöhten sich, während sich die Mittelwerte anderer Arbeitsaspekte, auf welche die Seminarteilnehmer nur wenig Einfluss haben, kaum veränderten. Auch die Mittelwerte der Subskalen „Direktive Einstellung“ und „Extraversion“ des FDE erwiesen sich in der Stabilitätsprüfung als signifikant erhöht.

Gminder, C. U. (2006). Nachhaltigkeitsstrategien systemisch umsetzen Eine qualitative Exploration der Organisationsaufstellung als Managementmethode. Dissertation, University of St. Gallen, Business Dissertations, [s. l.], p. 1–310, 2005.

Schneidewind, P. U., Gminder, C. U. & Dyllick, P. T. (2007). Nachhaltigkeitsstrategien systemisch umsetzen: Exploration der Organisationsaufstellung als Managementmethode. Deutscher Universitätsverlag. ***EK III***

Schneidewind et al. (2007) untersuchten, wie die Umsetzung von Nachhaltigkeitsstrategien, die wirtschaftliche, ökologische und soziale Ziele integrieren, mit dem innovativen systemischen Managementinstrument der Organisationsaufstellung (OA) funktionieren kann. Der Bezug zur Praxis wird anhand der Textilbranche hergestellt; hier untersucht er beispielhaft die strategischen und operativen Probleme des Weltmarktführers für Biobaumwolle, der Remei AG, bei der Umsetzung seiner Nachhaltigkeitsstrategie. Dabei bilden die im Unternehmen ausgeführten Organisationsaufstellungen in Form von Einzelfallstudien das empirische Herzstück der Arbeit. Inhaltlicher Fokus der methodischen Exploration ist es, Nachhaltigkeitsstrategien umzusetzen. Forschungsmethodisch wird auf den Grundlagen der anwendungsorientierten Betriebswirtschaftslehre sowie der qualitativen Sozialforschung ein Design von Aktionsforschung und Einzelfallanalyse gewählt. Letztere bezieht sich auf die einjährige Begleitung eines Partnerunternehmens, der Textilhandelsfirma Remei AG, bei der Umsetzung ihrer Nachhaltigkeitsstrategie. Dabei wird mit Interviews, Dokumentenanalyse, Beobachtung und vor allem der OA gearbeitet. Die OA ist Kern der Aktionsforschung: Ihre Nützlichkeit wird als Begleitinstrument bei der Strategieumsetzung im Forschungsfeld untersucht. Über die gesamten Organisationsaufstellungen hinweg lässt sich beobachten, dass das Gelingen von Geschäfts- und Arbeitsbeziehungen für die Umsetzung von Nachhaltigkeitsstrategien von hoher Relevanz ist. Fünf der OA bestätigen den Trend, dass nach jahrelanger Bearbeitung der ökologischen Dimension nun die soziale Nachhaltigkeit im Vordergrund steht. Im Gegensatz zur sachorientierten Ökologie, bei der chemisch-physikalische Probleme wie Stoffströme oder Schadstoffbelastungen gelöst werden müssen, sind im beziehungsorientierten sozialen Bereich das Management und die Unternehmenskultur zentrale Handlungsfelder der Nachhaltigkeit. OA verschaffen hier wertvolle Einsichten und Simulationsmöglichkeiten, um Soziales „managen" zu können. Die Studie bestätigt, dass die nachhaltigkeitsorientierte Strategieumsetzung vordergründig auf dem Handlungsfeld des Managements sowie auf der Wirkungsebene von Betrieb und Organisation stattfindet; aber auch in der Produkt- oder Wertschöpfungskette aufgrund der international ausgerichteten Textilbranche. OA werden dabei für strategische Fragen zur Umsetzung und Anpassung der Nachhaltigkeitsstrategien genutzt. Zudem werden sie für operative Herausforderungen genutzt, die bei der Umsetzung der Nachhaltigkeitsstrategien auftreten können oder ganz einfach Teil des Unternehmensalltags sind. Die OA kann daher als Instrument des strategischen und des operativen Nachhaltigkeitsmanagements dienen.

Gómez, F. G. & Roevens, J. (2017). Organizational change based on the new perspective of Systemic Constellations. https://eprints.ucm.es/39162/1/ Organizational%20change%20based20on%20the%20new%20perspective%20of%20Systemic%20Constellations%202.2.pdf. (abgerufen am 14.05.2021)

Gómez, F. G. (2004). Técnicas y Métodos para la Intervención Social en las Organizaciones. Francisco Gómez Gómez. Memoria para optar al grado de doctor. Universidad Complutense de Madrid. ***EK III***

Gómez & Roevens (2017) bezugnehmend auf Gómez (2004) beschreiben eine Studie mit 28 Fallbeschreibungen, in denen systemische Aufstellungen als soziale Intervention in drei verschiedenen Kontexten, Forschung, Therapie und Bildung eingesetzt wurden. In allen drei Kontexten wurde ein ähnliches Wahrnehmen und Verhalten der Teilnehmenden beobachtet. Daraus schließen die Autoren, dass Systemaufstellungen als Methode der sozialen Intervention unabhängig vom Kontext angewendet werden können. Dazu wurde ein standardisierter Fragebogen zur Erfassung von Glaubenssätzen, Überzeugungen und Zufriedenheit verwendet. Im Ergebnis konnten Veränderungen in der Wahrnehmung von Arbeitsbeziehungen mit mehr als 350 Versuchspersonen über einen zeitlichen Verlauf von Prä-Post bezogen auf die Intervention sowie einen Monat danach gezeigt werden. Die Daten wurden nur auf Basis von prozentualen Verteilungen ausgewertet, inferenzstatistische Verfahren kamen nicht zum Einsatz.

Jurg, W., Bloemer, J., Doorewaard, H., Peelen, E., & Simons, R. (2008). Systems constellations: A better way to identify branding opportunities?. Journal of Brand Management, 15(4), 239–257. ***EK II***

In diesem Artikel von Jurg (2008) wird der Einsatz von Systemaufstellung zur Entwicklung von Markenimages vorgestellt. Die vorherrschende Soft-Systems-Methode wurde dazu mit der Aufstellungsmethode kombiniert. In einer Studie mit 32 Fällen wurde die Inhaltsvalidität und die Test-Retest-Reliabilität anhand von Ratingurteilen durch 10 Markenexperten untersucht. Im Ergebnis zeigte sich eine hohe Validität der Ergebnisse, die allerdings keine brauchbare Reliabilität aufwiesen. Dieses Ergebnis zahlt auf den Hauptkritikpunkt an der Methode der Systemaufstellungen ein, der darin besteht, dass die Replizierbarkeit der Ergebnisse bei gleichen Voraussetzungen nicht gegeben ist.

Jurg, W. (2010). Unravelling branding systems. The perceived usefulness of branding constellations. Groningen: Het Norderlicht. ***EK III***

Das Ziel dieser Arbeit ist die Beschreibung und Bewertung der wahrgenommenen Nützlichkeit von Marken-Aufstellungen. Wie hoch ist die wahrgenommene Nützlichkeit von Markenkonstellationen bei der Identifizierung von Branding-Problemen für Markenartikler und Marketingexperten? Wie kann die 'Identifizierung von Markenproblemen aus einer Systemperspektive' konzeptualisiert werden? Wie schneiden Aufstellungen im Vergleich zu anderen Problemidentifikationstechniken ab? Wie kann der 'wahrgenommene Nutzen' konzeptualisiert werden? Wie hoch ist die wahrgenommene Nützlichkeit? Welche Unterschiede gibt es zwischen Markenartiklern und Marketing-Experten?

Für diese Studie wurden Aufstellungsworkshops in den Jahren 2002, 2003 und 2004 organisiert, in denen sieben Markenartikler Branding-Aufstellungen durchführten, um eine Branding-Fragestellung in Anwesenheit von 81 Marketingexperten zu bearbeiten bzw. diese als Stellvertreter einsetzten. Nach jeder Aufstellung wurden von den Marketingexperten Fragebögen ausgefüllt.

Im Ergebnis bewerten die Markenartikler die Komponenten Einsicht, Emotion, System, Bewusstsein und Nützlichkeit sehr positiv. Dies gilt ebenso für die Gültigkeitsdimension. Nur mäßig positiv wird die Komponente Vollständigkeit bewertet, ebenso die Komponenten Kohärenz und Verlässlichkeit. Sehr positiv wird die Komponente Präzision, die Eindeutigkeitskomponente hingegen mäßig negativ bewertet wurde. Insgesamt werden Branding-Konstellationen also als nützlich empfunden, mit Ausnahme ihrer Mehrdeutigkeit.

Die Marketingexperten bewerten die Nützlichkeit von Marken-Aufstellungen ebenfalls sehr positiv. In Bezug auf die Komponenten Wahrheit und Vollständigkeit sind sie mäßig positiv eingestellt. Dies gilt auch für Kohärenz auf der Dimension Zuverlässigkeit. Zwiespältigkeit besteht gegenüber den Komponenten Überprüfbarkeit und Eindeutigkeit. Insgesamt werden Marken-Aufstellungen von Marketingexperten als nützlich angesehen, mit Ausnahme der Präzision der Methode. Markenartikler empfinden Branding-Aufstellungen als nützlicher als Marketing-Experten.

Die wichtigste praktische Konsequenz ist, dass die Teilnahme an Aufstellungsworkshops für beide Zielgruppen als lohnenswert darstellt, da sowohl eine ganzheitliche Perspektive als auch ein emotionaler Zugang zur Fragestellung entsteht.

Kolodej, C., Schröder, J. & Kallus, K. W. (2016). Evaluation systemischer Strukturaufstellungen im Organisationskontext. Gruppe. Interaktion. Organisation. Zeitschrift für Angewandte Organisationspsychologie (GIO), 47(1), 61–71. ***EK III***

In der Untersuchung von Kolodej et al. (2016) wurden 13 Personen, die jeweils ein Anliegen bei einer Systemaufstellung (Einzelsetting bzw. Aufstellung mit Repräsentierenden) einbrachten, in einem Prä-Post-Post-Design nach Selbstwirksamkeitserwartung, subjektiv erlebtem Nutzen, der Effektivität der Methode und der Umsetzbarkeit befragt. Die Ergebnisse zeigen, dass alle erhobenen Variablen in beiden Aufstellungssettings und im zeitlichen Verlauf, auch noch einen Monat danach, hohe Ausprägungen aufwiesen.

Kopp, U., Haider, C. & Preinesberger, J. (2017). Systematic tools to better identify and understand stakeholder roles and relations in Living Labs. In Research Day Conference proceedings 2017 (p. 60). ***EK IV***

Kopp et al. (2017) beschreiben den Einsatz von Systemaufstellungen im Rahmen von Regionalplanungsprojekten mit zwei Fallstudien. Dabei wird die Methode in die Arbeit in „*living labs*" und *Design Thinking* eingebettet. Sie kommen durch das Rating von zwei Experten zu dem Ergebnis, dass Systemaufstellungen vor allem hilfreich sind, um eine Perspektive von außen auf eine komplexe Situation zu erhalten, implizites Wissen zu heben, das System als Ganzes zu erfassen, die Rollen aller Beteiligten zu übernehmen, die eigene Rolle besser zu verstehen, Kommunikation mit den Stakeholdern zu fördern, kognitiv, emotional und affektiv zu lernen, Beziehungskonstellationen kennenzulernen und Ängste zu identifizieren.

Kopp, U. & Huemann, M. (2014). Project Impact Constellations-New tool to grasp the complexity of public sector projects. Advances in Business Management. Towards Systemic Approach, 234. ***EK IV***

Kopp & Huemann (2014) stellen auf einer Konferenz ein Tool zur Erfassung der Komplexität von Projekten im öffentlichen Sektor vor, welches auf Prinzipien der Systemaufstellungen basiert. Sie verstehen den Einsatz des Tools als Ergänzung zum herkömmlichen Projektmanagement und helfen dem Projektmanagement Ziele, Auswirkungen und Interdependenzen von Stakeholdern abzuschätzen und Einflussmöglichkeiten abzuleiten.

Kopp, U. & Martinuzzi, A. (2013). Teaching sustainability leaders in systems thinking. Business Systems Review, 2(2), 191–215.

Kopp, U. (2013). Systemische Nachhaltigkeitskompetenzen für Führungskräfte – Erfahrungen mit Aufstellungsarbeit in der Management-Aus- und Weiterbildung. Die Unternehmung, 67(2), 126–151. ***EK II***

Kopp & Martinuzzi (2013) untersuchten 14 Systemaufstellungen mit 120 Studenten im Kontext eines Managementtrainings zur Vermittlung von Nachhaltigkeitskompetenzen. Die dabei entstandenen Aufzeichnungen und Daten wurden vom Autorenteam zusammengefasst und hinsichtlich der Eignung für die Fragestellung auf einer Ratingskala eingeschätzt. Danach erweisen sich die Arbeit mit Bodenankern im Raum, mit Figuren sowie verdeckte Aufstellungen mit Repräsentanten als am besten geeignet gefolgt von offenen Aufstellungen mit Repräsentanten. Aufstellungen mit Figuren auf dem Tisch oder auf dem Systembrett bzw. nicht angeleitete Aufstellungen mit Objekten wurden als nicht so geeignet bewertet. Die Autoren identifizieren die Lernebenen des Systemverstehens, der Wahrnehmung und Lösung von Problemen, der Wertereflexion und des individuellen affektiven und kognitiven Lernens als Schwerpunkte beim Einsatz von Systemaufstellungen im Training.

Knörenschild, S. (2004). Systemaufstellungen zur Konfliktlösung als Instrument der Organisationsberatung. diplom.de. ***EK IV***

Knörenschild (2004) stellt in ihrer Arbeit den Einsatz von Systemaufstellungen im Organisationskontext anhand von drei Fallbeispielen dar. Es werden Einsatzmöglichkeiten sowie die Anschlussfähigkeit der Methode im Organisationskontext diskutiert.

Kumbruck, C., Gnosa, H. & Nickel, W. (2005). Organisationsaufstellung – Eine Methode der Explizierung von verborgenem Wissen. Journal für Psychologie, 13(4), 403–419. ***EK III***

In einer hausinternen Evaluationsbefragung wurden elf Personen, welche ein Anliegen mit Hilfe von Organisationsaufstellungen bearbeitet haben, anschließend mit Hilfe von halbstrukturierten, problemzentrierten Interviews befragt. Im Ergebnis berichteten die Interviewten von neuen Perspektiven, neuen Handlungsimpulsen und mehr Zufriedenheit. Bei drei Personen entstand Nachdenklichkeit bezüglich der mit den neuen Impulsen einhergehenden Konsequenzen, bei drei anderen Personen entstanden direkt konkrete Pläne zur Veränderung und bei drei weiteren taten sich größere strategische Fragestellungen auf. Als Wirkfaktoren wurden die räumliche Darstellung des Problems sowie die Äußerungen der Stellvertreter beschrieben.

Levin-Keitel, M. (2016). Systemic constellations in spatial planning processes – A method to visualize questions of power and cultural peculiarrities. Differences and Connections: Beyond Universal Theories in Planning, Urban, and Heritage Studies. In: PlaNext, 3. ***EK III***

Levin-Keitel (2016) stellt den Einsatz von Systemaufstellungen für die Unterstützung bei Raumplanungsverfahren mit zwei Fallstudien vor und kommt zu dem Schluss, dass Systemaufstellungen ein flexibles und anpassungsfähiges Verfahren darstellen, um gerade in komplexen Entscheidungsprozessen schnell Widersprüche aufzudecken. Weiterhin helfen Systemaufstellungen neue Lösungen zu entdecken, Probleme des eigenen Entscheidungsweges nachzuvollziehen bzw. verschiedene Szenarien zu testen.

Livotova, O. & Livotov, P. (2015). The principle of feeling – the method of structural systemic constellations for technical problem solving and decision making. Procedia engineering, 131, 204–213. ***EK III***

In ihrer Arbeit stellen Livotova & Livotov (2015) zwei Fallstudien zum Einsatz von Systemaufstellungen zur Lösung technischer Probleme vor. Sie resümieren in der Auswertung, dass durch Systemaufstellungen technische Probleme zwar nicht gelöst werden können, jedoch besser verstanden, Hinweise zu „*missing links*“ gefunden oder zusätzliche Informationen entdeckt werden können. Weiterhin wird thematisiert, dass es kein einheitliches Vorgehen bei der Durchführung von Systemaufstellungen gibt. So können zwei Aufstellungen zum gleichen Problem mit unterschiedlichen Anleitern und Stellvertretern zu unterschiedlichen Ergebnissen führen. Systemaufstellung zur Lösung technischer Probleme sind daher besonders geeignet zur Aufdeckung von Konflikten und Widersprüchen, zu Tiefenanalyse von Konflikten zur Evaluation von Ideen und Fehlerquellen sowie zur Einbeziehung der Kundenperspektive in den Produktentwicklungsprozess.

Martinuzzi, A., Galla, J. & Kopp, U. (2008). Systemische Evaluierung. Ökologisches Wirtschaften-Fachzeitschrift, 23(4). ***EK IV***

Die Autoren (Martinuzzi et al., 2008) beschreiben den Einsatz von Systemaufstellungen zur Unterstützung von Evaluationen. Sie beschreiben drei Einsatzgebiete: die zeiteffiziente Erarbeitung des Akteursfeldes, die Erarbeitung eines Evaluationsdesigns sowie der Zugang zu Informationen jenseits von etablierten Datenquellen der empirischen Forschung.

Mattes, Y. (2009). Die systemische Organisationsaufstellung: Wirklichkeit ins Bild bringen und erlebbar machen. Diplomarbeit, Fachhochschule Würzburg-Schweinfurt. ***EK III***

Die Erstellung der Arbeit von Mattes (2009) durchlief unterschiedliche Schritte. Zur Vorbereitung wurde eine Recherche bei zehn Aufstellern in Deutschland im Hinblick auf die relevante Standardliteratur durchgeführt. Des Weiteren wurden Personen mit Expertise in informellen Gesprächen zur

Aufstellungsmethode befragt. In der Vorbereitungsphase folgte eine schriftliche Vorabrecherche zu zwei verschiedenen Fragestellungen. Die Ergebnisse dieser Vorabrecherche bildeten wiederum die Basis zur Planung der Erhebung in Form von Experteninterviews. Die Durchführung und Dokumentation umfasste die theoretische Erarbeitung des Arbeitstitels sowie die Auswertung der Experteninterviews und der Vorabrecherche. Die Vorbereitung und Durchführung- bzw. Dokumentation der Arbeit wurde stets durch qualitätssichernde Schritte auf der Inhalts- und Metaebene begleitet. Die Organisationsaufstellung als zugrunde gelegte Methode in dieser Arbeit visualisiert in räumlichen Bildern, wie Personen zu bestimmten Sach- und Beziehungsthemen ein- und aufgestellt sind. Die Aufstellungsarbeit hilft, die richtige Ausrichtung zu finden, überprüft, welche unbewussten Dynamiken im System auf welche Art und Weise wirken und absorbiert Unsicherheiten. Im Vordergrund steht dabei immer der Mensch, der in seiner täglichen Arbeit in Organisationen Bezüglichkeiten zu seinen Anspruchsgruppen aufbaut. Er interpretiert Ereignisse in der Organisation sowie die äußeren Rahmenbedingungen des Marktes und schafft daraus seine Wirklichkeitskonstruktion. Darüber hinaus zeigen die Ergebnisse der Erhebung im Rahmen dieser Arbeit, dass es „gute Theorien“ braucht, um verständliche und klare Geschichten über die Aufstellungsarbeit erzählen zu können. Die Aufstellung ist nach Mattes insbesondere in Bezug auf Arbeits- und Organisationskontexte eine junge Methode mit viel Zukunftspotenzial, die sich weiter finden und von innen heraus entwickeln muss.

Müller-Christ, G. & Pijetlovic, D. (2018). Komplexe Systeme lesen: Das Potential von Systemaufstellungen in Wissenschaft und Praxis. Springer-Verlag. ***EK IV***

Müller-Christ & Pijetlovic (2018) führen in ihrem Werk in Systemaufstellungen als eine wissenschaftliche Methode ein, mit der sich Komplexität produktiv bewältigen lässt. Das Buch baut auf den Erfahrungen und Reflexionen auf, die sie über mehrere Jahre mit Systemaufstellungen in Forschung und Lehre an der Universität Bremen gewonnen haben. In Seminaren mit Studierenden, Praktiker und Praktikerinnen und Wissenschaftler und Wissenschaftlerinnen haben die Autoren gelernt, dass Systemaufstellungen eine Methode ist, die noch deutlich mehr Potenzial hat, als therapeutische Prozesse zu begleiten oder Organisationsberatung zu unterstützen. Das große Potenzial liegt in der Visualisierung der Komplexität jeder Art von Systemen und in der Simulation von Interventionen. Zudem eignet sich die transverbale Sprache in Aufstellungen dafür, Studierende, Praktiker und Wissenschaftler gleichermaßen anzusprechen. Weil diese Sprache von allen verstanden wird, ist ein effektives gemeinsames Arbeiten mit allen Beteiligten möglich. Praktikern wird anhand vieler Beispiele gezeigt, wie sie mithilfe von Systemaufstellungen das Geschehen in Unternehmen und Organisationen schneller und tiefergehender verstehen und gestalten können. Der besondere Gewinn an Handlungskompetenz entsteht durch die Unterscheidung der Beziehungsebene und der Systemebene in Unternehmen und jeder Art von Institution. Werden die überall vorhandenen polaren Spannungsfelder in Aufstellungen sichtbar gemacht, hat dies zuweilen mehr Einfluss auf das Verhalten als die Aktionen anderer Menschen. Wissenschaftlern und Wissenschaftlerinnen zeigen sie, dass Systemaufstellungen ein wertvolles Instrument sind, um völlig neue Hypothesen über den eigenen Forschungsgegenstand zu finden. Sie behaupten auf Basis ihrer Erfahrungen, dass so gut wie jede Disziplin Neues und Anregendes über den eigenen Gegenstand lernen kann, wenn sie ihn in einem dreidimensionalen Bild einer Aufstellung visualisiert und zum Sprechen bringt. Methodisch sind Aufstellungen ohne Probleme anschlussfähig an vorhandene Methoden der Datengenerierung. Und sie zeigen auf, wie Systemaufstellungen systematisch ausgewertet werden können. Dozenten, Dozentinnen und Studierenden wollen sie verdeutlichen, dass Systemaufstellungen ein didaktisches Instrument sind, um Komplexität zu vermitteln. Lernen mit der Aufstellungsmethode aktiviert das Gehirn auf eine ganz andere Weise: die dreidimensionalen Bilder einer Aufstellung erlauben es, das große Bild eines Systems gleichzeitig zu sehen. Zugleich bleiben diese Bilder viel länger in Erinnerung als die Erkenntnisse aus Wort oder Text.

Pacher, B. (2002). Welchen Nutzen haben Organisationsaufstellungen im Rahmen von Changeprozessen in Organisationen? Unveröff. Masterarbeit. ***EK III***

Pacher (2202) überprüft, inwieweit Organisationsaufstellungen als Ressource für lösungsorientierte Veränderung dienlich sind. Anhand der Beispiele Wissensmanagement, Fusionen und Nachfolge in Familienunternehmen wurde versucht, die komplexen Dynamiken zu skizzieren, die mit Hilfe von Aufstellungen in ihrer Ganzheit erfasst werden können. Es wurde mit 16 Personen, die entweder als Fokus oder als Organisationsmitglieder an einer Aufstellung teilgenommen haben, eine Befragung durchgeführt. Anhand von Leitfragen sollten die Interviewpartner in narrativer Form über ihre Erfahrungen mit ihrer Aufstellung Auskunft geben. Die inhaltsanalytische Auswertung der Interviews erfolgte anhand von Merkmalskategorien, die als erfolgskritisch für die Umsetzung von Aufstellungserfahrungen angesehen werden. Es wurde versucht, zwischen expliziten und impliziten Handlungsfolgen in der Organisation zu unterscheiden. Die Ergebnisse zeigten, dass alle Interviewpartner und -partnerinnen Erfahrungen aus den Aufstellungen gewonnen hatten, die in irgendeiner Form impulsgebend für Veränderung waren. Das Instrument der Organisationsaufstellung im beruflichen Kontext erwies sich nur dann als dienlich, wenn das eigentliche Aufstellungssetting sorgfältig vor- und nachbereitet wird. Hohe Beraterkompetenz, Fingerspitzengefühl für die Wahl des Aufstellungszeitpunktes und absolute Neutralität der Aufstellungsleitung werden als grundlegend erachtet. Für das Festmachen konkreter Handlungsfolgen aus dem Aufstellungsprozess, ist eine saubere Formulierung des Anliegens und des Aufstellungszieles vorauszusetzen.

Rammel, A. (2017). Die Organisationsaufstellung – Der Transfer der Lösung in die Praxis. Diplomarbeit, Universität Linz. ***EK III***

In einer Interviewstudie von Rammel (2017) wurden 10 Unternehmer und Unternehmerinnen, die an Systemaufstellungen teilgenommen hatten, sowie zwei Aufstellungsanleitende befragt. Im Ergebnis konnten neben der Dokumentation von Lösungen, die durch die Aufstellungen gefunden wurden, neun Faktoren für deren Anschlussfähigkeit und damit für deren Umsetzungswahrscheinlichkeit identifiziert werden. Die Faktoren sind Qualität der Aufstellung, Einbeziehung des familiären Backgrounds, Offenheit gegenüber der Methode, repräsentierende Wahrnehmung der Stellvertretenden, Klarheit des Lösungsbildes, Überraschungseffekte durch das Lösungsbild, Empowerment durch das Lösungsbild, Plausibilität des Lösungsbildes sowie die visuelle und körperliche Präsenz des Lösungsbildes.

Roevens, J. L. M. (2008). Systemic constellations work in organizations. Amsterdam: Science Guide. ***EK IV***

In seiner Dissertation stellt Roevens (2008) 17 Studien zu Systemaufstellungen überwiegend im Organisationskontext vor. Die Studien sind nur zum Teil im Literaturverzeichnis wiederzufinden bzw. noch in der Durchführung. In einer zusammenfassenden Tabelle werden jedoch einige Wirksamkeitseffekte systemischer Aufstellungen verzeichnet. Eine Studie ist eine Theoriearbeit, sechs sind beschreibende Fallstudien und weitere sechs empirische Forschung, die z. T. auch schon in der Überblicksarbeit von Weinhold & Reinhardt (2014) dargestellt wurden. Eine Studie von Ruppert (2003) berichtet eine hohe Korrelation zwischen den Beziehungsqualitäten und Problemkonstellationen. Eine Weitere von van den Berg & van Duijn (2005) zeigt eine Zunahme des Beziehungsverständnisses im Arbeitskontext bei Teilnehmenden an Aufstellungen. Die Arbeit von Roevens (2008) ist in ihrer Ausführung für den Leser schwer zugänglich und entspricht in Form, Sprache, Inhalt und Methodik nicht den gängigen wissenschaftlichen Standards. In der Zusammenfassung werden einige hilfreiche Erkenntnisse für den Einsatz und die Durchführung von Systemaufstellungen zusammengefasst.

Rosner S. (2015). Systemische Aufstellungen als Instrument der Organisations- und Personalentwicklung. In: Systeme in Szene gesetzt. Edition Rosenberger. Springer Gabler, Wiesbaden. ***EK IV***

Rosner (2015) illustriert anhand von vier Fallbeschreibungen den Einsatz von Systemaufstellungen im Bereich der Unternehmensgründung und Entwicklung der Ressourcen und Wertaufstellung im Non-Profit-Bereich als Instrument in der politischen Beratung und in der Supervision eines Beratungsprozesses.

Ruppert, F. (2000). Das Aufstellen von Arbeitsbeziehungen in Wirtschaftsunternehmen – Erfahrungen und Ergebnisse empirischer Untersuchungen. In G. Weber (Hrsg.), Praxis der Organisationsaufstellungen. Grundlagen, Prinzipien, Anwendungsbereiche. Heidelberg: Carl-Auer, 279–304. ***EK II***

Ruppert (2000) untersuchte in einem Projekt 61 von 90 Aufstellungsbildern, die von den Projektgruppenmitgliedern nachgestellt wurden, hinsichtlich der darin enthaltenen Beziehungsqualitäten. Diese waren die Anzahl der Personen, die emotionalen Bezüge der Personen zueinander, die kooperativen Bezüge, das Eingebundensein bzw. den Bezug zur Gesamtstruktur jeder Person sowie die wahrgenommene Verantwortung. Es wurden die Zusammenhänge zwischen den Variablen untersucht, die sich für die Unternehmensfunktionen „Sicherheitsbeauftragter" sowie „Betriebsarzt" als durchweg plausibel herausstellten. Die wichtigsten Ergebnisse waren die nachweisbaren signifikanten Korrelationen zwischen den emotionalen und kooperativen Bezügen innerhalb der Aufstellungsbildern und den tatsächlichen Unfallquoten bzw. Krankenständen der aufgestellten Unternehmen.

Sachs-Schaffer, B. (2010). Prozess einer Mehrheitsfindung – Workshop mit Anwendung systemischer Aufstellungsarbeit. In GlobalArt (Ed.). Demokratie neu erfinden. Wien: Springer. ***EK IV***

In dem Artikel von Sachs-Schaffer (2010) wird die Durchführung einer Systemaufstellung zur Mehrheitsfindung bei demokratischen Prozessen in einem Workshop beschrieben. Im Ergebnis wurde festgestellt, dass die Methode geeignet ist, auf einer höheren Ebene Verbundenheit zwischen Interessengruppen herzustellen sowie Akzeptanz für deren Gewordensein zu erreichen.

Schmidhalter, C. (2015). Das Unerwartete Managen: Teams mit Hilfe der Aufstellungsarbeit nachhaltig entwickeln. Masterthesis, ZHAW Zürcher Hochschule für angewandte Wissenschaften. ***EK IV***

Anhand einer theoretischen Betrachtung der systemischen Aufstellung und einer durchgeführten Organisationsaufstellung diskutierte Schmidhalter (2015), mit welchem Nutzen die Aufstellungsarbeit in einen Teamentwicklungsprozess integriert werden kann. Aus dem Vergleich der theoretischen Hintergründe der Teamentwicklung und der Aufstellungsarbeit wurde ersichtlich, dass die Gegensätze zwischen diesen beiden Verfahren überwiegen. Das Arbeiten mit Stellvertretenden in der Aufstellungsarbeit und das Arbeiten mit den Direktbeteiligten in der Teamentwicklung ist der stärkste Gegensatz der beiden Methoden. Dennoch gibt es genügend gemeinsame Ansätze, die aus theoretischer Sicht eine Integration der Aufstellung in den Teamentwicklungsprozess ermöglichen. Die wesentlichen Gemeinsamkeiten sind der systemische Bezug und dass beide Verfahren geeignet sind, in Unternehmen angewendet zu werden. Die Analyse der im Rahmen einer Teamentwicklung durchgeführten Organisationsaufstellung bestätigte diese Beurteilung. Um der Situation des Teams und um eine Integration der Aufstellung in die Teamentwicklung überhaupt zu ermöglichen, wurde in der Aufstellung auf Stellvertreter verzichtet. Dieser Schritt hat sich in diesem Fall gelohnt, respektive kann als Basis für den Erfolg der Intervention betrachtet werden. Es konnte sich dadurch kein Teilnehmer aus dem Prozess herausnehmen. Um eine derartige Intervention erfolgreich gestalten zu können, muss eine Beraterin beide Methoden kennen. Es gilt die Professionen nicht gegeneinander zu stellen, sondern die Vorteile beider zu nutzen. Eine Aufstellung ersetzt keinen Teamentwicklungsprozess, sondern ist vielmehr als eine einmalige Maßnahme im Teamentwicklungsprozess zu sehen. Mit der Aufstellung allein werden keine Probleme gelöst. Der weiterführende Teamentwicklungsprozess ist von hoher Relevanz und sichert die nachhaltige Wirkung einer Organisationsaufstellung.

Schleiken, T. (2004). Leistungswirksamkeit im Management. Systemische Aufstellungspraxis, (2), 52–55. ***EK IV***

In diesem Artikel beschreibt Schleiken (2004) den Einsatz von Systemaufstellungen im Managementkontext im Vergleich zu anderen systemischen Methoden wie etwa dem systemischen Interview. Vorgehensweisen und mögliche Fragestellungen werden erläutert sowie der Zeit- und Ergebnisvorteil von Systemaufstellungen thematisiert.

Schröder, J. (2015). Evaluation systemischer Strukturaufstellungen: Eine wissenschaftliche Untersuchung systemischer Strukturaufstellungen im Organisationskontext. Masterthesis, Universität Graz. ***EK II***

Schröder (2015) untersuchte den subjektiven Nutzen, die Effektivität der Methode, die erlebte Umsetzbarkeit der Lösungen und die Selbstwirksamkeit bei 13 Personen, die im Einzelsetting (N = 6) bzw. im Gruppensetting mit Repräsentanten (N = 7) an einer Aufstellung teilnahmen. Die Teilnehmenden wurden zu drei Messzeitpunkten befragt. Im Ergebnis konnten für alle Variablen über alle Messzeitpunkte mittlere bis hohe Ausprägungen festgestellt werden. Für die Selbstwirksamkeitserwartungen zeigte sich ein signifikanter Anstieg über den zeitlichen Verlauf. Die Werte lagen bei der Aufstellung mit Repräsentantinnen höher als im Einzelsetting. Als wichtige qualitative Daten hinsichtlich der Effektivität der Methode wurde die Klarheit sowie das Erkennen von möglichen Handlungsschritten genannt. Weiterhin wurde die Perspektive von außen sowie die Möglichkeit, Veränderungen vorzunehmen, genannt. Als wichtige Einflüsse wurden weiterhin die Äußerungen der Gastgeber und der Repräsentantinnen ermittelt. Die wahrgenommene Umsetzbarkeit der Lösungen wurde im Einzelsetting vier Wochen nach der Aufstellung höher eingeschätzt als direkt danach. Weitere Unterschiede zwischen den beiden Aufstellungssettings konnten nicht festgestellt werden.

Schumacher, T. (2000). Systemische Strukturen in Familie und Organisationen. Eine Studie zu Auswirkungen von Familienaufstellungen auf subjektive Beziehungsbilder, Band 1, Eigenverlag. ***EK II***

Schumacher (2000) untersuchte in einer Studie mit 49 Teilnehmenden eines Systemaufstellungsseminars die Wirkung von Systemaufstellungen auf das subjektive Familien- bzw. Organisationsbild (emotionale Verbundenheit und Autonomie) sowie die Kooperationswahrnehmung (Akzeptanz, Beteiligung, Offenheit, Konfliktbewältigung und Empathie/ Perspektivübernahme). Die Teilnehmenden geben über die drei Messzeitpunkte eine signifikante Steigerung hinsichtlich der subjektiven Familien- bzw. Organisationsbilder und der Kooperationswahrnehmung an. Auch konnte der Autor neben einer Fülle von Detailergebnissen einen signifikanten Einfluss der Familien- auf die Organisationswahrnehmung nachweisen.

Weinhold, J. & Reinhardt, A. (2014). Der Forschungsstand zur Wirksamkeit von Systemaufstellungen. In J. Weinhold, A. Bornhäuser, C. Hunger & J. Schweitzer (Hrsg.). Dreierlei Wirksamkeit. Die Heidelberger Studien zu Systemaufstellungen. Heidelberg: Carl-Auer. ***EK I***

Weinhold & Reinhardt (2014) nehmen im Rahmen der Heidelberger Studie zu Systemaufstellungen, die im Rahmen eines von der Deutschen Forschungsgemeinschaft geförderten Projekts durchgeführt wurde, auch eine ausführliche Sichtung der vorhandenen Studien zur Wirksamkeit von Systemaufstellungen im Organisationskontext vor. Die Autoren konnten 15 Studien den Organisationsaufstellungen zuordnen. Davon konnte eine Studie der Evidenzklasse III, die anderen der Klasse IV zugeordnet werden. Trotz der heterogenen Forschungsansätze und Anwendungsfelder, die sich über Arbeits- und Kooperationsbeziehungen, Teamstrukturen, Organisationsentwicklung, Komplexitätserfassung, Organisationskultur, Sicherheits- und Gesundheitskulturen, ökologischer Landbau, Führungs- und Managementfragen und Lernprozesse in der Organisation, Veränderungsprozesse, Nachhaltigkeitsstrategien, Supervisionsaufstellungen in sozialen Berufen und Branding-Aufstellungen erstreckten, konnten Wirkungen von Systemaufstellungen extrahiert werden. Dazu gehören Komplexitätsreduktion, Sichtbarmachung von implizitem Wissen und strukturellen Dynamiken, Hilfestellung bei Konflikten und Entscheidungsprozessen, Förderung des systemischen Denkens bei Teilnehmenden sowie von Kooperation und Kommunikation in Teams und Akzeptanz von problematischen Situationen in Organisationen sowie die Gestaltung organisationaler Veränderungen. Weiterhin wirken Organisationsaufstellungen bei der Stärkung von Organisationsidentität, -vision und -kultur, bei der Klärung von kollegialen Beziehungsaspekten, bei Einstellungs- und Verhaltensänderungen, Beziehungsgestaltung und Verbesserung von Zusammenarbeit, bei der Bearbeitung familiärer Thematiken im beruflichen Kontext sowie bei Prozessen der Selbstreflexion, Veränderung mentaler Modelle und Persönlichkeitsentwicklung.

Enthaltene Studien

van den Berg, P. T. & Roevens, J. L. M. (2007). Short-term effects of systemic sets in organizations. The Knowing Field – International Constellations Journal, 10, 31–36. (nicht verfügbar).

Berreth, A. (2009). Organisationsaufstellungen und Management. Lesarten einer Beraterischen Praxis. Heidelberg: Carl-Auer. (nicht verfügbar).

Borek, L. (2011). Der Einfluss von Systemischen Strukturaufstellungen auf Kohäsion, Kooperation, Koordination und Kommunikation in Teams: Eine Längsschnittstudie. Gruppendynamik und Organisationsberatung, 42(2), 173–185.

Baumgartner, M. (2006). Die kollektive Gestaltung einer gemeinsamen Organisationswirklichkeit: zur Diagnose von Organisationskultur anhand von Mitarbeiterbefragungen und systemischer Strukturaufstellungen in einem sozial-medizinischen Unternehmen (Doctoral dissertation, ETH Zürich).

Gleich, M. (2008). Organisationsaufstellungen als Beratungsinstrument für Führungskräfte. Eine empirische Analyse. Heidelberg: Verlag für Systemische Forschung im Carl-Auer Verlag. (nicht verfügbar).

Gminder, C. U. (2006). Organisationsaufstellungen – Eine methodische Innovation zur Umsetzung von Nachhaltigkeitsstrategien. In R. Pfriem, R. Antes, K. Fichter, M. Müller, N. Paech, S. Seuring & B. Siebenhüner (Hrsg.): Innovationen für eine nachhaltige Entwicklung, (pp. 451–468). DUV.

Jurg, W. (2010). Unravelling branding systems. The perceived usefulness of branding constellations. Groningen: Het Norderlicht.

Kalb, R. (2007). Organisationsaufstellungen – eine Ressource der lernenden Organisation. Verlag für Systemische Forschung im Carl-Auer Verlag. (nicht verfügbar).

Kohlhauser, M. & Assländer, F. (2005). Organisationsaufstellungen evaluiert. Studie zur Wirksamkeit von Systemaufstellungen in Management und Beratung. Heidelberg. (nicht verfügbar).

Kumbruck, C., Gnosa, H. & Nickel, W. (2005). Organisationsaufstellung – Eine Methode der Explizierung von verborgenem Wissen. Journal für Psychologie, 13(4), 403–419.

Lehmann, K. (2006). Umgang mit komplexen Situationen: Perspektivenerweiterung durch Organisationsaufstellungen; eine empirische Studie. Verlag für Systemische Forschung im Carl-Auer Verlag. (nicht verfügbar).

Maric, B. (2007). Welche Wirkungen haben Aufstellungen? Supervisionsaufstellungen aus Sicht der Aufstellenden. Katholische Stiftungsfachhochschule München (Unveröffentlichte Diplomarbeit). (nicht verfügbar).

Pacher, B. (2002). Welchen Nutzen haben Organisationsaufstellungen im Rahmen von Changeprozessen in Organisationen? Unveröff. Masterarbeit.

Ruppert, F. (2000). Das Aufstellen von Arbeitsbeziehungen in Wirtschaftsunternehmen – Erfahrungen und Ergebnisse empirischer Untersuchungen. In G. Weber (Hrsg.), Praxis der Organisationsaufstellungen. Grundlagen, Prinzipien, Anwendungsbereiche (S. 279–304). Heidelberg: Carl-Auer.

Wesseler, M., Fink-Keßler, A., Boland, H., Michaelis, T. & Göbel, I. (2003). Systemaufstellungen als innovatives Beratungsinstrument im ökologischen Landbau. ISOS. Universität Kassel.

Da nicht alle der hier aufgeführten Studien zugänglich bzw. kostenfrei zugänglich sind werden nur 9 der 15 Studien in dieser Arbeit dargestellt.

Über den Review zur Studienlage im Organisationskontext hinaus weist die Heidelberger Studie von Weinhold et al. (2014) überwiegend mittlere bis starke Effekte der Wirksamkeit von Systemaufstellungen im klinischen bzw. therapeutischen Kontext hinsichtlich der Verbesserung des psychischen Befindens, des Systemerlebens und der Zielerreichung im Therapieprozess auf, die sich in ihren Grundaussagen und den zugrunde liegenden Mechanismen auch auf den Arbeits- und Organisationskontext übertragen lassen.

Weinhold, J., Bornhäuser, A. Hunger, C. & Schweitzer, J. (2014). Dreierlei Wirksamkeit. Die Heidelberger Studien zu Systemaufstellungen. Heidelberg: Carl-Auer. ***EK I***

Weinhold et al. (2014) untersuchten die Wirksamkeit von Systemaufstellungen in Hinsicht auf die psychische Befindlichkeit. 208 Teilnehmenden aus der Allgemeinbevölkerung wurden randomisiert einer Experimentalgruppe oder einer Wartelistenkontrollgruppe mit späterer Intervention zugewiesen. Die Intervention bestand in der Teilnahme an einem 3-Tages-Aufstellungsseminar. Mithilfe von Fragebögen aus der Psychotherapieforschung (Outcome Questionnaire OQ-45; Fragebogen zur Erhebung von Psychotherapieverläufen FEP; Kurzform des Inkongruenzfragebogens K-INK) wurde die Wirksamkeit zwei Wochen und vier Monate nach der Intervention eingeschätzt. Im Ergebnis konnten eine verbesserte psychische Befindlichkeit ($d = 0.53$), eine verminderte psychische Belastung ($d = 0.48$) sowie ein geringeres Ausmaß an Inkongruenz ($d = 0.42$) für die Experimentalgruppe nachgewiesen werden.

Wesseler, M., Fink-Keßler, A., Boland, H., Michaelis, T. & Göbel, I. (2003). Systemaufstellungen als innovatives Beratungsinstrument im ökologischen Landbau. ISOS. Universität Kassel. ***EK II***

Das Projekt zielte auf die Erprobung und Verbreitung von Systemaufstellungen im Kontext der ökologischen Landwirtschaft. In drei Werkstattseminaren mit 15–18 Teilnehmenden stellten Bäuerinnen und Bauern oder auch landwirtschaftliche Berater ihre Anliegen auf, so z. B. Umstellungen auf ökologischen Landbau, Hofnachfolge, Situationen der Existenzsicherung oder Familienkrisen. Die Aufstellungen erwiesen sich als ein schnell und tief wirkender Prozess. Verborgene betriebliche oder familiäre Zusammenhänge wurden sichtbar. Nach den Aufstellungen zeigten die Teilnehmenden in der Regel ein stärkeres Selbstbewusstsein, größere Entschlussfreudigkeit sowie mehr Kreativität und Aktivität sowie Zuversichtlichkeit zur Zielerreichung. Dadurch kam es zu Änderungen auch in der betrieblichen Praxis. Als Wirkfaktor wird auf die Erfahrung und Professionalität der Anleitung der Aufstellungen verwiesen.

Wimmer, R. & Gebauer, A. (2007). Potenziale der Aufstellungsarbeit aus Sicht der systemischen Organisationsberatung. Potenziale der Organisationsaufstellung. Heidelberg, 209–229. ***EK IV***

In ihrem Buchkapitel thematisieren Wimmer & Gebauer (2007) den Unterschied zwischen Familien und Organisationen und damit die direkte Übertragung von Prinzipien des Familienstellens auf Fragestellungen in Organisationen. Weiterhin werden Arbeits- und Erkenntnismöglichkeiten durch den Einsatz von Systemaufstellungen in Organisationen beschrieben und von überzogenen Zuschreibungen z. B. bzgl. der Detektion impliziten Wissens der Organisation relativiert. Grundlegende Prinzipien wie die räumlich-visuelle Externalisierung von Systemzusammenhängen, die Komplexitätsreduktion, kurative Grundannahmen, die Annahme der Selbsterneuerung sowie die Höherrangigkeit des Gesamtinteresses gegenüber Einzelinteressen in Organisationen werden zur Nutzenargumentation beschrieben.

7.2.2. Systemisch-konstruktivistische Ansätze

Im Feld der systemischen Organisationsberatung konnten 58 Studien eingeschlossen werden. Davon sind – bedingt durch Heterogenität und Komplexität des Forschungsfeldes – 15 Studien der Evidenzklasse IV, 41 Studien der Evidenzklasse III und nur zwei Studien der Evidenzklasse II zuzuordnen. Allen Studien ist gemein, dass weder Wirkfaktoren noch Wirkung systematisch herausgearbeitet bzw. untersucht wurden. Dadurch sind die dokumentierten Ergebnisse auf sehr verschiedenen Dimensionen angesiedelt bzw. unterschiedlich konkret bzw. abstrakt. Für die Zukunft wäre die Entwicklung eines Wirkmodells für systemisch-konstruktivistische Organisationsberatung ein lohnendes, wenn auch herausforderndes Unterfangen, um hier die Wirksamkeitsforschung voranzubringen. Damit kann für diesen Untersuchungsbereich die *Bewertungsklasse III* vergeben werden (Tab. 11).

Systemisch-konstruktivistische Ansätze im Organisationskontext

Wirkfaktoren

Anwendung systemischer Theorien und Modelle

- Arbeit auf allen drei Luhmannschen Sinndimensionen
- Strukturell passfähige Feedbackschleifen im Beratungsprozess
- Handlungsleitung und Interventionsplanung systemischer Modelle
- Führung in Organisationen mehrdimensional als Aufgabe verstehen
- Verknüpfung von individuellem Lernen mit Organisationsveränderungen
- Spezifisches adaptives Vorgehen
- Systemische Beratungsarchitekturen
- Vernetzung von Akteuren
- Agieren mit Leitdifferenzen von Systemen
- Verbindung von Fach- und Prozessberatung
- Wandel durch Lernen
- Gestaltung von Kontextfaktoren
- Verknüpfung von Führung, Organisationslernen und Veränderungsprojekten
- Arbeit mit Rationalitätslücken (Mehrdeutigkeit, Widersprüchlichkeit und Paradoxie)
- Logiken von Subsystemen verbinden
- Change Agenten nutzen
- Kulturübergreifendes Lernen organisieren
- Phänomene psychische Belastungen als kollektive Muster in Organisationen verstehen
- Lernende Organisation gestalten
- Arbeit auf der Sozialdimension
- Gruppendiskussionen als Anstoß für Veränderungen
- Befragungen als Interventionen
- Aktionsforschungsansatz und Rückkopplungsschleifen
- Skalen zur Erfassung der Organisation
- Systemische Unterscheidung von Beeinflussung vs. Steuerbarkeit
- Umgang mit unterschiedlichen Steuerungslogiken
- Kommunikation als Schlüssel zur Veränderung und als „Machtfaktor“
- Hypothesenbildung auf Basis verschiedener Landkarten
- Anschlussfähigkeit des Beratersystems
- passender Zeitpunkt für zumutbare Impulse
- Anschlussfähige Interventionen
- Selbststeuerung im Berater- bzw. Beraterinnensystem
- Koppelung von Berater- und Klientensystem
- Co-Steuerung durch das Klientensystem im Beratungssystem
- Anschlussfähigkeit an agile Organisation
- Akzeptieren unterschiedlicher Wirklichkeitskonstruktionen
- Kompetenter Umgang mit Komplexität und Widersprüchen

Gestaltung des Beratungssystems

- Systemische Haltung

Spezifische Interventionen

- Irritationen auslösen (ohne Zielorientierung)
- Themen besprechbar machen z. B. Gefühle und soziale Aspekte
- Selbstorganisation fördern
- Partizipation fördern
- Kollektive Intelligenz nutzen
- Transparenz schaffen
- Schaffung eines sicheren Raumes für Kommunikation
- Feedback ermöglichen und geben
- Unterschiedliche Perspektiven in die Kommunikation einbringen

– Systemtheoretische Organisationsanalysen – Systemtheoretische Analyse von Phänomenen und Problemen – Systemtheoretische Analyse von Beratungskonstellationen und -Projekten – kollegiale Beratung von Führungskräften	– Förderung von Dialog, Offenheit, Vielfalt – Emotionen ansprechbar, erfahrbar und bearbeitbar machen – Vertrauen – Begegnung fördern – Ganzheitliches Vorgehen – Bedenken kreativ einfließen lassen – Gemeinsam Improvisieren – Humor – Provokationen
Wirkungen	
Organisationale Veränderungen – Steigerung von Lernfähigkeit, Anpassungsfähigkeit und Flexibilität – neue Interaktionsmuster in Organisationen etablieren – organisationales Lernen – mehrdimensionale Wirkungen (wirtschaftlich, organisational, qualifikatorisch) – einseitig rationale Operationslogik von Systemen irritieren – Entwicklung von Kunden- und Ressourcenorientierung – effektive Veränderungsprozesse durch interne systemische Beratung *Individuelles Erleben und Motivation* – besserer Umgang mit Motivation, Stimmungslagen und Widerständen – Erhöhung der Akzeptanz bei Veränderungsprozessen – Umgang mit Widerständen – Ängste überwinden und Akzeptanz fördern – Prävention von psychischen Belastungen (z. B. Burnout) durch Umfeldanalyse und Gestaltung – Veränderungen auf der Sozialdimension	*Partizipation* – Selbstorganisationsmechanismen in Gang setzen – Beteiligung, Engagement, Verantwortungsübernahme – Aktivierung von Mitarbeitenden und Führungskräften – Senken von Beanspruchung und Erhöhung von Handlungskompetenz – Förderung von Kooperation – Impulsoffenheit *Reflexion* – Handlungs- und Reflexionsmöglichkeiten vergrößern – Verknüpfung von Lernen und Organisationsentwicklung – Umgang mit Komplexität – Lernen aus Fehlern – Person-Organisation-Koppelung reflektieren – Förderung der Reflexion – Sinnbezug in Organisationen auf mehreren Ebenen stärken – Mehrdimensionale Beobachtung anregen – Selbstbeobachtung der Organisation fördern – Paradoxien-Management

Tab. 11: Überblick über die Wirkfaktoren und Wirkungen aus den Studien zu Systemisch-konstruktivistischer Ansätzen im Organisationskontext

Zusammenfassend lässt sich sagen, dass Wirkfaktoren und Wirkungen systemisch-konstruktivistischer Organisationsberatung umfangreich beschrieben und dokumentiert sind, belastbare empirische Belege aufgrund der Heterogenität und Komplexität des Feldes jedoch kaum existieren. Im Folgenden sind die eingeschlossenen Studien zur systemisch-konstruktivistischen Organisationsberatung dargestellt.

Andresen, P. (2004). Die Einführung von Teamstrukturen aus systemtheoretischer Perspektive: Organisationsentwicklung am Beispiel der Stadtwerke Hannover. diplom.de. ***EK III***

Andresen (2004) beleuchtet und evaluiert die Einführung von Teamstrukturen bei den Stadtwerken Hannover unter systemtheoretischer Perspektive. Dazu wird ein theoretischer Bezugsrahmen entwickelt, der auf neueren Entwicklungen der modernen Systemtheorie und des radikalen Konstruktivismus basiert. Darauf aufbauend zeigt er anhand des konkreten Fallbeispiels der Hauptabteilung Wassergewinnung, wie die Einführung von Teamorganisation einen Transformationsprozess in Richtung Marktorientierung, Lernfähigkeit und Flexibilität in Gang setzt. Konkret werden die Informationsstrukturen, die mit der Restrukturierung einhergehenden Erwartungen aller Beteiligten und die Rückmeldung zu den Teambildungsworkshops untersucht. Aus den Ergebnissen lassen sich Hypothesen über sonst schwer zu greifende Variablen wie Motivation, Stimmungslage und Widerstände gegenüber dem Prozess generieren. Die Rückmeldung der Hypothesen wird als Installation von Rückkopplungsschleifen und als Anregung von Selbstorganisationsmechanismen interpretiert. In einer abschließenden Bewertung stellt Andresen den weiteren Prozessverlauf aufgrund der Befragungsergebnisse und der vorangegangenen Reflexionen eine positive Prognose.

Betschart, K. (2010). Die Kunst ein System zu berühren: Interventionen der systemischen Organisationsberatung aus Berater- und Kundensicht. Züricher Hochschule für angewandte Wissenschaften. ***EK III***

Betschart (2010) geht in Zusammenarbeit mit einem international tätigen systemischen Organisationsberatungsunternehmen im Rahmen einer qualitativen Explorationsstudie der Frage nach, mit welchen handlungsleitenden Konzepten systemische Beratungspersonen Interventionen gestalten. Die empirische Grundlage bilden neun narrative Interviews mit systemischen Beratenden und deren Kunden sowie zwei teilnehmende Beobachtungen von Beratungssettings. Die Ergebnisse zeigen, dass sich Beratungspersonen in verschiedenen Spannungsfeldern bewegen. Diese können mit der Nähe zum Kundensystem (Anschlussfähigkeit) versus Distanz (Beobachtung zweiter

Ordnung) sowie mit der Übernahme von Führung im Prozess versus einer Haltung des „Nichtwissens“ beschrieben werden. Die Beraterinnen und Berater scheinen eine gemeinsame systemische Grundhaltung einzunehmen. Aus der Untersuchung geht jedoch hervor, dass sie hinsichtlich der Herausforderungen der genannten Spannungsfelder einen unterschiedlichen Umgang haben. Ihr Beratungsverständnis und das Praxishandeln sind individuell geprägt. Die Kunst, in ein System wirkungsvoll zu intervenieren, beschreiben die Beratungspersonen mit der Fähigkeit, den zu finden, um Interventionen zu setzen und diese so zu gestalten, dass sie die Grenze des dem Kundensystem Zumutbaren berühren. Kunden scheinen in Beratungsprozessen oft zu versachlichen und sozialdynamische Themen zu verdrängen. Wenn es der Beratungsperson gelingt, durch eine Intervention diese „abgewandten“ Themen besprechbar zu machen, d. h. mit den Kunden eine Sprache zu finden, um über Gefühle und soziale Aspekte zu kommunizieren, kann dies zu einer neuen, zuvor nicht gekannten Art der Zusammenarbeit führen. Auf der Sachebene entsteht so eine lösungsorientierte, kreative Arbeitsgemeinschaft, die ein produktives Vorankommen ermöglicht. So kann das Besprechbar-Machen „abgewandter“ Themen als Erfolgsfaktor in Beratungsprozessen bezeichnet werden.

Bhatnagar, V. R. (2017). Systemic development of leadership: action research in an Indian manufacturing organization. Systemic Practice and Action Research, 30(4), 339–376. ***EK III***

Die Aktionsforschungsstudie von Bhatnagar (2017) in einem indischen Produktionsunternehmen unterscheidet zwischen der Entwicklung von Führungskräften und Führung, entwickelt ein systemisches Führungsmodell und interveniert auf der menschlichen, sozialen und prozessualen Dimension für die Entwicklung von Führung. Es handelt sich um eine Echtzeitstudie, die der organisatorischen Realität des schnellen Wandels und seiner systemischen Natur Rechnung trägt. Da sich die Aktionsforschung mit einer systemischen Realität befasst, umfassen die Forschung und die Beiträge mehrere Gesichtspunkte, wobei neue Techniken große Auswirkungen auf die Theoriebildung und die Verbesserung der Praxis haben. Die Studie bietet eine strukturelle Lösung für den wahrgenommenen Mangel an Engagement bei leitenden Mitarbeitern – ein Syndrom, das als HILE (*High Intentions and Lukewarm Execution*) bezeichnet wird – durch die Neugestaltung von Organisationsprozessen und die Bereitstellung von Zeit für deren effektive Nutzung bei der Entwicklung von Führungskräften. Eine neue Technik zur Auslösung größerer Veränderungen in Organisationen, die als „Konzeptsublimation“ bezeichnet wird, destilliert Konzepte aus den Aussagen der relevantesten Interessengruppen und sublimiert sie von einer niedrigeren auf eine höhere Analyseeinheit und auf eine höhere Ebene der Positivität. Die statistische Vereinfachung eines Kompetenzrahmens durch die Anwendung von Konzepten aus der euklidischen Geometrie und deren Effektivität ist ein wesentlicher Beitrag dieser Aktionsforschungsstudie.

Billings, J. C., Kimball, T. G., Shumway, S. T. & Korinek, A. W. (2007). Organizational systems questionnaire (OSQ) validity study. Journal of marital and family therapy, 33(2), 149–164. **EK III**

Billings et al. (2007) untersuchten die Konstrukt- und Übereinstimmungsvalidität des *Organizational Systems Questionnaire* (OSQ). Instrumente wie der OSQ erfüllen eine wesentliche Funktion für Fachleute, die den Bedürfnissen von Organisationen und Unternehmen gerecht werden wollen. Seine einzigartigen, beziehungsbasierten Fragen ermöglichen es Fachleuten, das Funktionieren der Organisation oder das „wahrgenommene" Funktionieren der Organisation aus einer systemischen Perspektive zu bewerten. Der OSQ ist so konzipiert, dass er einen systemischen Rahmen zur Messung des Konstrukts der organisatorischen Funktionsfähigkeit verwendet. Den Teilnehmenden wurden gleichzeitig mit dem OSQ die Skalen *Abridged Job Description Index, Organizational Commitment Questionnaire, Stress in General und Communication Satisfaction Questionnaire* vorgelegt. Der OSQ zeigte eine gute Konstruktvalidität, die Faktorenanalyse deutet darauf hin, dass er einen globalen Faktor des organisatorischen Funktionierens misst, die Reliabilität war hoch ($\alpha = .91$), und er wies ein hohes Maß an interner Konsistenz auf. Der OSQ zeigte auch eine positive konkurrierende Validität mit akzeptablen Korrelationsniveaus mit den anderen Organisationsmessungen. Insgesamt erwies sich der OSQ als nützliches und psychometrisch solides Ein-Faktor-Maß für das Funktionieren der Organisation.

Bull, F.-R. & Muster, J. (2021). Hierarchie im Spannungsfeld konkurrierender Erwartungen: Folgen der Einführung postbürokratischer Arbeitsweisen in Großorganisationen. Journal für Psychologie, 29(1), 72–92. https://doi.org/10.30820/0942-2285-2021-1-72. **EK III**

Bull & Muster (2021) entwickeln vor dem Hintergrund von zwei Fallbeispielen eine kritische Betrachtungsweise des Umgangs mit Hierarchie in agilen Organisationen. Sie analysieren das Spannungsfeld von Hierarchien und postbürokratischen Arbeitsweisen anhand des Äquivalenzfunktionalismus. Dabei werden die Bezugsprobleme von Strukturlösungen in Form formaler wie auch informaler Hierarchie identifiziert sowie ihre jeweiligen Folgeprobleme nachgezeichnet. Deutlich wird, dass die Umsetzung postbürokratischer Arbeitsweisen in den analysierten Fällen durch die Entstehung von Spannungsfeldern zwischen konkurrierenden Erwartungsstrukturen sowohl an organisationalen Schnittstellen als auch innerhalb der postbürokratischen Einheiten geprägt ist. Es wird deutlich, dass durch die Etablierung postbürokratischer Arbeitsweisen Hierarchien keineswegs aufgelöst werden, sondern vielmehr neu auszudeuten sind und veränderte Aushandlungsprozesse erfordern.

Bührmann, T. & Büker, P. (2015). Organisationsentwicklung und multiprofessionelle Teamarbeit im Kinderbildungshaus – eine systemische Perspektive. Diskurs Kindheits- und Jugendforschung/ Discourse. Journal of Childhood and Adolescence Research, 10(2), 7–8. ***EK IV***

Bührmann & Büker (2015) stellen vor dem Hintergrund einer wissenschaftlichen Begleitung des Paderborner Modellprojektes „Kinderbildungshaus" eine systemtheoretische Analyse der organisationalen Entwicklungsprozesse vor. Die für das Modellprojekt Kinderbildungshaus eingenommene systemische Perspektive hat sich dabei hinsichtlich eines zentralen, mit dem Handlungsforschungsansatz verknüpften Anspruchs als funktional erwiesen. So konnte ein kontinuierlicher Ergebnis- und Entwicklungstransfer in die Praxis gewährleistet werden, indem komplexe Strukturen im Entwicklungsprozess in systematisch-überschaubarer und zugleich komplexitätserhaltenderweise interpretiert und den Projektakteuren zugänglich gemacht wurden. Wie für Handlungsforschungsprojekte üblich, erbrachte die wissenschaftliche Begleitforschung nicht allein eine Erhellung und transparente Erklärung des Innovationsprozesses; vielmehr wurde durch das interaktive, reflexionsanregende Design selbst Einfluss auf den Entwicklungsprozess genommen.

Chlopczik, A. (2015). Der magische Moment in der Prozessberatung: Über Dreh- und Angelpunkte in Veränderungsprozessen (2015.). Wiesbaden: Springer Fachmedien Wiesbaden. ***EK III***

Chlopczik (2015) beleuchtet in ihrer Arbeit die Verwendung der Theorie U von Claus Otto Scharmer in der Praxis. In explorativer Vorgehensweise untersucht sie Antworten auf die Forschungsfrage: Welche Bedingungen und Wirkweisen von Dreh- und Angelpunkten in Veränderungsprozessen nehmen professionelle Beobachter des Praxisfelds Organisationsberatung wahr, und wie erklären sie sich das, was sie beobachten? Im theoretischen Teil der Arbeit wird auf den aktuellen Diskurs um Denkmusterwechsel in der Wissenschaft Bezug genommen. Nach einer Annäherung an den Terminus Dreh- und Angelpunkte werden die Theorie U selbst sowie relevante Ansätze aus der Organisationslehre, der modernen Systemtheorie und der systemischen Organisationsberatung aufgearbeitet. Die empirische Untersuchung wurde mit qualitativen Methoden durchgeführt. Mit sechs systemischen Organisationsberatungspersonen wurden narrative Interviews geführt. Das gewonnene Datenmaterial wurde nach der *Grounded Theory Methodology* (GTM) ausgewertet. Fünf Kernkategorien konnten ermittelt werden, die den zeitlichen Ablauf sowie die wesentlichen Faktoren des begleiteten Veränderungsprozesses abbilden: Ausgangslage, Prozess, Ver-Mittler und Mittel, Resultat, Reflexion und Evaluation. Dreh- und Angelpunkte werden als Zwischenergebnisse unterschiedlich stark wahrgenommen und stehen im Dienst eines integrativen Umgangs mit alten und neuen Denk- und Verhaltensmustern bei der Gestaltung von zukünftigen Möglichkeiten. Die Theorie U konnte in Bezug auf die Begleitung von Veränderungsprozessen in zwei Funktionen dargelegt werden: Erklärungsmodell und Handlungsanleitung für die Interventionsplanung. In beiden Funktionen wird sie in den Interviewaussagen abgebildet. Die Interpretation der Ergebnisse führt entlang der Luhmannschen Sinndimensionen sowie der Scharmerschen Instrumente und Hindernisse von Veränderung zu einem Erklärungsmodell für das, was den schöpferischen Charakter von begleiteten Veränderungsprozessen ausmachen könnte. Ein Vorgehen nach den Schritten des U-Prozesses erweist sich als geeignet, um im individuellen wie im organisationalen Entwicklungsprozess förderliche Bedingungen für schöpferisches Lernen zu schaffen.

Eberz, S. & Antoni, C. H. (2016). Das Systemisch-Salutogene Interaktions-Modell (SSIM) – Ein ganzheitlicher Ansatz zur Erklärung und Entwicklung gesundheitsförderlicher Interaktionsdynamiken zwischen Führungskräften und Mitarbeitenden. Gruppe. Interaktion. Organisation. Zeitschrift für Angewandte Organisationspsychologie (GIO), 47(3), 265–273. ***EK IV***

Eberz & Antoni (2016) entwickelten ein ganzheitlich orientiertes Rahmenmodell: das Systemisch-Salutogenen Interaktions-Modell (SSIM). Damit verfolgten sie das Ziel, aktuelle Modelle der gesundheitsförderlichen Führungsforschung wie das „*Health-oriented Leadership*" (HoL) zum Einfluss von Führung auf die Mitarbeitergesundheit, die das Erklärungspotential klassischer Konzepte wie der Ohio Studien und transformationaler Ansätze vergrößern, zu erweitern und neue Erkenntnisse zu bekommen: Erstens, gesundheitsförderliche Interaktionen werden im SSIM erstmals als primäre Analyseeinheit betrachtet, deren Dynamik sowohl von Führungskräften als auch durch Verhaltensweisen der Mitarbeitenden beeinflusst wird. Durch die Fokussierung auf gesundheitsförderliche Interaktionsdynamiken wird auch der bislang vernachlässigte Gesichtspunkt, dass Mitarbeitende auch die Gesundheit ihrer Führungskräfte beeinflussen können, fokussiert. Zweitens, das

SSIM betrachtet erstmals explizit das Kohärenzerleben am Arbeitsplatz (Work-SoC) als Teil eines spezifischen, gesundheitswissenschaftlich begründeten Wirkmechanismus gesundheitsförderlicher Führung. Drittens, das Modell postuliert einen relevanten Einfluss von Kontextfaktoren auf gesundheitsförderliche Interaktionen zwischen Führungskräften und Mitarbeitenden. Das SSIM liefert durch die explizite Berücksichtigung dieser bislang vernachlässigten Aspekte neue Impulse für die gesundheitsförderliche Führungsforschung und die Praxis des betrieblichen Gesundheitsmanagements.

Eigen, P. (2011). Von Intuition und Überlebensintelligenz: Strategieentwicklung in kleinen Familienunternehmen der Automobilzulieferindustrie. Heidelberg: Verlag für Systemische Forschung im Carl-Auer Verlag. **EK IV**

Eigen (2011) stellt in seiner Arbeit die Ergebnisse von 12 Forschungsgesprächen mit Managern von Familienunternehmen der Automobilzulieferindustrie vor, bei denen es um Muster der Strategieentwicklung geht. Die Befunde, dass das strategische Handeln in dieser Branche eher intuitiv und aus dem Tagesgeschäft heraus und weniger systematisch und toolbasiert erfolgt, passen aus Sicht des Autors gut zu systemischen Annahmen über Organisationen und deren Entwicklung, die weniger rational und planbar als vielmehr selbstorganisiert und intuitiv beeinflusst verläuft.

Garbsch, M. (2012). Systemische Führungsentwicklung: Verknüpfung von Führungskräfte- und Organisationsentwicklung am Beispiel eines Krankenhauses (1. Aufl.). Heidelberg: Carl-Auer. **EK III**

Garbsch (2012) beschreibt in ihrer Dissertation ein komplexes Projekt systemischer Organisationsentwicklungsprojekte, die eingebettet in zwei universitäre Weiterbildungsprogramme zur systemischen Führungskräfteentwicklung à sechs Module an jeweils drei Tagen mit 20 Teilnehmenden in einem Krankenhaus durchgeführt wurden. Der Schwerpunkt der Arbeit liegt auf der Verknüpfung von Führungskräftetraining und Organisationsentwicklung und hierbei vor allem auf der Verknüpfung zwischen Theorie und Praxis, also dem Lernen an Praxisfällen, dem Pendeln zwischen Seminar und Anwendungskontext, dem Mehrebenen-Lernen, dem Lernfeld der Seminargruppe sowie der fachlichen und Persönlichkeitsentwicklung. Die in der Untersuchung entstandenen Ergebnisse wurden als Handlungsempfehlungen zusammengefasst. Diese betreffen z. B. den Umgang mit unterschiedlichen Steuerungslogiken und daraus resultierenden Rollenkonflikten, die Projektsteuerung durch interne und externe Projektleitung, die Selbststeuerung im

Berater- bzw. Beraterinnensystem und die Co-Steuerung durch das Klientensystem im Beratungssystem. Insgesamt wird der Ansatz der Verknüpfung von Lernen und Organisationsentwicklung positiv bewertet.

Gottert, C. (2011). Herleitung eines systemischen Ansatzes zur Begleitung von Best-Practice Einführungsprojekten am Beispiel von ITIL. (Masterarbeit, Universität Hildesheim). ***EK III***

Gottert (2011) befasste sich mit der Frage, welche Einflussfaktoren neben den typischen Herausforderungen des Projektmanagements, den Erfolg eines Einführungsprojektes von Best-Practices fordern oder gefährden. Anhand der „Information Technology Infrastructure Library" (ITIL), die als Best-Practice das Service-Management für eine IT-Infrastruktur beschreibt, werden diese Einflussfaktoren in einem konkreten Anwendungsfall näher untersucht. Die Masterarbeit liefert dabei aus systemischer Perspektive Ansatzpunkte für eine Intervention in Hinblick auf diese förder- oder hinderlichen Faktoren, um die Akzeptanz und somit die Nachhaltigkeit der Einführung zu steigern und so den Erfolg des Einführungsprojektes zu sichern. Nach Gottert richtet sich die Arbeit an Organisationsberater, die bereits in solchen Einführungsprojekten mit eher technisch orientierten Projektleitern und technischen Projektmitarbeitern tätig sind oder sich in dieses Beratungsfeld orientieren möchten. Die Arbeit dient einerseits als Argumentationshilfe bei der gemeinsamen Erarbeitung einer Projektarchitektur und Projektplanung mit dem technischen Projektleiter – gehen diese doch in Art und Umfang über klassische Ansätze hinaus und sind somit vor technischen Projektleitern und Auftraggebern argumentativ zu vertreten. Andererseits dient sie als Handlungsempfehlung für die Planung der im Projekt vorzunehmenden systemischen Intervention in einer von Technik geprägten Umwelt.

Gölzner, H & Rieder, M. (2018). Provokative Organisationsentwicklung – eine Wirksamkeitsanalyse. Tagungsband des 12. Forschungsforum der österreichischen Fachhochschulen (FFH). ***EK III***

Gölzner & Rieder (2018) stellen die Umsetzung des Ansatzes der Provokativen Organisationsentwicklung in einer Einzelfallstudie am Beispiel eines Ingenieurbüros dar. Beim Ansatz der Provokativen Organisationsentwicklung stehen Emotionen, emotional-intelligentes Vorgehen und Humor im Fokus. Provokative Organisationsentwicklung vereinfacht Entscheidungen, beschleunigt Veränderungsprozesse und erhöht das Vertrauen von Mitarbeiterinnen und Mitarbeitern. Ein Jahr nach dem Umsetzungs-Workshop erfolgte die Durchführung einer Wirksamkeitsanalyse (Mixed-Method: quantitativ und qualitativ), um erste Indikatoren der Wirkungsweise zu erhalten.

Es zeigen sich positive Wirkungen bei der Veränderung in Bezug auf das Verhalten und die Ergebnisse. Sowohl Humor als auch Provokationen werden eine wesentliche Rolle für das Gelingen von Change-Management Prozessen-von den befragten Personen zugeschrieben.

Gölzner, H. (2013). A Systemic-integrative Leadership Model – The Case of Carbo Tech Composites GmbH. Management Studies, 1(1), 1–13. **EK III**

Gölzner (2013) schlägt in seiner Studie ein systemisch integriertes Führungsmodell vor, das Führung, Organisationslernen und Organisationsentwicklung miteinander verbindet. Die Ausgangspunkte sind folgende Fragen: Wie kann langfristig hohe Mitarbeiterleistung entwickelt werden und was sind die wesentlichsten Einflussfaktoren? Das österreichische Unternehmen Carbo Tech Composites GmbH wird als Fallbeispiel verwendet. Zunächst wurde die Methode des Tiefeninterviews angewandt, um einen Überblick über die aktuelle Situation der Organisation, die Interdependenzen und die ihnen zugrunde liegenden Erklärungen zu erhalten. Zweitens wurden nach der Analyse der in den Tiefeninterviews gesammelten Daten die Ergebnisse den Führungskräften des Unternehmens mitgeteilt und mit ihnen diskutiert. Um eine Einigung über die Ziele und Maßnahmen zu erzielen, die für die langfristige Optimierung der Leistung dieses Unternehmens in seiner spezifischen Situation erforderlich sind, wurde die Interventionsmethode der Open-Space-Technologie gewählt. Durch eine Open-Space-Intervention wurden Maßnahmen zur Optimierung der sechs Leistungseinflussfaktoren erarbeitet und als verbindlich vereinbart. Folgende Schlussfolgerungen und Managementimplikationen wurden formuliert: Beschleunigungskomplexität in einer globalen Welt braucht auch Komplexität in einem Interventionsprozess einer Organisation, um die langfristige Leistungsfähigkeit zu fördern. Der Ansatz der Systemtheorie scheint hier hilfreich zu sein. Einzelne Maßnahmen zur Leistungssteigerung bringen oft nicht das gewünschte Ergebnis; Führung kann nicht nur als eine Dyade zwischen Führungskraft und Mitarbeiter betrachtet werden, um ihre Aufgaben zu erfüllen. Durch die Verwendung eines breiteren Ansatzes sind Führung, Organisationslernen und Organisationsentwicklung eng miteinander verknüpft und können nicht als getrennte Themen betrachtet werden; der Schwerpunkt der systemischen Führung verlagert sich von einem reinen Top-Down-Ansatz zu einem Ansatz, der in vier Richtungen geht: Top-Down, Bottom-Up, Lateral und Selbstmanagement. Es ist wichtig, die relevantesten Einflussfaktoren für die langfristige Leistung eines Unternehmens auf hohem Niveau zu untersuchen, ihre Interdependenzen und das reflektierte Handeln von Führungskräften und Mitarbeitern zu analysieren, um Maßnahmen tief im Unternehmen zu verankern. Es ist notwendig, Interventionsmethoden einzusetzen, die die Mitarbeiter mobilisieren und die Selbstverantwortung, Selbstverantwortung, Wahrnehmungsänderung und Selbstreflexion fördern, um mit der zunehmenden Komplexität umgehen zu können.

Graf, H. (2020). Effizienzsteigerung durch sinnzentrierte Interventionen im Kontext von verhältnis- und verhaltensorientierten Management-Maßnahmen. Gruppe. Interaktion. Organisation. Zeitschrift für Angewandte Organisationspsychologie (GIO), 51(4), 379–390. ***EK II***

Die Studie von Graf (2020) schreibt eine Prä-Post-Analyse mit 79 Organisationsmitgliedern systemischer Interventionen in einem großen Beratungsprojekt bei einem Schweizer Versicherungsunternehmen. Die Datenerhebungen und die Interventionen basieren auf systemisch-konstruktivistischen Annahmen sowie auf dem Sinn-Konzept der Logotherapie. Im Ergebnis des Prä-Post-Vergleichs konnten für alle erhobenen Sinndimensionen (Schaffenswerte, Erlebniswerte und Einstellungswerte) signifikante Verbesserungen nach der Intervention erhoben werden.

Groth, T., Krejci, G. & Günther, S. (2021). New Organizing. Heidelberg: Carl-Auer. ***EK III***

Groth, Krejci & Günther (2021) stellen ein umfangreiches Forschungsprojekt mit 13 Fallstudien zur Einführung von bzw. Transformation zu neuen Organisationsformen und Arbeitsweisen in Organisationen (*New Organizing* Praktiken) vor. Alle Fallstudien orientieren sich dabei an einem gemeinsamen Rahmenkonzept für die theoretische Fundierung, Durchführungsmethodik, Datenauswertung und Ergebnisdarstellung. Die wichtigsten Ergebnisse sind zunächst die kritische Betrachtung von in den Transformationsprozessen vernachlässigten Aspekten der Organisation. Dazu gehören Organisationstrivialisierung (die Unterschätzung von aktuellen essentiellen Dynamiken), Führungsvergessenheit (Führung findet nicht mehr oder noch nicht statt), Teamentkopplung (Eigenleben von Teams führt zur Entkopplung von der Organisation) und Beratungsvergessenheit (Selbstberatung statt ausreichende Begleitung externe und interne Beratung). Weiterhin beschreiben die Autoren epistemologische Irrtümer (die Verwechslung von Impulsen mit anwendungsreifen Konzepten und deren Übernahme und unkritische Prüfung und Anwendung auf die eigene Organisation) sowie das Management von Paradoxien als wichtige Stellschrauben für den Erfolg von *New Organizing.* Beim Paradoxien-Management geht es dabei im Einzelnen um das Entdecken von Paradoxien, die Vermeidung von Eindeutigkeit, das Erkennen eigener Muster, die Einführung von Beobachtung zweiter Ordnung und dem postmodischen Agieren.

Grossmann, R., Batsukh, S., Scala, K., Ariunaa, E., Neugebauer, C. & Altankhuyag, A. (2015). Leadership and Organizational Development-Building Strategic Alliances. ***EK III***

Das Projekt von Grossmann et al. (2015) war als Interventionsstudie angelegt, was bedeutet, dass die Schulungen Teil der Feldforschung waren, um deren Effizienz zu erhöhen und um die Untersuchung von Organisationsentwicklungsimpulsen zu ermöglichen. Auf diese Weise war es möglich, die Entwicklungsthemen mit der Zielgruppe in den Trainings während des Forschungsprojekts zu bearbeiten. Das Konzept, das Lernen von Personen und die Entwicklung von Organisationsstrukturen zu verknüpfen, hat sich als zielführend erwiesen. Das Projekt konnte zu einer relevanten Entwicklung des mongolischen Genossenschaftssektors beitragen. Führungskräfte in Schlüsselpositionen der verschiedenen Genossenschaftsverbände konnten erfolgreich in den Bereichen Organisationsentwicklung, Change-Management und Kooperationsentwicklung qualifiziert werden. Es war wichtig, das Bewusstsein dafür zu schärfen, welche Ziele durch die Qualifizierung des Personals erreicht werden können und wo eine Veränderung der Strukturen notwendig ist. Der Fokus auf die Ausbildung von Führungskräften ist in den mongolischen Genossenschaften gut vertreten und es besteht nach wie vor ein großer Bedarf, moderne Führungskompetenzen zu erwerben. Aber die Wirkung von Schulungen auf tatsächliche Veränderungen ist begrenzt, es braucht auch den Fokus auf die Entwicklung von Kommunikationsstrukturen. Die Kombination beider Ebenen – der persönlichen Ebene durch die Workshops und der organisatorischen Ebene durch das strategische Netzwerktreffen – war sehr effektiv, sodass die persönlichen Erfahrungen direkt genutzt und an die Organisation weitergegeben werden. Zum anderen hatte die Erprobung der neu entwickelten Strukturen bei allen Teilnehmenden einen hohen Bildungseffekt. Das Konzept der Interventionsstudie war so angelegt, dass die Begleitforschung diesen Prozess sowohl inhaltlich als auch beratend unterstützen konnte. Das Konzept war insofern erfolgreich, als die Ergebnisse auf der Basis mehrerer Beratungsgespräche, Besuche bei mehreren Genossenschaften, 20 qualitativen Interviews mit verschiedenen Akteuren und drei Workshops (einer vorbereitend, zwei im Rahmen des Programms) direkt in die laufenden Entwicklungs- und Qualifizierungsprozesse eingebracht wurden. Die Stimulierung des Entwicklungsprozesses ist ein Ergebnis des begleitenden Forschungsprozesses; ein weiteres ist das Setzen von Schlüsselfragen der mongolischen Genossenschaftsbewegung auf die

Tagesordnung und insbesondere die Erarbeitung von Schlüsselthemen für die erfolgreiche Entwicklung des mongolischen Genossenschaftswesens in der Zukunft.

Hasenzagl, R. (2007). Die Wirkung von Beratern. Gruppe. Interaktion. Organisation. Zeitschrift für Angewandte Organisationspsychologie (GIO), 38(4), 351–370. ***EK III***

Hasenzagl (2007) stellt auf Basis der Ergebnisse von drei Fallstudien aus der Beratungspraxis die Mechanismen dar, die es aus systemtheoretischer Sicht rechtfertigen, Beratenden eine Wirkung zuzuschreiben. Dies sind eine anschlussfähige Intervention des Beraters (also Kommunikation im System) und die Fähigkeit des Klientensystems, die Information zu verarbeiten. Interventionen, die zwar Irritation auslösen, aber keine zielgerichtete Veränderung mit sich bringen, bezeichnet er als „Eindrucksinterventionen" im Unterschied zu „Wirkungsinterventionen".

Heer-Dürsteler, C. (2000). Förderungsmaßnahmen für Verbleibende bei einem Personalabbau aus der Sicht der systemischen Organisationsentwicklung. Diplomarbeit, IAP Zürich. ***EK III***

Heer-Dürsteler (2000) setzt sich in ihrer Arbeit mit Förderungsmaßnahmen für Verbleibende bei einem Personalabbau aus Sicht der systemischen Organisationsentwicklung auseinander. Bei Unternehmensrestrukturierungen wird neben der Unterstützung für die Entlassenen häufig vernachlässigt, dass auch Maßnahmen zu Gunsten der im Unternehmen verbleibenden Mitarbeitenden nötig sind, um der Restrukturierung zum Erfolg zu verhelfen. In Arbeit wird die Situation der Verbleibenden mit einer Umfrage und Interviews in einem konkreten, von Personalabbau betroffenen Unternehmen analysiert, um daraus auf der Basis der systemischen Organisationsentwicklung und der prozessualen Modelle von Bridges (1991) & Noer (1993) einen vierstufigen Katalog von Förderungsmaßnahmen zu entwickeln. Beim Personalabbau wird die Beziehung zwischen dem Unternehmen und allen Mitarbeitern massiv erschüttert, da der Arbeitgeber den bisherigen, implizit bestehenden psychologischen Arbeitsvertrag, der die Arbeitsplatzsicherheit manifestierte, auch für die Verbleibenden schlagartig und überraschend auflöst und durch einen neuen Vertrag ersetzt, der vom Arbeitnehmer viel mehr Eigenverantwortung verlangt. Als wichtigste Maßnahmen ergeben sich umfassende Information und offene Kommunikation, der Einbezug aller Verbleibenden in den Veränderungsprozess, die Ergänzung des Change-Managements durch ein Transition-Management, ein Anreizsystem, ein Controlling und Monitoring. Weiter wird empfohlen, die Aufgaben ganzheitlich zu gestalten.

Hofer, M. (2018). Prozess- und Fachberatung in Theorie und Praxis: Faktoren der systemischen Organisationsentwicklung zur Unterstützung von Veränderungs- und Lernprozessen bei SRF. ZHAW Zürcher Hochschule für Angewandte Wissenschaften. ***EK III***

Hofer (2018) beschäftigt sich in ihrer Masterarbeit mit der Frage, wie Beratung Menschen in einer sich schnell wandelnden Organisation adäquat unterstützen kann. An einem konkreten Fall illustriert sie, wie ein Veränderungs- und Lernprozess auf der Basis eines systemischen Ansatzes der Organisationsentwicklung geplant und realisiert werden kann. Sie zeigt, wie sie – Fach- und Prozessberatung kombinierend – Interventionen vorbereitet und wie sie diese in der Praxis anwendet. Des Weiteren stellt die Arbeit das Ergebnis einer im Rahmen des laufenden Prozesses erfolgten Modellierung zentraler Faktoren einer Beratung dar. Einer Beratung, die Komplexität nicht zu reduzieren sucht, sondern im Gegenteil, dem Kundensystem hilft, Handlungs- und Reflexionsmöglichkeiten zu vergrößern. Ausgangspunkt dazu sind erkenntnis- und systemtheoretische Überlegungen und die Auseinandersetzung mit Modellen und Konzepten der Organisationsentwicklung. Sich darauf beziehend illustriert sie, wie sich das WAS und WIE also die Perspektive auf die Sache und die Perspektive auf den Prozess verbinden lassen. Zudem wird die Wirksamkeit der Interventionen unter den Gesichtspunkten möglicher Erhöhung von Handlungsoptionen und der Veränderung reflektiert und diskutiert. Dabei verweist die Arbeit auf die Herausforderung, einen Veränderungsprozess angemessen und zieldienlich zu interpretieren. Mit ihrer kritischen Beleuchtung des Beratungsprozesses verweist Hofer auf mögliche Fallstricke in Veränderungsprozessen und zeigt, wie aus „Fehlern" gelernt werden kann.

Inversini, S. (2005). Wirkungsvolles Change-Management in Abhängigkeit von situativen Anforderungen: organisationale Veränderungsprozesse im Spannungsfeld von betrieblichen Voraussetzungen und Umweltanforderungen. (Doctoral dissertation, Universität Potsdam). ***EK III***

Der Untersuchung von Inversini (2005) liegt eine Konzeption zugrunde, welche hinsichtlich des Projekterfolgs von Kontingenzen bzw. der idealen Passung zwischen betrieblicher Ausgangslage und Change-Management ausgeht und auch damit einhergehende situative prozessbezogene Einflussfaktoren berücksichtigt. Die Grundannahme ist die, dass nicht eine Schule des Change-Managements die „richtige" ist, sondern dass die situativ an die Rahmenbedingungen angepasste Anwendung ausgewählter Veränderungsprinzipien sowie die Berücksichtigung spezifischer damit einhergehender prozessbezogener Einflussfaktoren ein erfolgversprechendes Vorgehen impliziert. Erfolg wird dabei im Sinne der Nachhaltigkeit definiert, worunter

Wirkungen im wirtschaftlichen, organisationsbezogenen wie qualifikatorischen Bereich verstanden werden. In drei Teilstudien wurden sowohl zum einen Beratende und zum anderen betriebliche Akteurinnen und Akteure jeweils projektbezogen, schriftlich und mündlich zu Aspekten der betrieblichen Ausgangslage, zu den zur Anwendung gekommenen Veränderungsprinzipien, zu den Wirkungen des von ihnen charakterisierten Projekts sowie zu prozessbezogenen Einflussfaktoren befragt. Die erste Teilstudie umfasst vier in der Herangehensweise des Change-Managements unterschiedliche Projekte, welche in Form von Fallstudien aufbereitet wurden. Hier wurden insgesamt 18 am Projekt Beteiligte – jeweils die Beratenden, die betrieblichen Projektleitenden sowie betriebliche Projektmitarbeitende – schriftlich und mündlich befragt. Die zweite Teilstudie umfasst die schriftliche und mündliche Befragung von 31 Beratenden verschiedener Schulen des Change-Managements. In der dritten Teilstudie wurden sodann 47 betriebliche Veränderungsverantwortliche schriftlich befragt. Die Projekte ließen sich sowohl in der zweiten wie auch in der dritten Teilstudie in jeweils zwei statistisch abgesicherte Erfolgsgruppen einteilen. Es zeigt sich, dass erfolgreichere Projekte immer auf den gesamten Wirkungsdimensionen, d. h. sowohl wirtschaftlich, organisationsbezogen als auch qualifikatorisch erfolgreicher sind als weniger erfolgreiche Projekte. Die Ergebnisse zeigen, dass die Ergebnisse der Projekte tatsächlich auf die Kontingenz von Aspekten betrieblicher Ausgangslagen und spezifischen Prinzipien des Change-Managements zurückgeführt werden können.

Jarman, J. (2014). An exploration of organisational consultative practice: A systemic family therapy perspective (Doctoral dissertation, Cardiff University). ***EK III***

Jarman (2014) untersucht das Verständnis und die Erfahrungen systemischer Familientherapeuten von systemisch orientierter Organisationsberatungspraxis. Semi-strukturierte qualitative Interviews wurden mit zwölf qualifizierten systemischen Familientherapeuten geführt, die in einer Vielzahl von psychiatrischen und forensischen Einrichtungen in Südwales und Südwestengland arbeiten. Letztlich legt das theoretische Modell, das aus der Analyse dieser Daten hervorging, nahe, dass die befragten systemischen Familientherapeuten die Praxis der Organisationsberatung als eine Tätigkeit verstehen, die ihrer sprachlichen, sozial-konstruktivistischen Praxis der systemischen Familientherapie mit Familien sehr ähnlich zu sein scheint. Die Teilnehmenden definierten, wie sie Beratung innerhalb ihres Kontextes verstanden. Darin beinhaltete der Prozess der Beratung die Aufgabe für den Berater, einen sicheren, beratenden Raum zu schaffen, um Familien zu unterstützen, ausgeblendete oder konfliktäre Themen besprechbar zu machen, vergleichbar zur Arbeit mit Organisationen, bei der es darum geht, durch Kommunikation relevante Unterschiede in das Organisationssystem einzubringen. Die Teilnehmenden beschrieben auch, wie sie sich grundlegend vom Prozess der Beratung leiten ließen, der sich durch den Gebrauch der Teilnehmenden von sich selbst, dem Rand und den verschiedenen Arten von Feedback entwickelte, die auf gleichzeitige und rekursive Weise auftraten. Die Ergebnisse erwiesen sich als konsistent zur anderen Vergleichsstudien zwischen der Organisationsberatung und der systemischen Familientherapie.

Juceviciene, P. & Mazaliauskiene, R. (2013). Looking Further into Externalization phase of organizational learning: Questions and some Answers. In Proceedings of the 10th International Conference on Intellectual Capital, knowledge Management and Organisational Learning: ICICKM 2013 (p. 205). Academic Conferences Limited. ***EK IV***

Juceviciene & Mazaliauskiene (2013) beleuchten im Rahmen einer theoretischen Untersuchung die Besonderheit des Einsatzes vom *Reflecting Team* im organisationalen Lernen. Die Möglichkeiten für die Entwicklung des „Ba" (Wissensraum) für die Externalisierungsphase des organisatorischen Lernens. Bisher wurde es vor allem in der Familientherapie eingesetzt. Die interdisziplinäre Analyse ergab, dass das reflektierende Team den Dialog bereichern kann, da es die Grenzen offenhält, die Vielfalt der Meinungen toleriert und zusätzlich einen sicheren und respektvollen Raum schafft, der den Dialog unterstützt und die Prozesse, die in der wissensschaffenden Gruppe stattfinden, reflektiert.

Königswieser, R., Lang, E., Königswieser, U. & Keil, M. (Eds.). (2013). Systemische Unternehmensberatung: Die wirksamsten Theorien, Modelle und Konzepte für die Praxis. Schäffer-Poeschel. ***EK IV***

Königswieser et. al (2012) beschreiben in diesem Buch umfangreich und praxisnah den Einsatz systemischer Organisationsberatung. Dabei werden alle Facetten beraterischer Interventionen, von der Haltung, über Beratungsarchitekturen bis hin zu konkreten Interventionen, thematisiert. Die einzelnen Kapitel werden mit Fallbeispielen illustriert und es werden eine Fülle von Empfehlungen und Erfahrungen für die Arbeit in komplexen Beratungsprojekten vermittelt.

Kaesler, C. (2019). Kollegiale Beratung in einem agilen Umfeld erfolgreich einführen. Organisationsberatung, Supervision, Coaching, 26(4), 455-470. ***EK III***

Kaesler (2019) befasste sich in ihrer Untersuchung mit kollegialer Beratung als Lernformat in agilen Kontexten und mit der Frage, wie eine Implementierung gelingen kann. Dabei ist die Motivation der Mitarbeiter ein wesentlicher Erfolgsfaktor. Die Ergebnisse einer Befragung von 779 Beschäftigten einer Organisation des öffentlichen Sektors zeigen, dass die Motivation zur Teilnahme an kollegialer Beratung eng mit den erwarteten positiven Konsequenzen verbunden ist. Mithilfe von Clusteranalysen wurden fünf typische Erwartungsmuster ermittelt. Die Handlungsempfehlungen für Personalentwickler beziehen sich auf eine typgerechte Ansprache und die Entwicklung passender kollegialer Beratungsformen.

Klein, L. (2005). Systemic inquiry – exploring organizations. Kybernetes Vol. 34 ¾, pp. 439–447. ***EK IV***

Klein (2005) analysiert das Feld der Organisationsentwicklung anhand der Theorie der Angewandten Narrative, aus der die Methodik der *Systemic Inquiry* (SI) abgeleitet ist. Sie bezieht sich auf Heinz von Foersters Einfluss auf die Praxis der Organisationsentwicklung, des Change-Managements und der systemischen Intervention. Das Verständnis einer Organisation als Beobachterin ihrer selbst ermöglicht es, vom Konstruktivismus und der Systemtheorie zu profitieren und stellt die Menschen und ihren Beitrag wieder in den Mittelpunkt des Interesses. Angewandte Narrative und SI geben nach Klein einen guten Einblick in die Bedeutung der Mechanismen der Organisationsidentität für das Veränderungsmanagement und die Organisationsentwicklung. SI erleichtert echten Wandel und echte Verbesserungen. Sie arbeitet mit den Möglichkeiten der Organisation und den Fähigkeiten der Menschen und vermeidet die Grenzen kurzsichtiger Konzepte. *Systemic Inquiry* zeigt einen Weg auf, um enger mit der Organisation und den Menschen zusammenzuarbeiten. SI überwindet die Notwendigkeit, mit Widerständen umzugehen. Menschen, deren Tugenden und Ideen geschätzt werden, widersetzen sich nicht, sondern tragen im Gegenteil dazu bei und unterstützen. Sie werden zu den Change-Agents, von denen das konventionelle Change-Management immer geträumt hat.

Kopp, R. (2002). Zwischen instruierendem und selbstreflexivem Paradigma: methodische Beiträge der Arbeitspsychologie, der Industriesoziologie und der systemischen Organisationsberatung zur Organisationsentwicklung. (Doctoral dissertation, Universität Dortmund). ***EK III***

Kopp (2002) unterscheidet in der Organisationsberatung in einer umfangreichen Arbeit auf Basis zahlreicher Fallstudien und Fallbeispiele zwischen dem *instruierenden* Beratungsparadigma, welches sich durch einen sequenziellen, arbeitsteiligen, expertenbasierten Interventionsmodus auszeichnet, der sich auf tayloristisch geprägte Organisationen bezieht und auf Basis einer asymmetrischen Beratungsbeziehung arbeitet und dem *reflexiven* Paradigma, welches auf die Eigenlogik der Organisation setzt und an diese strukturell koppelt. Dabei wird nicht davon ausgegangen, dass Wissen und damit die Veränderungen intersystemisch transferiert werden können, womit die Instruktionslogik in Frage gestellt wird. Veränderung geschieht stattdessen durch Informations- und Wissensgenerierung durch die Organisation selbst, welche durch die Beratungsmethodik unterstützt werden. Dabei stehen stete Veränderung in komplexen modernen Organisationen im Fokus des organisationalen Lernens, der Selbstanalyse und Selbstreflexion. Dabei wird die Weiterentwicklung des Modus der strukturellen Koppelung von Berater- und Klientensystem zu einem Modus interdisziplinärer, interorganisationaler und interinstitutioneller Vernetzung im Rahmen eines neuartigen Projekttyps herausgehoben und zwei Aspekte betont: Der Vernetzungsmodus und die Projektform als organisatorischer Rahmen der Vernetzung.

Kotrubczik, H. (2010). Emotional berührt – Die Rolle von Gefühlen bei systemischen Beratungen: eine explorative Studie am Beispiel von Veränderungsprozessen. Masterarbeit. Züricher Hochschule für angewandte Wissenschaften. ***EK III***

Kotrubczik (2010) geht in ihrer Masterarbeit der Frage nach, welche Rolle Emotionen bei systemischen Beratungen von Veränderungsprozessen in Organisationen spielen. Anhand eines narrativen Interviews wurden drei Beratungspersonen und drei Klienten bzw. Klientinnen befragt. Es wird gefolgert, dass das Gefühl von Vertrauen beim Klientensystem wesentlich ist, um als Beratungsperson anschlussfähig zu intervenieren. Zudem wurde festgestellt, dass der Beratungsprozess einen günstigen Rahmen darstellte, um Emotionen erfahrbar und bearbeitbar zu machen. Es konnte erarbeitet werden, dass Emotionen eine Kernfunktion übernehmen können, um die inhärente Operationslogik der Organisation zu irritieren und auf diesem Wege Lernen anzuregen. Die Rolle von Emotionen, so wird betont, sei bei Transformationsprozessen zentral.

Krejci, G. P. & Clement, U. (2008). Beratung virtueller Teams im interkulturellen Kontext – ein Bericht aus der Praxis. Gruppendynamik und Organisationsberatung, 39(1), 35–48. ***EK III***

Krejci & Clement (2008) stellen einen Fall aus der Beratungspraxis mit gemischt-kulturell besetzten „virtuellen“ Teams dar. Es wird versucht, den in der interkulturellen Arbeit bekannten Modellen mit systemisch-konstruktivistischem und gruppendynamischem Verständnis zu begegnen und somit einen produktiven Umgang herzustellen. Dabei arbeiten sie auf drei Ebenen: Die persönliche Auseinandersetzung mit der eigenen Kultur wird verbunden mit jener der Teammitglieder, um schließlich auch die spezifische Teamkultur zu thematisieren. Sie fassen die wesentlichsten Schlussfolgerungen auf Basis ihrer Praxiserfahrung zusammen: Wenn man sich für die Zusammensetzung interkulturell besetzter Teams entschieden hat, muss beachtet werden, dass anhand von interkulturellen Teamentwicklungsmaßnahmen die Anschlussfähigkeit an die unterschiedlichen Kulturebenen gewährleistet bleibt. Dazu müssen jedoch Zeit- und Geldressourcen zur Verfügung gestellt werden. In Teambildungs-Prozessen international zusammen gesetzter Teams, ist es wesentlich, mit der „kulturellen Brille“ als zusätzliche Differenz zu arbeiten, allerdings nicht als einziges Unterscheidungsmerkmal. Beispielsweise ist es förderlich, auch auf die Dynamik im Team zu fokussieren. Hilfsmittel, welche das interkulturelle Verständnis bearbeiten helfen, sind eine gute Ausgangsposition, um sich „gefahrlos“ über kulturelle Gemeinsamkeiten, aber auch über Unterschiede austauschen zu können. Der Einsatz solcher Modelle, die unter Umständen Generalisierungen fördern, kann bewusst dazu verwendet werden, kulturelle Stereotypen zu bearbeiten. Somit erfolgt einerseits Komplexitätsreduktion und anderseits wird Komplexität wieder sichtbar gemacht. Krejci & Clement nehmen an, dass es speziell für virtuelle Teams besonders notwendig ist, sich regelmäßig persönlich, d. h. „face-to-face“ zu treffen, um ein „Wir-Gefühl“ und somit eine bestimmte Teamkultur weiterentwickeln zu können. Dies ist Basis für den Aufbau gegenseitigen Vertrauens und Verständnisses. Diese Veranstaltungen sollten vorgeplant sein, um zu ermöglichen, dass Konflikte, die unterjährig auftreten, dort adressiert werden können. Interkulturelle Unterschiede auf der Seite des Beratersystems sollten im Beratungsprozess genutzt werden. Die im T-Gruppen-Modell erarbeiteten Kompetenzen wie zum Beispiel Umgang mit unstrukturierten Situationen, der Blick auf Unterschiedlichkeiten und Gemeinsamkeiten, die Fähigkeit, mit eigenen Fehlern und eigenem Nichtwissen umgehen zu können, wie auch der reflexive Umgang mit der eigenen Kultur sind hilfreiche Erweiterungen im Interventionsrepertoire von Trainern und Beraterinnen, die im interkulturellen Kontext arbeiten.

Kunert, S. & Bedenk, S. (2021). Mehrebenen-Ansätze – Komplexe Projektarchitekturen in der Organisationsentwicklung. Organisationsberatung, Supervision, Coaching, 1–12. ***EK III***

Kunert & Bedenk (2021) beschrieben anhand einer Fallstudie eine komplexe Mehrebenen-Beratungsarchitektur. Es werden zunächst systemisch-beraterische Prinzipien für die Konstruktion von komplexen Projektarchitekturen zur Organisationsentwicklung wie Spezifität und Symmetrie, Oszillation, Integration, Choreographie, Phasen, Kaskadierung, Agilität und Adaptivität sowie Anschlussfähigkeit und Irritation vorgestellt und dann anhand einer Fallstudie illustriert. Der Artikel beschreibt somit Wirksamkeitsfaktoren systemischer Organisationsberatung auf der Ebene der Projektarchitektur.

Kuhnt, B. (1997). Systemische Beratung in kooperativen Softwareprojekten. Informatik-Spektrum, 20(1), 29–32. ***EK III***

In ihrem Beitrag beschreibt Kuhnt (1997) schon sehr früh Grundprinzipien agilen Arbeitens aus einer systemischen Perspektive, indem sie vorschlägt und in einer Fallstudie analysiert, Softwareentwicklungsprojekte direkt in der Kundenorganisation anzusiedeln und durch systemische Beratungspersonen begleiten zu lassen, welche das Projektteam auf der sozialen Ebene von Kooperation, Gruppendynamik und Konflikten und in der Interaktion mit dynamischen Umweltanforderungen unterstützen.

Kühl, S. & Moldaschl, M. (2010). Organisation und Intervention. Ansätze für eine sozialwissenschaftliche Fundierung von Organisationsberatung München: Rainer Hampp Verlag. ***EK IV***

Kühl (2010) stellt mit Rückgriff auf grundlegende Einsichten der Organisationstheorien dar, weswegen sich „Zweckrationalitätslücken“ in Organisationen ausbilden. Er argumentiert, dass auch die „klassische“ Expertenberatung und die Organisationsentwicklung an solchen Rationalitätslücken ansetzen. Aber – und das ist die These – die Expertenberatung und die Organisationsentwicklung setzen der existierenden, mit begrenzter Rationalität ausgestatteten Kundenorganisation lediglich ein rationaleres, schillernderes, ästhetischeres Organisationsmodell entgegen. In Abgrenzung zu dieser Vorgehensweise konzipiert er einen Beratungsansatz, der an diesen Rationalitätslücken ansetzt, ohne aber von vornherein mit einem rationalen Idealbild zu arbeiten. Dabei steht für ihn das Arbeiten mit Latenzen im Fokus. Daran anknüpfend untersucht er, was das Arbeiten mit Latenzen in den einzelnen Phasen der Organisationsberatung bedeutet, und wirft Fragen auf, mit denen sich eine an Rationalitätslücken ansetzende Beratung in Zukunft auseinandersetzen muss. Auf welche Weise die Rationalitätslücken als Ansatzpunkt für eine Organisationsberatung genutzt werden können, konnte nur angedeutet werden. Wenn sich die „Rationalitätslücke“ (und ihre Kinder Mehrdeutigkeit, Widersprüchlichkeit und Paradoxie) als Basisprogramm für eine sozialwissenschaftliche Beratung eignen sollte, dann müsste dieses Konzept nach Kühl in der Lage sein, konsistente Antworten auf die derzeit dominierenden Fragen der Organisationsberatung zu liefern.

Kreyenberg, J. (2005). Transactional analysis in organizations as a systemic constructivist approach. Transactional Analysis Journal, 35(4), 300–310. ***EK IV***

In dem Artikel von Kreyenberg (2005) werden anhand eines Fallbeispiels Korrespondenzen und wechselseitige Ergänzungen zwischen systemisch-konstruktivistischen Ansätzen und der Transaktionsanalyse als konzeptueller Rahmen für Beratung im Organisationskontext vorgestellt. Beide Ansätze werden mittels sieben Prinzipien (Ganzheitlichkeit, Selbst-Ähnlichkeit, Zirkularität, Subjektivität, von Struktur zum Prozess, dem Fokus auf Effekte und der Arbeit mit logischen Ebenen) inhaltlich verbunden und drei Faktoren der Transaktionsanalyse (Metakonzept, welches Einstellungen und Haltung des Beraters ausdrückt, der beraterische Selbstreflexionsprozess, in den Beobachtungen, Intuitionen und Hypothesen eingehen sowie der Kontakt mit dem Klienten, also die Art und Weise, wie die Beratung und Interventionen erfolgen) besprochen.

Mohr, G. J. (2016). Systemische Resilienz – Die Perspektiven und das Resilienz-Quadrat. Organisationsberatung, Supervision, Coaching, 23(4), 411–426. ***EK IV***

Mohr (2016) stellt Ergebnisse der Resilienzforschung dar und leitet daraus ein systemisches Konzept zur Resilienz ab, das diesen Terminus von anderen Konzepten im Kontext psychischer Gesundheit differenziert. Das Resilienzquadrat zeigt die wesentlichen Resilienzfaktoren auf. Darauf aufbauend wird die Idee der Resilienz auf Systeme und Organisationen übertragen. Der Beitrag vertieft die Fragestellung des in Mohr (2016) diskutierten Resilienzansatzes. Nach Mohr bleibt Resilienz und insbesondere eine Resilienzperspektive auf Systeme eine interessante Aufgabe. Sie wird allerdings die Vorstellungen und Denkbezugsrahmen über Systeme insbesondere verändern, da es einen Abschied von eindimensionalen oder maximierenden Konzepten wie etwa dem des Shareholder-Value oder sogar auch des Stakeholder-Value bedeutet und die Differenziertheit von Systemen und ihrer Entwicklung tatsächlich wertschätzt.

Müller, N. (2017). Die Vermessung systemischer Beratung: Strukturanalyse und Entwicklung einer allgemeinen Beratungssyntax (Erste Auflage.). Heidelberg: Carl-Auer. ***EK IV***

Müller (2017) erarbeitet mithilfe einer umfangreichen Dokumentenanalyse eine semantische Taxonomie der systemischen Beratung und wendet diese auf sechs Fallbeispiele an. Zunächst werden soziale Systeme in der Beratung durch die Signifikate System, Kommunikation, Modus und Medium beschrieben. Von systemischer Beratung kann im zweiten Schritt nur gesprochen werden, wenn die Aspekte Klienten-, Berater-, Auftraggeber- und Beratungs-System sowie Beratungs-Anlass, -Anliegen, -Auftrag, -Format, -Verfahren, -Methoden, -Haltungen, -Raum, -Zeit und -Medien vollständig anwesend sind. Diese sogenannten Verstehensbedingungen differenzieren sich in 111 Segmente als unterschiedliche Erscheinungsformen systemischer Beratung. In einen daraus abgeleiteten Attributraster können alle denkbaren Fälle von Beratungen analysiert und in ihrer spezifischen Beratungssyntax erkennbar werden. Die Studie stellt damit ein normatives Ordnungssystem für die systemische Beratung zur Verfügung.

Nicolai, E., Hirschenberger, N., Schweitzer, J. & Weber, G. (2001). Organisationsentwicklung unter systemischer Blickrichtung. Ergebnisse eines Praxisforschungsprojektes und Empfehlungen für die psychiatrische Führungskraft. In: G. Tergeist (Ed.), Führen und Leiten in psychiatrischen Einrichtungen. Visionen, Wege, Wirklichkeiten (S. 165–184). Bonn: Psychiatrie-Verlag. ***EK III***

Nicolai et al. (2001) beschreiben eine Fallstudie über drei Jahre mit systemisch ausgebildeten Führungskräften aus zwölf psychiatrischen Einrichtungen zur Organisationsentwicklung unter systemischer Perspektive. Dabei entstand eine Reflexionsliste mit den Themen systemisch-psychiatrische Arbeit mit Patienten und Patientinnen sowie Angehörigen, Mitarbeitendenpartizipation, Leitungskulturen, Organisationsformen sowie Reflexions- und Kooperationskultur mit verschiedenen Umwelten die regelmäßig zum Einsatz kam. Die Autoren berichten, dass sich Kunden- und Ressourcenorientierung sowie Ansätze systemischer Organisationsentwicklung in den Einrichtungen etabliert haben. Nicht so gut entwickelte Bereiche blieben die Familien- und Angehörigenberatung, die Ressourcenorientierung zweiter Ordnung beim Krankheitsverständnis, die hierarchische Struktur der Krankenhausorganisation. Auf Organisationsebene zeigte sich neben Begeisterung für den systemischen Entwicklungsansatz auch eine Überforderung z. B. Informationsüberflutung bzw. hohe Arbeitslast der Mitarbeitenden durch die Projekte sowie der Wunsch nach stärkerer Orientierung durch die systemisch ausgebildeten Führungskräfte.

Rajeev, P. N. & Kalpathi, S. (2016). Let's Play: The Use of Improv Games in Change Management Training: A Case Study. Industry and Higher Education, 30(2), 149–154. ***EK III***

Rajeev & Kalpathi (2016) erforschten in ihrer Fallstudie, wie Improvisationsspiele eingesetzt werden können, um eine Mentalität zu schaffen, die den Wandel fördert, die Ideenfindung erleichtert und Diskussionen über systemischen Wandel leitet. Der Beitrag basiert auf dem Konzept der Improvisationsspiele als vielversprechender Mechanismus und Gestaltungsprinzip zur Verbesserung der Lern- und Anpassungsfähigkeit einer Organisation. In der Fallstudie wurde festgestellt, dass Improvisationsspiele besonders nützlich sind, um den Teilnehmenden zu helfen, Ängste in Bezug auf die Akzeptanz und Umsetzung von Veränderungen zu erkennen. Anstatt abgewiesen oder kritisiert zu werden, ihre Bedenken kreativ in eine realistische Bewertung der Aktionspläne einfließen lassen, die sie für die Umsetzung des Wandels ausgearbeitet hatten.

Saam, N. J. (2008). Systemische Organisationsberatung oder Organisationsentwicklung: haben Differenzen in den theoretischen Ansätzen praktische Folgen für die Mobbingberatung?. Zeitschrift für Qualitative Forschung, 9(1–2), 231–257. ***EK III***

Saam (2008) zeigt in seiner vergleichenden empirischen Studie auf der Basis von qualitativen Interviews mit Organisationsberatern und -beraterinnen, die Behörden und Unternehmen in Mobbingfällen beraten, dass in der Beratungspraxis die Realtypen Mediation, Coaching und Organisationsentwicklung zum Einsatz kommen. Die Studie griff die Forschungsfrage auf, ob und wenn ja, inwiefern sich systemische Organisationsberater und Organisationsentwickler in der Beratungspraxis unterscheiden. Er skizziert Hinweise darauf, dass systemische Organisationsberater und -beraterinnen eher mit der gesamten Organisation arbeiten, während sich die Mobbingberater und -beraterinnen, die sich dem Organisationsentwicklungsansatz zurechnen, eher auf Individuen konzentrieren. Die empirische Rekonstruktion der Mobbingberatung legt den Schluss nahe, dass Differenzen in den theoretischen Ansätzen praktische Folgen für die Beratungspraxis des Mobbings haben könnten. Es lässt sich die Tendenz erkennen, dass es systemischen Mobbingberatern häufiger gelingt, Organisationsentwicklungsprozesse in Gang zu setzen als den Organisationsentwicklern selbst. Systemische Organisationsberatende stoßen mit ihrem systemischen Vorgehen häufiger an, was eigentlich Beratende, die sich dem Organisationsentwicklungsansatz zuschreiben, anstoßen wollen: eine Organisationsentwicklung. Die Ergebnisse dieser Studie haben Relevanz für das Reflexionspotenzial von Beratern, für die Ausdifferenzierung der Ansätze Organisationsberatung und Organisationsentwicklung als Theorie für die Interventionstheorie bei Mobbing und für den Umgang von Klienten mit Mobbingberatern in der Phase der Kontaktaufnahme. Für potenzielle Klienten leitet sich ein bedeutsamer Hinweis auf die vom Berater angebotenen Beratungskonzepte ab. Insofern der Klient sich der Einschätzung der Mobbingursachen im konkreten Fall nicht sicher ist, scheint es angeraten, bei der Kontaktaufnahme mit einem Mobbingberater anzufragen, ob alle drei Beratungskonzepte von ihm angeboten werden. Andernfalls nimmt der Klient bzw. die Klientin das Risiko in Kauf, dass das vom Berater vorgeschlagene Beratungskonzept für die Intervention im konkreten Fall nicht geeignet ist. Es wurden Beispiele für die begrenzte Wirksamkeit der Mediation bei Mobbingfällen wiedergegeben, in denen Probleme der Führung und der Organisationsstruktur maßgeblich sind.

Samuel, K. (2013). The effects of change management in an organisation: a case study of National University of Rwanda (NUR). Wyno Journal of Management & Business Studies, 1(1), 1–18. ***EK III***

Samuel (2013) untersuchte die Auswirkungen des Change-Managements an der National University of Ruanda. Die Untersuchung wurde von folgenden Zielen geleitet: Analyse der Auswirkungen des Change-Managements auf die Organisationskulturen, die Auswirkungen des Change-Managements auf die Organisationsstruktur an der National University of Rwanda zu ermitteln und die Untersuchung der Auswirkungen des Change-Managements auf die Führung an der National University of Rwanda. Die Studie verwendet einen deskriptiven Fallstudienansatz. An der Studie nahmen 57 leitende Mitarbeiter teil, die direkt mit dem Management organisatorischer Veränderungen befasst sind. Die Datenerhebung erfolgte auf der Grundlage von Sekundär- und Primärquellen. Die aus Fragebögen und Sekundärquellen gesammelten Daten wurden nach den Themen der Studie zusammengefasst: Change-Management und seine Auswirkungen auf die Organisationsstruktur, die Kultur und Führung. Diese Studie ergab, dass es Veränderungen in der Verwaltung der Fakultäten gibt. Die Anforderungen und Leistungen des Personals haben sich ebenfalls geändert: Verwaltungsangestellte müssen jetzt mindestens einen Bachelor-Abschluss haben, der mit ihrer Position in Zusammenhang steht. Zuvor gab es keine derartigen Einschränkungen und Bedingungen für die Besetzung solcher Stellen. Die Universitätsverwaltung hat die Idee des Leistungsvertrags eingeführt, bei dem sich die Mitarbeiter Ziele setzen müssen, anhand derer sie bewertet werden. Das Modulsystem wurde eingeführt, um die klassische Lehrmethode zu ersetzen. Diese Veränderungen wirkten sich auf die Humanressourcen der Organisation in Form von Personalabbau, Outsourcing und der Einstellung von mehr Personal zur Besetzung einiger neuer Stellen aus. Technologische Veränderungen in Form einer verbesserten Internet-Bandbreite in der Universität hatten erhebliche Auswirkungen auf den Betrieb der Universität sowohl im akademischen Bereich als auch in der Verwaltung.

Schein, E., H. (1996). Kurt Lewin's change theory in the field and in the classroom: Notes toward a model of managed learning. Systems Practice 9, 27–47. https://doi.org/10.1007/ BF02173417. ***EK IV***

Schein (1996) diskutiert einige von Lewins grundlegenden Maximen und ihren Einfluss auf seine Arbeit und die Arbeit Anderer. Insbesondere wird auf Lewins Veränderungsmodell eingegangen. Außerdem werden die Prozessberatung und die klinische Forschung erörtert und ein Konzept zu dem Management von geplantem Wandel zu lehren. Er kommt zu dem Schluss, dass geplanter Wandel besser als gemanagtes Lernen konzeptualisiert werden kann. Er habe nur über einige Aspekte von Lewins Theorie nachgedacht, aber selbst diese wenigen haben das Verständnis davon, wie Veränderung geschieht und welche Rolle *Change Agents* spielen können und müssen, wenn sie erfolgreich sein wollen, stark geprägt. Lewin sah diese Fragen wahrscheinlich deshalb klarer, weil er in der Lage war, die US-amerikanische Kultur aus einer europäischen Perspektive zu betrachten. Wichtige Veränderungen sind unweigerlich mit tiefen kulturellen und subkulturellen Annahmen verbunden. Die Fähigkeit, die Bedeutung solcher stillschweigenden kulturellen Annahmen zu erkennen und zu würdigen, wird durch die Arbeit in mehreren Kulturen verbessert. Um das Verständnis für diese Dynamik weiter zu vertiefen, sollte auch kulturübergreifend gelernt werden. Vielleicht ermöglicht es das Entdecken, warum „Veränderung" besser als „Lernen" zu definieren ist. Warum Kulturen sich durch Vergrößerung und Erweiterung und nicht durch Zerstörung von Elementen verändern und warum die Einbeziehung des Lernenden für jede Art von geplantem Wandel so entscheidend ist Veränderung oder wie wir es besser ausdrücken könnten, für „gesteuertes Lernen".

Scherrmann, U. (2015). Stress und Burnout in Organisationen: Ein Praxisbuch für Führungskräfte, Personalentwickler und Berater. Springer-Verlag. ***EK IV***

Scherrmann (2015) stellt auf Basis seiner Praxiserfahrungen Konzepte für einen Umgang mit Stress und Burnout in Organisationen dar. Nach ihm ist eine genaue Analyse nötig, um herauszufinden, wie die Passung zwischen der Person mit ihren Ressourcen und der Organisation mit ihren Belastungen und (evtl. fehlenden) Ressourcen aussieht. Die Faktoren in der Organisation können mit einem systemischen Burnout-Modell gut erfasst und für Prävention und Intervention bestimmt werden. Im systemischen Burnout-Modell sind auch die Ebenen „Politik – Gesellschaft – Welt“ und „Markt – Mitbewerber“, die einen immer größeren Einfluss gewinnen, in der Analyse und bei späteren Maßnahmen zu berücksichtigen. Es besteht die Notwendigkeit, in einer Organisation nach dem Burnout eines Mitarbeiters präventiv zu handeln, weil die Gefahr besteht, dass sich Probleme wiederholen und es zu weiteren Burnout-Fällen kommt, die erhebliche Kosten verursachen können. Diese systemtheoretische Sicht auf Burnout und die entsprechenden Konsequenzen sind vielen Mitgliedern in Organisationen (noch) nicht bewusst. Es ist deshalb wichtig, in der Information und Bewusstseinsbildung diesen Aspekt besonders zu betonen. In der Verhältnisprävention können diese krankmachenden Regeln, Verhaltensmuster oder Prozesse identifiziert und mit den Beteiligten verändert werden.

Schiefer, U. (2010). Integrated evaluation of change: A new perspective for planning and evaluation in multiple intervention environments. Periploi. ***EK III***

Die Studie von Schiefer (2002) beginnt mit einer allgemeinen Kritik an der Entwicklung und sozialer Intervention – abgeleitet aus umfangreichen Fallstudien in Afrika und Südwesteuropa. Anschließend werden die zugrundeliegenden Annahmen und ihre Auswirkungen auf das am häufigsten weit verbreitete Planungs- und Evaluationsmodell übertragen und neue Herausforderungen für die Planung und Evaluierung in Kontexten mit mehreren Interventionen skizziert. Ein Profil für ein integriertes System der Planung und Evaluierung für gebietsbezogene interorganisationale Netzwerke wird definiert und anhand eines konkreten Fallbeispiels illustriert. Schließlich werden seine möglichen Implikationen für die Wissensproduktion in Organisationslandschaften und für Entwicklung und soziale Interventionen diskutiert. Die meisten Evaluierungen werden aus einer Politik-, Programm- oder Projektperspektive durchgeführt. Die nachgelagerte Perspektive, die den Fluss der Ressourcen durch die dissipativen Strukturen (Prigogine, 1979) der Agenturen begleitet, um Veränderungen in der Gesellschaft zu bewirken, erfordert einen organisierten vorgelagerten Informationsfluss, damit die Ressourcen abwärts fließen, wo sie die Agenturen speisen und die beabsichtigte Wirkung erzielen. Diese Perspektive hat die methodengestützte Evaluierung sowie die verschiedenen Ansätze der theoriegestützten Evaluierung dominiert und eingeschränkt. Ein integrierter Ansatz zur Evaluierung des Wandels versucht zu verstehen, was sich auf der Empfängerseite von Entwicklungs- und Sozialmaßnahmen vollzieht, und zwar aus einer Perspektive, die zunächst die Gesellschaft und das breite Spektrum von Organisationen in der Organisationslandschaft betrachtet. Die Evaluierung kann somit die Grenzen der lernenden Organisation überschreiten und zu einer lernenden Organisationslandschaft beitragen – Netzwerke, Cluster oder einfach nur unterschiedliche Organisationen, die auf selbige Realität abzielen – und damit zur Verbesserung der Interventionen in einer Weise beitragen, die über die Organisations- und Programm-/Projektperspektive hinausgeht.

Schiersmann, C. & Thiel H. U. (2009). Beratung als Förderung von Selbstorganisationsprozessen – auf dem Weg zu einer allgemeinen Theorie der Beratung jenseits von „Schulen" und „Formaten". In: Möller H., Hausinger B. (Eds.) Quo vadis Beratungswissenschaft? VS Verlag für Sozialwissenschaften. ***EK III***

Schiersmann & Thiel (2009) stellen die Theorie der Synergetik als Wissenschaft von der Selbstorganisation als Referenzrahmen für die Herausbildung einer allgemeinen Beratungstheorie in den Mittelpunkt ihrer Überlegungen. Die selbstorganisationsfördernden Prinzipien werden anhand eines Fallbeispiels in einem sozialwirtschaftlichen Unternehmen dargestellt. Zusammenfassend resümieren sie, dass sie verschiedene Elemente für eine allgemeine Beratungstheorie vorschlagen: Hierzu zählt die auch empirisch abgesicherte Theorie der Selbstorganisation mit den darauf aufbauenden sog. generischen Prinzipien, die im Mittelpunkt ihres Beitrags standen. Beratung wird in diesem Kontext als Förderung bzw. Unterstützung von Selbstorganisationsprozessen konzipiert – durch Berater, im Prinzip aber auch durch Führungskräfte oder andere Mitarbeiter. Da es ein gemeinsames Merkmal nahezu aller Beratungsansätze darstellt, sich für die Ausgestaltung eines Beratungsprozesses an einem Phasenmodell zu orientieren, erscheint es sinnvoll, den Ansatz der Synergetik mit einem phasenorientierten Prozessmodel zu verknüpfen. Dabei handelt es ich um einen weiteren, auf einer Meta-Ebene angesiedelten Zugang zu dieser Praxisform. Da es bei der Beratung um einen komplexen Prozess mit vielen Einflussfaktoren geht, darf ein Phasenmodell jedoch nicht als lineare Abfolge verstanden werden, sondern muss ebenfalls als systemisches Konstrukt konzipiert werden. Schließlich gehen sie davon aus, dass das kommunikative Beratungshandeln – sowohl bei der personenbezogenen als auch der organisationsbezogenen Beratung – die organisationalen und gesellschaftlichen Kontexte angemessen einbeziehen muss und orientieren sich daher an einem systemischen Kontextmodel.

Schmid, R. (2015). Systemische Organisationsberatung – Integration von Fach- und Prozess-Know-how: Beobachtungen-Interventionen-Reflexion eines großflächigen Change Prozesses in einem Familiengeführten Dienstleistungsunternehmen. ***EK III***

Das Ziel der Masterarbeit von Schmid (2015) liegt einerseits in der adäquaten, theoriegeleiteten Darstellung des Wesens der Komplementärberatung. Anderseits in der kritischen Fallreflexion der Vorgehensweise und der eingesetzten Interventionen in einem großflächigen Veränderungsprozess eins familiengeführten Dienstleistungsunternehmens. Zusätzlich soll fokussiert der eigene komplexe Entwicklungs-, Lern- und Reflexionsprozess des Organisationsberaters in seinen verschiedenen Rollen an Transparenz gewinnen und Entwicklungspotenziale für die kommenden Jahre ansatzweise aufzeigen.

Schneider, T. (2020). Agil, hierarchiefrei und selbstorganisiert im New Work oder überwältigt von Systemstrukturen und unterdrückten gruppendynamischen Prozessen im New Office. Gruppe. Interaktion. Organisation. Zeitschrift für Angewandte Organisationspsychologie (GIO), 51(4), 469–479. ***EK III***

Schneider (2020) stellt eine explorative qualitative Studie zum Erleben von Sinn und Bindung durch Mitarbeitende in agilen New Work Umwelten vor, indem sie Wirkungen von Selbstorganisation, flachen Hierarchien und elaborierten agilen Systemarchitekturen im Gegenlicht von persönlichen Beziehungen, gruppendynamischen Prozessen und Aspekten des psychologischen Empowerments betrachtet. In einer explorativen qualitativen Studie wurde hierfür in zwei New Work IT-Unternehmen mit halb offenen Interviews untersucht, welche Zielsetzungen die Leitungsebenen formulieren, an welchen Modellen sie sich orientieren, welche Rolle das Empowerment spielt, was konkret umgesetzt wird. Dem wurden die Erwartungen und die Rezeption durch die Mitarbeitenden sowie gruppendynamische Perspektiven gegenübergestellt. Im Sample wird u. a. deutlich, dass eine Delegation von Hierarchie an Systemarchitekturen oder in Selbstorganisationszirkel wenig geeignet ist, Hierarchie zu beseitigen. Genauso zeigt sich, dass Selbstorganisation an sich nicht unbedingt Probleme löst oder Komplexität reduziert. Gleichzeitig findet eine Bindung der Mitarbeitenden vor allem an den Rändern der eingesetzten New Work Methoden und weitgehend unabhängig von diesen statt. Schließlich bildet sich ab, dass die vorgefundene Vernachlässigung der Beziehungsebene und damit team- und gruppenspezifischer Dynamiken nicht durch Systemstrukturen aufgefangen werden können, sondern vielmehr deutlicher Beachtung bedürfen.

Schumacher, T. & Scherzinger, M. (2016). Systemic in-house consulting: an answer to building change capacities in complex organizations. Journal of Change Management, 16(4), 297–316. ***EK III***

Anhand des Fallbeispiels eines Automobilzulieferers, der SIHC (*Systemic in-house consulting*) als Bewältigungsressource für multiple, heterogene und parallele Change-Prozesse geschaffen hat, untersuchten und illustrierten Schumacher & Scherzinger (2016) das Potenzial von SIHC. Sie argumentieren, dass der zunehmende Veränderungsbedarf das Potenzial hat, die organisatorische Veränderungskapazität zu stimulieren, und dass SIHC eine sehr konkrete und praktikable Ausdrucksform darstellt. Anhand der Einzelfallstudie haben sie gezeigt, wie interne Beratung über die Beratung einzelner Projekte hinausgehen kann, um organisationsweite Veränderungskapazitäten zu entwickeln. Es wurde argumentiert, dass sich SIHC-Berater von externen Beratern und Change Agents sowohl in den Praktiken als auch in den Ergebnissen unterscheiden, insbesondere für Organisationen, die mit vielfältigen Veränderungskontexten konfrontiert sind. Verschiedene Praktiken wie Fallbesprechungen, Informationsnetzwerke und spezifische Formen der Zusammenarbeit mit dem Kunden ermöglichen es internen Beratern nicht nur, eine andere Form der Beratung anzubieten, sondern auch ein organisationsweites Verständnis der Veränderungsmuster der Organisation zu entwickeln.

Schrödter, W. (1999). Qualität und Evaluation in der Beratungspraxis. System Familie, 12(1), 9–16. ***EK IV***

Die institutionelle Beratungspraxis, wie sie im Modell der staatlich anerkannten Erziehungsberatungsstelle etabliert ist, bildet den Bezugspunkt für die Analyse von Schrödter (1999). Nach Behandlung der Frage, was die Qualität des sozialen Handelns in Beratung und Therapie ausmacht, werden die etablierten Wege der Begleitforschung kritisch untersucht. Ihr Nutzen für die unmittelbare Praxis wird ebenso in Frage gestellt wie ihre Relevanz für die Aufrechterhaltung von Institutionen. Sie heben hervor, dass Prozesse der Team- und Organisationsentwicklung sowie der internen und externen Kommunikation als „Machtfaktoren" betrachtet werden sollten. Die Auseinandersetzung mit all dem erfordert selbstkritische Offenheit, neue Methoden und neue Formen der Zusammenarbeit zwischen Praxis und Wissenschaft. Der Bereich der institutionellen Beratung zeichnet sich durch eine außergewöhnlich hohe Wandelbarkeit aus, wobei neue Aufgaben und Verpflichtungen ständig entstehen.

Seidel, S. (2008). Befragung als systemische Intervention in der Organisationsentwicklung: Organisationslernen vor dem Hintergrund von Daten (Doctoral dissertation, Technische Universität Dortmund). ***EK III***

Seidel (2008) untersuchte anhand von Befragungen der Beschäftigten und der Kooperationspartner (Schulen, freie Träger, etc.) sowie Gruppendiskussionen der untersuchten eines Jugendamtes, inwieweit die beobachteten Veränderungen auf die Intervention zurückgeführt werden können. Hierzu konnten signifikante Belege gefunden werden. Die organisatorischen Veränderungen als Folge der Intervention „Befragung" lassen sich in drei Kategorien einteilen: „Verbesserungen", „Verschlechterungen" und „keine Veränderung". Zudem hatte die zusätzliche Beteiligung der Beschäftigten an der Problemlösung – d. h. über die Mitarbeiterbefragung hinaus – keinen Einfluss auf ihre Einschätzung zur Kundenorientierung und ihre (Arbeits-)Zufriedenheit. Aus Sicht der kooperierenden Institutionen hat sich die fachliche Kompetenz der Mitarbeiter der Projektbehörde und die Effektivität der Aufgabenbewältigung nicht verändert. Der zweite Schwerpunkt der Studie befasste sich mit der Bewertung von Parametern zur Stärkung der organisationalen Selbststeuerungskräfte. Wie die Ergebnisse belegen, waren die in Form von Gruppendiskussionen geführten Evaluations- und Interventionskonferenzen ein geeignetes Mittel, den Innovationsprozess anzustoßen und zu begleiten. Die Konferenzen fungierten als Überprüfungs- und Bewertungsinstrument im Hinblick auf die Ergebnisse der schriftlichen Befragungen und mündeten in Maßnahmenplanungen. Das Prozesshafte wird dabei durch die Schwerpunktverlagerungen von Forschungsphase zu Forschungsphase deutlich. Dies betrifft sowohl die identifizierten Handlungsfelder als auch die Maßnahmenplanung. Auffallend ist, dass die Handlungsfelder „Zwischenmenschlicher Umgang" („Wir-Gefühl" im Fachbereich) und „Sozialraumentwicklung" in Forschungsphase 2 zwar als solche benannt wurden, aber keine Maßnahmen abgeleitet wurden.

Starker, V. & Peschke, T. (2017). Hypnosystemische Perspektiven im Change Management: Veränderung steuern in einer volatilen, komplexen und widersprüchlichen Welt. Springer-Verlag. ***EK IV***

Starker & Peschke (2017) möchten in ihrem Werk ein analytisches Verständnis für die Entwicklungsverläufe von Veränderungsprozessen bei Menschen und in Organisationen, insbesondere ihre intra- und interpsychische Gestaltung von widersprüchlichen (ambivalenten) und komplexen Situationen gewinnen. Das Maß an Widersprüchlichkeit und Komplexität steigt in Veränderungssituationen um ein Vielfaches, sodass der kompetente Umgang damit ein wesentlicher Faktor in der Gestaltung von Veränderung ist – und zwar aus allen hierarchischen Perspektiven und in allen Rollen. Die durch Dynamisierung der Arbeits- und Wirtschaftswelt weiter ansteigende Komplexität intensiviert dieses Phänomen auch hinsichtlich neuer Anforderungen an Management und Führung. Daher leiten sie die aus hypnosystemischer Perspektive relevanten Anhaltspunkte für die Gestaltung und Umsetzung von Veränderungsprozessen ab, um die Erfolgswahrscheinlichkeit der Zielerreichung zu erhöhen. Sie heben hervor, dass sie sich bewusst nicht in Konkurrenz zu den vielgestaltigen Management-Ansätzen zur Veränderung von Unternehmen setzen und bieten daher keinen in sich geschlossenen methodischen Change-Management-Ansatz. Diesen kann es aus ihrer fachlichen Sicht auch gar nicht geben. Vielmehr betrachtet der hypnosystemische Beratungsansatz von Schmidt die Umsetzung gleich welcher Veränderungsvorhaben (seien es „lernende Organisation", „evolutionäres Management", klassisches „Change-Management" oder „Organisationsentwicklung" etc.) als Entwicklungsprozesse von Unternehmen und Menschen, für deren erfolgreiche Umsetzung bestimmte neurobiologische, psychologische und hypnosystemische Rahmenbedingungen zieldienlich sind. Neben langjähriger Erfahrung in der Konzeption und Begleitung von Veränderungsvorhaben liegen dem die Auswertung von zehn empirischen Studien (und der jeweiligen Vorgängerstudien) zu Erfolgs- und Misserfolgsfaktoren im Change-Management zugrunde sowie mehrere Fallstudienanalysen, von denen vier repräsentative Fallstudien vorgestellt werden.

Sua-Ngam-Iam, P. & Kühl, S. (2021). Das Wuchern der Formalstruktur: Funktionen und Folgen holakratisch formalisierter Organisation. Journal für Psychologie, 29(1), 39–71. https://doi.org/10.30820/0942-2285-2021-1-39. ***EK III***

Sua-Ngam-Iam & Kühl (2021) beleuchten, welche Funktionen das Managementkonzept Holacracy für Organisationen erfüllt und welche Folgen sich daraus ergeben. Als empirische Grundlage dienen dabei Daten, die in fünf holakratischen Organisationen erhoben wurden. Es wurden leitfadengestützte Interviews durchgeführt, in jeder Organisation holakratische Meetings beobachtet und in Gruppengesprächen mit mehreren Mitarbeitenden eines Unternehmens Überlegungen aus der Empirie zur Diskussion gestellt. Insgesamt wurden 65 Interviews mit 49 Personen geführt, neun Meetings beobachtet und insgesamt fünf Gruppengespräche durchgeführt. Die theoretische Basis bildet Luhmanns Konzept der formalen Organisation. Mit der Einführung des Organisationsmodells Holacracy sollen nicht nur Abschottungseffekte durch Abteilungsbildung reduziert, sondern es soll ebenso der Filterung von Informationen aufgrund von Hierarchie entgegengewirkt werden. Erkauft wird dies mittels einer starken Durchformalisierung der Organisation. Ungewollte Nebenfolgen sind beispielsweise das Wuchern der Formalstruktur, die Verunsicherung angesichts der sich schnell wandelnden Formalstruktur, die Möglichkeit des Entzugs der Arbeitskraft, die Reduzierung von Initiativen jenseits der Formalstruktur und die Starrheit des Rahmens aufgrund der vorgegebenen holakratischen Organisationsprinzipien.

Tietze, K. O. (2010). Wirkprozesse und personenbezogene Wirkungen von kollegialer Beratung. Wiesbaden: VS Verlag für Sozialwissenschaften. ***EK II***

Tietze (2010) führte eine summative Evaluation von kollegialer Beratung in einem quasiexperimentellen Kontrollgruppendesign mit Prä- und Postmessung durch. Damit wurden die beiden Hypothesen geprüft, inwieweit die längerfristige Teilnahme an kollegialer Beratung relevante berufliche Handlungskompetenzen steigert (Hypothese H1,1) und berufliche Beanspruchungen mindert (Hypothese H1,2). Es wurde eine 15 Monate umfassende Intervention zur kollegialen Beratung konzipiert, realisiert und evaluiert. Die Intervention fand im Rahmen eines Programms zur Führungskräfteentwicklung bei einem Schweizer Unternehmen der Finanzdienstleistungsbranche statt. Die Interventionsteilnehmenden wurden durch ein Einführungsseminar mit einer Methodik der kollegialen Beratung vertraut gemacht. Im Anschluss daran führten sie in sechs Peergruppen selbst organisiert weitgehend konzeptkonforme kollegiale Beratungsprozesse durch. Jede Peergruppe verabredete durchschnittlich vier Termine innerhalb eines Jahres. Mittels standardisierter Fragebögen zur Selbstauskunft wurden die Ausprägungen der abhängigen Variablen ermittelt. Als Resümee wird formuliert, dass bereits eine vergleichsweise niedrige Frequenz von kollegialen Beratungen offenbar zu den Effekten führt, dass Teilnehmende ihre beruflichen Beanspruchungen vermindert und relevante berufliche Handlungskompetenzen in eine positive Richtung entwickelt erleben. Angesichts einer weiterhin nicht sehr umfangreichen empirischen Basis und der Verbreitung unterschiedlicher Varianten von kollegialer Beratung in vielen Berufsfeldern sind weitere quantitative und qualitative Evaluationsstudien wünschenswert.

Trepper, T. (2012). Entwicklung einer Methode für agil-systemisch durchgeführte Projekte. In Agil-systemisches Softwareprojektmanagement. Wiesbaden: Springer Gabler, 111–128. ***EK III***

Kernpunkt der Arbeit von Trepper (2012) ist das Thema „Entwicklung einer agil-systemischen Methode für das Management von Softwareprojekten“. Hierbei bedient sich Trepper der Methode Pik-AS (Projektmanagement in

Kooperation – Agil und Systemisch). Hierbei werden Elemente des klassischen, systemischen und agilen Projektmanagements verwendet. Es wurden zwei Hypothesen aufgestellt. Die erste betrifft die Berücksichtigung von *Soft Factors* durch die Einbindung systemischer Aspekte in eine agile Methode und deren Einfluss auf die Erfolgswahrscheinlichkeit eines Projektes. Die zweite betrifft die besondere Eignung agiler Methoden zur Anreicherung um systemische Aspekte und die Einbettung der Systemtheorie.

Um die Hypothesen zu bestätigen bzw. zu widerlegen wurde in dieser Ausarbeitung die agil-systemische Methode PiK-AS erstellt und mittels Experteninterviews validiert. Basis hierfür war die Bewertung unterschiedlicher Methoden, anhand eines selbst erstellten Anforderungskatalogs, um so eine optimale Ausgangsmethode für die neu zu erstellende agil-systemische Methode zu identifizieren. Im Rahmen dieser Betrachtung, insbesondere beim Vergleich von Welt-, Menschen- und Managementbild der unterschiedlichen Ansätze, konnte eine gewisse Ähnlichkeit zwischen dem agilen und dem systemischen Projektmanagement festgestellt werden. Auf Basis dieser Ähnlichkeit eignen sich agile Methoden besser als klassische Methoden, denen ein völlig anderes Weltbild zugrunde liegt, für die Anreicherung um systemische Aspekte und die Einbettung der Systemtheorie. Die zweite Hypothese kann somit als bestätigt angesehen werden. Auf Basis methodischer Überlegungen und auch unter Berücksichtigung der Experteninterviews kann ebenfalls die erste Hypothese als bestätigt angesehen werden. Da *Soft Factors* einen Haupteinflussfaktor für die Erfolgswahrscheinlichkeit eines Projektes darstellen, führt die adäquate Berücksichtigung dieser zu einer Erhöhung der Erfolgswahrscheinlichkeit des Projektes.

Um den ersten Teil der ersten Hypothese zu validieren, wurde die agil-systemische Methode PiK-AS ausgearbeitet. Mit der agilen Methode Scrum wurde eine adäquate Ausgangsmethode identifiziert. Die Bewertung der betrachteten Projektmanagement-Methoden hinsichtlich ihrer Eignung als Ausgangsmethode basierte auf einer vom Autor getroffenen Auswahl an Kriterien, die auf einer umfangreichen Literaturrecherche und einer gewissenhaften Selektion basiert. Die agile Methode Scrum wurde dann um weitere systemische und agile Elemente ergänzt und durch eine systemische Brille betrachtet bzw. entsprechend systemisch angepasst. Als Ergebnis dieses Vorgehens entstand die erste Version der agil-systemischen Methode PiK-AS. Der erste Teil der ersten Hypothese, nach dem durch die explizite Einbindung und Beachtung der Systemtheorie im Rahmen einer agilen Methode die Probleme, die durch die Nichtbeachtung von *Soft Factors* in Projekten auftreten, verringert werden können, kann durch PiK-AS bestätigt werden.

Bei Betrachtung der neuen Methode zeigt sich, dass die Probleme im Rahmen von *Soft Factors* aufgrund der systemischen Komponenten der neuen Methode verringert werden.

Walker, T. (2015). Ethische Interventionen zur Förderung einer Verantwortungskultur. In Corporate Social Responsibility. Berlin, Heidelberg: Springer, 413–424. ***EK IV***

Walker (2015) betrachtet Corporate Social Responsibility (CSR) als integrativen Managementansatz und beleuchtet ethische Interventionen, die zur Förderung einer Verantwortungskultur beitragen. Der integrative Managementansatz basiert nach ihm auf drei Wirkungsebenen: Hirn, Herz und Rückgrat. Dabei stellt das Hirn den systematischen Managementansatz, das Herz die Integration der Menschen im CSR-Prozess und das Rückgrat die Behandlung ethischer Fragestellungen dar. Dabei gilt es zu beachten, dass die ethischen Fragestellungen bereits im Vorfeld einer CSR-Implementierung bestehen. Somit ist die Ethik integrativer Bestandteil der Auftragsklärung und der Prüfung der Machbarkeit. Im Zuge der Umsetzung ist die Ethik durch den CSR-Brückenprozess integrativer Teil der Aktivitäten, Projekte und Prozesse. Darüber hinaus kommt es im Zuge der Umsetzung zu weiteren ethischen Fragestellungen, auf welche Menschen Antworten finden müssen. Es müssen Rahmenbedingungen geschaffen werden, durch welche die am Prozess beteiligten Menschen in die Lage kommen, ethische Antworten zu finden. Der Begriff „Ver-Antwortung" impliziert das (Er-)Finden dieser Antworten. Dieses (Er-)Finden von Antworten basiert auf einem „Können", „Müssen", „Dürfen" und „Wollen". Am „Können" und „Müssen" fehlt es kaum in Organisationen. Die praktischen Probleme sind beim „Dürfen" (systemisches Umfeld) und beim „Wollen" (Sinnfrage) angesiedelt. Ausschlaggebend dabei ist es, das Spiel der Verantwortungsvermeidung zu durchbrechen, um eine nachhaltige Verantwortungskultur möglich werden zu lassen. Aus diesem Grund müssen begleitende Maßnahmen angeboten werden, die das Antworten-Finden „Dürfen" und „Wollen" fördern. In der praktischen Umsetzung ergeben sich viele weitere Interventionsmöglichkeiten und Facetten ethischer Instrumente. Dies ist unumgänglich und basiert auf dem Umstand der Unterschiedlichkeit der Menschen, Unternehmen und Stakeholder. Die Idee der kontinuierlichen Verbesserung beruht auf dem Umstand, dass immer wieder neue Fragen sichtbar gemacht werden, auf die es Antworten zu finden gilt. Diese kontinuierliche Verbesserung begleitet nicht nur den CSR-Prozess im Unternehmen, sondern auch den CSR-Gedanken selbst. Daher ist die Idee von CSR im Fluss und muss nach Walker im Fluss bleiben, sonst verliert sich diese Idee im ethischen Nichts.

Weller, D. & Hunschock, R. (2012). Holakratie – ein systemisch-integraler Entwicklungsansatz für Führung und Organisation. Wirtschaftspsychologie, 2012, 14 (3), 89–99. ***EK III***

Weller & Hunschock (2012) führten sechs qualitative Experteninterviews durch, um Anwendungserfahrungen von Holakratie zu erhalten. Ziel war es, Anregungen zu einer differenzierten Betrachtung und Bewertung von Holakratie im konzeptionellen Kontext und in der praktischen Anwendung geben. Zunächst arbeiteten sie wesentliche Charakteristika der Organisationsmethode in der Abgrenzung von der Soziokratie heraus. Im direkten Vergleich fällt zunächst auf, dass Holakratie sich noch weiter von dem gewohnten Organisationsverständnis entfernt als die Soziokratie. Während dabei bei der Soziokratie als Gesamteindruck aller methodischen Merkmale das optimierte Miteinander prägend scheint, erscheint Holakratie v. a. auf effiziente organisationale Entwicklung ausgelegt. In den Interviews zeigt sich entsprechend, dass sowohl das persönliche Vertraut-Werden mit Holakratie als auch der Übergang einer gesamten Organisation in holakratische Strukturen und Prozesse besonders anspruchsvoll sind. Wenn sie gelingen, entschädigt Holakratie mit ungewöhnlichen Erfahrungen ganzheitlicher organisationaler Entwicklung. Es werden jedoch auch Nachteile der hohen Implementierungsschwelle, der hohen Interdependenz der methodischen Konzepte untereinander und der insgesamt eher rigide-minimalistischen Meeting-Formate erkennbar.

Wessling, C. & Nohl, B. (2020). Systemisch Fit – Chancen von Gefährdungsbeurteilungen für die Agilität von Organisationen. ***EK III***

Wessling & Nohl (2020) stellen auf Basis der Ergebnisse eines Fallbeispiels eine neue Verbindung der gesetzlich vorgeschriebenen Gefährdungsbeurteilung mit Organisationsentwicklung aus systemischer Perspektive dar. Dabei machen sie deutlich, welche Relevanz die systemische Perspektive für eine Stärkung der psychischen Gesundheit von Mitarbeitern in Organisationen haben kann. Die psychische Gesundheit der Mitarbeiter ist eine wesentliche Bedingung für die Agilität von Organisationen. Anhand des Fallbeispiels wird deutlich, was durch eine konsequente Nutzung des Potenzials aus der Gefährdungsbeurteilung der psychischen Belastung im Sinne der dualen Zielsetzung der Organisationsentwicklung verbessert werden könnte. Die Gefährdungsbeurteilung der psychischen Belastung (Psych GB) birgt auf den Ebenen Organisation, Team und Individuum ein bisher wenig genutztes Potenzial für Organisationen. Das Fallbeispiel illustriert, dass oftmals erst dann eine Reaktion der Unternehmensführung erfolgt, wenn negative Entwicklungen bereits fortgeschritten sind. Es zeigt auch, welche konkreten Handlungsfelder allein durch die Gefährdungsbeurteilung herausgearbeitet werden konnten. Diese wäre aus systemischer Sicht eine zusätzliche Beobachtungsmöglichkeit für Organisationen, die sie sich selbst verfügbar machen könnte. Nicht nur die gesetzlichen Vorgaben werden erfüllt, sondern zusätzliches Entwicklungspotenzial wird erschlossen und Rückschlüsse auf die Organisation und ihre Reflexionsfähigkeit werden ermöglicht. Es wurden Rückkopplungseffekte für die Bereiche Kommunikation, Führung, Kultur und die Resilienzförderung behandelt. Eine häufige Quelle für Spannungen sind Emotionen, Projektionen und andere unbewusste Prozesse. Ein veränderter Umgang mit diesen Prozessen stellt eine weitere Herausforderung für die Organisationsentwicklung dar, die über den Ansatz der systemischen Organisationsberatung hinausgeht. Hier wäre ein weiterreichender Transfer aus der aktuellen Emotionsforschung in die Organisationsentwicklung notwendig.

Wimmer, R., Glatzel, K. & Lieckweg, T. (Eds.). (2014). Beratung im dritten Modus: die Kunst, Komplexität zu nutzen. Carl-Auer. ***EK III***

Mit insgesamt 23 Fallstudien beschreiben Wimmer et al. (2014) Beratungsprojekte aus den Bereichen Strategie, Internationalisierung, Organisationsdesign, Change-Management, Leadership und Leadership-Development, HR-Management und Familienunternehmen. In einem einleitenden Kapitel wird das Wesen systemischer Organisationsberatung beschrieben, welches vor allem darin besteht, Organisationen als soziale Systeme auf den drei Sinndimensionen (Sache, Soziales und Zeit) zu beschreiben und bei Veränderungen zu unterstützen. Alle dargestellten Beratungsprojekte werden durch eine theoretische Fundierung des Beratungsvorgehens eingeleitet, ausführlich beschrieben und abschließend von den Autoren hinsichtlich gelungener und weniger gelungener Aspekte und Interventionen bewertet.

Wildförster, R. & Wingen, S. (2001). Projektmanagement und Probleme: Systemische Perspektiven auf Organisationsberatung und Begleitforschung. Heidelberg: Verlag für Systemische Forschung im Carl-Auer Verlag. ***EK III***

In einer sehr aufwändigen Interviewstudie mit 6 Forschern und 7 Beratungspersonen untersuchten Wildförster & Wingen (2001) auf Basis der Theorie sozialer Systeme von Luhmann (1984) Begleitforschungs- und Organisationsberatungsprojekte. Die Studie befasst sich zwar nicht direkt mit der Wirksamkeit systemischer Interventionen, gibt aber indirekte Hinweise, da sie detailliert Problemperspektiven komplexer Projekte aus systemischer Sicht analysiert. Dazu gehören Interessens- und Zielkonflikte, Kooperationsprobleme, Ergebnis- und Zielerreichungsprobleme sowie Ressourcenprobleme sowie Ursachentypen, Urheberklassen, Auswirkungen, Copingstrategien und Ergebniskategorien, die sich in subjektiven Theorien der Interviewten kondensierten. In der Organisationsberatung waren Kooperationsprobleme sowie Interessens- und Zielkonflikte die beiden häufigsten Probleme. Häufige Ursachen waren divergente Arbeits- und Denkstile, die Organisationskultur sowie einseitige Erwartungen und Befürchtungen. Hinzu kamen divergente Interessen und Erwartungen, latente Konflikte und unzureichende Verständigung. Die Zuschreibung der Ursachen bezog sich auf mehrere Personen und Gruppen. Die Auswirkungen der Probleme waren vor allem Turbulenzen, welche durch typische Coping-Strategien wie Kompensation oder gezielte Interventionen gelöst werden konnten. Am Ende der Arbeit geben die Autoren zehn Hinweise für erfolgreiche Projekte.

Young, M. (2011). The continuous improvement grid: an empirical investigation into the effectiveness of a systems, and action research, based continuous improvement intervention, for „new" organisation development. Systemic Practice and Action Research, 24(5), 453–478. ***EK III***

Young (2011) führte eine groß angelegte (N = 1310) positivistische Evaluation eines Aktionsforschungsprogramms durch. Im Fokus der Analyse steht, wie die Royal Navy, die Prinzipien der wissenschaftlichen Beratung und der pragmatischen Wissenschaft zur Entwicklung, Anwendung und Überprüfung eines systembasierten Instruments und eine damit verbundene Intervention zur Entwicklung einer neuen Organisation zu entwickeln, anzuwenden und zu überprüfen nutzt: um den Mitarbeitern zu helfen, ihre Wahrnehmungen von Arbeitspraktiken zu erforschen und zu teilen, um ihr Bewusstsein für ihre aktuelle Arbeitssituation zu erweitern und so Möglichkeiten zur Verbesserung aufzudecken. Die Umfrageergebnisse deuten darauf hin, dass die Mehrheit der Personen die Interventionen als wertvoll empfand und die Veranstaltungsteilnehmer ein signifikant höheres Maß an Verständnis für die Organisation hatten und einen größeren kollektiven und individuellen Nutzen daraus zogen. Die Ergebnisse liefern auch empirische Beweise für die Bedeutung der Einbindung für eine erfolgreiche Veränderung, insbesondere im Umgang mit Veränderungsabneigung.

Zirkler, M. (2005). Warum sich betriebswirtschaftliche Realität nicht (immer) durchsetzt. Oder: wenn weiche Faktoren hart werden. Fallstudie Conförderatio. Universität Basel. Forschungsbericht. ***EK III***

Im Rahmen einer Fallstudie wollte Zirkler die Kommunikations- und Interaktionsmuster verstehen und darstellen, die sich aus der Dynamik des sozialen Systems CONFÖDERATIO mit seinen kontextuellen Bedingungen, seiner Geschichte, seinen Absichten und seinen Akteuren ergeben. Im Fokus stehen dabei die Prozesse, die zu diesen Mustern führen sowie die Konsequenzen für Management- und Beraterhandeln, die sich daraus ergeben. Es handelt sich um keine Evaluationsstudie. Sie möchten weder grundlegende Aussagen über „gute“ oder „schlechte“ Beratung machen noch bestimmte Eigenschaften oder Handlungen von Akteuren hinsichtlich der Erreichung des organisationalen Zieles kausal bewerten. Die Untersuchung zeigt eindrücklich, wie das Zusammenspiel aus Vorgeschichte, Annahmen und Überzeugungen, Selbstverständnissen sowie einer bestimmten Prozessdynamik das Fusionsprojekt der CONFÖDERATIO bestimmen. Es stellt sich ganz grundsätzlich – auch in der Literatur – die Frage nach der Steuerbarkeit solcher Prozesse und auch die nach einer sinnvollen Rolle von externer Beratung dabei. Zunächst wurde die Rolle der Führung durch das Management deutlich, die klar und kraftvoll etabliert sein sollte. Das erfordert die Zeit und Aufmerksamkeit von Personen, die in der Regel mit vielen weiteren Aufgaben über das Projekt hinaus beschäftigt sind. Wahrscheinlich wäre eine klare Entscheidung wertvoll, welche Personen sich ganz dem Projekt widmen, mit dem Risiko, dass bei Scheitern des Projekts diese Personen einen neuen Platz im Organisationssystem finden müssen oder ausscheiden. Ebenso für die Klärung der Aufgaben von Beratung braucht es eine klare Führung innerhalb der Organisation. Bei der CONFÖDERATIO ist die organisationale Grundmelodie jedoch die der Unklarheit oder Unschärfe. Dies ermöglicht den Akteuren in ihrer Zusammenarbeit im Verband das Powerplay mit hohen Freiheitsgraden zu spielen und eben auf „mehreren Hochzeiten“ zu tanzen. Commitment wird dabei zur zentralen Metapher und gleichsam zum Spielball der Beziehungen innerhalb des Managements. Die Entscheidung in ein Fusionsprojekt einzusteigen, löst bei den Fusionspartnern einen Selbstvergewisserungsprozess über die eigene Identität aus und zudem über die Frage, wie diese erhalten werden kann. Dabei setzen sich die Fusionspartner ins Verhältnis zueinander und definieren sich in Abgrenzung zum jeweils Anderen. Die beteiligten Organisationen, Berater und Akteure im Management agieren vor dem Hintergrund verschiedener Kulturen und Selbstverständnisse. Dabei treffen verschiedene Welten aufeinander. Es gelingt aber kaum, in einen gemeinsamen konstruktiven Prozess einzutreten, weil keine gemeinsame Sprache gefunden wird, in denen die Themen gemeinsam bearbeitbar wären. Die Begriffe der Einen lösen bestimmte Bilder bei den Anderen aus, auf die – in der Regel negativ – reagiert wird. Bei der Fallstudie wurde konkret verdeutlicht, wie Vorannahmen, strukturelle Bedingungen und Prozesse der sozialen Beziehungsgestaltung führende Themen in der Organisation herstellen. Diese Themen wiederum sind – unabhängig von den agierenden Personen – handlungsleitend und letztlich prozessbestimmend.

7.2.3. System Dynamics und Systems Thinking

Im Feld *System Dynamics* und *Systems Thinking* konnten 32 Studien eingeschlossen werden. Davon sind – bedingt durch Heterogenität und Komplexität des Forschungsfeldes, sieben Studien der Evidenzklasse IV, 22 Studien der Evidenzklasse III und nur drei Studien der Evidenzklasse II zuzuordnen. Für diesem Untersuchungsbereich kann die die *Bewertungsklasse III* vergeben werden (Tab. 12).

Zusammenfassend lässt sich sagen, dass Wirkfaktoren und Wirkungen von *Systems Thinking* und *Systems Dynamics* umfangreich beschrieben und dokumentiert sind, belastbare empirische Belege aufgrund der Heterogenität und Komplexität des Feldes jedoch kaum existieren. Im Folgenden sind die eingeschlossenen Studien zu diesen Ansätzen dargestellt.

System Dynamics und Systems Thinking im Organisationskontext	
Wirkfaktoren	
Methoden & Arbeitsweise – kleine Veränderungen – große Wirkungen (minimalistische Designphilosophie) – transorganisationale Entwicklungen – technologiebasierter, systemischer Wandel betrifft alle Ebenen der Organisation – Lernen und Veränderungsmanagement verbinden – Umgang mit Zeit in Projekten – Total systems intervention – Creative design methods – Design Thinking – Soft Systems Methodology – Schlüsselfunktion des Managements – Ganzheitlichkeit – Teamarbeit – Kommunikation – Partizipation – Ressourcenorientierung – Einstellung der Mitarbeitenden zu Veränderungen – Mobilisierung einer kritischen Masse von Mitarbeitenden – Reflexionsräume in Organisationen schaffen – Stärken- und ressourcenorientiertes Arbeiten	– Feedback-Schleifen – Multifaktorielles Denken und Handeln *Reflexion* – Lernen aus Fehlern – Systemdynamiken verstehen – Systemisches Denken fördern – Systemische Prinzipien und Dynamiken verstehen – Systeme modellieren und verstehen – Systems Thinking im Studium bei Managementqualifikationen – Perspektivwechsel *Rahmenbedingungen* – Organisationskultur, Vision und Werte, Führung und Strategie – Führungskultur in der Organisation – proaktive Bottom-up-Kultur schaffen

Wirkungen	
Leistungsverbesserung – Höhere Leistung und Mitarbeitendenzufriedenheit - Beratungseffizienz *Organisationale Veränderungen* – Umfassende organisationale Veränderungen – Nachhaltige Veränderungen – alle Systemelemente werden einbezogen – Bewusstsein für persönliche Stärken – Zuversicht und Erhöhung der Selbstwirksamkeit – Stärkung des Humankapitals der Organisation	*Reflexion* – Komplexität verstehen – Kollektives Mindset – Individuelles und Organisationslernen – Perspektivenerweiterung – Systemdenken entwickeln – Systemdenken als Grundlage für gemeinsames Problemverständnis – Probleme in komplexen Umwelten nicht mehr isoliert betrachten – Gemeinsame geteilte Wirklichkeit schaffen – Probleme und Chancen erkennen

Tab. 12: Überblick über die Wirkfaktoren und Wirkungen aus den Studien zu System Dynamics und Systems Thinking im Organisationskontext

Bhatnagar, V.R. (2021). Employing Local Systemic Intervention for Evolving a Transformational Organization Strategy-Action Research in an Indian Business School. Syst Pract Action Res. https://doi.org/10.1007/s11213-020-09552-7. ***EK III***

Die Aktionsforschungsstudie von Bhatnagar (2021) an einer indischen Wirtschaftshochschule nutzt lokale systemische Intervention und das Modell der lebensfähigen Systeme, um die chronische Pathologie einer Schule zu diagnostizieren. Die Studie gibt Einblicke in die Beschäftigungsunfähigkeit der Mehrheit der Absolventen der indischen Wirtschaftshochschulen – eine beunruhigende Zahl von 93 Prozent –, kartiert die derzeitige Funktionsweise einer Schule, um zu beurteilen, ob sie ein System bildet und danach, ob das System lebensfähig ist. Die Studie verfolgt den lokalen systemischen Ansatz und verwendet die VSM-Technik, Theorien über neurotische Organisationen und psychische Gefängnisse, um die Ursachen der derzeitigen chronischen Organisationspathologie zu verstehen. Danach leitet die Systemtheorie die Phase der Problemlösung ein. Die Lücken, die in der Schule identifiziert wurden, um ein System und ein lebensfähiges System zu sein, wurden in Angriff genommen und es wurde ein Konzept für die Umwandlung der derzeitigen Teilsysteme und deren Interaktionen zu einem lebensfähigen System zu machen. Im Modus der kritischen Reflexion wurden einige phänomenologische Einsichten geliefert, die das Versprechen beinhalten, Unternehmertum effektiv und Managementschulen lebensfähig zu machen. Die Bedeutung der Studie liegt in der Übertragbarkeit des Ansatzes für die Wirksamkeit vieler nicht lebensfähiger Managementschulen zu verbessern. Darüber hinaus liefert die Studie Informationen für Business Schools in anderen Ländern, die sich in der Anfangsphase des Wachstums befinden oder ein hohes Wachstum erlebt haben.

Cezarino, L.O., Junior, F.H. & Correa, H.L. (2012). Organization Performance Evaluation Using System Thinking: A Study in Brazilian Chemical Organizations Models. Syst Pract Action Res 25, 81-92. https://doi.org/10.1007/s11213-011-9198-4. **EK III**

Cezarino et al. (2012) untersuchen in dieser Studie Modelle auf ihre Wurzeln im *Systems Thinking*. *Systems Thinking* ermöglicht es Unternehmen, subjektive Konstrukte wie Rekursivität, Ursache-Wirkungs-Beziehungen und Autonomie zur Leistungsbewertung heranzuziehen. Die Frage, die diese Arbeit motiviert, lautet daher: Suchen brasilianische Unternehmen nach neuen Modellen zur Leistungsmessung und -bewertung, die auf *Systems Thinking* basieren? Sie war sowohl explorativ als auch deskriptiv und basierte auf einer Strategie mit vier Fallstudien im Chemiesektor. Die Ergebnisse zeigen, dass Organisationsmodelle einige Merkmale aufweisen, die mit *Systems Thinking* in Verbindung gebracht werden können, wie z. B. Systemkontrolle und Kommunikation. Komplexität und Autonomie sind in den Unternehmen nur unzureichend formalisiert. Alle Daten deuten darauf hin, dass *Systems Thinking* in seinem Kontext für die Bewertung der Unternehmensleistung geeignet zu sein scheint, aber von den Managementverfahren weit entfernt bleibt.

Driscoll, A. E. (1993). Case studies of a select group of organizational and social change practitioners who utilize a total systems change approach to address social diversity and social justice issues in organizations. (Doctoral dissertation, University of Massachusetts Amherst). **EK III**

Die Studie von Driscoll (1993) verfolgte zwei Ziele: 1) die Entwicklung eines besseren Verständnisses der Visionen zu entwickeln, die eine ausgewählte Gruppe von Fachleuten für organisatorischen und sozialen Wandel leiten und 2) ein vertieftes Verständnis für die Strategien zu entwickeln, die zur Umsetzung dieser Visionen dienen. Die folgenden Fälle wurden in dieser Studie untersucht: Fall #1: Multikulturelle organisatorische Entwicklung; Fall #2: Schaffung leistungsfähiger inklusiver Organisationen; Fall #3: Vielfalt managen. Die Arbeit besteht aus der Synthese einer spezifischen Methodik für den organisatorischen Wandel – eines Ansatzes zur Veränderung des gesamten Systems – mit einer Agenda für sozialen Wandel. Die Absicht ist es, die institutionalisierte Unterdrückung zu bekämpfen und gesunde, sozial vielfältige und nicht repressive Organisationen zu schaffen. Die Bemühungen tragen dazu bei, die Theoriebildung und die Entwicklung einer Praxis für die Anwendung eines ganzheitlichen Systemwandelansatzes zur Bewältigung von Fragen der sozialen Vielfalt und Fragen der sozialen Gerechtigkeit in Organisationen zu unterstützen.

Die Daten, die für diese Studie gesammelt wurden, stammen aus qualitativen Methoden. Die Quellen der Datenerhebung umfassten offene, ausführliche Interviews, Beobachtung der Teilnehmenden und die Durchsicht einschlägiger Dokumente. Die Grundlage für die Datenanalyse bildete ein thematischer Ansatz. Alle Teilnehmenden an dieser Studie verwenden die folgenden neun Grundannahmen bei ihrer Arbeit: 1) Sie gründen ihre Arbeit auf ein rationales Grundprinzip, das die Beachtung von Diversitäts- und Gerechtigkeitsfragen mit einer verbesserten Unternehmensleistung verbindet 2) Sie betrachten ihre Arbeit als einen langfristigen Change-Prozess; 3) die Modelle sind von der Konzeption her nicht als strafend gedacht; 4) Eine aktive Beteiligung am Veränderungsprozess und die Ressourcenzusage von der obersten Führungsebene, bevor der Veränderungsprozess eingeleitet wird; 5) Der obersten Führungsebene wird gezeigt, wie sie die Verantwortung für den Prozess übernehmen kann; 6) Es werden neue Visionen und Leitbilder erstellt, die ein Engagement für soziale Diversität und soziale Gerechtigkeit widerspiegeln; 7) Ein vielfältiger Querschnitt von Menschen aus allen Schichten der Organisation wird in den Change-Prozess einbezogen; 8) Die Arbeit erfolgt in einem kooperativen Stil, der eine Partnerschaft zwischen Berater und Klient reflektiert; und 9) die Arbeit wird als eine Reise und nicht als ein Ziel verstanden.

Eskinasi, M. & Fokkema, E. (2006). Lessons learned from unsuccessful modelling interventions. Systems Research and Behavioral Science: The Official Journal of the International Federation for Systems Research, 23(4), 483–492. ***EK IV***

Eskinasi & Fokkema (2006) berichten in ihrem Beitrag über verschiedene zusammenhängende Misserfolge bei der Modellierung von Interventionen. Atrive‘, ein Organisationsberatungsunternehmen, wollte ein kanonisches Modell für Wohnungsbaugesellschaften namens ITS an die spezifischen Umstände seiner Kunden anpassen. Der Anpassungsprozess des ITS, zeigte jedoch eine eher störende Dynamik und musste schließlich aufgrund negativer Geschäftsergebnisse abgebrochen werden. Dieser Beitrag liefert einen

Hintergrund zur Relevanz von Fallstudien zum Scheitern und geht auf die Symptome und Warnzeichen ein. Sie reflektieren über „*Systems Thinking*" bei Atrive', um aus diesen Erfahrungen zu lernen und die Geschäftsstrategie zu verbessern. Die aufgetretenen Probleme lassen sich mehreren Archetypen zuordnen. Sie fassen mehrere bekannte und einen möglicherweise neuen Faktor zur Erklärung des Scheiterns von Modellierungsprojekten zusammen und stellen mehrere Fragen für die weitere Forschung dar.

Fanta, D., Bräutigam, J., Greiff, S. & Rieß, W. (2017). Entwicklung und Validierung eines Messinstrumentes zur Erfassung von systemischem Denken bei Lehramtsstudierenden in ökologischen Kontexten. Zeitschrift für Didaktik der Naturwissenschaften, 23(1), 241–259. ***EK II***

Fanta et al. (2017) stellen ein heuristisches Kompetenzmodell zum systemischen Denken dar, welches im Rahmen des Projektes SysThema (*systems thinking in ecological and multidimensional areas*) abgeleitet wurde. Darauf basierend wurde ein Messinstrument zur Erfassung systemischen Denkens bei Lehramtsstudierenden der Fächer Biologie und Geographie entwickelt. Das Instrument wurde zunächst mehreren Vortestungen unterzogen und dann abschließend an einer Stichprobe von 108 Lehramtsstudierenden erprobt. Es weist bei einem mittleren Schwierigkeitsgrad eine interne Konsistenz (Cronbachs α) von 0,75 für den Gesamtwert des systemischen Denkens auf. Zusätzlich wurden Items zum komplexen Problemlösen zur Validierung eingesetzt. Es konnten geringe bis maximal moderate Korrelationen zwischen den Ergebnissen des Tests zum systemischen Denken und des komplexen Problemlösens im Sinne diskriminanter Validität aufgezeigt werden. Das hier vorgestellte Messinstrument kann nun zur Evaluation von Seminaren, in welchen systemisches Denken gefördert werden soll, eingesetzt werden.

Gabriele, A. (2007). A minimalist approach to improving performance in modern American schools. In Proceedings of the 51st Annual Meeting of the ISSS-2007, Tokyo, Japan. ***EK III***

Gabriele (2007) stellt drei potenziell nützliche Ansätze zur Verbesserung der Leistung von Organisationen dar, die dann in ihrer Gesamtheit für die Gestaltung einer modernen städtischen amerikanischen High School genutzt werden. Der erste Ansatz ist eine Anpassung des iterativen (und gradualistischen) Ansatzes, der in technischen Systemen verwendet wird. Der zweite ist eine Strategie der negativen Verstärkung, die den Bedarf an negativer Verstärkung minimiert. Der dritte Ansatz ist das TPO-Modell (Things, Places and Outcomes), das in Verknüpfung mit den beiden anderen Ansätzen verwendet wird. Alle drei Methoden werden im Sinne der minimalistischen Designphilosophie des Autors interpretiert. Minimalismus wird hier als eine Philosophie definiert, die nach Einfachheit in einem sehr komplexen System sucht, indem sie sich auf die wesentlichsten Beziehungen zum Designsystem konzentriert. Sobald eine sehr bedeutsame Beziehung zwischen Faktoren und Ergebnissen mittels des TPO-Modells oder des negativen Verstärkungsmodells theoretisiert wurde, werden iterative gradualistische Designmethoden verwendet, um das Design oder die Designänderung weiter zu theoretisieren und zu implementieren. Die verwendete Interpretation des TPO-Modells konzentriert sich auf die Manipulation von nicht-menschlichen Objekten wie Büchern und Organisationsstrukturen und stützt sich auf die Beziehungen zwischen diesen Objekten und den gewünschten Ergebnissen der Individuen, um die für die Organisation gewünschten Ergebnisse zu erzielen. Bei diesem Ansatz haben die Bedürfnisse oder Wünsche des Einzelnen Vorrang vor denen der Organisation. Zu diesem Zweck werden die Organisationsstrukturen und die Objekte innerhalb der Organisation so manipuliert, dass die Bedürfnisse der Organisation mit den selbst wahrgenommenen Zielen des Einzelnen übereinstimmen. Die Neubewertung der organisatorischen Bedürfnisse ist ebenfalls Teil dieses Prozesses. Negative Verstärkung, die in der Anwendung begrenzter ist, wird nur bei Bedarf eingesetzt. Bei der Iteration wird jeweils eine Variable verändert, um am Ergebnis zu messen, ob eine weitere Veränderung dieser Variable notwendig ist oder ob auf die Veränderung einer anderen Variable umgestellt werden muss. In menschlichen Systemen ist es ebenfalls notwendig, schrittweise vorzugehen und einen minimalistischen Ansatz zu wählen, um unbeabsichtigte Folgen zu vermeiden.

Geary, S. E. (2000). The evolving practice of the internal and external organizational development consultant. (Doctoral dissertation, University of Toronto). ***EK III***

Geary (2000) untersuchte in einer qualitativen Studie die Entwicklung der Praxis der Organisationsentwicklung (OE) während des letzten Jahrzehnts. Acht OE-Praktiker und Praktikerinnen mit zehn oder mehr Jahren Erfahrung wurden interviewt. Eine gleiche Anzahl von internen und externen Beratern wurde ausgewählt, um Vergleiche anstellen zu können. Mittels Tiefeninterviews wurden die Teilnehmenden gebeten, darüber nachzudenken, wie sich die Praxis im Laufe des Jahrzehnts verändert hatte; welche Faktoren diesen Wandel verursacht haben; welche beruflichen Tätigkeiten sie derzeit ausüben; die Werte, für die sie eintreten, und die Frage, wie man Berufsanfänger ausbildet. Die Teilnehmenden stellten fest, dass die folgenden Faktoren einen wesentlichen Einfluss hatten auf die Rolle des OE-Beraters: die Globalisierung der Wirtschaft, der technologische Wandel, Verschiebungen im Arbeitsvertrag und die Entwicklung im OE-Bereich selbst. Die Teilnehmenden an dieser Studie zeigen ein Muster der Anpassung an diese sich verändernden Gegebenheiten. Sie haben sich zunehmend auf die organisatorische Effektivität konzentriert und neigen nun dazu, bei der Lösung organisatorischer Probleme einen systemischen Fokus zu verwenden. Während sie immer noch viele der traditionellen Aktivitäten nutzen, die mit OE in Verbindung gebracht werden, wie z. B. Training und Teambuilding, haben sie diese an die Bedürfnisse der Organisation angepasst. Es gibt auch einige neue Entwicklungen innerhalb des Feldes auf der Ebene des großen Wandels, transorganisationale Entwicklung und organisatorisches Learning. Humanistische Werte bleiben für die OE-Berater in dieser Studie grundlegend. Es zeigen sich einige Unterschiede zwischen den internen und externen Beratern. Interne Berater betonen nachdrücklicher, wie wichtig es ist, sich auf die organisatorische Effizienz zu konzentrieren. Obwohl alle Teilnehmenden ein breites Spektrum an Aktivitäten nutzen, befassen sich die externen Berater mehr mit groß angelegten Veränderungen, transorganisatorischer Entwicklung und Beziehungen zwischen den Gruppen, während sich die internen Berater mehr auf die individuelle und Gruppenebene konzentrieren.

Ghavifekr, S. & Hussin, S. (2010). Management as visionary planning for dealing with systemic change: A case of Malaysian Open Distance Learning Institution. OIDA International Journal of Sustainable Development, 1(4), 79–85. ***EK III***

Im Zentrum der qualitativen Untersuchung von Ghavifekr & Hussin (2010) stand die Vision als eine der Hauptkomponenten von Strategien des systemischen Change-Managements für die Implementierung von E-Learning-Innovationen in einer Open-Distance-Learning (ODL)-Organisation mit Managementfunktionen einschließlich Planung, Organisieren, Leiten und Überwachen. Zum Zweck dieser Studie wurde eine qualitative Forschungsmethodik angewandt und die Daten wurden durch drei verschiedene Quellen, darunter offene Interviews, direkte Beobachtung und offizielle Dokumente an der Open University Malaysia (OUM) gesammelt. Durch die Daten-Analyse wurde festgestellt, dass im Zusammenhang mit technologiebasiertem Wandel oder systemischem Wandel, was alle Ebenen und Aspekte der Organisation betrifft, Vision und strategische Planung als die beiden wichtigsten Voraussetzungen für den Erfolg des Wandels sind.

Ghavifekr, S., Afshari, M. & Ayoufu, W. (2012). Management strategies for organisational implementation of systemic change: A qualitative analysis. ***EK III***

Im Rahmen einer qualitativen Untersuchung von Ghavifekr et al. (2012) stand die Schlüsselfrage „Was sind die Managementstrategien und Strategien für eine effektive organisatorische Umsetzung des systemischen Wandels im Kontext einer *Open and Distance-Learning Organisation*?" im Zentrum. Auf der Grundlage der Datenanalyse für diese qualitative Forschung wurde festgestellt, dass bei einem technologiebasierten systemischen Wandel Planung, Organisation, Führung und Überwachung die wichtigsten strategischen Elemente für das Management bei der erfolgreichen organisatorischen Umsetzung der neuen Lerntechnologien sind. Die Einführung und Nutzung des E-Learning-Systems im Kontext der malaysischen offenen Universität war der Hauptgrund für die Einführung des systemischen Wandels. In dieser Hinsicht wurde der systemische Wandel als Schlüsselelement für die Verbesserung des Bildungssystems betrachtet, das mit verbesserten organisatorischen Leistungen verbunden ist. Beim Management des Veränderungsprozesses in einer Organisation ist der erste Schritt die Formatierung eines effektiven und effizienten strategischen Plans, um den Veränderungsprozess richtig zu steuern. In dieser Hinsicht sollte eine effektive strategische Planung in der Lage sein, die wichtigsten Elemente einzubeziehen und die wichtigsten Fragen im Zusammenhang mit der Einführung der Technologie im gesamten System zu behandeln. Zu diesen Fragen gehören der Prozess des systemischen Wandels, der sich aus den Schlüsselfunktionen des Managements ergibt, bestehend aus Planung, Organisieren, Leiten und Überwachen.

Ghorbanhosseini, M. (2013). The effect of organizational culture, teamwork and organizational development on organizational commitment: the mediating role of human capital. Tehnički vjesnik, 20(6), 1019–1025. ***EK III***

Ziel der Arbeit von Ghorbanhosseini (2013) war es, ein Modell zur Bestimmung der Auswirkungen von Organisationskultur, Teamarbeit und Organisationsentwicklung auf das organisatorische Engagement unter besonderer Berücksichtigung der vermittelnden Rolle des Humankapitals zu entwickeln. Die 266 Mitarbeiter der SAFA Industrial Group wurden nach dem Zufallsprinzip ausgewählt und sie beantworteten die Forschungsinstrumente. Für die Untersuchung der Forschungsdaten wurde ein Pfadanalysetest verwendet. Die Ergebnisse zeigen, dass Organisationskultur, Teamarbeit und Organisationsentwicklung einen direkten und signifikanten Einfluss auf das Humankapital haben. Darüber hinaus hat das Humankapital einen positiven Einfluss auf das organisatorische Engagement. Organisationskultur, Teamarbeit und Organisationsentwicklung haben einen direkten und signifikanten Einfluss auf das organisatorische Engagement. Schließlich zeigen die Ergebnisse, dass das Humankapital eine vermittelnde Rolle zwischen Organisationskultur, Teamarbeit, Organisationsentwicklung und organisatorischem Engagement hat.

Johansson, A. C. (2019). Managing a systemic change on an operational level in a public organization: A case study of the Swedish Armed Forces (Master's thesis, Tampere University). ***EK III***

Das Ziel der Arbeit von Johansson (2019) war es, zu erforschen und zu berichten, wie Manager auf operativer Ebene einen systemischen Wandel im Kontext einer öffentlichen Organisation managen. Ein weiteres Ziel dieser Studie war es, eventuelle Faktoren zu erforschen und zu berichten, die diese Manager befähigen und behindern, einen systemischen Wandel im Kontext einer öffentlichen Organisation zu managen. Der theoretische Rahmen für diese Arbeit wurde gleichzeitig mit dem Prozess der Datenanalyse in Anlehnung an die Methodik des *„grounded theorizing"* entwickelt. Es wurden semistrukturierte Themeninterviews mit drei Personen im operativen Management der schwedischen Streitkräfte durchgeführt. Die Ergebnisse zeigen die institutionelle Dynamik, die Art der Veränderung sowie Kommunikation, Partizipation und Ressourcen den Schwierigkeitsgrad bei der Bewältigung einer Veränderung auf operativer Ebene im Kontext einer öffentlichen Organisation. Die schwedischen Streitkräfte sind eine große, bürokratische, hierarchische und geografisch verteilte militärische Organisation, was zu einem komplizierten Entscheidungsprozess beiträgt und mehrere Managementebenen, die den Umfang der Kommunikation mit und die Beteiligung von Personal auf operativer Ebene in Zeiten des Wandels beeinflussen. Die Ergebnisse zeigen auch, dass das Management von der Bewältigung des Wandels auf operativer Ebene unterschiedlich gehandhabt wird, aber vor allem von der Einstellung des Personals abhängt. Das heißt, ob das Personal den Veränderungen gegenüber resistent oder unterstützend eingestellt ist. Eine weitere Erkenntnis ist, dass Betriebsleiter unabhängig von der Einstellung des Personals stets bestrebt sein sollten, die Atmosphäre im Team zu verbessern und wenn nötig, auf die Emotionen derjenigen einzugehen, die von der Veränderung betroffen sind und diese durch verschiedene Aktivitäten anzusprechen. Die letzte Erkenntnis ist, dass es keine „Einheitsgröße" für das Management von Veränderungen gibt, da alle Organisationen eine einzigartige Gemeinschaft und eigene Struktur haben, Kultur, Geschichte und Bedürfnisse sowie verschiedene Subkulturen und Perspektiven beinhalten. Daher ist das Argument, dass das Feld des Managements und der Veränderung mehrere Theorien und Ansätze umfasst, die sich gegenseitig widersprechen, wobei richtige Empfehlungen weitgehend fehlinterpretiert, falsch dargestellt und missverstanden werden, als irreführend anzusehen, da es aufgrund multifaktorieller Gegebenheiten nicht nur den einen Weg gibt, Veränderung zu managen.

Kariuki, D. O. (2009). A study on systematic change management at Kenya revenue authority (Doctoral dissertation, University of Nairobi). ***EK III***

Das Ziel der Studie von Kariuki (2009) war es, die Praktiken des systemischen Change-Managements zu ermitteln, die von der Kenya Revenue Authority (KRA) in ihrem Bestreben, systemische Veränderungen zu implementieren, eingesetzt wurden und die Faktoren zu ermitteln, die das Management dazu brachten, seine Systeme zu ändern. Die Methode der Fallstudie wurde dabei bevorzugt. Für die Untersuchung wurden sowohl Primär- als auch Sekundärdaten verwendet. Der Interviewleitfaden wurde verwendet, um Primärdaten von ausgewählten Befragten zu sammeln. Die Studie kommt zu dem Schluss, dass die KRA die Zeit nutzte, um die anstehenden systemischen Veränderungen zu antizipieren durch die Durchführung verschiedener Studien, die Erstellung von Berichten zur Situationsanalyse und Unternehmensplänen/BSC, in denen die umzusetzenden Änderungen und die entsprechenden Zeitrahmen festgelegt wurden. Zudem wird geschlussfolgert, dass der systemische Wandel bei der KRA erfolgreich bewältigt wurde und die Einführung der neuen Systeme dazu geführt hat, dass die Öffentlichkeit besser für die Tätigkeiten der KRA sensibilisiert wurde, das Personal technologisch fortschrittlicher wurde, die Verantwortlichkeit der Mitarbeiter und ein verbessertes Unternehmensimage der KRA. Die Studie empfiehlt, dass das Personal die neuen Systeme der KRA in vollem Umfang schätzen und nutzen kann. Um die neuen Systeme der KRA in vollem Umfang zu schätzen und zu nutzen, bedarf es einer verstärkten Schulung in IT-Kenntnissen, einer stärkeren Einbeziehung aller Beteiligten und die Bereitstellung von Computern für alle Mitarbeitenden.

Karlsson, D. & Linnéusson, G. (2008). Systemic change management: An opportunity for manufacturing organizations. In 18th International Conference on Flexible Automation and Intelligent Manufacturing, FAIM 2008, June 30th-July 2nd, 2008, University of Skövde, Sweden (Vol. 1, pp. 654–659). University of Skövde. ***EK III***

Karlsson & Linnéusson (2008) führten eine Fallstudie in zwei schwedischen Unternehmen durch und wendeten System-Prinzipien an, um eine proaktive Haltung in den Organisationen zu ermöglichen und potenzielle Verbesserungsansätze mithilfe eines *Systems Thinking*--Ansatzes zu finden. Der Schwerpunkt liegt auf dem Change-Management, das auf die Organisation angewandt wird, um sich in Richtung einer lernenden Organisation zu entwickeln. Es wird ein Rahmen vorgeschlagen, der die Grundsätze des Systemdenkens mit einer Bottom-up-Perspektive für Change-Management anwendet. Dieser erkennt die individuelle Kompetenz und Kreativität durch Interventionen an, bei denen die derzeitigen Wahrnehmungen der Akteure miteinander konfrontiert werden. Der Rahmen unterstützt Change-Management durch strukturierte Feedback-Kommunikation an die Managementebene, um das Bewusstsein für den Wandel zu schärfen, was eine Voraussetzung dafür ist, die Kommunikation der Ebene, auf der Change-Management-Maßnahmen beschlossen werden mit der Umsetzungsebene herzustellen. *System Thinking* bietet eine systemische Sicht auf Systeme, Organisationen und Probleme und erkennt an, dass die Summe der Teile in einem Kontext mehr ist als das Ganze.

Kipper, J. (2021). Pädagogische Elemente in agilen Methoden – inwieweit lernen Organisationen im agilen Arbeiten? Eine empirische Untersuchung der agilen Vorgehensweise Scrum. Journal fur Psychologie, 29(1). ***EK III***

Kipper (2021) untersucht aus erziehungswissenschaftlicher Sicht, welche Lernformen und pädagogischen Technologien im Alltag von Scrum-Anwenderinnen auffindbar sind, sodass von einer lernenden Organisation (Argyris & Schön, 1996) gesprochen werden könnte. Nach einer theoretischen Untersuchung des Scrum-Guide folgen Einsichten in acht Experteninterviews, die mittels einer rekonstruktiven Analyse auf vorhandene pädagogische Ansätze, Technologien und Lernindikatoren untersucht werden, bevor abschließend der Hypothese „Wenn eine Organisation agil arbeitet, lerne sie auch“ nachgegangen wird. Es wird deutlich, dass Agilität allein noch keine lernende Organisation ausmacht, sondern allenfalls Potenziale für individuelles und organisationales Lernen schafft. Die sich eröffnenden Lernchancen müssen jedoch genutzt und umgesetzt werden.

Klein, L. (2013). Die Organisation der Personalentwicklung: Entwicklung und Anwendung eines systemisch-kybernetischen Modells (1. Aufl.). Heidelberg: Verlag für Systemische Forschung im Carl-Auer Verlag ***EK IV***

In einer Feldstudie interviewte Klein (1993, 2013) 36 Personen aus deutschen Unternehmen, die sich auf verschiedene Branchen und Regionen verteilten mit dem Ziel, die Unternehmen aus systemischer Perspektive sowie die Teilfunktion der Personalentwicklung in diesen Unternehmen zu erkunden. Diese werden nach dem *viable systems model* von Beer (1984) hinsichtlich Ziele, Aufgaben, Träger, Instrumente, Komplexitätsebenen, Verantwortungsbereiche sowie regulative Mechanismen untersucht. Im Ergebnis entsteht ein Überblick über die Verortung der Personalentwicklung in der untersuchten Stichprobe. Personalentwicklung wird dabei als Aktivierungsfunktion im System des Unternehmens verstanden, welche durch lokale Autonomie Handlungs- und Gestaltungs- sowie Reflexionsräume schaffen kann.

Koerber, R. (2004). Im System beraten: Organisationsentwicklung an Schulen. In: Triangel-Institut (Ed.), Brücken und Tücken psychoanalytisch-systemischer Beratung (S. 90-105). Berlin: Leutner. ***EK IV***

Körber (2004) beschreibt in einem Überblickskapitel anhand einer Fallschilderung den Einsatz von internen Prozessmoderatoren bei der Organisationsentwicklung an Schulen. Dabei sind das Konzept der Lernenden Organisation und die Tradition der klassischen Organisationsentwicklung handlungsleitend. Als Methode wird das *appreciative inquiry* nach Copperrider & Srivastva (1987) verwendet. Im Ergebnis konnte in Interviews eine positive Bilanz des Projektes, das Bewusstsein für persönliche Stärken, Zuversicht und eine Erhöhung der Selbstwirksamkeit festgestellt sowie Erfolgsfaktoren identifiziert werden. Dazu gehören u. a. Erfahrungsaustausch, Teamgeist, Verantwortungsübertragung, Einsatz nach Fähigkeiten und Stärken, Bedeutung von Ritualen, Schulförderverein, Prioritäten setzen und Grenzen ziehen, zielgerichtete Fortbildung, fachliche Kompetenzen und Öffentlichkeitsarbeit. Als hemmende Faktoren wurde die zunehmende Serialisierung und Standardisierung von Beratung durch zahlreiche Projekte im gleichen Feld, die Systemzugehörigkeit der Prozessmoderatoren sowie die fehlende Wertschätzung kostenloser Beratungsleistung durch interne Personen genannt (Beteiligung, Termintreue). Abschließend werden Möglichkeiten für die Kontraktarbeit für derartige Projekte vorgestellt.

Liehr, M. (2013). Komponentenbasierte Systemmodellierung und Systemanalyse: Erweiterung des System-Dynamics-Ansatzes zur Nutzung im strategischen Management. Springer-Verlag. ***EK III***

Liehr (2013) entwickelte in seiner Arbeit einen Ansatz zur komponentenbasierten Systemmodellierung und Systemanalyse. Zuerst werden Konzepte generischer Strukturen diskutiert, ihre Wiederverwendbarkeit untersucht und eine Komponentendefinition für *System Dynamics* erarbeitet. Die Überprüfung der Stabilität des Systemverhaltens in *Supply Chains* bei Nachfragediskontinuitäten unterschiedlicher Ausprägung diente als Umsetzungsbeispiel für den Ansatz. Es wurde gezeigt, dass die Wiederverwendung bereits bestehender Modellstrukturen im Rahmen der Systemmodellierung mit *System*

Dynamics sinnvoll und umsetzbar ist. Bei den Implikationen sind insbesondere die Möglichkeit zu multiperspektivischen Analysen, die Unterstützung des „*group model building*" sowie die Flexibilisierung der Modellgestaltung zu nennen. Das Anwendungsbeispiel zur *Supply-Chain*-Modellierung macht deutlich, dass auf Grundlage des Ansatzes kontextspezifische und multiperspektivische Simulationsanalysen realisierbar sind. Wiederverwendbare Modellkomponenten ermöglichen es, die horizontale und die vertikale Auflösung von Modellen kontextabhängig und Schritt für Schritt zu verändern. Alternative Strategieoptionen und Umweltszenarien können systematisch erstellt werden. Die Anzahl berücksichtigter Faktoren und ihre Detailliertheit sind je nach Perspektive auf ein Problem und je nach Zweck des Modells variabel. Durch die Isolation einzelner Modellkomponenten und die sukzessive Addition zusätzlicher Komponenten in die stratifizierten Simulationsmodelle wird die Darstellung und Kommunikation wichtiger, aber auch unwesentlicher Zusammenhänge vereinfacht. Komponentenbasierte Simulationsmodelle erleichtern dadurch den Zugang zu systemisch-dynamischen Problem- und Fragestellungen. Die unterschiedlichen Perspektiven auf ein System, die komponentenbasierte Simulationsmodelle durch Variation der horizontalen und der vertikalen Auflösung gestatten, sind vor allem bei der Modellerstellung mit mehreren Beteiligten, dem sogenannten „*group model building*" von Bedeutung. Durch die Präsentation unterschiedlicher Auflösungsniveaus wird die Diskussion und die Entscheidungsfindung in der Gruppe erleichtert. Unterschiedliche mentale Modelle und Ansichten können in den Modellierungs- und Analyseprozess eingebracht werden. Dies ist deshalb wichtig, da in der Regel davon auszugehen ist, dass nicht alle an einer Entscheidung Beteiligten ein gegebenes Problem auf dem gleichen Auflösungsniveau wahrnehmen und verstehen. Da sich eine Gruppe nicht auf nur ein Auflösungsniveau einigen muss, wird die Konsensfindung erleichtert.

Maani, K. & Fan, A. (2008). Systems thinking for team and organizational learning case of performance measure conflicts in a multinational supply chain. In Proceedings of the 52nd Annual Meeting of the ISSS-2008, Madison, Wisconsin. ***EK III***

In einer Fallstudie beschreiben Maani & Fan (2008) wie in einem multinationalen Konzern verschiedene KPI's (*key performance indicators*) aufgrund von Feedbackschleifen wechselseitig auf den Ebenen der „Lernenden Organisation" (Senge, 2004a) und über verschiedene Organisationsfunktionen hinweg interagieren. Die Ergebnisse zeigen, dass *Systems Dynamics* den Organisationsmitgliedern hilft, eine ganzheitliche Perspektive auf die Organisation zu entwickeln und Feedback-Schleifen und Zielkonflikte zwischen

KPI's zu erkennen. Für Verstehen, Lernen und Intervenieren der Beteiligten waren dabei vor allem die Unterscheidung in die Systemebenen (mentale Modelle, systemische Strukturen, Muster und Ereignisse) hilfreich.

Maani, K. & Li, A. (2006). Counter-Intuitive Managerial Interventions in Complex Systems. In Proceedings of the 50th Annual Meeting of the ISSS-2006, Sonoma, CA, USA. ***EK II***

Maani & Li (2006) untersuchten in einer experimentellen Studie mit 223 Teilnehmenden (Studierende und Absolventen einer Business School unterschiedlicher Qualifikation) Managemententscheidungen in zwei computergenerierten komplexen Simulationswelten, die Service Quality Microworld (entwickelt vom MIT) und Brand Management World (entwickelt von Strategy Dynamics). Die Ergebnisse zeigen, dass Manager dazu tendieren, zu „über-intervenieren". Das betrifft sowohl die Stärke als auch die Häufigkeit der Interventionen. Weiterhin werden „weiche" Indikatoren hinsichtlich Mitarbeitenden und Organisation typischerweise ignoriert, ebenso verzögerte Reaktionen des Systems. Weiterhin tendieren Manager dazu, zu viele – und nicht die wichtigen – Performanz-Indikatoren zu berücksichtigen und sich eher an kurzfristigen Ergebnissen orientieren. Es zeigte sich auch, dass die Reihenfolge und das Timing der Interventionen entscheidend sind.

Martens, B. R. (2011). The impact of leadership in applying systems thinking to organizations. In Proceedings of the 55th Annual Meeting of the ISSS-2011, Hull, UK. ***EK III***

Martens (2011) stellt eine Interviewstudie mit sieben Beratern und Beraterinnen vor, die mit systemischem Denken und Systemdynamiken vertraut sind. Die Kernaussagen der Interviewten sind: (1) *Systems thinking* hilft Komplexität zu verstehen, (2) Probleme und Chancen zu erkennen, (3) alle Elemente eines Systems einzubeziehen, (4) Verstehen, Integration und Anwendung hat Einfluss auf die Systemdynamik und (5) ermöglicht eine Vielzahl von Perspektiven auf die Führungsaufgabe und -rolle.

Moore, B., Calvo-Amodio, J. & Junker, J. F. (2017). Applying a Framework for Complementarist Intervention Approaches to Service Organizations to Achieve a Sustainable Holistic Management Model. Systemic Practice and Action Research, 30 (5), 487–513. ***EK III***

Moore et al. (2017) beleuchten die Kombination mehrerer Interventionsansätze, die unterschiedliche Perspektiven einbringen sowie ein ganzheitliches Handeln erleichtern. Außerdem wird eine Methode zur Nutzung dieses Rahmens für die Entwicklung ganzheitlicher und wirksamer Interventionen vorgestellt. Es wird eine Fallstudie erörtert, in der der vorgeschlagene Rahmen und die Methode auf eine kleine gemeinnützige Dienstleistungsorganisation angewendet werden, die wissensbasierte Arbeit in einem dynamischen Umfeld leistet. Es wird eine Methode zur Anwendung des vom Autor entwickelten Rahmens vorgestellt. Die vorgeschlagene Methode basiert auf den Grundlagen der *total systems intervention* (TSI), *creative design of methods* (CDM) und der *Boundary Critique*. Die Methode leitet Praktiker bei der Übersetzung eines erfahrenen Problemkontextes in eine Region des Rahmens unter Verwendung eines Bewertungsfragebogens und numerischer Achsen des Rahmens an. Die Interventionsansätze werden auf dem Rahmen abgebildet und füllen eigene Regionen. Die Praktiker wählen die Interventionsansätze aus, die sie auf eine Situation anwenden wollen, und zwar auf der Basis der Nähe zwischen der Form des Problemkontextes und der Form des Interventionsansatzes auf dem Rahmenwerk, wobei diejenigen, die sich überschneiden, Vorrang erhalten. Der dominante Interventionsansatz wird v. a. bei der Umsetzung verwendet, wobei abhängige Ansätze unterstützt werden, wenn der dominante Ansatz nicht definiert ist. Der vorgeschlagene Rahmen und die Methode ermöglichen es den Akteuren, von der Anwendung des „*System Thinking*" zu profitieren, auch wenn sie keine Vorkenntnisse in diesem Bereich haben. Es wird den Akteuren helfen, Interventionsansätze auszuwählen, die ihren Problemkontexten entsprechen und komplementäre Ansätze zu entwickeln. Der vorgeschlagene Rahmen bietet die Möglichkeit für eine Computeranwendung, die die Akteure durch die Methode führt. Eine solche Computeranwendung wäre lediglich ein Instrument zur Entscheidungshilfe. Sie wäre vergleichbar mit der Verwendung einer wirtschaftlichen Analyse zur Bewertung von Optionen.

Ngunjiri, M. K. (2013). Change management practices by Nokia Kenya (Doctoral dissertation, University of Nairobi). ***EK III***

Der Schwerpunkt der Studie von Ngunjiri (2013) liegt auf der Untersuchung der Change-Managementpraktiken von Nokia Kenia. Das Forschungsdesign basiert auf einer Fallstudie, die eine detaillierte Untersuchung des Unternehmens beinhaltet. Die Primärdaten wurden durch ein Interview mit der Geschäftsleitung des Unternehmens erhoben. Die Befragten waren Mitarbeiter von Nokia Kenia. Die Daten wurden gesammelt und analysiert, um einen Vergleich zwischen den Befragten zu ermöglichen. Die Ergebnisse der Studie lassen den Schluss zu, dass die Change-Management-Praktiken von Nokia Kenia im Einklang mit den globalen Strategien stehen. Nokia Kenia sah sich im Change-Managementprozess mit großen Herausforderungen konfrontiert, insbesondere für die Mitarbeiter von Nokia Kenia. Diese Herausforderungen führten zu einer hohen Personalfluktuation und bei den verbleibenden Mitarbeitern zu einer niedrigen Arbeitsmoral.

Ríos, J. P., Suárez, X. L. M. & Jiménez, I. V. (2012). Design and diagnosis for viable organizations in practice: university urban planning. Kybernetes. ***EK III***

Ríos et al. (2012) stellen ein Beispiel für die Anwendung eines Modells vor, auf der Grundlage von Beers Modell der Organisationskybernetik und des *viable system model* (VSM), dass es der obersten Leitung einer öffentlichen Universität ermöglichte, die Universitätspolitik und Maßnahmen im Zusammenhang mit der physischen Gestaltung der verschiedenen Universitätsgelände zu konzipieren und umzusetzen. Auf der Grundlage von Konzepten der Organisationskybernetik wird eine Heuristik von der obersten Leitung einer öffentlichen Universität für die Gestaltung der Strategie und Maßnahmen im Zusammenhang mit Fragen der Stadtplanung gestaltet. Sie skizzieren den Prozess, welcher der neuen Universitätsleitung half, die Situation zu Beginn ihrer Amtszeit zu diagnostizieren und entsprechende Maßnahmen zu konzipieren. Dieser Prozess beginnt mit Klärung der Identität, des Zwecks und der Grenzen der Universität, gefolgt von der Identifizierung der erforderlichen Strukturebenen. Für jede dieser Ebenen werden die zu berücksichtigenden Schlüsselfaktoren und die zu ergreifenden Maßnahmen angegeben. Die Verwendung einer sogenannten Rekursions-Ebenen-Schlüsselfaktoren-Matrix half dabei, eine kohärente und ganzheitliche Sicht auf die Intervention zu erhalten. Diese Art von Rahmen kann Führungskräften öffentlicher und privater Organisationen anleiten, kybernetische Konzepte anzuwenden, um die Gestaltung ihrer strategischen Maßnahmen und Aktionen zu verbessern.

Sánchez-García, J. Y., Padilla, R. T., Morales-Matamos, O., Núñez-Ríos, J. E. & Rojas-Ramírez, J. A. (2017). Complementarity Modell of the organizative system among micro, small and medium-sized tourist enterprises of Mexico in a changing environment. In Proceedings of the 61st Annual Meeting of the ISSS-2017 Vienna, Austria. ***EK IV***

Sánchez-García et al. (2017) stellen die Entwicklung eines Komplementär-Modells vor, das auf der vorteilhaften Anpassung heterogener Eigenschaften von Kleinst-, Klein- und Mittelunternehmen (KKMU) basiert. Die Leistung von KKMU in mexikanischen Reisezielen ist vor Störungen der Umwelt tendenziell weniger effizient. In einem globalisierten Kontext sind diese Organisationen nicht mit großen Unternehmen gleichgestellt, was ihren Lebenszyklus gefährdet. Diese Idee ermöglicht ein lokales Problem mit großen Auswirkungen durch die systemische Methode zu bearbeiten und wirksame und anpassungsfähige Maßnahmen vorzuschlagen. Die *Soft Systems Methodology* (SSM) ermöglichte die Integration von Faktoren und Akteuren, die an der Problemsituation beteiligten Faktoren und Akteure zu integrieren und anschließend ein Konstrukt zu generieren, das mittels Analytischen Hierarchie Prozess (AHP) verglichen wurde. Als Ergebnis wurde festgestellt, dass systemische Komplementarität ein Rahmen ist, der es ermöglicht, lokale Kooperationsmöglichkeiten zu integrieren und die Reaktionsfähigkeit auf die Umwelt zu erhöhen und die Dauerhaftigkeit der Unternehmen. Darüber hinaus könnten die im Konstrukt angesprochenen Beziehungen die Lücken zwischen diesen Organisationen durch kollektives Lernen verbessern, ohne dabei die Entwicklung der individuellen Kapazitäten zu gefährden.

Scholz, M. (2005). Ein ganzheitlicher Ansatz zur Erklärung und Steigerung der Effizienz von Unternehmensberatungsleistungen für KMU. Dissertation, Universität Paderborn. ***EK III***

Die Zielsetzung dieser Arbeit bestand zum einen darin ein ganzheitliches Erklärungsmodell der Effizienz von Unternehmensberatungsleistungen zu konzipieren, und zum anderen darin, situative Lenkungsempfehlungen für Beratungsprojekte abzuleiten. Der Forschungsprozess der Arbeit orientierte sich dabei an einem wissenschaftstheoretischen Vorgehen nach dem Entdeckungs-, Begründungs- und Verwertungszusammenhang.

Auf der Grundlage vorhandener Forschungsarbeiten und aktuellen Marktentwicklungen wurden Defizite, die sich bei der Beratung ergeben, systematisch deduziert. Darauf aufbauend erfolgte die systematische Ableitung der oben genannten Ziele. Im ersten Schritt wurde ein für die Unternehmensberatung generisches Erklärungsmodell der Effizienz von Beratungsleistungen entwickelt. Dieses fand dann für die Ableitung spezifischer Lenkungsempfehlungen für die Beratung seine Anwendung.

Eine Expertenbefragung lieferte detaillierte Erklärungs- und Begründungszusammenhänge, wie die Elemente des komplexen sozio-technischen Systems Unternehmensberatung aus einer ganzheitlichen Perspektive aller relevanten Akteure, Institutionen und Objekte betrachtet, dynamisch zusammenwirken. Nicht einzelne Faktoren determinieren dem Modell zufolge die Beratungseffizienz, sondern das komplexe, dynamische Zusammenspiel einer Vielzahl von Faktoren als Ganzes. Die Ergebnisse zusammenfassend, wurden wesentliche Handlungsempfehlungen für Beraterinnen und Klienten entwickelt, die eine grundlegende Verbesserung der Beratungseffizienz herbeiführen sollen. Wesentlich ist, dass die Akteure des Systems sich von der

Vorstellung einer vom Prinzip her möglichen weitgehenden Systembeherrschung, verabschieden. Der Anspruch einer systemisch-evolutionären Sicht ist bei Weitem bescheidener. Es ist zu akzeptieren, dass vieles nicht permanent unter Kontrolle zu halten und auch nicht vollständig unter Kontrolle zu bringen ist.

Schwaninger, M. (2019). Governance for intelligent organizations: a cybernetic contribution. Kybernetes. ***EK IV***

Schwaninger (2019) erörtert in seinem Beitrag das *viable system model* (VSM) sowohl aus theoretischer als auch aus empirischer Sicht. Es wird eine Kombination aus theoretischen und empirischen Komponenten verwendet, um so die Bedeutung für die Organisationsführung zu ermitteln. Das VSM hat sich als leistungsfähiges Mittel zur Steuerung von Organisationen in turbulenten Zeiten erwiesen. Die Ergebnisse legen nahe, dass ein hohes Vertrauen in das Modell gerechtfertigt ist. Es vermittelt Managern und Führungskräften einen unkonventionellen, überlegenen Ansatz zur Diagnose und Gestaltung ihrer Organisationen.

Strasser, E. (2000). Gesagt ist noch nicht getan – Erfahrungen mit einem Projekt zur Lernenden Organisation. In: M. Vogt-Hillmann, W. Eberling, M. Dahm & H. Dreesen (Ed.), Gelöst und los!. Systemisch-lösungsorientierte Perspektiven in Supervision und Organisationsberatung (S. 219–233). Dortmund: Borgmann. ***EK III***

In einem Projektbericht stellt Strasser (2000) ein Organisationsberatungsprojekt vor, das nach dem Modell der Lernenden Organisation nach Senge (2004a) durchgeführt wurde. Dabei wurden die fünf Disziplinen auf Basis eines Lea-Consulting-Ansatzes adressiert, d. h. die Führungskräfte und die Projektgruppe hatten die zentralen Rollen im Projekt und weniger die Berater und Beraterinnen. Weiterhin wurde die Projektgruppe mit Methoden der 5. Disziplin trainiert und galt somit als Lernmodell für den Veränderungsprozess. Alle Projektziele wurden nach zwei Jahren Laufzeit erreicht. *Lessons learnt* waren vor allem der Umgang mit Zeit im Projekt (Beschleunigung – Entschleunigung), die Mobilisierung der kritischen Masse, die Arbeit mit Perspektivwechseln (z. B. Mitarbeitende agieren aus der Perspektive des Vorstands), Kompetenzen der Beratungspersonen und Konflikte im Beratungsteam.

Streiling, S., Hörsch, C. & Rieß, W. (2021). Effects of Teacher Training in Systems Thinking on Biology Students – An Intervention Study. Sustainability, 13(14), 7631. ***EK II***

Ausgehend von der Erkenntnis, dass inhaltliches Wissen und pädagogisches Inhaltswissen ein wesentlicher Aspekt jeder Art von Ausbildung sind, untersuchten Streiling et al. (2021) in einem Lehrerfortbildungsprogramm die Auswirkungen unterschiedlicher Mengen an inhaltlichem Wissen und pädagogischem Wissen auf die Fähigkeit von Biologielehrern, das Systemdenken bei Schülern zu fördern. Dazu wurde eine quasi-experimentelle Interventionsstudie mit einem Prä- und Posttest-Kontrollgruppendesign durchgeführt. Die Ergebnisse zeigten, dass die Ausbildung von Biologielehrern das Systemdenken bei Biologiestudenten ausreichend verbessern kann und dass pädagogisches Wissen eine mindestens ebenso wichtige Rolle bei der Förderung des Systemdenkens spielt wie inhaltliches Wissen.

Sydelko, P., Midgley, G. & Espinosa, A. (2020). A systemic intervention approach to designing interagency responses to wicked problems: creating a common, cross-agency understanding. European Journal of Operational Research. ***EK IV***

Sydelko et al. (2020) stellen Forschungsarbeiten zur Entwicklung und Bewertung eines systemischen Interventionsansatzes dar, bei dem mehrere Methoden zur Bewältigung eines komplexen Problems eingesetzt werden, die durch eine kritische Betrachtung der Grenzen untermauert werden. Das Hauptaugenmerk liegt dabei auf der Frage, wie ein gemeinsames Verständnis eines bösen Problems unter mehreren Behörden geschaffen werden kann, indem eine partizipative Problemstrukturierungsmethode namens *„systemic perspective mapping"* eingesetzt wird. Das Problem, mit dem sie sich befasst haben, war die internationale organisierte Drogenkriminalität und ihre Überschneidung mit den Aktivitäten lokaler städtischer Banden (wobei Chicago, USA, als repräsentative Stadt diente). Die Perspektiven auf das Problem wurden unter Beteiligung verschiedener lokaler, regionaler und bundesstaatlicher Behörden strukturiert, die an der Bekämpfung des illegalen Drogenhandels beteiligt sind. Die Forschung ergab, dass die kombinierte Anwendung von Grenzkritik und systemischem Perspektiven-Mapping in der Lage war, ein ausreichendes gemeinsames Verständnis zu erzeugen, um eine Basis für die Gestaltung einer behördenübergreifenden Organisation zu schaffen, die das Modell eines funktionsfähigen Systems verwendet.

Van Mai, T. (2010). Systems thinking approach as a unique tool for sustainable tourism development: A case study in the cat ba biosphere reserve of Vietnam. In Proceedings of the 54th Annual Meeting of the ISSS-2010, Waterloo, Canada. ***EK III***

Van Mai (2010) analysierte die Anwendung des *Systems Thinking*-Ansatzes in einer Fallstudie bei der Untersuchung des Tourismussystems im Cat Ba Biosphärenreservat in Vietnam. Diese Studie zeigt, dass *Systems Thinking* ein effektives und leistungsfähiges Werkzeug ist, um die Komplexität des Tourismussystems zu erklären. Es hat dazu beigetragen, isolierte Probleme, die mit der Branche verbunden sind, zu vereinfachen, zu klären und zu integrieren und einen Mechanismus für das Lernen in der Gruppe und die Entscheidungsfindung zur Erreichung wünschenswerter Ergebnisse zu erzielen. Es wird vorgeschlagen, *Systems Thinking* als geeignetes Werkzeug für die nachhaltige Tourismusentwicklung zu nutzen.

Ziegenfuss, J.T. (1992). Are you growing systems thinking managers? Use a systems model to teach and practice organizational analysis and planning, management policy, and organizational development. Systems Practice 5, 509-527. https://doi.org/10.1007/ BF01140504. ***EK III***

Ziegenfuss (1992) beleuchtet die Verwendung des Kast- und Rosenzweig-Systems und des Kontingenzmodells für Lehre und Praxis in Organisationsanalyse und -planung, Management, Politik und Organisationsentwicklung. Der Bedarf an einem Organisationsmodell für Studierenden sowie für Personen im Management und Führungskräfte in der Praxis wird ermittelt. Es folgen Beispiele für Lehre und Praxis in vier Bereichen: Organisationsanalyse, Organisationsplanung, Gestaltung der Organisationspolitik und Organisationsentwicklung. In jedem Bereich werden Fallbeispiele für den Einsatz des Modells in Lehre und Praxis vorgestellt. Die Anwendung des Modells zeigt dessen Beitrag zum *Systems Thinking* bei Managern und Managerinnen sowie Studierenden in einer Vielzahl von Kursen und Feldprojekten.

Zock, A. & Rautenberg, M. (2004). A critical review of the use of system dynamics for organizational consultation projects. In Proceedings of the 22nd International Conference of the System Dynamics Society, Oxford. ***EK IV***

Zock & Rautenberg (2004) beleuchten den Einsatz von *System Dynamics* im Rahmen von Organisationsberatungsprojekten. Systemdynamische Beratungsprojekte weisen eine Vielfalt an Prozessmodellen, konzeptuellen Rahmen und Terminologie auf. Infolgedessen erfüllen solche Praktiken nicht die Kriterien eines vollständig konsistenten und soliden Beratungsansatzes. Nichtsdestotrotz enthält *System Dynamics*-basierte Beratung eine Reihe wertvoller Elemente. Sie schlagen vor, diese in einen bestehenden konstanten Rahmen zu integrieren, nämlich die systemische Interventionspraxis, die von der systemischen Theorie sozialer Systeme abgeleitet ist, die auf Maturanas Konzept der Autopoiesis basiert. Dies stärkt die bereits bestehende subjektive Weltanschauung in Teilen der *System Dynamics*-Community und integriert so die explorative Kraft der *System Dynamics*, die eine formalisierte Reflexion der wahrgenommenen logischen Struktur mentaler Modelle ermöglicht in einen kohärenten Beratungsrahmen, der auf einer interpretativen und konstruktiven Perspektive basiert.

7.2.4. Systemisch-lösungsorientierte Ansätze

Im Bereich systemisch-lösungsorientierter Ansätze im Organisationskontext konnten sechs Studien eingeschlossen werden. Davon sind zwei Studien der Evidenzklasse IV, zwei Studien der Evidenzklasse III, eine Studie der Evidenzklasse II und eine Studie der Evidenzklasse I zuzuordnen. Für diesem Untersuchungsbereich kann die die *Bewertungsklasse III* vergeben werden (Tab. 13).

Systemisch-lösungsorientierte Ansätze im Organisationskontext	
Wirkungen	
Individuelles Erleben	*Leistungsverbesserung*
– Stärkung burnout-spezifischer protektiver Faktoren – Verringerung von interpersonalen Problemen – Verringerung von Bedrohungsempfinden (Burnout-Prävention) – Verhinderung von Kränkungen im Veränderungsprozessen – weniger Zynismus, mehr Engagement, höhere Zufriedenheit bei Systemisch-lösungsorientiertem Führungsstil	– Erhöhung der Veränderungsbereitschaft, Motivation und Aktivität – Ressourcenaktivierung – Aktivierung von Lösungsfindungsprozessen – verbessert Beratungsgespräche allgemein – verbessert die Kommunikationsqualität

Tab. 13: Überblick über die Wirkfaktoren und Wirkungen aus den Studien zu Systemisch-lösungsorientierte Ansätzen im Organisationskontext

Im Folgenden sind die eingeschlossenen Studien zu diesem Ansatz dargestellt.

Abel, C., Schweitzer, J. & Matthäus, S. (2009). Ein systemisch-lösungsorientiertes Präventionsprogramm. PiD-Psychotherapie im Dialog, 10(03), 245–250. ***EK II***

An der Universität Mannheim, Professur für Berufs- und Wirtschaftspädagogik, wurde in Zusammenarbeit mit der Evangelischen Fachhochschule Ludwigshafen von Mai 2004 bis April 2006 das Forschungsprojekt „Professionalisierung in Pflegeberufen" durchgeführt, das die Eignung systemisch-lösungsorientierter Beratung im Hinblick auf die Prävention von Stress und Burnout untersuchte. Abel et al. (2009) entwickelten und evaluierten eine auf systemischen und lösungsorientierten Prinzipien basierende Präventionsmaßnahme. Ziele waren die Verbesserung stress- und burnout-relevanter interner Ressourcen (unter anderem Kompetenzerwartung, proaktive Einstellung und Beratungskompetenz) sowie die Verringerung von Bedrohungseinschätzungen und interpersonalen Problemen. Die Ergebnisse der begleitenden quasi-experimentellen Evaluationsstudie belegen bei den Teilnehmenden der Maßnahme signifikante und substanzielle positive Veränderungen burnout-spezifischer protektiver Faktoren, die sechs Monate nach Beendigung des Kurses immer noch relativ stabil waren.

Endrejat, P. C., Meinecke, A. L. & Kauffeld, S. (2020). Get the crowd going: eliciting and maintaining change readiness through solution-focused communication. Journal of Change-Management, 20(1), 35–58. ***EK I***

Endrejat et al. (2020) untersuchten die Wirkung von lösungsorientierter Kommunikation auf die Bereitschaft für Veränderungsprozesse bei Mitarbeitenden in Organisationen. Dazu wurden 5507 kodierte Statements aus mehr als 13 Stunden Echtzeitaufnahmen von Change Agenten mit Workshopteilnehmern ausgewertet. Im Ergebnis zeigt sich ein Zusammenhang zwischen lösungsorientierter Kommunikation und Veränderungsbereitschaft auf Individualebene und deren Ausbreitung im Kollektiv der Organisation, weniger Prokrastination, mehr Aktivität. Geringere Motivation entstand im Vergleich dazu, wenn die Intervention in Form eines Vortrags erfolgte.

Erbring, S. (2017). Gesunde inklusive Schulentwicklung: Ressourcen und Entwicklungsimpulse zur Leitung inklusiver Schulen. Systhema 3(31), 270–280. ***EK IV***

Erbring (2017) beschreibt aus einem systemischen Blickwinkel, Ressourcen, die von Schulleitungen und/oder bei der Schulleitungsberatung zur Umsetzung schulischer Inklusion eingesetzt werden können, um die Prozesse gesund zu gestalten. Dazu werden zunächst ein Konzept systemischer Organisationsentwicklung auf schulische Entwicklungsprozesse angewandt und Gesundheitsressourcen aus organisationalen Entwicklungsmöglichkeiten, Möglichkeiten, schulinterner Teamentwicklung und der Salutogenese (einem Konzept aus der Gesundheitsforschung) beschrieben. Den Abschluss bildet ein methodisches Statement mit Ergebnissen aus einer Schulleitungsqualifizierung. Wer mit lösungsorientierten Methoden arbeitet, kennt deren explosiv-kreative Kräfte. Insbesondere im Schulbereich besteht aufgrund der häufig rezipierend statt konstruierend gestalteten Lehr-Lernprozesse die Gefahr, dass eigene Lösungsfindungsprozesse zu wenig Raum erhalten. Auch im Fortbildungssektor baut sich demnach nicht selten ein Erwartungshorizont auf, der die Aufgabe der Lösungsfindung in die Hände der Fortbildner und Fortbildnerinnen legt. Die genannten Beispiele möchten ein anderes Paradigma setzen. Der Vergleich von Lösungen aus Fortbildungsveranstaltungen und Qualifizierungen mit Lösungen aus Handbüchern und Ratgebern zeigt, dass die von Teilnehmenden selbst gefundenen Lösungen qualitativ geeignet sind, um inklusive Schulentwicklungsprozesse ressourcenorientiert zu gestalten. Zudem entfaltet sich mit dem Einsatz lösungsorientierter Methoden ein Aktivierungspotenzial, das an sich schon gesundheitsfördernd sein dürfte.

Kersting, A. & Kamper-Jasper, I. P. (2002). Die systemische Beratung interpersoneller Konflikte in Familienunternehmen. Psychotherapeut, 47(2), 83–89. ***EK IV***

Kersting & Kamper-Jasper (2002) stellen nach einem Überblick über die Literatur zur Beratung von Familienunternehmen und die Besonderheiten dieser Organisationsform, ein Beratungskonzept vor, das auf die besondere Situation der Familienunternehmen zugeschnitten ist. Es handelt sich dabei um einen ressourcen- und lösungsorientierten systemischen Beratungsansatz, der die Bearbeitung der Problematik auf den Ebenen des Einzelnen, des Familiensystems und der Organisation ermöglicht. Ein Fallbeispiel veranschaulicht das Beratungskonzept. Ein Charakteristikum des Familienunternehmens ist die besondere Verbindung zwischen zwei sozialen Systemen. Sie bringt Vorteile, aber auch Gefahren mit sich. Eine Schwierigkeit besteht wegen der beschriebenen Abneigung der Unternehmen gegen eine Hilfe von außen darin, die betreffenden Familienunternehmen zu erreichen, bevor es für eine Beratung zu spät ist. Durch eine verstärkte Aufklärung zur speziellen Problematik der Familienunternehmen z. B. über die Medien, aber auch über Institutionen wie die Industrie- und Handelskammern oder Geldinstitute, mit denen Familienunternehmen zusammenarbeiten, könnten die Zugangswege zur Beratung weiter verbessert werden. Die Technik der Beratung muss dabei auf die Bedürfnisse dieser Beratungsklientel abgestimmt werden und dabei die besondere Kränkbarkeit der Familienunternehmer, aber auch ihr Streben nach Unabhängigkeit berücksichtigen.

Kriel, A. (2016). Exploring and evaluating a solution-focused counselling programme for industrial psychology practitioners (Doctoral dissertation, North-West University (South Africa), Potchefstroom Campus). ***EK III***

Kriel (2016) evaluierte ein Trainingsprogramm zur lösungsfokussierten Beratung für Arbeitspsychologen als Berater am Arbeitsplatz. In der Studie wurde ein qualitativer Forschungsansatz verwendet, mit Sozialkonstruktivismus und Phänomenologie als philosophische Grundlagen. Die Studie nutzte ein Fallstudiendesign und eine Kombination aus Zufalls- und Schneeballstichproben als Nicht-Wahrscheinlichkeits-Stichprobenverfahren. Die angestrebte Stichprobengruppe umfasste registrierte, praktizierende Psychologen (N = 13). Die Ergebnisse zeigten, dass die Teilnehmenden die Wahrscheinlichkeit des Einsatzes von lösungsfokussierter Beratung im Kontext von IOP *(The industrial and organisational psychology)* befürworten. Die Teilnehmenden äußerten, dass sie einen neuen Rahmen erworben haben, auf den sie sich während der Beratung sowie für verschiedene andere Aufgaben im IOP-Kontext beziehen können. Ein wesentliches Ergebnis der Studie zeigte, dass die Teilnehmenden angaben, dass lösungsfokussierte Beratung ein Ansatz ist, der im Unternehmensumfeld für verschiedene Berufe geeignet ist. In Bezug auf die Ausbildung empfahlen die Teilnehmenden, den Ansatz gemeinsam mit anderen kompatiblen Ansätzen zu nutzen. Zusammenfassend hat diese Untersuchung ergeben, dass ein angepasstes lösungsfokussiertes Beratungstraining-Programm in das Curriculum des IOP-Masterprogramms aufgenommen werden sollte.

Liehs, A. & Giel, B. (2016). Teilhabe durch Unterstützte Kommunikation in Wohn- und Werkstätten. Sprachtherapie aktuell, 3, 1–7. ***EK III***

Liehs & Giel (2016) skizzieren die wesentlichsten Aspekte des Kooperationsprojektes des Zentrums für Unterstützte Kommunikation Moers (ZUK) und den Caritas Wohn- und Werkstätten Niederrhein (CWWN). Es wird aufgezeigt, wie eine Implementierung von Unterstützter Kommunikation (UK) im nachschulischen Lebensumfeld von Wohn- und Werkstatt gelingen kann. Auf Basis von Methoden aus der systemischen Organisationsentwicklung werden in einem dreijährigen Projekt verschiedene Formen Unterstützter Kommunikation (UK) (Gebärden, Symbole, elektronische Kommunikationshilfen) in den Wohn- und Werkstätten eingeführt sowie eine Veränderung der Einstellung gegenüber kommunikativer Teilhabe und Partizipation angestrebt. Das vorgestellte Projekt zeigt, wie eine Implementierung von UK in nachschulische Lebenswelten von Wohn- und Werkstätten für Menschen mit Behinderung gelingen kann. Es wird deutlich, dass die Implementierung von UK in einem solch großen System nur unter bestimmten Voraussetzungen möglich ist und Veränderungen nur schrittweise erfolgen können. Insbesondere eine Veränderung von Einstellungen vollzieht sich nur langsam und es wird eindrücklich erkennbar, dass letztlich das Unternehmen das Tempo der Veränderung vorgibt. Aber durch die stetige Wissenserweiterung durch das Erleben und die wachsende Überzeugung, dass Kommunikation einen wesentlichen Beitrag zur Teilhabe und Inklusion leistet, sind die Caritas Wohn- und Werkstätten Niederrhein auf einem guten Weg, UK fest in ihr System zu implementieren. Neben der Bereitschaft des Unternehmens, ein Umdenken in Bezug auf Teilhabe durch Kommunikation zu fördern und zu fordern, erweist sich die systemische Sichtweise des ZUKs sowie die Arbeit auf Basis von Methoden der systemischen Organisationsentwicklung für eine nachhaltige Systemveränderung als unabdingbar. Als Kooperationspartner können sie zu dem Zeitpunkt sagen, dass sowohl die sprachspezifische Befunderhebung als auch die obligatorischen „Moderierten Runden Tische“ (MoRTi) einen wesentlichen Beitrag zum Gelingen der UK-Implementierung leisten.

Ozdem, G. & Sezer, S. (2019). The relationship between solution-focused school leadership and organizational cynicism, organizational commitment, and teachers' job satisfaction. International Journal of Progressive Education, 15(1), 167–183. ***EK II***

Ziel der Studie von Ozdem & Sezer (2019) war es, die Beziehung zwischen lösungsorientierter Schulführung und organisatorischem Zynismus, organisatorischem Engagement und der Arbeitszufriedenheit von Lehrern zu untersuchen. Diese Studie wurde als korrelative Umfrage konzipiert. Die Stichprobengruppe bestand aus 246 Lehrern an verschiedenen Schulen. Die Stichprobengruppe wurde mithilfe der Cluster-Stichprobenmethode ermittelt. Die Daten wurden über die vier Skalen erhoben: Skala zur lösungsorientierten Schulführung, Skala zum organisatorischen Zynismus, Skala des organisatorischen Engagements und die Kurzform der *Minnesota Job Satisfaction Scale*. Die Ergebnisse zeigen, dass die Lehrer ein hohes Maß an lösungsorientierter Führung an den Schulen wahrnehmen. Die Ergebnisse zeigen auch, dass die Lehrer einen niedrigen Grad an organisatorischem Zynismus, aber einen hohen Grad an organisatorischem Engagement und Arbeitszufriedenheit wahrnehmen. Es wurde eine hohe statisch signifikante negative Korrelation zwischen dem Organisationszynismus der Lehrer und der lösungsorientierten Führung der Schulleiter laut den Ergebnissen der multiplen Regressionsanalyse festgestellt. Darüber hinaus wurde eine hohe statisch signifikante positive Korrelation zwischen dem organisatorischen Engagement der Lehrer und der lösungsorientierten Führung festgestellt. Darüber hinaus wurde ein hoher statisch signifikanter positiver Zusammenhang zwischen der Arbeitszufriedenheit der Lehrer und der lösungsfokussierten Führung der Schulleiter erkannt. Die Ergebnisse zeigen auch, dass sich die Werte für lösungsfokussierte Führung und organisatorisches Engagement statistisch zu Gunsten der Lehrerinnen unterscheiden.

7.2.5. Narrative Ansätze im Organisationskontext

Im Bereich der Narrativen Ansätze im Organisationskontext konnten zehn Studien eingeschlossen werden. Davon sind fünf Studien der Evidenzklasse IV, zwei Studien der Evidenzklasse III, drei Studien der Evidenzklasse II zuzuordnen. Für diesem Untersuchungsbereich kann die *Bewertungsklasse III* vergeben werden (Tab. 14).

Narrative Ansätze im Organisationskontext	
Wirkungen	
Reflexion	*Organisationale Veränderungen*
– Beobachtung zweiter Ordnung ermöglichen	– Prägen der Identität von Organisationen
– Bewusstmachung von blinden Flecken der Organisation	– Vermittlung von Strategien
– Schaffung von Mehrperspektivität	– Führungskommunikation wirksamer machen
– Narrative Analysen helfen, die Organisation zu verstehen	– Kritische Themen können anschlussfähiger transportiert werden
– Vermittlung von kulturellen Werten	– Narrative wirken auf die Organisation und diese wirkt auf die Narrative zurück (Zirkularität)

Tab. 14: Überblick über die Wirkfaktoren und Wirkungen aus den Studien zu Narrativen Ansätzen im Organisationskontext

Im Folgenden sind die eingeschlossenen Studien zu diesem Ansatz dargestellt.

Barry, D. (1997). Telling changes: From narrative family therapy to organizational change and development. Journal of Organizational Change Management. **EK IV**

Im Rahmen einer Fallstudie untersucht Barry (1997), wie die Entwicklungen der narrativen Familientherapie auf die Bemühungen um organisatorische Veränderungen angewendet werden können. Nach einer einführenden Erörterung einiger Schlüsselorientierungen und -praktiken der narrativen Therapie (z. B. postmoderne Vorstellungen von Sprache und Macht, Einflusskartierung, Externalisierung von Problemen, einzigartige Ergebnisse, Zuhören) wird ein ausführliches Fallbeispiel gegeben, bei dem ein narrativer Ansatz verwendet wurde, um Veränderungen in einer Organisation des Gesundheitswesens zu bewirken. Anhand dieses Falles werden eine Reihe von Forschungsfragen und -richtungen entwickelt. Auf Basis der Ergebnisse des Fallbeispiels nimmt Barry (1997) an, dass die Arbeit der narrativen Therapie sinnvoll auf das organisatorische Veränderungsmanagement angewandt werden kann. Da der narrative Ansatz seines Erachtens, besonders gut mit Einzelpersonen und kleinen Gruppen funktioniert, nimmt er an, dass er sich auch bei organisatorischen Fokusgruppen als effektiv erweisen würde; diese könnten gleichzeitig oder nacheinander durchgeführt werden, wobei die Geschichte jeder Gruppe dazu dient, die Arbeit der anderen Gruppen zu informieren. Ein anderer Ansatz könnte nach Barry darin bestehen, die Feedback-Methoden für Umfragen so zu modifizieren, dass sie eine Erzählperspektive einbeziehen – Fragen zu organisatorischen Belangen könnten breit gestreut werden; die gesammelten Antworten könnten dann zur Formulierung einer Fragerunde über einzigartige Ergebnisse verwendet werden. Das Schreiben von Briefen könnte in virtuellen Organisationen oder in Situationen eingesetzt werden, in denen Organisationsmitglieder aus der Ferne arbeiten müssen. Die Erfahrungen aus dem Projekt deuten darauf hin, dass eine überraschende Anzahl von Veränderungen auf dem Postweg erreicht werden kann. Andere haben damit begonnen, narrative Ansätze auf das Training von organisatorischen Fähigkeiten und die Mediation anzuwenden die Möglichkeiten des narrativen Ansatzes innerhalb von Organisationen müssen erst noch entdeckt werden.

Borghoff, B. (2017). 21. Entrepreneurial Storytelling: Narrative Praktiken und Designstrategien in der Projekt- und Organisationsentwicklung. In Doing Applied Linguistics, 173–183. De Gruyter. ***EK III***

Im Rahmen einer gegenstandsbezogenen Forschung wurde durch Borghoff (2017) eine narrations- und diskursanalytische Fallstudie im projekt- und organisationsspezifischen Kontext von Kultur, Kreativwirtschaft und *Creative Economies* realisiert. Basierend auf der Annahme, dass *Entrepreneurial Storytelling* im Rahmen von Designprozessen Auswirkungen auf die Entwicklung bestehender und neuer Projekte bzw. Organisationen hat, wurde u. a. folgende Forschungsfrage entwickelt: Welche typischen narrativen Praktiken bzw. Designstrategien wenden Praktizierende im professionellen Kontext an und was erzählen sie darüber, was sie tun? Untersucht wurde ein Datenkorpus bestehend aus 13 Texten in Form von Webtexten, transkribierten halbstandardisierten sowie narrativen Interviews (Bohnsack, 2014; Küsters,

2009). Im Hinblick auf eine narrative Praxis von *Entrepreneurial Storytelling* kann gesagt werden, dass sich unternehmerische Erfolgsgeschichten durch „Entrepreneurializing“ konstituieren. *Entrepreneurial Stories* wiederum tragen zur organisationalen bzw. projektspezifischen Wertschöpfung bei, indem sie die narrative Identität von Organisationen und Projekten durch die Entwicklung von *Entrepreneurial Designs* maßgeblich mitprägen. Dadurch wird Storytelling zu einem unternehmerischen Designprozess und damit zentraler Bestandteil von Entrepreneurship: *Entrepreneurial Storytelling* ist Entrepreneurship par excellence. Beide zusammen, das sprachliche und das unternehmerische Handeln, formen einzigartige *Entrepreneurial Designs*, indem PraktikerInnen neue Designstrategien und Lösungswege in immer komplexer werdenden Umfeldern entwickeln. Dies wird möglich, wenn sie erzählen, was sie tun. Nicht nur unter sich, sondern in öffentlichen Netzwerken und Arenen der Kommunikation. Erst dann kann Anschlusskommunikation gelingen und unternehmerische Erfolgsgeschichten geschrieben werden. Auf diese Weise wird die narrative Identität von Projekten und Organisationen greifbar und öffentlich wirksam.

Carriger, M. (2011). Narrative approach to corporate strategy: empirical foundations. Journal of Strategy and Management, 304–324. ***EK II***

Carriger (2011) untersuchte den Einsatz von Narrativen, die von Führungskräften in einer Organisation als effektives Werkzeug zur Erstellung, Verbreitung und Ausführung der Unternehmensstrategie geschickt eingesetzt werden. Für den Datensatz der Business School wurden 159 Studenten nach dem Zufallsprinzip einer von zwei Bedingungen zugewiesen, so dass 81 bzw. 78 Teilnehmenden in jeder Bedingung waren. Die Randomisierung wurde durchgeführt, indem den Teilnehmenden eines von zwei Erhebungsformularen ausgehändigt wurde. Für den professionellen Datensatz wurde eine Gruppe von 45 Fachleuten (einzelne Mitarbeiter und Manager) bei einem mittelgroßen Rüstungsunternehmen in der Kommunikationsbranche identifiziert. 24 dieser Fachleute antworteten auf eine E-Mail mit der Bitte, das Umfrageformular auszufüllen. Es werden Daten präsentiert, die belegen, dass eine narrative Darstellung der Unternehmensstrategie, komparativen Vorteils effektiver ist, um eine konsistente und sichere Wahl des Wettbewerbsvorteiles bei einem Publikum zu erzeugen, als eine Präsentation der Unternehmensstrategie im PowerPoint-Stil, Aufzählungslisten Ansatz. Implikationen für den praktischen Einsatz von Narrativen in Veränderungssituationen durch Führungskräfte werden erforscht.

Mühlmann, K., Nagl, M., Schreder, G. & Mayr, E. (2014). Von Helden und Schurken – Ein sozio-kognitives Modell zu Wirkungen von Narrationen in

Organisationen. In Storytelling in der Organisationskommunikation. Wiesbaden: Springer VS, 27–40. ***EK III***

Mühlmann et al. (2014) untersuchten in ihrer Studie das Themenfeld interne Kommunikation, Führungskommunikation und Storytelling. Für den empirischen Teil wurden zehn Interviews mit Experten und Expertinnen ausgewertet. Als Zusammenfassung dieser Forschungsarbeit kann gesagt werden, dass Storytelling als Instrument in der internen Führungskommunikation durchaus eingesetzt werden kann und auch zu einem gewissen Grad bereits praktiziert wird. Die meisten Interviewten setzen allerdings die Methode des Storytellings nicht zu jedem Zeitpunkt bewusst ein, sondern verlassen sich mehr auf Faktoren, die mit dem Storytelling in Verbindung gebracht werden (emotionale Ansprache, erklärende, bildhafte Sprache etc.). Die Erfahrung des unbewussten Einsatzes dieser Methode ist allerdings bei den meisten Interviewten durchweg positiv. Es ist fraglich, ob Storytelling einfach als Instrument einführbar ist, da es sehr von der Person der Führungskraft abhängig ist.

Schaufelberger, T. (2008). „In Kirchgemeinden systemische Veränderungsprozesse choreographieren. Einführung eines Familienkonzepts mit Story-basiertem Transformations-Management von innen." In Masterarbeit, Universität Augsburg, MBA-Studiengang „Systemische Organisationsentwicklung und Beratung". ***EK IV***

Schaufelberger (2008) untersuchte in ihrer Masterarbeit anhand eines konkreten Praxisbeispiels die Frage, ob systemische Veränderungsberatung brauchbar ist, um in Kirchgemeinden Transformationsprozesse anzuregen. Dabei wird ein methodischer Zirkel zwischen Theorie und Praxis angewendet. Die Theorie systemischer Beratung und die Organisationstheorie wirken sich auf die Praxis aus und umgekehrt. So werden theoretische Impulse in Form einer ständigen rekursiven Schleife auf die Praxis, den Veränderungsprozess „Familie/Generationen" in einer Evangelisch-reformierten Kirchgemeinde in der Schweiz, angewendet. Der Prozess wird im Detail beschrieben. Sowohl die Veränderungsarchitektur wird beleuchtet wie auch die Veränderungsdesigns und die systemischen Werkzeuge, die eine Rolle gespielt haben. Die Darstellung, Reflexion und Diskussion des Veränderungsprozesses schließt mit der These, dass für Kirchgemeinden das Repertoire an systemischen Veränderungswerkzeugen geeignet ist. Allerdings mit einer Einschränkung. Für die stark werteorientierte, narrativ verfasste Organisation einer Kirchgemeinde können zusätzliche Impulse aus dem sozialen Konstruktivismus hilfreich sein. Schaufelberger entwickelt in der Folge ein Story-basiertes Transformationsmanagement von innen, das evaluiert und diskutiert wird. Das Ziel aller Veränderungsbemühungen in Kirchgemeinden: Sie sollen zu Organisationen werden, die Räume des Lernens und des Über-sich-selbst-nachdenkens schaffen.

Tesch, C. (2016). Reporter in der Organisation – Systemisches Storytelling für Journalisten. Organisationsberatung Supervision Coaching 23, 311–321. https://doi.org/10.1007/s11613-016-0466-0. ***EK IV***

Tesch (2016) stellt eine Storytelling-Methode dar, die journalistisches Handwerk mit Prämissen der systemischen Organisationsentwicklung verknüpft. Auf diesem Wege wird das Modell der freien Presse auf die Organisation übertragen. Unternehmen engagieren Reporter, frei über den Alltag und die Kultur der Organisation zu berichten. Teil der Methode sind Storytelling-Events, wo die Reporter einer internen Öffentlichkeit ihre Recherchen illustrieren. Die radikale Unabhängigkeit unterscheidet das Systemische Storytelling von anderen Formaten der Unternehmenskommunikation. Der Nutzen liegt insbesondere in der Glaubwürdigkeit. Das bringt neue Möglichkeiten für Unternehmen hervor, sich mit sich selbst auseinanderzusetzen und definiert für Journalisten neue Zuständigkeiten.

Thier, K. (2016). Storytelling: Eine Methode für das Change-, Marken-, Projekt- und Wissensmanagement. Springer-Verlag. ***EK IV***

Bezugnehmend auf Ergebnisse wissenschaftlicher Untersuchungen und Meinungen von Praktikern und Praktikerinnen stellt Thier (2016) die wesentlichsten Punkte der Wirksamkeit von Storytelling dar. Storytelling dient der Bewusstmachung: Bisher nicht oder ungenügend beschriebene Themen werden verbalisiert. Storytelling gibt für viele einen Denkanstoß. Storytelling schafft Sensibilisierung für unternehmenskulturelle Themen und für Mitarbeiter anderer Bereiche: Durch Storytelling wird mehr darauf geachtet, ob die in der Geschichte angesprochenen Themen auch im eigenen Umfeld auftreten und was dies bedeutet. Darüber hinaus wächst durch die Darstellung verschiedener Sichtweisen innerhalb der Erfahrungsgeschichte das Verständnis und die Akzeptanz für das Verhalten anderer. Storytelling fördert die Kommunikation: Allgemein findet durch Storytelling deutlich mehr Austausch über bestimmte heikle Themen zwischen den Beteiligten statt. Das führt zu der Erkenntnis, mit einer Meinung nicht alleine dazustehen. Auch wird die Kritikfähigkeit im Team verbessert. Durch Storytelling werden kritische Themen greifbar, kommunizierbar und damit veränderbar. Storytelling bietet einen Ansatz für konkrete Verhaltensänderungen: Änderungen im Verhalten der Beteiligten werden durch das Erfahrungsdokument und den

Workshop angeregt, müssen aber auch nachhaltig in der Projektkultur verankert werden.

Vaara, E., Sonenshein, S. & Boje, D. (2016). Narratives as sources of stability and change in organizations: Approaches and directions for future research. Academy of Management Annals, 10(1), 495–560. ***EK IV***

Vaara et al. (2016) geben eine Übersicht für ein Verständnis der Schlüsselthemen in der organisatorischen narrativen Analyse mit einem Fokus auf die Rolle von Narrativen bei organisatorischer Stabilität und Veränderung. Sie beginnen mit einer Ausarbeitung über die Charakteristika von Organisationsnarrativen, um einen konzeptionellen Rahmen für die organisatorische narrative Analyse zu gestalten. Sie erläutern drei Schlüsselansätze zur narrativen Analyse zu Stabilität und Wandel: realistische, interpretative und poststrukturalistische Ansätze. Anschließend gehen sie auf einige Themenbereiche ein, in denen die narrative Analyse bisher vielversprechend sind: organisatorischer Wandel, Identität, Strategie, Unternehmertum und persönlicher Wandel. Durch die Entwicklung narrativer Theorien und Methoden entlang solcher Linien können nicht nur narrative Anwendungen in der Organisationsforschung vorangetrieben, sondern auch die Analyse von Organisationsnarrativen werden.

Zwack, M., Kraiczy, N. D., von Schlippe, A. & Hack, A. (2016). Storytelling and cultural family value transmission: Value perception of stories in family firms. Management Learning, 47(5), 590–614. ***EK II***

Zwack et al. (2016) untersuchten im Rahmen eines Mixed-Methods-Design die Übertragung kultureller Familienwerte in Familienunternehmen durch Storytelling. Im Einzelnen analysierten sie, ob kulturelle Familienwerte, die durch eine Geschichte und deren Erzähler vermittelt werden sollen, auch von den Zuhörern richtig wahrgenommen werden (d. h. der beabsichtigte vermittelte Wert und der wahrgenommene Wert sind kongruent). In der qualitativen Phase wurden Geschichten, die in drei deutschen Familienunternehmen erzählt wurden, und in der quantitativen Phase, in der die Wertwahrnehmung (d. h. subjektive Wahrnehmung) von 226 Personen außerhalb des Unternehmens für eine ausgewählte Anzahl von sechs Geschichten analysiert. Die Ergebnisse zeigen, dass die beabsichtigten Werte der ausgewählten Geschichten von den Individuen genau wahrgenommen werden. Folglich könnten Geschichten ein nützliches Mittel zur Übermittlung kultureller Familienwerte in Familienunternehmen darstellen.

7.3. Systemische Arbeit im Mehrpersonensetting

Die im Folgenden dargestellten Studien beziehen sich auf Mehrpersonensettings wie Gruppencoaching, Teamcoaching, Training, Mediation und Supervision. Aufgrund der geringen Studienzahl werden diese Formate in einem Kapitel zusammen dargestellt.

Innerhalb des Kapitels erfolgt eine Staffelung nach Evidenzklassen (EK) im Hinblick auf die verschiedenen Untersuchungsdesigns und Methodiken.

- I a Metaanalysen, Reviews
- I b *Randomized Controlled Trials*
- II Studien ohne Randomisierung
- III Deskriptive Studien, Fallstudien
- IV Expertenmeinungen, Praxisberichte etc.

Evidenz innerhalb einer Auswertungsgruppe der systemischen Ansätze erfolgt anschließend anhand von drei Bewertungsklassifikationen (BK), in denen sich jeweils die Quantität und Qualität der Studienlage widerspiegelt.

- BK 1 – starke Evidenz: Es liegen mehrere qualitativ hochwertige Studien mit größeren Stichproben (EK I a und b) vor, die sich inhaltlich klar einem systemischen Ansatz zuordnen lassen.
- BK 2 – mittlere Evidenz: Es liegen qualitativ hinreichende Studien bzw. gut aufbereitete Fallstudien (EK II a und B, III) vor die sich inhaltlich einem oder mehreren systemischen Ansätzen zuordnen lassen.
- BK 3 – schwache Evidenz: Es liegen nur wenige oder einzelne Publikationen, die kaum empirische Daten enthalten bzw. kein elaboriertes Studiendesign aufweisen (EK IV), vor bzw. die inhaltliche Zuordnung zu den systemischen Ansätzen ist unklar.

7.3.1. Teamcoaching

Für den Bereich Teamcoaching konnten 23 Studien in die Analysen einfließen. Von diesen Studien lassen sich drei der EK IV, 13 der EK III, fünf der EK II sowie zwei der EK I zuordnen. Damit kann für diesen Untersuchungsbereich die *Bewertungsklasse II* vergeben werden.

Zusammenfassend kann gesagt werden, dass Teamcoaching insbesondere in folgenden Bereichen Effekte der Wirksamkeit zeigte (Tab. 15):

Teamcoaching	
Wirkfaktoren	
Methoden & Arbeitsweise – kognitiv-analytische Teambeschreibung – Kontext-Reframing – Arbeitsweise des Coaches – didaktisches Rahmenkonzept – Coaching-Struktur und -Prozess – Nachbereitung – direkte Wirkung der Beratung sowie vermittelnde Prozesse der Selbstmanagementunterstützung des Teams *Teamprozesse* – Regelmäßige Reflexionsrunden	– Team-Charta und Arbeitsvereinbarungen – Beteiligung des ganzen Teams – Prozess der gemeinsamen Erarbeitung von Themen und Lösungen – Einführung von Teamarbeit *Interventionen* – Rollenspiele und *Reflecting Team* – Verstörung von Mustern – Fokus auf Bedürfnisse – Information/Transparenz – Zielorientierung – Klarheit/Strukturiertheit
Wirkungen	
Kompetenzentwicklung – Entwicklung von dialogischen, relationalen und reflexiven Fähigkeiten – Kompetenzerwerb – Förderung der Selbstlernkompetenzen – persönliches Lernen – Verantwortungsübernahme – Förderung von Reflexionskompetenz – Stärkung persönlicher Selbstmanagement-Kompetenz *Reflexion und Lernen* – Erhöhung des relationalen Bewusstseins – Reflexionsverhalten – verankertes Lernen durch spielerisches Experimentieren, Improvisation und Risikobereitschaft – Förderung der Motivation für ein kontinuierliches Lernen – Wissensintegration – Förderung von Teamlernaktivitäten – Anerkennung von Konflikten	*Sozialdimension des Teams* – Stärkung von Zusammenhalt und Vertrauen – Entwicklung eines Gefühls für die Geschichte des Teams – Stärkung des Selbstverständnisses des Teams – Steigerung der Beziehungszufriedenheit *Interaktion und Kommunikation* – Verbesserungen in Zusammenarbeit und Produktivität – Verbesserung der Kommunikation, Beteiligung und der Beziehungen – restrukturierte Teambesprechungen und besserer Informationsaustausch – Verbesserung der Teamorganisation – Erarbeitung neuer Themen und Lösungen – Entwicklung diskursiver Ressourcen – Erschließung alternativer Handlungsmöglichkeiten in der täglichen Praxis – Identifikation neuer Entwicklungsfelder

	– Erarbeitung gemeinsamer Visionen für eine gewünschte Zukunft – Steigerung der Kohäsion und Kooperation

Tab. 15: Überblick über die Wirkfaktoren und Wirkungen aus den Studien zum Teamcoaching

Folgende Publikationen wurden für den Bereich des Teamcoachings gesichtet und eingeschlossen:

Althoff, S. (2019). Qualitative interview-based research: an exploratory study on the role of the agile coach and how the coach influences the development of agile teams (Bachelor thesis, University of Twente). ***EK III***

Althoff (2019) präsentiert die Ergebnisse einer deskriptiven und explorativen Multi-Methoden-Studie zur Rolle von agilen Coaches und deren Einfluss auf die Entwicklung von agilen Teams. Basierend auf acht Interviews mit agilen Coaches, aber auch informiert durch die Analyse einer Literaturstudie, lautet die Schlussfolgerung, dass die Aufgaben von agilen Coaches in vier Rollen kategorisiert werden können. Diese Rollen werden durch die Aufgaben, aber auch durch das Setting, in dem sie ausgeführt werden, definiert. Diese Rollen dienen alle dem gemeinsamen Ziel der agilen Coaches, nämlich dem Ermöglichen von Ownership. Der Reifegrad und die Hierarchiestufe von Teams bestimmen, inwieweit der Coach die Entwicklung von Teams und der Organisation beeinflussen kann. In der Studie wird herausgearbeitet, welche Aufgaben für welche Rolle am wichtigsten sind und welche Werkzeuge ein Coach zu welchen Zwecken einsetzt. Die Arbeit gibt einen Überblick über die Rollen, Aufgaben und Werkzeuge, um agilen Coaches zu helfen, ihre eigene Position zu reflektieren und ein Verständnis für die Bedeutung und den Wert des Coaches zu schaffen, das von Führungskräften genutzt werden kann.

Biehaule, M. F. (2018). Selbstorganisationsprozesse in der Teamentwicklung. Erfassen, Darstellen und Analysieren von Teamentwicklungsprozessen unter Zugrundelegung der Prämissen dynamischer, instabiler und nichtlinearer Systeme (Doctoral dissertation, Ruprecht-Karls-Universität Heidelberg). ***EK III***

Biehaule (2018) untersucht den Entwicklungsprozess von Teams in Organisationen anhand der Prämissen eines systemwissenschaftlichen Forschungszugangs und mit einem systemwissenschaftlichen Methodeninventar. Es wird beschrieben, ob und wann Phasen der Musteränderung von Denk-, Fühl- und Verhaltensweisen im Teamsystem auftreten und wie diese in zeitlichem Zusammenhang zwischen den Teammitgliedern oder Teamentwicklungsmaßnahmen stehen. Im Fokus der Analyse liegen die mit der Entwicklung verbundenen Muster- bzw. Ordnungsübergänge in den Selbstorganisationsprozessen der untersuchten Teams. Die gewonnenen Erkenntnisse werden zu theoretischen Aussagen und praktischen Implikationen über Teamentwicklungsprozesse und deren Beeinflussung (Maßnahmen der aktiven Teamentwicklung) verdichtet. Die system- bzw. selbstorganisationstheoretische Erforschung von Teams macht das Verständnis über die ablaufenden Entwicklungsprozesse nicht weniger komplex. Im Gegenteil: Gerade die Betrachtung von Teams als dynamische, nichtlineare Systeme mit ihrem äußerst komplexen Systemverhalten und kaum zu prognostizierenden Entwicklungen verdeutlicht geradezu, wie individuell Veränderung und Entwicklung in Humansystemen unter vielfältigen Einflüssen und Umweltbedingungen abläuft. Wie in dieser Untersuchung gezeigt wurde, kann die system- bzw. selbstorganisationswissenschaftliche Erforschung von Teamentwicklungsprozessen einen wertvollen Beitrag zum besseren Verständnis des dynamischen Verhaltens, aus dem sich über die Zeit hinweg ein komplexer und nichtlinearer Entwicklungsverlauf ergibt, leisten. Achtet man bei den klassisch durchgeführten Studien zu Gruppen- und Teamentwicklung auf die Varianz der Untersuchungsergebnisse zeichnet sich in den Ergebnissen oftmals sogar trotz stark kontrollierter Laborbedingungen ein Anteil an diffusem Verhalten der Teams ab, der anhand des jeweiligen Modells so nicht erwartet werden würde und somit nicht erklärt werden kann oder mit den Aussagen des Modells schlicht nicht übereinstimmt. Mit einer systemtheoretischen Betrachtungsweise ist dieser Anteil an diffusem, nicht prognostizierbarem Verhalten erstens zu erwarten und zweitens kann er methodologisch angemessen erfasst und ausgewertet werden.

Borek, L. (2011). Der Einfluss von Systemischen Strukturaufstellungen auf Kohäsion, Kooperation, Koordination und Kommunikation in Teams: Eine Längsschnittstudie. Gruppendynamik und Organisationsberatung, 42(2), 173–185. ***EK II***

Borek (2011) führte eine Evaluation von Teamstrukturaufstellungen – einer besonderen Form der Organisationsaufstellung – mit 67 Teammitgliedern aus 14 Arbeitsteams durch. Sie wurden mittels Fragebögen zu ihrer Einschätzung von Kohäsion, Kooperation, Kommunikation und Koordination im Team sowie zur Beziehungszufriedenheit mit dem Aufstellungsleiter zu drei Messzeitpunkten befragt. Es zeigten sich zeitlich stabile Steigerungen bei den Variablen Kohäsion und Kooperation. Für die Variablen Kommunikation und Koordination konnten jedoch nur Verbesserungen zwischen Erst- und Zweitmessung festgestellt werden. Teilnehmende, die die Teamvariablen im zeitlichen Verlauf besser bewerteten, wiesen auch eine höhere Beziehungszufriedenheit mit dem Aufstellungsleiter auf. In Anbetracht des geringen Zeitaufwandes können TSA im Vergleich zu anderen Verfahren des Teamtrainings und Teambuildings als empfehlenswert eingeordnet werden.

Buhl, C. (2011). Selbstmanagement im Team. Kann systemische Teamberatung individuelle Selbstmanagement-Kompetenz stärken? (Doctoral dissertation, Staats- und Universitätsbibliothek Hamburg Carl von Ossietzky). ***EK II***

Buhl (2011) untersuchte im Rahmen ihrer Dissertation, auf Basis eines selbst entwickelten Interventionsprogramms, inwiefern systemische Teamberatung persönliche Selbstmanagement-Kompetenz stärken kann. So zeigte die Untersuchung der Teilnehmenden, die am meisten vom Programm profitierten, dass das Programm insbesondere bei Teams mit kritischer Ressourcenbalance der einzelnen Teilnehmenden und Personen mit bestimmten Anliegen wirksam war. Es wurde angenommen, dass in diesen Teams und bei diesen Anliegen nicht allein die direkte Wirkung der Beratung, sondern zudem vermittelnde Prozesse der Selbstmanagementunterstützung durch das Team zum Tragen kommen. Durch die Akzeptanz der Abgrenzungsstrategien von Teamkollegen sowie vielfältige Formen direkter und indirekter Unterstützung der Individuen wirkt das Team fördernd auf das Selbstmanagementhandeln seiner Mitglieder zurück. Voraussetzungen für einen derart hilfreichen Teamkontext scheinen die Veränderung und das nachhaltige Aufrechterhalten sozialer Regeln auf manifester und latenter Ebene zu sein. Dass diese Bedingungen nur in zwei von vier Teams erreicht werden konnten, relativiert den Erfolg des Programms und hebt das Technologiedefizit von Beratungstätigkeiten hervor. Die Ergebnisse legen nahe, dass nachhaltige Verbesserungen in den Rahmenbedingungen des Selbstmanagements von Teammitgliedern vor allem dann erzielt werden, wenn die Führungskraft stark in den Prozess involviert ist und ein durchgehendes Monitoring der Veränderungen betreibt. Nachhaltigkeit scheint wahrscheinlicher in Teams, die sich selbst und die Regeln ihrer Zusammenarbeit infrage stellen. Das Team sollte außerdem eine gemeinsame Zukunft haben und nicht etwa Reorganisationen zum Opfer fallen. Auf persönlicher Ebene wird die Nachhaltigkeit der Zielerreichung begünstigt, wenn nur ein einzelnes, möglichst gut operationalisiertes Ziel bearbeitet wird. Das Beibehalten neuer Selbstmanagement-Strategien gelingt, wenn diese in Form von Ritualen in den Alltag integriert oder durch positives Feedback aus dem erweiterten sozialen Kontext verstärkt werden.

Carr, C. & Peters, J. (2013). The experience of team coaching: A dual case study. International Coaching Psychology Review, 8(1), 80–98. ***EK III***

Carr & Peters (2013) dokumentierten und verglichen die Erfahrungen mit Teamcoaching zwischen ihren beiden Führungsteams mithilfe einer qualitativen Fallstudien-Methodik. Die Ergebnisse zeigten folgende Coaching-Elemente, die in den Fällen von Bedeutung waren: eine Team-Charta und Arbeitsvereinbarungen; volle Beteiligung; die Art und Weise und Handlungen des Coaches; einer Teameinführung; Coaching-Struktur und Nachbereitung. Sechs Änderungen, die die Teilnehmenden identifizierten, beinhalteten Verbesserungen in: Zusammenarbeit und Produktivität; Beziehungen; persönliches Lernen; Kommunikation und Beteiligung; Wirkung über das Team hinaus und Peer-Coaching.

Cilliers, F. & Greyvenstein, H. (2012). The impact of silo mentality on team identity: An organisational case study. SA Journal of Industrial Psychology, 38(2), 75–84. ***EK III***

Cilliers & Greyvenstein (2012) untersuchten anhand eines qualitativen und deskriptiven Forschungsdesigns mit einer Fallstudienstrategie, inwiefern sich die Silo-Mentalität auf die Teamidentität auswirkt. Die Datenerhebung bestand aus 25 narrativen Interviews. Die Themen, die herausgearbeitet wurden, waren die physische Umgebung und Struktur, gruppeninterne Beziehungen, Erfahrungen mit dem Management und Beziehungen zwischen den Gruppen. Die Ergebnisse zeigen, dass Siloverhalten ein unbewusstes Phänomen ist, das die Teamidentität negativ beeinträchtigt. Beratenden wird dringend empfohlen, diese Erscheinungen zu analysieren, um Silos und ihre Auswirkungen auf die Teamidentität besser zu verstehen.

Csar, M. (2020). Agilität als Ziel von Veränderungsprozessen?. Gruppe. Interaktion. Organisation. Zeitschrift für Angewandte Organisationspsychologie (GIO), 51(4), 391–401. ***EK III***

Csar (2020) beschäftigt sich mit der Frage, welche Herausforderungen auf Organisationen zukommen, wenn diese beginnen, agile Prozesse in historisch gewachsene Organisationsstrukturen zu integrieren. Am Beispiel eines internationalen IT-Unternehmens wird die Begleitung eines Implementierungsprozesses agiler Arbeitsweisen im Bereich der Softwareentwicklung erläutert. Das Spannungsfeld zwischen Rahmensetzung und organisationaler Steuerung vom Management und dem individuellen Erleben und Ausfüllen vorgeschlagener Rollen und Verantwortungsbereiche durch die betroffenen Mitarbeiter und Mitarbeiterinnen findet darin Beachtung. Er diskutiert praktische Erfahrungen mit theoretischen Denkansätzen zur Veränderung von Unternehmen in der „VUCA Welt" und beschreibt drei zentrale Spannungsfelder, mit denen eine Organisation am Weg zu mehr Agilität umgehen lernen muss. Diese verbindend in Betracht zu nehmen, kann in der Beurteilung helfen, inwiefern eine Einführung von Agilität in Organisationen erlebt wird. Im dargelegten Fallbeispiel beschäftigt man sich weiterhin mit der Etablierung agiler Arbeitsstrukturen. Nachdem ein Teil der Belegschaft gewechselt hat, versuchen die jeweiligen Teams nun bewusster mit ihren Spannungsfeldern umzugehen und den sozial kulturellen Teil der Veränderung stärker in den Blick zu nehmen. Regelmäßige Reflexionsrunden in den Teams sowie ein neu aufgesetzter Leadership-Lehrgang helfen in diesem Prozess. Folgt man einem systemtheoretischen Verständnis von Organisation, lassen sich genannte Spannungsfelder und grundlegende Paradoxien von Organisation nicht vermeiden. Jegliche Form der Veränderung irritiert Mitarbeitende und Führungskräfte aufs Neue. Die Verschiebung von einer vertikalen zu einer horizontalen Steuerung, so wie es das Agilitäts-Paradigma anstrebt, stellt im Grunde nur eine Verschiebung in der Verarbeitung organisational bedingter Widersprüche dar. Diese Spannungsfelder gilt es permanent in den Fokus zu nehmen, durch interne Kommunikation in den Teams und durch zuverlässige Führung bewusst zu halten und zu managen. Dadurch wird entschieden, ob die Einführung von Agilität in Organisationen als sinnvoll, weniger sinnvoll oder gar als unsinnig erlebt wird.

da Silva, F. E. D. O., Motta, C. L., Santoro, F. M. & De Oliveira, C. E. T. (2009). A social matching approach to support team configuration. In International Conference on Collaboration and Technology (pp. 49–64). Springer, Berlin, Heidelberg. ***EK III***

Da Silva et al. (2009) stellen ein *Social Matching*-Modell vor, das Fähigkeiten, sozio-emotionale Faktoren und Rollen zusammenbringt, um die Zusammensetzung von Teams zu unterstützen. Dieser Ansatz ist bestrebt explizit Merkmale zu nennen, die den Manager bei der Entscheidung über die Zusammensetzung eines neuen Teams unterstützen, um einen Mehrwert für die Organisation zu schaffen und zur Anerkennung von Spezialisten, die über die gewünschten Eigenschaften verfügen. Auf Basis der Ergebnisse der durchgeführten Fallstudien sind sie der Meinung, dass der beschriebene Ansatz nicht nur in Organisationen, sondern auch in anderen Bereichen, in denen es um Gruppenbildung in virtuellen Umgebungen geht, wie zum Beispiel im Bildungswesen Anwendung finden kann.

Hersted, L. (2019). Developing leadership through action research with roleplaying. In Action Research in a Relational Perspective (pp. 111–134). Routledge. ***EK III***

Hersted (2019) stellt ein Aktionsforschungsprojekt vor, das sich auf den Einsatz von Rollenspielen innerhalb eines Teams von sieben Führungskräften an einer Berufsschule stützt. In diesem speziellen Fall entschieden sich die Manager, mit Rollenspielen im Rahmen der Aktionsforschung zu arbeiten, um ihre kommunikativen und relationalen Ressourcen zu verbessern. Der theoretische Rahmen hinter diesem Ansatz wird skizziert und ein konkretes Beispiel vorgestellt, wie die Manager mit Rollenspielen mit Hilfe eines reflektierenden Teams gearbeitet haben. Das Aktionsforschungsprojekt hat gezeigt, dass dieser Ansatz als signifikante Untersuchung für die Entwicklung von dialogischen, relationalen und reflexiven Fähigkeiten bei Managern dienen kann. Die Untersuchung ermöglichte verankertes Lernen durch spielerisches Experimentieren, Improvisation und Risikobereitschaft. Auf diese Weise half sie den Managern, ihr relationales Bewusstsein zu erhöhen, ihre diskursiven Ressourcen zu entwickeln und alternative Handlungsmöglichkeiten in ihrer täglichen Praxis zu erschließen. Insgesamt half die Arbeit mit Rollenspielen den Managern, praktikablere Wege der Beziehung zu erkunden, und sie schien auch wesentlich zum Grad des Vertrauens und der Zusammenarbeit im Managementteam als solchem beizutragen.

Hölscher, S. (2018). Herausforderungen von agilen Arbeitsformen und die Rolle von Coaching im Umgang damit. Familiendynamik, 43(1), 24–31. ***EK III***

Ausgehend von einer Begriffsbestimmung von Agilität und einem Blick darauf, inwiefern agiles Arbeiten als systemisch betrachtet werden kann, werden von Hölscher (2018) allgemeine Risiken des Agilitätsbooms skizziert. Anschließend werden die wesentlichsten -Ergebnisse einer Studie mit 40 halb-strukturierten Interviews zu Erfahrungen mit agilen Arbeits- und Organisationsformen zusammengefasst, um bestehende Herausforderungen der jeweiligen Umgebung konkreter zu beleuchten. Als die beiden wichtigsten Herausforderungen haben sich kulturelle Barrieren sowie Rollen- und Organisationsprobleme herausgestellt. Um diesen sinnvoll zu begegnen, benötigt es neben „harten" Weichenstellungen wie Veränderungen in der Organisationsstruktur v. a. „weiche" Maßnahmen wie Coaching. Abschließend werden drei Typen von Coachingaktivitäten charakterisiert, die sowohl gemäß den Befragungsergebnissen wie auch nach den Erfahrungen Hölschers wesentlich sind, um agile Weiterentwicklung wirksam voranzubringen.

Jungclaus, J., Korge, G., Arndt, P. & Bauer, A. (2019). Agiles Sprintlernen – ein Konzept für dezentrales betriebliches Lernen: Empirische Begründung und praktische Erfahrungen. Gruppe. Interaktion. Organisation. Zeitschrift für Angewandte Organisationspsychologie (GIO), 50(2), 217–227. ***EK IV***

Jungclaus et al. (2019) beschreiben zentrale Gestaltungselemente des agilen Sprintlernens und geben Einblicke in Begründungszusammenhänge, die bei der Konzeption leitend waren. Agiles Sprintlernen ist ein didaktisches Rahmenkonzept für kontextbezogenes und arbeitsbezogenes Lernen im Team, das den Kompetenzerwerb auf einer hohen Kompetenzstufe unterstützt, die Motivation für ein kontinuierliches Lernen sichert sowie Selbstlernkompetenzen fördert. Es zielt darauf ab, betriebliches Lernen zu flexibilisieren und Antworten auf heutige Lernerfordernisse zu finden. Die einzelnen Gestaltungselemente werden anhand relevanter Befunde zum gelingenden Lernen begründet und an ersten Erkenntnissen aus den laufenden Erprobungen gespiegelt. Dabei wird beschrieben, welche Herausforderungen und qualitätsrelevanten Aspekte in der Umsetzung zu beobachten sind. Hinsichtlich seiner Anwendbarkeit in der Praxis bewährt sich das didaktische Rahmenkonzept in unterschiedlichen Umsetzungen. Diese zeigen zugleich Möglichkeiten und Grenzen des Rahmenkonzepts auf, die abschließend kritisch reflektiert werden.

Keiler, K. M. (2012). Verständnis von systemisch orientierter Teamentwicklung in der Praxis, sowie eingesetzte Maßnahmen und ihre Wirkung aus Sicht von SchulleiterInnen an Ökologschulen. ***EK III***

Keiler (2012) untersuchte in ihrer Masterarbeit anhand von Experteninterviews, welches Verständnis Schulleitungen an ÖKOLOG-Schulen von (systemisch-orientierter) Teamentwicklung haben, welche Maßnahmen eingesetzt werden und welche Wirkung diese mit sich bringen. Bei der Auswertung der Interviews zeigte sich hohe Übereinstimmung der Befragten darin, dass ein funktionierendes Team und eine gemeinsame Zielfindung die Grundlage dafür sind, Schulentwicklungsprozesse voranbringen zu können. Die Leiterinnen sehen „Team“ als Arbeitsgemeinschaft, die sich zusammengehörig fühlt und ein gemeinsames Ziel verfolgt. Zudem ergab die Befragung, dass die wesentlichsten Aspekte der gemeinsamen Kontrolle des Arbeitsablaufs und Arbeitsfortschritts sowie die gemeinsame Verantwortung für das Ergebnis von keiner Expertin genannt wurden. Auch das Ergebnis der Befragung nach dem Verständnis von „Teamentwicklung“ und „systemischer Teamentwicklung“ ergab, dass sich die befragten Leiterinnen noch nicht bewusst mit der Thematik in ihrer Theorie befasst haben.

Körner, M., Rundel, M., Becker, S., Müller, C. & Zimmermann, L. (2015). Evaluation eines Teamcoaching-Konzeptes in der medizinischen Rehabilitation. Das Gesundheitswesen, 77(08/09), A14. ***EK I***

Zur Evaluation des Teamcoaching in der medizinischen Rehabilitation führten Körner et al. (2015) eine cluster-randomisierte kontrollierte Studie mit 10 Rehabilitationskliniken durch. Zur Erfassung der Teamarbeit wurde eine Mitarbeiterbefragung mit unterschiedlichen standardisierten Fragebogen eingesetzt. In die Evaluation wurden acht Kliniken eingeschlossen. Die Ergebnisse zeigen eine Verbesserung bezüglich der Teamorganisation, Verantwortungsübernahme und Wissensintegration.

Körner, M., Luzay, L., Plewnia, A., Becker, S., Rundel, M., Zimmermann, L. & Müller, C. (2017). A cluster-randomized controlled study to evaluate a team coaching concept for improving teamwork and patient-centeredness in rehabilitation teams. PloS one, 12(7), e0180171. ***EK I***

Um zu evaluieren, ob ein speziell entwickeltes Teamcoaching-Konzept (TCC) sowohl die Teamarbeit als auch die Patientenzentriertheit verbessern kann, führten Körner et al. (2017) eine multizentrische, cluster-randomisierte kontrollierte Interventionsstudie mit Mitarbeiter- und Patientinnenbefragungen durch. Die Daten wurden in zehn deutschen Rehabilitationskliniken (fünf Cluster) verschiedener Indikationsbereiche vor (t1) und nach (t2) der Intervention erhoben. Die Interventionskliniken erhielten das TCC, während die Kontrollkliniken keine Behandlung erhielten. Mitarbeiterfragebögen wurden verwendet, um die interne Beteiligung und andere Aspekte der Teamarbeit, wie z. B. die Teamorganisation, zu messen, während Patientenfragebögen die Patientenzentriertheit beurteilten. Die TCC verbesserte Dimensionen, die direkt durch den Ansatz angesprochen wurden und mit den Bedürfnissen der Kliniken verknüpft waren, wie z. B. restrukturierte Teambesprechungen und besserer Informationsaustausch. Die TCC kann eingesetzt werden, um die Teamorganisation, die Bereitschaft zur Verantwortungsübernahme und die Wissensintegration in der Rehabilitationspraxis zu verbessern, aber es sind weitere Auswertungen notwendig, um kontextuelle Faktoren und Prozesse bezüglich der Implementierung der Intervention zu verstehen.

Lehmann-Willenbrock, N., Meinecke, A. L., Rowold, J. & Kauffeld, S. (2015). How transformational leadership works during team interactions: A behavioral process analysis. The Leadership Quarterly, 26(6), 1017–1033. ***EK II***

Um zu verstehen, wie und warum transformationale Führung das Funktionieren von Teams fördern kann, konzentriert sich diese Studie von Lehmann-Willenbrock et al. (2015) auf die Kommunikationsdynamik zwischen Führungskraft und Gefolgschaft während Teaminteraktionen. Aus der Perspektive der Führung als soziales Problemlösen, argumentieren sie, dass transformationale Führung mit funktionalen Team-Problemlösungsprozessen verbunden ist, weil transformationale Führungskräfte lösungsfokussierte Kommunikation verwenden (Mediationsmodell). In einer Stichprobe von 30 videografierten Problemlösungsteamsitzungen aus zwei Organisationen kodierten sie den transformationalen Führungsstil und die verbalen Verhaltensinteraktionen von Führungskräften und Teammitgliedern über den gesamten Verlauf der Meetings. Die Ergebnisse auf mehreren Ebenen zeigten, dass transformationale Führung positiv mit der funktionalen Problemlösungskommunikation der Teammitglieder verbunden war. Dieser positive Zusammenhang wurde durch die lösungsfokussierte Kommunikation der Führungskräfte mediiert. Außerdem zeigte die Lag-Sequential-Analyse auf der Mikroebene der Gesprächsdynamik innerhalb des Besprechungsprozesses, dass die Ideen und Lösungen der Leiter die nachfolgenden Lösungsaussagen der Teammitglieder auslösten sowie kontraproduktive Kommunikation von Teammitgliedern wie vom Thema abschweifen, kritisieren oder sich beschweren.

Neumann, W. (2017). Team learning at Work-Activities, products, and antecedents of team learning in organizational complex decision-making teams (Doctoral dissertation, Universität Regensburg). ***EK II***

Neumann (2017) untersucht anhand einer querschnittlichen Fragebogenerhebung mit insgesamt N = 75 organisationalen *complex decision-making* Teams, welche Relevanz Teamarbeit für den organisationalen Erfolg darstellt, und beleuchtet Teamlernen, welches insbesondere für die Performanz von sogenannten *complex decision-making* Teams bedeutsam ist. Es konnten positive Zusammenhänge zwischen *task interdependence* und allen untersuchten Teamlernaktivitäten nachgewiesen werden. *Safe team climate* steht in positivem Zusammenhang mit *knowledge sharing, task reflection* und *team process reflection*, während *team expert roles* in negativem Zusammenhang mit diesen Teamlernaktivitäten steht. *Team reflection* zeigt sich als Mediator im Zusammenhang zwischen *transformational leadership und team innovativeness* (eingeschätzt durch die Teammitglieder). Zudem zeigt sich hinsichtlich dieser Mediation ein moderierender Effekt von *transformational leadership.* In den Forschungsfragen 3 und 4 wird das kognitive Teamlernprodukt TMM-TM betrachtet. Es umfasst *team mental models* bezüglich der berufsbezogenen Fachkompetenz (TMM-OC), Sozialkompetenz (TMM-

SC), Methodenkompetenz (TMM-MC) und personalen Kompetenz (TMM-PC) von Teammitgliedern. Die Analyse umfasst zum einen die Zusammenhänge zwischen Teamlernaktivitäten und TMM-TM (Forschungsfrage 3), zum anderen die Zusammenhänge zwischen TMM-TM und Teamperformanz (Forschungsfrage 4). Hinsichtlich Forschungsfrage 3 zeigt sich, dass die Teamlernaktivitäten *knowledge sharing, task reflection und team process reflection* in positivem Zusammenhang mit TMM-SC, TMM-MC und TMM-PC stehen. Des Weiteren zeigen sich positive Zusammenhänge zwischen *basic reflection* und TMM-SC sowie TMM-PC. Bezüglich Forschungsfrage 4 können positive Zusammenhänge zwischen TMM-MC und der Einschätzung der Teamperformanz durch den Vorgesetzten hinsichtlich *team effectiveness, team efficiency* und *team innovativeness* nachgewiesen werden. Außerdem zeigt sich ein positiver Zusammenhang zwischen TMM-PC und *team innovativeness.*

Pavlović, J. (2019). Team Coaching Psychology: Toward an Integration of Constructivist Approaches. Journal of Constructivist Psychology, 1–13. ***EK IV***

Pavlović (2019) arbeitet drei psychologische Perspektiven – die personale und relationale konstruktivistische, die systemische und die lösungsfokussierte – als Basis für einen integrativen Ansatz für Teamcoaching aus. Wenn es um Teamcoaching geht, bieten drei Ansätze eine umfassende Plattform für das Verständnis von Teams und die Förderung von Veränderungen in Teams. Die personale und relationale konstruktivistische Psychologie bringt ihre robuste Theorie der Veränderung ein, die sich sehr gut auf das Projekt der Transformation von Teams übertragen lässt. Ein systemischer Ansatz für Teamcoaching bietet eine reichhaltige Ressource für die Konzeptualisierung möglicher Inhaltsbereiche in der Arbeit mit Teams und betont die Wichtigkeit, Teams zu stören, damit sie lernen, sich an größere systemische Veränderungen anzupassen. Der lösungsfokussierte Ansatz für Teamcoaching trägt mit seiner einfachen Methodik dazu bei, inkrementelle Veränderungen auf wertschätzende Weise zu ermöglichen. Die vorgeschlagene Integration trägt zur theoretischen Ausarbeitung von konstruktivistischen Ansätzen zum Teamcoaching bei sowie zur Innovation der Praxis von Team-Coaches, die den konstruktivistischen integrativen Ansatz als inspirierende Ressource für die Entwicklung von Teams empfinden können.

Riebenbauer, T. (2018). Nachhaltige Teamentwicklung in Expertenorganisationen-Konzeptentwicklung und Anwendung in einer außeruniversitären Forschungseinrichtung (Doctoral dissertation, Karl-Franzens-Universität Graz). ***EK III***

Riebenbauer (2018) beschäftigt sich in seiner Arbeit mit der Frage, wie eine insbesondere nachhaltige Teamentwicklung in Expertenorganisationen aussehen kann. Zur Beantwortung dieser Frage wird eine praktische Teamentwicklung in einem österreichischen Forschungsunternehmen durchgeführt. Als Methode kommt die Interventionsforschung inklusive Befragungen der Teammitglieder zur Anwendung. Für die Teamentwicklung werden bestimmte Grundlagen gewählt, deren Einfluss auf die Ergebnisse untersucht wird: 1. Nachhaltigkeit/Wirksamkeit, 2. Beteiligung des ganzen Teams, 3. Fokus auf Bedürfnisse, 4. Information/Transparenz, 5. Zielorientierung, 6. Entscheidungsstrukturen, 7. Prozessorientierung, 8. Klarheit/Strukturiertheit. Zusätzlich wird die These untersucht, dass die Grundlagen der Mediation ebenso relevant für Teamentwicklung in Expertenorganisationen sind. Auf Basis von Erkenntnissen aus Theorie und Praxis wird ein Konzept für eine Teamentwicklung in Expertenorganisationen erstellt. Dieses Konzept kann als Vorlage für Teamentwicklung in Expertenorganisationen dienen. Das theoretische Fundament wird durch vier Bausteine gebildet: Systemische Organisationsentwicklung, Teamentwicklung, Forschung über Expertenorganisationen sowie Mediation. Die Ergebnisse zeigen, dass das erarbeitete Konzept in der Anwendung viele positive Effekte erzeugen konnte. Das Team konnte neue und für das Team wesentliche Entwicklungsfelder identifizieren und angepasste Lösungen erarbeiten. Dabei wurde insbesondere der Prozess der gemeinsamen Erarbeitung von Themen und Lösungen vom untersuchten Team als positiv wahrgenommen.

Russell, R. (2019). „You're Changing the Pattern": Using Cognitive Analytic Team Formulation to Help Care Staff Working with People with Intellectual Disabilities Understand and Manage Challenging Behaviour (Doctoral dissertation, Royal Holloway, University of London). ***EK III***

Im Rahmen einer qualitativen Studie untersuchte Russel (2019) die Erfahrungen des Pflegepersonals mit kognitiv-analytischer Teamformulierung als Hilfe, um mit Menschen mit geistigen Behinderungen zu arbeiten, um herausforderndes Verhalten zu verstehen und zu bewältigen. Kontextuelle Reformulierung ist ein kognitiv-analytisches (CAT) Modell der Teamformulierung, das die Formulierung der Beziehungen des Personals zu Klienten, in diesem Fall Menschen mit geistiger Behinderung, die Verhaltensweisen zeigen, die eine Herausforderung darstellen. Die Ergebnisse der systematischen Überprüfung und der empirischen Studie zeigen, dass das Personal die moderierte Formulierung als hilfreich für die Integration klinischer Informationen, die Pflegeplanung und Entwicklung eines gemeinsamen Verständnisses und Ansatzes im Team ansehen. Der Facilitator wurde gesehen, um psychologisches Wissen zu vermitteln, zur Reflexion anzuregen, emotionale Unterstützung zu bieten und klinische Vorschläge zu machen. Das empirische Paper lieferte zusätzliche Ergebnisse, die sich speziell auf die kontextbezogene Formulierung beziehen. Zum Beispiel fanden die Mitarbeiter diese Sitzungen hilfreich, um herausforderndes Verhalten beziehungsorientiert zu verstehen, und es wurden Konflikte zwischen traditionellen, individualistischen Konzepten für herausforderndes Verhalten und akzeptanzbasierten Ansätzen erkannt. Durch die Befragung der teilnehmenden Mitarbeiter von einer zusätzlichen Reflexion und Konsolidierung dessen, was sie in den Sitzungen gelernt haben. Mitarbeiter, die in ähnlichen Einrichtungen oder mit anderen Klienten mit komplexen Bedürfnissen arbeiten, könnten von den besprochenen Themen profitieren, was ihnen helfen könnte, die Formulierungssitzungen optimal zu nutzen. Die Klienten können von einer verbesserten Betreuung profitieren.

Schweitzer, J. & Drews, A. (2020). Symbolic action methods: how systemic team consultation can help to strengthen the self-concept of teams and foster team cohesion. Journal of Family Therapy, 42(1), 149–160. ***EK IV***

Schweitzer & Drews (2020) stellen ein Workshop-Format mit drei symbolischen Aktionsmethoden, d. h. der „Who is Who-Skulptur“, der Technik des „Gehens durch die Geschichte eines Teams” und dem „Sprechchor“ zur Anwendung in der systemischen Teamberatung vor. Die dargestellten Handlungsmethoden sind für die Arbeit mit großen Teams und kleinen Organisationen geeignet. Sie unterstützen die Teammitglieder, ihre interne Vielfalt schnell zu verstehen und ein gemeinsames Gefühl für die Geschichte des Teams zu entwickeln, was das Selbstverständnis des Teams stärkt und den Zusammenhalt des Teams fördert. Teams werden dadurch in die Lage versetzt, Auswege aus erlebten Zuständen kollektiver Depression oder Angst zu finden. Kombiniert mit Großgruppenansätzen wie *Appreciative Inquiry* oder *Open Space* (Owen, 2000) kann ein solcher Workshop Teams und Organisationen helfen, sich von der aktuellen Situation hin zu einer gemeinsamen Vision für eine gewünschte Zukunft zu bewegen. Der Workshop und seine Methoden wurden in vielen systemischen Therapieteams und kleinen klinischen und sozialen Organisationen in Deutschland, China und Großbritannien sowie auf Konferenzworkshops in den USA und Russland durchgeführt und evaluiert.

Siegel, A. W. & Schraagen, J. M. (2017). Team reflection makes resilience-related knowledge explicit through collaborative sensemaking: observation study at a rail post. Cognition, Technology & Work, 19(1), 127–142. ***EK III***

Siegel & Schraagen (2017) beleuchten in ihrer Studie den Wert der Teamreflexion eines Teams von Eisenbahnsignalgebern, um die Inhalte für Resilienz aufzuzeigen und die Zunahme des resilienzbezogenen Wissens während des Beobachtungszeitraums zu überprüfen. Dieses Wissen ist implizit bei einzelnen Teammitgliedern aktiv vorhanden, wird aber nie explizit geteilt. Um diese Unsichtbarkeit zu überwinden, schlagen sie eine Anwendung vor, die Veränderungen im aktuellen soziotechnischen System Bahn in Bezug auf die drei Systemgrenzen sichtbar macht. Die Beobachtungsstudie wurde an einem Bahnleitstand durchgeführt, um den Wert der Teamreflexion bei der Explizierung von resilienzbezogenem Wissen explizit zu machen. Durch naturalistische Beobachtungen eines Teams einer Woche haben sie gesehen, wie sie am Ende ihrer Schicht über markante Systemänderungen reflektierten. Es wurde ein spezifischer Fall eines Menschen, der sich den Bahngleisen nähert, als potenzieller Suizid untersucht. Die Ergebnisse zeigen den Wert der Teamreflexion über Systembewegungen auf ihre Grenzen, wodurch zielrelevantes, eingeschränktes Wissen innerhalb der operativen Bahnumgebung explizit gemacht wird.

Weixelbaum, I. (2016). Mit Teamreflexion zum Teamerfolg: Analyse, Modellierung und gezielte Förderung kollektiver Reflexionsprozesse (Vol. 23). University of Bamberg Press. ***EK II***

Weixelbaum (2016) erforschte Reflexionsprozesse in Produktentwicklungsteams unter einem ganzheitlichen Blickwinkel. Zu diesem Zweck wurde eine Theorie der Teamreflexion und ihrer Effekte unter Berücksichtigung der in der Literatur berichteten Erkenntnisse entwickelt und empirisch validiert. Diese bildet die Basis für die Konzeption eines Trainingsprogramms zur Förderung von Reflexionskompetenz in Produktentwicklungsteams, welches in einer empirischen Studie auf seine Wirksamkeit überprüft wird. Zur Verfolgung dieser Zielsetzung wurde ein mehrstufiges Forschungsprogramm entwickelt, in welchem durch Triangulation unterschiedlicher qualitativer und quantitativer Forschungsmethoden eine größtmögliche Validität der Ergebnisse gewährleistet werden soll. Die Ergebnisse der Trainingsdurchführung mit drei Projektteams aus deutschen Unternehmen und ihr Vergleich mit den Befunden einer studentischen Kontrollgruppe liefern Hinweise auf die Wirksamkeit des T-RiT: Während zwei der Trainingsgruppen ihr Reflexionsverhalten im Laufe des Trainings deutlich verbessern, kann bei einer teilnehmenden Gruppe nur ein leichter Trainingseffekt festgestellt werden. Erwartungsgemäß ist die Qualität des Reflexionsverhaltens der studentischen Kontrollgruppe niedriger als die der Trainingsgruppen. Darüber hinaus können durch qualitative Analyse der Fallstudien die im Modell der Teameffektivität (Modell 3) postulierten Prozesseffekte der Teamreflexion bestätigt werden.

So gelingt der Nachweis wechselseitiger Zusammenhänge zwischen der Qualität der Teamreflexion und der Entwicklung geteilter mentaler Modelle im Team: Zwar stellt die Durchführung erfolgreicher Teamreflexion keine notwendige Bedingung für die Erhöhung des Teilungsgrads mentaler Modelle im Team dar, jedoch ist ein Mindestmaß an geteilten Vorstellungen im Team erforderlich, um erfolgreiche Teamreflexion betreiben zu können. Darüber hinaus fördert erfolgreiche Teamreflexion die kognitive Flexibilität einer Gruppe, indem sie als Mittel dient, die Entwicklung zutreffender mentaler Modelle funktionalen Teilungsgrads gezielt zu steuern. Weiterhin ergeben sich deutliche Hinweise auf einen Zusammenhang zwischen erfolgreicher Teamreflexion und der Qualität der Zusammenarbeit im Team: Zum einen können erfolgreich reflektierende Gruppen, die Koordination, Kooperation und Kommunikation in der Gruppe durch die Ableitung geeigneter Reflexionsmaßnahmen gezielt optimieren. Zum anderen bewirkt erfolgreiche Teamreflexion indirekt, vermittelt durch die Entwicklung zutreffender geteilter mentaler Modelle, eine Verbesserung der Zusammenarbeit. Ein Zusammenhang zwischen der Qualität der Teamreflexion und dem Arbeitsergebnis einer Gruppe lässt sich in den meisten Fallstudien nachweisen.

Woodhead, V. (2011). How does coaching help to support team working? A case study in the NHS. International Journal of Evidence Based Coaching and Mentoring, (Special Issue 5), 102–119. ***EK III***

Woodhead (2011) untersuchte, wie Coaching die Teamarbeit in einem NHS-Krankenhaus unterstützt. Unter Verwendung einer Fallstudien-Methodik wurde ein multidisziplinäres Team gebeten, ihre Erfahrungen mit dem Coaching zu reflektieren und zu beschreiben und wie dies sie bei der Arbeit als Team unterstützte. Die Ergebnisse zeigen, dass Teamcoaching die Teamarbeit auf eine Reihe von miteinander verwobenen Wegen unterstützte und dass das Sehen und Verstehen der menschlichen Person hinter der professionellen Maske ein wichtiges Element war, um das Team zusammenzuhalten. Sie untermauert Teamcoaching als Intervention zur Verbesserung der Teamarbeit und hebt einige der Elemente hervor, die dazu beigetragen haben.

7.3.2. Gruppencoaching

Für den Bereich Gruppencoaching konnten sechs Studien in die Analysen einfließen. Von diesen Studien lassen sich eine der EK IV und fünf der EK III zuordnen. Damit kann für diesen Untersuchungsbereich die *Bewertungsklasse II* vergeben werden.

Zusammenfassend kann gesagt werden, dass Gruppencoaching insbesondere in folgenden Bereichen Effekte der Wirksamkeit zeigte (Tab. 16):

Gruppencoaching	
Wirkfaktoren	
Struktur- und Prozess – methodisch kontrollierte Mikroanalyse von Interventionen – Modell des gruppendynamischen Raumes – konstruktivistische Elemente in Design und Moderation – Notwendigkeit eines klaren und expliziten Zielfokus – solide Vorbereitung und Kommunikation im Vorfeld	– Gruppen-Coaching-Prozessstruktur – Explizite Programmförderung und -nachbereitung – Dimensionen der Interaktion – Beziehungen und Führung *Teilnehmende* – engagierte Teilnehmende – Qualität der Partizipation – Wissen der Gruppenmitglieder
Wirkungen	
– Steigerung der Aktivität – Nachdenken über strategische Fragen – Steigerung des Selbstbewusstseins	– Verbesserung der Zusammenarbeit – Führungsaspekte

Tab. 16: Überblick über die Wirkfaktoren und Wirkungen aus den Studien zum Gruppencoaching

Folgende Publikationen wurden für den Bereich des Gruppencoachings eingeschlossen und gesichtet:

Amann, A., Brosius, K., Häußler-Carl, E., Holzbauer, S., Kuhn, H. R. & Stützle-Hebel, M. (2013). „Lola rennt" oder: „es hätte auch anders kommen können" – Über den Möglichkeitsraum gruppendynamischer Intervention. Gruppendynamik und Organisationsberatung, 44(4), 461–48. ***EK III***

Amann et al. (2013) skizzieren die Ergebnisse verschiedener Fallvignetten einer Gruppe von acht gruppendynamischen Trainern und Trainerinnen, die sich in sieben Jahren zweimal im Jahr zu einem Arbeitswochenende getroffen hat und sich intensiv mit der Erforschung ihrer eigenen Interventionen als Leitende von Trainingsgruppen auseinandergesetzt hat. Sie haben sich dabei von zwei zentralen Annahmen leiten lassen: (a.) Erst die methodisch kontrollierte Mikroanalyse von Interventionen erschließt die Komplexität von Gruppenszenen und die Reichhaltigkeit der Interventionsmöglichkeiten, die Trainer haben. Und (b.) das Modell des gruppendynamischen Raumes stellt den begrifflichen Rahmen zur Verfügung, der diese Komplexität und Reichhaltigkeit sichtbar, strukturierbar und damit interpretierbar macht.

Dietrich, A., Frank, H., Güttel, W. H. & Hasenzagl, R. (2005). Das Feuer kleiner Gruppen: Analyse der Entwicklungslogik und -dynamik eines Beratungsprozesses. Gruppe. Interaktion. Organisation. Zeitschrift für Angewandte Organisationspsychologie (GIO), 36(3), 271–284. ***EK III***

Dietrich et al. (2005) zeigen die Bedeutung und Wirksamkeit von kleinen Gruppen auf. Auf Basis einer qualitativen Analyse eines Beratungsprozesses wird die Wirksamkeit von kleinen Gruppen in Veränderungsprozessen dargestellt: Kleinen Gruppen gelingt es, von der Organisation differierende Strukturen zu entwickeln. Durch die Ausdifferenzierung einer starken Identität geht von ihnen große Veränderungskraft aus. Im Konfliktfall sind kleine Gruppen in der Lage, auch unter Druck die eigene Identität aufrecht zu erhalten und so Veränderungsprozesse zu initiieren. Für die Beratung wird betont, dass Beratungssysteme, die strukturelle Unterschiede zur Kundenorganisation aufweisen, als Inkubatoren für die Entwicklung starker organisationsinterner Gruppen dienen. Diese Kleingruppen sind in der Folge fähig, über Konflikte, Veränderungen in Organisationen anzustoßen.

Gyllensten, K., Henschel, C. & Jones, G. (2020). The experience of executive group coaching – A qualitative study. International Coaching Psychology Review, 15(1), 37. ***EK III***

Gyllensten et al. (2020) untersuchten die Erfahrungen von Managern mit der Teilnahme an einem Gruppencoaching für Führungskräfte in einer schwedischen Gemeinde. Es wurden Einzelinterviews geführt, an denen zehn Personen teilnahmen. Das Gruppenformat trug dazu bei, ein hohes Maß an Aktivität zu erzeugen. Das Coaching bot einen Raum für das Nachdenken über strategische Fragen. Zudem steigerten sich Selbstbewusstsein und Mut.

Mohr, G. (2012). Internes Coaching in der Gruppe. Organisationsberatung Supervision Coaching, 19(3), 261–282. ***EK III***

Mohr (2012) untersucht mithilfe der QCA (*Qualitative Comparative Analysis*) nach Ragin (1987), die Wirkbedingungen von Coaching. An einem internen Coaching-Programm in Gruppen nahmen 65 Führungskräfte teil. Vor allem wird eine Beziehungs- und Systemvariable, nämlich die Art des Zusammenarbeitens angesprochen. Fügt man alle Begriffe zusammen, die „Miteinander, Zusammenarbeit, gegenseitige Unterstützung, Team, Netzwerkbildung und Gruppe“ erwähnen, bekommt dieser Bereich die deutlichste Betonung. Die zweithäufigste Erwähnung fanden die Führungsaspekte.

O'Connor, S. A., Studholme, I. & Grant, A. M. (2017). Group coaching in a large complex organisation: Lessons learnt from experience. International Journal of Evidence Based Coaching and Mentoring, 15(2), 1–16. ***EK III***

O'Connor et al. (2017) führten ein Pilot-Gruppen-Coaching-Programm in einer großen australischen Gesundheitsorganisation durch. Die Transkripte wurden auf Schlüsselthemen (sowohl aus der Perspektive der Coachees als auch der Coaches) als Antwort auf die Testfragen analysiert. Sie beinhalteten die Notwendigkeit eines klaren und expliziten Zielfokus, die Wichtigkeit einer soliden Vorbereitung und Kommunikation im Vorfeld, die entscheidende Rolle einer Gruppen-Coaching-Prozessstruktur, den Wert einer expliziten Programmförderung und -nachbereitung und die Notwendigkeit, die richtigen Leute zu finden, die wirklich engagierte Teilnehmer sind.

Pestorius, M. (2006). What makes groups work? A reflective review in a range of contexts. Australian Social Work, 59(2), 141–156. ***EK IV***

Pestorius (2006) fasst die Ergebnisse einer Analyse der Literatur zur Evaluierung von Gruppenprogrammen zusammen, die in einem breiten Spektrum von Kontexten durchgeführt wurden. Das Ziel der Studie war es, Schlüsselelemente oder Prinzipien zu identifizieren, die mit der allgemeinen Frage zusammenhängen, was Gruppen zum Funktionieren bringt. Es wird vorgeschlagen, dass die Qualität der Partizipation und konstruktivistische Elemente in Design und Moderation der Schlüssel zu effektiven Ergebnissen in Bezug auf individuelle Teilnehmer und Gruppenziele sind. Es wird ein Rahmen für die Evaluierung von Partizipation vorgeschlagen, um die verschiedenen Theorien und Perspektiven, die den Bereich der Gruppen durchdringen, zusammenzubringen. Die Qualität und Intensität der Beteiligung einzelner Mitglieder scheint mit positiven Ergebnissen in Gruppen in Zusammenhang zu stehen, unabhängig davon, ob es sich um Aktionsgruppen, Selbsthilfegruppen, Entscheidungsfindungs- oder Organisationsgruppen handelt. Das Konzept der Partizipation geht über die Anwesenheit hinaus und bezieht sich auf mehrere Dimensionen der Interaktion, einschließlich Beziehungen und Führung, wie das Wissen der Gruppenmitglieder einbezogen und entwickelt wird und wie sie sich in gemeinschaftlichen Dialogen einbringen und wie auf sie reagiert wird.

7.3.3. Supervision

Für den Bereich Supervision konnten 13 Studien in die Analysen einfließen. Von diesen Studien lassen sich drei der EK IV, fünf der EK III, drei der EK II sowie zwei der EK I zuordnen. Damit kann für diesen Untersuchungsbereich die *Bewertungsklasse III* vergeben werden.

Zusammenfassend kann gesagt werden, dass Supervision insbesondere in folgenden Bereichen Effekte der Wirksamkeit zeigte (Tab. 17):

<table>
<tr><th colspan="2">Supervision</th></tr>
<tr><th colspan="2">Wirkfaktoren</th></tr>
<tr><td>Struktur- und Prozess
– Qualität der Gespräche
– lösungsfokussierter Supervisionsstil
– Komponenten eines lösungsfokussierten Supervisionsmodells
– systemische Betrachtungsweisen
– Lokalisieren von Problemen
– Entwicklung von Hypothesen
– Ausführung von Handlungsplänen</td><td>– Hinarbeiten auf kleine Veränderungen und Ausnahmen
– Gemeinsames dialogisches Arbeiten

Rahmenbedingungen
– Auftrags- und Zielklarheit
– sorgfältiges Arbeiten mit Rahmen und Zielen
– Beteiligung aller Parteien in der Supervisionsgruppe</td></tr>
<tr><th colspan="2">Wirkungen</th></tr>
<tr><td>Individuelles Erleben und Motivation
– Stressreduktion
– Prävention und Bewältigung von psychosozialem Stress
– Selbstwirksamkeit
– Kreativitätsimpulse
– Entwicklung einer beruflichen Identität
– Standortbestimmung
– Erkennung eigener Grenzen
– Förderung beruflicher Stabilität
– Zielorientierung

Sozialdimension des Teams
– Kooperativeres Arbeiten
– Positivere Teamatmosphäre
– Beziehungsförderung im Team</td><td>Reflexion
– Förderung der Reflexion
– Erweiterung der Aufmerksamkeitsspannweite im Rekapitulieren des Handelns und Erleidens im Berufsalltag

Interaktion und Kommunikation
– Aufdecken und Klären der Situation
– Ermächtigen und zu mehr Handlungsfähigkeit verhelfen
– Lösen von Rollenkonflikten
– Veränderung der Führungsrolle
– Verbesserung der Entscheidungsfindung
– Professionalisierung von Dienstleistungen
– Veränderungen auf organisatorischer Ebene (Aufgaben, Umsetzung etc.)</td></tr>
</table>

Tab. 17: Überblick über die Wirkfaktoren und Wirkungen aus den Studien zur Supervision

Folgende Publikationen wurden für den Bereich der Supervision gesichtet und eingeschlossen:

Bostock, L., Patrizo, L., Godfrey, T. & Forrester, D. (2019). What is the impact of supervision on direct practice with families?. Children and Youth Services Review, 105, 104428. ***EK II***

Die Studie von Bostock et al. (2019) konzentriert sich auf systemische Gruppensupervision oder „systemische Supervision" und basiert auf einer breiteren Evaluierung der systemischen Sozialarbeitspraxis in Großbritannien. In der Studie werden Beobachtungen der systemischen Supervision (n = 14) und Beobachtungen der direkten Praxis (n = 18) in den Heimen der Klienten durchgeführt. Es werden korrelative Daten über die Beziehung zwischen der Qualität der Supervision und der Qualität der direkten Praxis gesammelt, um zu beurteilen, ob es einen Zusammenhang zwischen den beiden Praxisforen gibt. Es zeigt sich, dass ein statistisch signifikanter Zusammenhang zwischen Qualität der Supervision und der Gesamtqualität der direkten Praxis besteht. Die Supervision wurde auch mit beziehungsfördernden Fähigkeiten und dem Einsatz von „guter Autorität" in Verbindung gebracht, d. h. Praxis, die zielgerichteter und kindorientierter war und Risiken für Kinder besser artikuliert. Interessanterweise war in den Fällen, in denen ein in systemischer Familientherapie qualifizierter Kliniker in der Supervision anwesend war, mit einer verbesserten Qualität der Supervision und Qualität der direkten Praxis. Dies deutet darauf hin, dass es möglicherweise einen wichtigen Zusammenhang gibt zwischen den in der systemischen Supervision geführten Gesprächen, insbesondere wenn ein Kliniker und der Qualität der Gespräche, die die Therapeuten mit Kindern und Familien führen. Diese Ergebnisse tragen zu einem wachsenden Wissensfundus über die Beziehung zwischen effektiver Supervision und direkter Praxis in der Kinder- und Familien Sozialarbeit bei.

Dinius, S. (2013). Das Team in der Ohnmacht – Was kann Supervision in ausweglosen Situationen leisten ?. Organisationsberatung, Supervision, Coaching, 20(2), 217–230. ***EK IV***

Anhand von drei Fallbeispielen geht Dinius (2013) der Frage nach, was Supervision in ausweglosen Situationen leisten kann und ob es trotz fehlender Handlungsperspektiven sinnvoll sein kann, die jeweilige Situation aufzudecken und zu explorieren. Welche Unterstützung kann Supervision dem Team in dieser Lage überhaupt anbieten? Welche ethischen, pragmatischen und methodischen Fragestellungen ergeben sich daraus? Die supervisorische Arbeit mit Teams in ausweglosen Zwangslagen kann nach Dinius in verschiedenen Interventionsrichtungen wirksam werden: 1. Aufdecken und Klären der Situation als Basis für alle weiteren Schritte. Dabei muss beachtet werden, wie weit die Aufdeckung gehen kann, ohne das Team komplett zu entmutigen, und inwieweit das Team bereit ist, den Tatsachen ins Auge zu blicken. Ein Indikator dafür könnte das Ausmaß und die Art der Abwehr sein, die das Team gegen eine Erforschung der Situation mobilisiert, und die Intensität von spürbarer Angst. 2. Ermächtigen: Der Opferrolle entgegenwirken und dem Team wieder zu mehr Handlungsfähigkeit verhelfen; Handlungsmöglichkeiten ausloten und abwägen helfen. 3. Arrangieren: Wenn Supervisanden eine Zwangslage weder verändern können noch verlassen wollen, kann zumindest erarbeitet werden, wie sie sich mit der Situation klug arrangieren können, ohne allzu viel Schaden zu nehmen. Die Gefahr dabei ist allerdings, dass Supervision entweder gesellschaftlich oder auch vom Auftraggeber ausdrücklich so funktionalisiert werden kann: um eine an sich untragbare Situation irgendwie doch noch zu stabilisieren und das Veränderungspotenzial, das durch Widerstand entstehen kann, zu entschärfen. Es lohnt sich also in diesem Fall unbedingt, ein scharfes Auge auf mögliche Delegationen und versteckte Aufträge zu richten und wachsam gegenüber Versuchen des Missbrauchs zu sein.

Koob, J. J. (2003). The effects of solution-focused supervision on the perceived self-efficacy of therapists in training. The Clinical Supervisor, 21(2), 161–183. ***EK II***

Koob (2003) führte eine Umfrage mit 55 Supervisoren-Therapeuten-Dyaden durch. Im Fokus der Untersuchung stand die Einstellung zur Supervision und die wahrgenommene Selbstwirksamkeit. Korrelationen und schrittweise Multiple Regression zeigten, dass die Komponenten eines lösungsfokussierten Supervisionsmodells (Fokus auf Erfolge $p = .04$, und die Arbeit des Therapeuten, $p = .01$) effektiv zur positiven wahrgenommenen Selbstwirksamkeit der Therapeuten beitrugen (18 Prozent der erklärten Varianz). Die weitere Ausarbeitung dieses Modells, ein Manual zur Beschreibung seiner Komponenten und Längsschnittstudien werden dazu beitragen, seinen Einfluss auf den Beruf zu bestimmen. Diese Studie hat gezeigt, dass Supervisoren, die einen lösungsfokussierten Supervisionsstil in ihrer Arbeit mit Therapeuten in der Ausbildung anwenden, Therapeuten mit höherer wahrgenommener Selbstwirksamkeit hervorbringen können. Diese Therapeuten wiederum können länger im Beruf verbleiben, was die berufliche Stabilität und verbesserte professionelle Dienstleistungen fördert. Verbesserte professionelle Dienstleistungen kommen den Klienten zugute. Die Klienten werden von Therapeuten betreut, die eine hohe wahrgenommene Selbstwirksamkeit haben, kompetenter sind, kein „Burnout" oder „Hochstapler-Syndrom" erleben und die weniger wahrscheinlich den Beruf verlassen.

Kovač, J., Krečič, M.J., Čagran, B. (2017). Effect of Supervision on Stress and Burnout in School Counsellors: A Case of Action Research. Syst Pract Action Res 30, 395-406. https://doi.org/10.1007/s11213-016-9400-9. ***EK II***

Kovač et al. (2017) untersuchten im Rahmen eines Prä-Post-Designs mit einer Kovarianz-Analyse, wie sich Supervision gemäß dem relationalen Familienmodell auf die Wahrnehmung von Stress und beruflichem Burnout auswirkt. Sie betonen, wie wichtig es sei, dass Beratungspersonen für Schulen angemessene, d. h. systemische, d. h. notwendigerweise ganzheitliche Wege zur Bewältigung von Stress und beruflichem Burnout nutzen können. Die Stichprobe umfasste 30 Schulberater und -beraterinnen in Slowenien. Sie wurden in eine Experimentalgruppe (mit Anwesenheit von Supervision) und eine Kontrollgruppe (ohne Supervision) aufgeteilt. Die Ergebnisse zeigen einen positiven Effekt von Supervision, in Übereinstimmung mit dem relationalen Familienmodell, auf die Stresswahrnehmung der Schulberater, da der Stress nach Supervisionssitzungen abnahm, während sich die Wahrnehmung des beruflichen Burnouts der Schulberater nach Supervisionssitzungen nicht signifikant veränderte.

Medina, A. & Beyebach, M. (2014). How do child protection workers and teams change during solution-focused supervision and training? A brief qualitative report. International Journal of Solution-Focused Practices, 2(1), 9–19. ***EK III***

Medina & Beyebach (2014) präsentierten qualitative Daten von 120 Kinderschutzmitarbeitern auf der Insel Teneriffa, Spanien, die an einem lösungsorientierten Training und Supervision teilgenommen haben. Nach 30 Stunden Training in lösungsfokussierter Therapie wurden die Ziele und Fortschritte der Mitarbeiter während weiterer 30 Stunden Supervision anhand einer Variation der „Kreise der Veränderung"-Technik untersucht. Während des gesamten Prozesses wurden die meisten Ziele der Mitarbeiter erreicht, und die Teilnehmenden beschrieben viele Veränderungen in drei verschiedenen Dimensionen: (a) In ihrer direkten Interaktion mit den Familien begannen sie, weniger paternalistisch und kooperativer zu arbeiten und sich mehr auf gemeinsame Ziele und die Ressourcen der Familien zu konzentrieren; (b) innerhalb der Schutzteams verbesserten sich die Stimmung und die Atmosphäre im Team; es entwickelten sich engere persönliche Bindungen und mehr horizontale und transdisziplinäre Beziehungen wurden etabliert;

und (c) in der Interaktion mit anderen Mitarbeitern aus größeren professionellen Hilfesystemen begannen Koordination und Überweisungen sich mehr auf die Stärken und Ziele der Nutzer zu fokussieren.

McGhee, M. & Stark, M. (2018). Promoting collegial teacher supervision: applying solution-focused strategies in a clinical supervision cycle. International Journal of Leadership in Education, 21(6), 726–740. ***EK III***

McGhee & Stark (2018) untersuchten mittels qualitativer Methoden die Wirksamkeit lösungsorientierter Supervision hinsichtlich Lehrerverhaltens im schulischen Kontext. Es wurden Studierende, die an einem Kurs zur Unterrichtsüberwachung teilnahmen, in lösungsfokussierten Strategien unterrichtet und wendeten diese an, während sie einen klinischen Überwachungszyklus mit einem praktizierenden Klassenlehrer durchführten. Qualitative Methoden, einschließlich Tiefeninterviews und Analyse von schriftlichen klinischen Supervisionsberichten, ergaben fünf primäre Themen: positive Sichtweise, den Lehrer führen lassen, verwendete lösungsfokussierte Techniken, Zuversicht und Bedarf an Übung. Obwohl zusätzliche Forschung in diesem Bereich gerechtfertigt ist, legt diese Arbeit nahe, dass die Verwendung von lösungsfokussierten Konferenzstrategien angehenden Lehrersupervisoren dabei helfen kann, die Reflexion der Lehrer zu fördern und die Entscheidungsfindung der Lehrer im Klassenzimmer zu verbessern.

Nienaber, U. (2007). Gruppensupervision mit Betreuern – Eine empirische Fallstudie. Organisationsberatung, Supervision, Coaching, 14(2), 117–130. ***EK III***

Nienaber (2007) stellt die Ergebnisse einer Fallstudie vor, die sie als Supervisorin und Berufsbetreuerin durchgeführt hat. Eine Gruppensupervision mit gesetzlichen Betreuern dient dazu, die Aufmerksamkeitsspannweite im Rekapitulieren des Handelns und Erleidens im Berufsalltag zu erweitern. In den erzählten Erleidensprozessen wird durch systemische Betrachtungsweisen das Wesentliche für die Betreuungsarbeit sichtbar. Dadurch entsteht Auftrags- und Zielklarheit. Anschließend lassen sich Probleme einfacher orten, Hypothesen entwickeln und Handlungspläne ausführen. Das setzt Wandlungsprozesse bei allen Supervisanden in Gang. Jeder nimmt für sich aus den Fallgeschichten die für ihn wichtigen Kreativitätsimpulse für seine eigene Arbeit als neue Interventionsmöglichkeiten mit. Damit werden Überfokussierung und Lähmung vermieden und/oder bereits entstandene korrigiert. Gruppensupervision ermöglicht damit für jeden die volle Ausschöpfung seines Spontaneitäts- und Kreativitätspotenzials. Es beugt Burnut ebenso vor, wie es der Entwicklung einer beruflichen Identität für Betreuer den Weg weist.

Petzold, H., Schigl, B., Fischer, M. & Höfner, C. (2013). Supervision auf dem Prüfstand: Wirksamkeit, Forschung, Anwendungsfelder, Innovation. Springer-Verlag. ***EK III***

Petzold et al. (2013) verfolgten in ihrer Studie als erstes das Ziel, den Forschungsstand zur Wirkung von Supervision zu erheben. Wie sich in der Recherche zeigte, erwies sich dieses Unterfangen für eine Supervisionsauffassung, die dem Verständnis von Supervision verpflichtet ist, wie es in den deutschsprachigen Ländern vorherrscht (als Professions-, Team- und/oder Organisationsberatung), mangels empirischer Forschungsarbeiten als noch nicht sehr gewinnbringend. Zentrale Aussagen über die Wirkweise stammen aus Untersuchungen mit nur einem Fragebogeninstrument (SEI), welches die Zufriedenheit von Supervisanden und Supervisandinnen mit Supervision erhebt. Hier werden zwar positive Effekte von Supervision konstatiert, aber es ist hervorzuheben, dass es sich hier nicht um „objektive", unter kontrollierten Bedingungen gewonnene Daten handelt. Die raren Untersuchungen, die sich mit Effekten auf der Ebene der Klientinnen von Supervisanden und Supervisandinnen befassen, belegen bisher hingegen noch keine Effekte von Supervision. Zugleich muss aber auch gesagt werden, dass der Wissensstand zur Wirksamkeit (*effectiveness*) oder zur Wirkung (*efficacy*) von Supervision noch zu gering ist, um klare, generalisierbare und gültige Aussagen über die Wirksamkeit, Wirkungen/Nebenwirkungen, Wirkweisen von Supervision machen zu können.

Santa Rita, E. (1996). The Solution-Focused Supervision Model for Counselors Teaching in the Classroom. ***EK IV***

Santa Rita (1996) stellt in Bezugnahme auf ein Fallbeispiel einer Supervision mit Klassenlehrern die Wirksamkeit eines lösungsfokussierten-Interventionsmodell dar, welches effektiv an die Supervision angepasst wird. Er veranschaulicht, wie lösungsfokussierte Supervision helfen kann, eine einzigartige Lösung zu entwickeln, die zur Persönlichkeit des Supervisanden passt. Dies erfolgte durch sorgfältiges Arbeiten mit dem Rahmen und den Zielen des Supervisanden. Indem sie auf kleine Veränderungen und Ausnahmen hinarbeiteten, war es möglich, einem Supervisanden zu helfen, einen schwierigen Fall zu transformieren.

Schmid, B. & Fauser, P. (2004). Teamentwicklung aus systemischer Perspektive. Bergisch Gladbach: EHP, Ed. Humanistische Psychologie. ***EK III***

Schmid & Fauser (2004) stellen einen vollständigen systemischen Teamentwicklungsprozess anhand von Originaldialogen und -äußerungen der Beratenden und der Teilnehmenden dar. Zur Untersuchung der Wirksamkeit wurde 1,5 Jahre nach dem Teamentwicklungsprozess ein Fragebogen an die Teilnehmenden versandt. Darin wurden zahlreiche Veränderungen und Wirkungen sowohl auf individueller Ebene (Standortbestimmung, Erkennung eigener Grenzen, Rollenkonflikte lösen, Veränderung der Führungsrolle etc.) als auch auf organisatorischer Ebene (Aufgaben, Umsetzung von Vereinbarungen, kulturelle Veränderungen etc.) berichtet.

Sundman, P. (1997). Solution-focused ideas in social work. Journal of Family Therapy, 19(2), 159–172. ***EK I***

Im Rahmen eines Kontrollgruppendesigns untersuchte Sundman (1997) eine Gruppe von Sozialarbeitern des Sozialdienstes der Stadt Helsinki, die in einem Sozialamt arbeitet. Diese wurde darin geschult, grundlegende lösungsorientierter Ideen in ihrer Arbeit mit Klienten und Familien in der Kinderfürsorge anzuwenden. Die Beziehungen der Sozialarbeiter zu ihren Klienten wurden mit ihren früheren ähnlichen Beziehungen und mit einer Kontrollgruppe verglichen. Es ergaben sich keine signifikanten Veränderungen in der Zielerreichung. Im Einklang mit der lösungsfokussierten Orientierung gab es positive Aussagen hinsichtlich der Zielorientierung und der gemeinsamen Ansichten zwischen Sozialarbeitern und Klienten. Die Anwendung eines lösungsfokussierten Ansatzes änderte jedoch nicht das gesamte Ergebnis der untersuchten Arbeitsbeziehungen.

Thomas, J. (2006). Die kollegiale Beratung. In Arbeitsgemeinschaft Betriebliche Weiterbildungsforschung e. V. (Hrsg.). Dialogische Leistungsentwicklung in kleinen Unternehmen. Berlin: QEM-Materialien, 34–42. ***EK IV***

Thomas (2006) stellt die Umsetzung und die Bedeutsamkeit des Konzepts der kollegialen Beratung in verschiedenen Projekten dar. Einmal stellt es den Kern eines Teilprojekts dar, zum anderen ist es grundlegend für eine Form der kollegialen Supervision zwischen diesen Teilprojekten geworden. Mit dem (vorübergehenden) Wegfall einer wissenschaftlichen Begleitung in der ersten Hälfte der Projektlaufzeit entwickelte sich für die vier Gestaltungsprojekte ein hoher Bedarf nach einer alternativen Form der Supervision. Demzufolge wurde das Konzept der kollegialen Beratung zum Modell für die kollegiale Supervision zwischen den einzelnen Teilprojekten genutzt. Im Rahmen dieses Ansatzes wurden u. a. gemeinsame Themen identifiziert und gemeinsame Forschungsfragen entwickelt. Dies führte zu einer tiefergehenden Auseinandersetzung mit den Gestaltungsprojekten der Projektpartner.

Eine wesentliche Aufgabe, die üblicherweise von der wissenschaftlichen Begleitung wahrgenommen wurde, nämlich die Beratung der einzelnen Teilprojekte im bilateralen Gespräch, brauchte nun einen Ersatz. Die vier Gestaltungsprojekte entschlossen sich daher zu einer gegenseitigen, kollegialen Projektsupervision. Kollegiale Beratungen wurden in ca. zwei- bis dreimonatigen Abständen durchgeführt. Gegenstand der Beratungen waren konkrete Fragen und Probleme jeweils eines Projektteams, die sich bei der Umsetzung der Praxisprojekte zeigten. Eine häufiger verwendete Beratungsmethode war das sog. *Reflecting Team*, das sich vor allem für Supervisionssitzungen besonders eignet. Für die kollegiale Beratung war diese Methode besonders geeignet, da sie sich gut mit der überwiegenden Zielrichtung der Beratungen verknüpfen lässt, nämlich dem Interesse, alternative Sichtweisen eines Problems zu erfahren, ohne die eigene Entscheidungsinitiative aufzugeben. Nach Abschluss des Projekts bestand ebenfalls Einigkeit darüber, dass die kollegiale Beratung für das Gelingen der einzelnen Teilprojekte sowie für die übergreifenden Teilziele von großem Nutzen war. Die Form des gemeinsamen dialogischen Arbeitens miteinander konnte schließlich im Rahmen eines Workshops einem breiteren Publikum demonstriert werden. Dabei wurden mit der Methode des *Reflecting Teams* mit den Teilnehmenden des Workshops zentrale Aspekte des dialogischen Arbeitens „dialogisch erarbeitet“. Die Methode der kollegialen Beratung fand hier erhebliches Interesse. Besondere Aufmerksamkeit erhielt dabei die Offenheit, mit der auch Irrwege, Fehleinschätzungen und Sackgassen in der Projektarbeit thematisiert worden waren.

Wittich, A. (2004). Supervision in der Krankenpflege: formative Evaluation in einem Krankenhaus der Maximalversorgung (Doctoral dissertation, Albert-Ludwigs-Universität zu Freiburg i. Br.). ***EK I***

Wittich (2004) berichtet über den Stand der wissenschaftlichen Forschung zu arbeitsbedingtem Stress und zu Supervisionsgruppen im Krankenhausbereich und evaluiert empirisch, ob und in welcher Weise diese Gruppen hilfreich sind bei der Prävention und Bewältigung von arbeitsbedingtem Stress. Als formative Evaluation hat diese Arbeit zwei wesentliche Teile: Erstens, die über mehrere Jahre im Feld erhobenen Daten wissenschaftlich zu analysieren, um daraus Erkenntnisse über die Wirksamkeit psychologischer Supervision im Krankenhaussetting abzuleiten und zweitens die Praxis der psychologischen Supervision des sogenannten „Freiburger Modells” der psychologischen Supervisionsgruppen für Krankenschwestern zu überdenken. Das Supervisionsangebot wurde durch drei Studien evaluiert: eine Basis Dokumentation, eine Längsschnittstudie und eine Querschnittsstudie mit einem

Kontrollgruppendesign. Die psychometrischen Eigenschaften der in den Studien eingesetzten Instrumente wurden untersucht und erwiesen sich als gut. Zusammenfassend kann gesagt werden, dass die wissenschaftliche Evaluation der Wirksamkeit der Supervisionsgruppen unterstützt. Die Einschätzung der Pflegenden von arbeitsbedingtem Stress wird durch persönliche und arbeitsbezogene Faktoren moderiert. Krankenschwestern haben ein klares Verständnis für das Potenzial und die Grenzen von psychologischen Supervisionsgruppen als Mittel zur Stressreduktion. Die Erwartungen und Bedürfnisse an die Supervision werden präzise und zielgerichtet artikuliert und stehen in engem Zusammenhang mit der konkreten Belastung am Arbeitsplatz. Die Wahrnehmung von arbeitsbedingtem Stress nimmt nach den Supervisionsgruppensitzungen signifikant ab. Die Mehrheit der Teilnehmenden bewertet die psychologische Supervision als wirksam zur Prävention und Bewältigung von psychosozialem Stress bei der Arbeit. Diese Einschätzung wird nicht beeinflusst durch persönliche Merkmale (z. B. Alter, Geschlecht, berufliche Position), was darauf hinweist, dass die Wirkung der Supervision unabhängig von diesen Merkmalen ist. Der Umgang mit Problemen in der interdisziplinären Kommunikation gelingt am besten, wenn alle Parteien in der Supervisionsgruppe vertreten sind.

7.3.4. Mediation

Für den Bereich Mediation konnten 14 Studien in die Analysen einfließen. Von diesen Studien lassen sich acht der EK IV, fünf der EK III, eine der EK II zuordnen.

Damit kann für diesen Untersuchungsbereich die *Bewertungsklasse III* vergeben werden (Tab. 18).

Mediation	
Wirkfaktoren	
Struktur- und Prozess	*Rahmenbedingungen*
– Nachvollziehbarkeit des jeweiligen Konflikts – systematische, interdisziplinäre und teamorientierte Vorgehensweise – Monitoring – speziell angepasste Mediationsstrukturaufstellung – Reflexion über moralische Rahmenbedingungen	– Kooperation aller Parteien *Mediator* – Systemische Betrachtung durch den Mediator/ die Mediatorin – Erfahrung des Mediators/ der Mediatorin

Wirkungen	
Interaktion und Kommunikation	
– Verbesserung der Zusammenarbeit – Nachhaltigkeit v. a. bei psychologischen, unbewussten Aspekten – Ermöglichen der Darstellung unterschiedlicher Perspektiven – Verdeutlichung von Lösungsprozessen – Distanz zum Problem	– Entwicklung eines positiven Bildes der Zusammenarbeit – Förderung kultursynergetischer Prozesse in Konfliktsituationen – Musteränderung – Bearbeitung und Lösung von Konflikten – Bearbeitung der Konfliktdynamik

Tab. 18: Überblick über die Wirkfaktoren und Wirkungen aus den Studien zur Mediation

Folgende Publikationen wurden für den Bereich der Mediation gesichtet und eingeschlossen:

Bannink, F. P. (2009). SF Conflict management in teams and organizations. InterAction, 1(1), 11–25. ***EK IV***

Bannink (2009) beschreibt eine lösungsorientierte Mediation mit drei Treffen zwischen einem Team von sechs Krankenschwestern und zeigt viele Verbindungen zwischen Lösungsorientierten Ideen und der Mediationsliteratur auf. Da seit zwei Jahren ein Konflikt innerhalb des Teams besteht, wird anhand einer Mediation versucht, die gute Zusammenarbeit wieder herzustellen. Drei Monate nach der Unterzeichnung der Vereinbarung ergibt eine telefonische Nachuntersuchung, dass das Team – und der Direktor – mit dem Ergebnis zufrieden sind.

Hagel, U. & Steinbrecher, A. (2012). Systematisches Konfliktmanagement für externe Wirtschaftskonflikte (B2B). Konfliktdynamik, 1(1), 24–35. ***EK IV***

Hagel & Steinbrecher (2012) geben eine praktische Übersicht über das Konfliktmanagementsystem von Bombardier. Sie skizzieren anhand des Beispiels aus der Unternehmenspraxis, wie Unternehmen Streitigkeiten mit anderen Unternehmen durch eine systematische, interdisziplinäre und teamorientierte Vorgehensweise interessengerecht, zielorientiert und effizient beilegen können. Das Konfliktmanagementsystem von Bombardier umfasst drei wichtige Elemente. Die Konfliktprävention und -vorbeugung zielt darauf ab, Instrumente und Verfahrensabläufe im Unternehmen einzuführen, um unnötigen Konflikte aus dem Weg zu gehen, unvermeidliche oder gar nützliche Konflikte zu erkennen und professionell beizulegen. Der zweite Bestandteil des Systems ist die Konfliktbeilegung. Deren Ziel besteht darin, die unterschiedlichen gerichtlichen und außergerichtlichen Verfahren der Konfliktbearbeitung in der Praxis so zu gestalten und durchzuführen, dass die konfliktspezifischen Interessen des Unternehmens bestmöglich erfüllt werden. Das Monitoring der Konflikte als dritter Bestandteil des Konfliktmanagementsystems ermöglicht es Bombardier, alle Konflikte systematisch zu erfassen sowie faktisch, rechtlich und kommerziell zu bewerten. Ein solch systematischer Umgang mit Konflikten führt zu reibungsloseren Geschäftsbeziehungen und zu Einsparungen bei den Konfliktkosten.

Hartmann-Piraudeau, A. (2019). Kooperation oder Konfrontation? Die Wirkung von Commitment, Empowerment, Emotion und Kritik in Verhandlung und Mediation. ***EK II***

Hartmann-Piraudeau (2019) untersuchte in einer experimentellen Studie, wie sich die Interventionen eines Mediators auf den Verhandlungsverlauf und den dabei ausgewählten Themen Commitment, Empowerment, Emotionen und Kritik auswirken. 186 Probanden nahmen an der computerbasierten Verhandlung im Labor teil und wurden im Anschluss per Fragebogen befragt. Die Analyse zeigt, dass die Probanden die Zuversicht des Verhandlungspartners analog zur Bedingung „Ärger" als ein Zeichen von dessen Zufriedenheit über den Fortgang der Verhandlung interpretierten. Demzufolge sahen sie keine strategische Notwendigkeit, gesteigerte Kooperation zu zeigen. Beim Empowerment des Mediators basiert die Zurückhaltung ebenfalls darauf, dass der Mediator als außenstehender Dritter das Vorankommen positiv bewertet. Dies wird als Hinweis interpretiert, dass keine Eskalationsgefahr oder ein Abbruch im Raum steht und die Situation kein gesteigertes Entgegenkommen verlangt. Allerdings waren die Probanden in dieser Bedingung weniger positiv gestimmt und standen der Intervention des Mediators kritischer gegenüber. Es gibt Hinweise darauf, dass die Probanden sich in ihrer Selbstbestimmtheit eingeschränkt sahen. Die Versuchsbedingung „Commitment" untersucht die Auswirkung auf die Einforderung eines schriftlichen Commitments der Probanden vor Beginn der Verhandlung. Die Einigungsquote sowie das Kooperationsverhalten blieben eher durchschnittlich. Eine analysierte Auffälligkeit der Gruppe ist jedoch die im Vergleich zu den anderen Gruppen hohe Anzahl der verwendeten Wörter bei den Kommentaren während der Verhandlung. Die Aufforderung, einen ersten Kommentar zu verfassen, steigerte die Kommunikationsfreudigkeit im Laufe des Verfahrens signifikant und führte zu positiven Emotionen bei den Probanden und einer ebenso positiven Zuschreibung der Verhandlungspartner.

Hirsch-Sprätz, M. (2018). Wertebasiertes systemisches Konfliktmanagement. In Agenda HR–Digitalisierung, Arbeit 4.0, New Leadership (pp. 241-268). Springer Gabler, Wiesbaden. ***EK IV***

Hirsch-Sprätz (2018) unterzieht beispielhaft einen Diskriminierungs- und Mobbingvorwurf innerhalb eines Wirtschaftsunternehmens anhand bestimmter Modelle und Verfahren einer Konfliktanalyse. Auf der Grundlage systemisch-organisationaler Mediation in Verbindung mit einem institutionalisierten Konfliktmanagementsystem (KMS), das sich aus verschiedenen Komponenten zusammensetzt, wird die Implementierung eines wertebasierten systemischen Konfliktmanagements dargelegt, das – sowohl digital wie auch real – Ergebnisse und faire Lösungen für alle Partizipierenden beinhaltet. Außerdem dient es der Unterstützung von HR-Mitarbeitern und Mitarbeiterinnen und ist im Gesamtzusammenhang einer *Corporate Social Responsibility* zu verstehen.

Kolodej, C. (2016). Mediationsstrukturaufstellung, ein Fallbeispiel. In Strukturaufstellungen für Konflikte, Mobbing und Mediation. Wiesbaden: Springer Gabler, 187–205. ***EK III***

Kolodej (2016) stellt die Ergebnisse einer Mediationsstrukturaufstellung dar, die aufgrund struktureller Unklarheiten, die zu andauernden betrieblichen Konflikten in der Organisation führten, eingesetzt wurde. Durch einer in die Mediation eingebetteten und auf die Bedürfnisse speziell angepassten Aufstellung können wesentliche Lösungsprozesse verdeutlicht und ein positives Bild der Zusammenarbeit entwickelt werden, welches den Mediationsprozess unterstützend stärkt. Die Ergebnisse zeigen, dass das Verfahren der Mediationsstrukturaufstellung bedacht, sequenziell oder als gesamte Aufstellung vielfältig bereichernd in der Mediation verwendet werden kann. Es erhöht die Nachhaltigkeit v. a. bei psychologischen, unbewussten Aspekten und ermöglicht es, schnell verschiedene Perspektiven zu veranschaulichen. Es kann sowohl als diagnostisches Instrument als auch zur Bearbeitung und Lösung von Konflikten dienen.

Liu, L. A., Inlow, L. & Feng, J. B. (2014). Institutionalizing sustainable conflict management in organizations: Leaders, networks, and sensemaking. Conflict Resolution Quarterly, 32(2), 155–176. ***EK III***

Liu et al. (2014) stellen die theoretischen Ansätze und den Hintergrund einer umfassenden Fallstudie über die Konfliktmanagement-Initiativen dar, die in einer großen öffentlichen Non-Profit-Organisation entwickelt und umgesetzt wurden. In der Studie, die sowohl auf qualitativen als auch auf quantitativen

Daten basiert untersuchten sie den Prozess und die Ergebnisse eines systematischen Ansatzes zur Institutionalisierung des Konfliktmanagements in einer großen öffentlichen Non-Profit Organisation. Anhand von Längsschnitt- und Mehrebenen-Felddaten konnten sie die Wirkungen des Institutionalisierungsprozesses aus mehreren Perspektiven ermitteln. Sie stellten die Hypothese auf und fanden die Kombination von drei kritischen sozialen Faktoren – Führung, Aufbau und Aufrechterhaltung von sozialen Netzwerken und der Sensibilisierungsprozesse – bei der Verbreitung von sowohl kodifiziertem und stillschweigendem Wissen über Konfliktmanagement. Auch die soziale Konstruktion ergänzt strukturelle Faktoren im Institutionalisierungsprozess von Konfliktmanagementpraktiken.

Mayer, C. H. (2008). Identity and health in transcultural mediation: The Model of Culture-Synergetic Transcultural Mediation and its Impacts. Journal of Intercultural Communication, (17). ***EK IV***

Mayer (2008) stellt das Modell der „*Culture-Synergetic Transcultural Mediation*" (CSTM) vor, das auf der transformativen Mediationsphilosophie basiert und kultursynergetische Prozesse in Konfliktsituationen fördert. Diese Prozesse zielen darauf ab, persönliche, beziehungsbezogene, strukturelle und kulturelle Identitäten zu transformieren. Sie integrieren insbesondere das Konzept der Identität und der Salutogenese als wesentliche Aspekte in der Konflikttransformation. Mayer illustriert die dynamische Wechselbeziehung von CSTM, transkulturellen Identitäten und salutogenetischen Gesichtspunkten in transkulturellen Konfliktsituationen.

Midgley, G. & Pinzón, L. A. (2013). Systemic mediation: Moral reasoning and boundaries of concern. Systems research and behavioral science, 30(5), 607–632. ***EK IV***

Midgley & Pinzon (2013) stellen die Ziele, die theoretische Perspektive und die Werte eines systemischen Mediationsansatzes dar, den sie in Zusammenarbeit mit Mediatoren der Handelskammer Bogotá entwickelt haben. Es wird die Erkundung der Grenzen des Anliegens der Personen hervorgehoben, wenn diese in die Mediation eintreten und sich nicht auf die eng gefassten Interessen zu beschränken. Zudem haben wird die Relevanz der Ermutigung zur Reflexion über moralische Rahmenbedingungen diskutiert, um neue Möglichkeiten für gegenseitiges Verständnis und Konfliktlösung zu hervorzubringen. Diese Art der Reflexion sollte nicht nur von den Streitparteien durchgeführt werden, sondern ebenso von Mediatoren und Mediatorinnen. Diese kann Mediatoren und Mediatorinnen ausreichend kritische Distanz geben, um zu erkennen, wann ihre persönlichen moralischen Annahmen möglicherweise eine Partei gegenüber einer anderen bevorzugen. Die Reflexion über Grenzen und moralische Rahmenbedingungen in das *Peer-Learning* über Mediation und schließlich in die Mediationssitzung selbst kann eine Herausforderung sein und zeitaufwendig, da sie den Aufbau von Kapazitäten bei den Mediatoren. Doch auf Basis umfangreicher Evidenz, die im Artikel zusammengefasst dargestellt wird, argumentieren sie, dass der systemische Mediationsansatz eine echte Veränderung für die Mediationspraxis sein kann.

Neuvians, N. (2011). Geeignetheitsprüfung der Mediation. Mediation in Familienunternehmen, 213. Springer. ***EK III***

Um die Geeignetheitsprüfung der Mediation in Familienunternehmen zu untersuchen, wählte Neuvians (2011) einen Zwei-Phasen-Ansatz. Die erste Phase diente der Forschungsplanung und der Orientierung im Forschungsfeld, während die zweite Phase die eigentliche Systemanalyse der Familienunternehmen darstellte. Anstatt den methodologischen Rahmen – wie in quantitativen Forschungsansätzen üblich – auf die Hauptforschungsphase zu begrenzen, wurden die vorbereitenden Maßnahmen der Phase 1 demnach in die Methodologie mit einbezogen. Die Ergebnisse der empirischen Untersuchung zur Konfliktdynamik in jungen Familienunternehmen und die Darstellung der Ziele und Besonderheiten der systemischen Mediation ermöglichen nun eine Überprüfung der Geeignetheit des Verfahrens. Hinsichtlich der beabsichtigten Gegenüberstellung der empirischen Ergebnisse mit der systemischen Mediation wird zunächst ein Modell entworfen, das zum Ende der Arbeit mit den Erkenntnissen aus der Geeignetheitsprüfung noch ergänzt und präzisiert wird. Letztlich lässt sich für die Mediation eine Geeignetheit für die Bearbeitung der festgestellten Konfliktdynamik feststellen. Dieses Resultat beruht zum einen auf der in dieser Arbeit vorgenommenen empirischen Untersuchung der Konfliktdynamik, die sich an der interpretativen Methodologie orientierte. Zum anderen beruht es auf einer Gegenüberstellung der systemischen Mediation mit den auf diese Weise gewonnenen Erkenntnissen. Die Gegenüberstellung mit einem anderen Mediationsstil wie der ergebnisorientierten Mediation oder der therapeutischen Mediation hätte höchstwahrscheinlich zu anderen Ergebnissen hinsichtlich der Geeignetheit des Verfahrens geführt. Insbesondere die ergebnisorientierte Mediation hätte mit ambivalenten Problemhintergründen ihre Schwierigkeiten.

Nowak, E. (2009). Mediation als Instrument der Konfliktregelung am Beispiel von Mobbing (Doctoral dissertation, Universität Wien). ***EK III***

Im Rahmen seiner Dissertation untersuchte Nowak (2009) anhand einer Literaturanalyse sowie qualitativer Interviews das Potenzial von Mediation in der Unternehmenskommunikation am Beispiel von Mobbing. Zusammengefasst konnte illustriert werden, dass die Intervention bei Mobbingfällen durch Mediation in jedem Fall komplizierten Bedingungen ausgesetzt ist, da Mobbing überwiegend erst dann erkannt wird, wenn die Konfliktparteien schon ein emotional stark krankmachendes Klima erreicht haben. Die Unterdrückung eines oder mehrerer Mitarbeiter durch ein Kollektiv hat sich dann bereits in eine alltägliche Struktur gewandelt und ein Eingreifen auf dieses eingesetzte Regelwerk gestaltet sich vergleichsweise zu einem früh erkannten Konflikt erheblich schwieriger. Eine Mediation ist nur ratsam, wenn alle Parteien willig sind, zu kooperieren und das Mobbing-Opfer physisch und psychisch noch nicht zu stark beeinträchtigt ist.

Ronzani, M. (2015). Musterunterbrechung in der Mediation. perspektive mediation, 12(4), 243–251. ***EK IV***

Ronzani (2015) beschreibt einen Praxisfall, welcher die Charakteristika einer lösungsfokussierten Mediation aufzeigt und den Einsatz systemischer Strukturaufstellungen zur Musterunterbrechung demonstriert. Es handelt sich um einen Konflikt in einem Team von vier Personen, dessen Arbeit entscheidend ist für den Unternehmenserfolg. Es wird deutlich, dass „unlösbare“ Probleme oder Konflikte oft Zeichen eines ungünstigen systemischen Musters sind und sich von den Beteiligten nach der Musteränderung leicht lösen lassen.

Rothenbücher, C. (2012). Organisationsaufstellung im Konfliktmanagement. Organisationsberatung, Supervision, Coaching, 19(2), 167–177. ***EK IV***

Rothenbücher (2012) beleuchtet in seinem Artikel inwiefern Aufstellungsarbeit sich innerhalb des Konfliktmanagements als effizient und anschaulich erweist. Das Besondere an der Aufstellung ist nach ihm der extreme Gehalt an Visualisierung, da die Akteure – in Form von Rollenspielern – sozusagen „mitten im Geschehen“ stehen und sich intuitiv in die Situation der Individuen, für die sie aufgestellt sind, hineinversetzen können. Durch eine Integration der Organisationsaufstellung in die systemische Denk-Organisationsaufstellung im Konfliktmanagement erhält man interessante Problemlösungsansätze. Dies wird beispielsweise bei den Fragetechniken deutlich, die das Problem bewerten, lösen können sowie den Klienten seiner Rolle im betrachteten System bewusst werden lassen. Die systemische und die konstruktivistische Denkweise unterstützen sich gegenseitig: Der Mensch hat seine eigene Wirklichkeitsauffassung, die nicht nur auf ihn selbst, sondern auch auf sein Umfeld, das betrachtete System wirkt. Obwohl es sich bei der Aufstellung um eine gruppenorientierte Methode handelt, kann man sie in der Form des „Beziehungsbretts“ auch mit einer Person durchführen. Hierbei handelt es sich um eine Stellfläche, etwa in der Größe eines Spielbretts, auf die kleine Holzfiguren gestellt werden. Diese Holzfiguren stellen die Charaktere des betrachteten Systems dar, in die der Klient nun sukzessive hineinschlüpft. Ein wesentlicher Vorteil des Beziehungsbretts besteht darin, dass der Klient automatisch eine Vogelperspektive gegenüber dem Geschehen einnimmt und somit eine größere emotionale Distanz zu seinem Problem gewinnt. Dies erleichtert die Problemlösung. Das Beziehungsbrett bietet sich ebenfalls für Aufstellungen innerhalb des Führungsverhältnisses an. Ein Vorteil gegenüber der Aufstellung in der Gruppe ist die Anonymität des Klienten. Dass die Mitglieder einer Aufstellungsgruppe sich idealerweise nicht kennen, wird, wie oben erwähnt, als ein Erfolgsindikator für die Wirksamkeit der Organisationsaufstellung angeführt. Jedoch ist dies in der Praxis schwierig, da zumindest die Möglichkeit besteht, dass sich einzelne Personen kennen. Beim Beziehungsbrett allerdings sitzt der Klient dem Berater in der Regel alleine gegenüber und kann auch Aussagen treffen, die er in der Gruppe nicht getroffen hätte. Der Klient muss aber selbst in alle Rollen schlüpfen, während dies in der Aufstellung andere Personen übernehmen, wodurch zunächst evtl. vielfältigere Lösungsideen entwickelt werden können.

Wornham, R. A. (2015). Workplace mediation: success in the second-oldest profession (Doctoral dissertation, University of Greenwich). ***EK III***

Wornham (2015) erforschte im Rahmen seiner Dissertation, welche Faktoren Erfolg im Kontext der Mediation am Arbeitsplatz ausmachen und inwiefern Mediatoren ihn erreichen. Er wandte ein interpretivistisches Forschungsparadigma und vordergründig die Fallstudienmethodik an, wobei ACAS-Mediatoren den Fall darstellten. Es wurden verschiedene Forschungsmethoden verwendet, insbesondere teilnehmende und nicht-teilnehmende Beobachtung, Fokusgruppen, Einzelinterviews und die Durchsicht von Aufzeichnungen. Die meisten befragten Mediatoren definierten Erfolg als das Erreichen einer Einigung. Sie identifizierten auch Indikatoren für wahrscheinlichen Erfolg und Verstärker von Vereinbarungen. Ein weiteres wesentliches Ergebnis war, dass ein sogenannter „*dispute impact*“-Ansatz zum Erfolg bei den Mediatoren Anklang fand. Nach diesem Ansatz hängt der Erfolg davon ab, was die Mediatoren zu erzielen versuchen: entweder den Streit zu begrenzen, ihn beizulegen oder seine Ursachen zu beseitigen. Die primäre Mediatorvariable, die zum Erfolg führt, ist die Erfahrung des Mediators; und die primäre Situationsvariable ist die Nachvollziehbarkeit des jeweiligen Konflikts. Obwohl der Erfolg objektiv gemessen werden kann, z. B. durch eine schriftliche Vereinbarung, bietet ein relativer Maßstab wie der Streitschlichtungsansatz ein differenzierteres Maß. Darüber hinaus, so die Schlussfolgerung dieser Arbeit, ist ein Systemansatz nicht nur bei der Betrachtung des zu vermittelnden Konflikts nützlich, sondern ebenso bei der Betrachtung des Mediators, wenn dieser Teil eines organisatorischen Systems ist, das Mediationsdienste anbietet. Dieses System, das wiederum Teil eines umfassenderen wirtschaftlichen/ politischen Systems ist, formt die wichtigsten Ansätze, die der Mediator anwenden soll, einschließlich des Mediationsstils und der Zeit, die normalerweise für einen Fall vorgesehen ist. Zudem wurde in dieser Fallstudie festgestellt, dass die Organisation (ACAS) der Mediation weniger Relevanz beimaß als ihren anderen Streitbeilegungsdiensten.

Zwack, M. & Zwack, J. (2015). Konflikte im Kontext: Grundlagen systemischer Konfliktberatung. perspektive mediation, 12(4), pp. 202–207. ***EK IV***

Entlang ausgewählter systemtheoretischer Figuren und Fallbeispielen beantworten Zwack & Zwack (2015) folgende Fragestellungen: Wo landet man als Konfliktberater, wenn man mit einer „systemischen Brille“ unterwegs ist? Welche Fragen stellen sich, welche Hypothesen liegen näher, welchen versucht man zu widerstehen? Welche Interventionen und Haltungen bieten sich an? Im ersten Teil werden Konflikte als Kommunikationsgeschehnis in einem System gefasst. Auch das Konfliktsystem strebt selbst den eigenen Systemerhalt an, was das Fortbestehen des Konflikts als wahrscheinlichsten Fall zur Folge hat. Die Beendigung des Konflikts kann sich folglich nicht aus dem Konfliktsystem selbst ergeben, „sondern nur aus der Umwelt des Systems – etwa dadurch, dass einer der beiden Streitenden den anderen erschlägt und dieser damit für die Fortsetzung des sozialen Systems Konflikt ausfällt“ (Luhmann 1984, S. 537). Meist ist dieses Erschlagen als Argument für die Unterlassung konfliktbehafteter Kommunikation keine Möglichkeit. Bei der Unterbrechung des dem Konflikt zuträglichen Kommunikationsmusters geht es eher darum, unter den Partizipierenden innere und äußere Mehrheiten für den Verzicht konfliktbehafteter Botschaften zu aktualisieren. Die Rechnung zahlt in Konflikten jedoch nie nur das Konfliktsystem selbst, sondern stets auch ein anderes, alimentierendes System. Das Ermitteln von Kosten und Auswirkungen einer Weiterführung des Konflikts ist ebenso bedeutsam wie die verstehbaren Gründe seiner (immer auch wahrscheinlichen) Weiterführung. Die skizzierten Ansätze haben gemein, dass sie das Problem einem situativen Kontext verorten, das Lösungspotenzial jedoch bei den Beteiligten. Allein diese Beschreibung bei den Beteiligten wieder zu Eskalationen führen. Am Ende jedoch entscheidet immer der Verlierer über den Ausgang des Konflikts (vgl. Simon 2010).

7.3.5. Training

Für den Bereich Training konnten 16 Studien in die Analysen einfließen. Von diesen Studien lassen sich vier der Evidenzklasse IV, neun der EK III und zwei der EK II und eine der EK I zuordnen. Damit kann für diesen Untersuchungsbereich die *Bewertungsklasse III* vergeben werden (Tab. 19).

Training

Wirkfaktoren

Trainingsdidaktik

- Motivation, Sinn und Wunschbezug
- Visionsprojekte als Praxisfelder
- vertrauensvolle Beziehungen und Zugehörigkeit
- Ressourceninteresse und -aktivierung
- vielfältige Anregungs- und Aktionsebenen
- Transfer, Exploration und Autonomie
- Verstörungen, Heraus- und Anforderungen
- Reflexionsvielfalt und -intensität
- Selbsterfahrung
- Veränderungsprozesse sinnlich erleben
- Zeit für Entwicklung
- soziale Aspekte, insbesondere die Gruppendynamik
- Intra- und interpersonelle Trainingsaspekte
- handlungsorientierte Methoden
- gefördertes Solidarisierungsempfinden
- Empowerment
- Unterscheidung zwischen den drei Systemtypen Psyche, Interaktion und Organisation, um die strukturellen Kopplungen zu fokussieren
- systemische Landkarten
- Berücksichtigung der generischen Prinzipien

Rahmenbedingungen

- der kollegiale Austausch und die unterstützenden Rahmenbedingungen des Trainingssettings
- Institutionalisierung des Programms
- Auswahl der Teilnehmer und Teilnehmerinnen
- Erfahrung/Beratungskompetenz
- Gestaltung der Kursinhalte
- Gestaltung des Kursprozesses
- natürliche Umgebung im Rahmen des Outdoor-Trainings
- Blended-Learning (Training kombiniert mit Coaching)

Wirkungen

Individuelles Erleben und Motivation

- Mobilisierung interner Ressourcen
- Prävention von Stress und Burnout
- Reduktion körperlicher Belastungssymptome
- Positive Erlebensveränderungen
- Verbesserung der Lernfähigkeit von Teams
- Förderung des Lernklimas
- Stresskompetenz
- Befindensverbesserung

– Entlastung von Führungskräften *Reflexion und Lernen* – „Dilemma-Bewusstsein“ – Förderung eines reflexiven Umgangs mit Dilemmata – Veränderungen im Denken und Lernzuwächse – Zunahme der Akzeptanz gegenüber Dilemmasituationen	*Interaktion und Kommunikation* – Verbesserung des Arbeitsklimas – Verbesserung der Entscheidungsfähigkeit – Stärkung der Problemlösefähigkeit der Organisation – Veränderung des Kommunikationsverhaltens – Gestaltung von Kommunikation und Kooperation – Unterstützung kollektiver Führung

Tab. 19: Überblick über die Wirkfaktoren und Wirkungen aus den Studien zu Training

Folgende Publikationen wurden für den Bereich des Trainings gesichtet und eingeschlossen:

Abel, C. (2007). Systemisch-lösungsorientierte Beratung zur Prävention von Stress und Burnout in Pflegeberufen. Dissertation, Universität Mannheim. ***EK III***

Abel (2007) konzipierte und evaluierte ein ressourcenorientiertes Trainingsprogramm, basierend auf der Stärkung spezifischer interner Ressourcen gegen Stress und Burnout in Pflegeberufen. Die Evaluationsstudie konnte zeigen, dass es in nur zehn Kursstunden möglich ist, wesentliche interne Ressourcen zu mobilisieren und zu fördern, welche für die Prävention von Stress und Burnout wesentlich sind. Das Trainingsmanual ist geeignet, diese Ressourcen zu stärken. Hierbei wurde der Ansatz einer Stressprävention durch Förderung interner Ressourcen verfolgt. Die Zielsetzung der Arbeit, nämlich eindeutige Effektivitätsnachweise des Kurses auf die entsprechenden Ressourcen, wurde im Wesentlichen erfüllt.

Beermann, A. (2020). Veränderungsprozesse professioneller und persönlicher Entwicklung. Wirkfaktoren und Wirkungsweisen in Professionalisierungsprozessen am Beispiel von Supervisoren, Coaches und Organisationsentwicklern. Vandenhoeck & Ruprecht unipress Verlag. ***EK III***

Beermann (2020) stellt eine Studie zu Wirkfaktoren zu persönlichen und professionellen Veränderungsprozessen bei Teilnehmenden eines Kontaktstudiums „Supervision, Coaching und Organisationsentwicklung“ an der Universität Oldenburg vor. Daran nahmen 21 Personen teil, die mittels eines halbstandardisierten Fragebogens an fünf Messzeitpunkten im Verlauf von 2,5

Jahren befragt wurden. Die Antworten wurden mithilfe eines Kategoriensystems ausgewertet. Dabei entstanden neun Faktoren für wirksame Veränderungen in Professionalisierungsprozessen: (1) Motivation, Sinn und Wunschbezug, (2) vertrauensvolle Beziehungen und Zugehörigkeit, (3) Ressourceninteresse und -aktivierung, (4) vielfältige Anregungs- und Aktionsebenen, (5) Transfer, Exploration und Autonomie, (6) Verstörungen, Heraus- und Anforderungen, (7) Reflexionsvielfalt und -intensität, (8) Selbsterfahrung, Veränderungsprozesse sinnlich erleben und (9) Zeit für Entwicklung.

Born, M., Drews, A., Bossmann, U., Zwack, J. & Schweitzer, J. (2020). Vom Reflex zur bewussten Entscheidung. Organisationsberatung, Supervision, Coaching, 27(3), 365–382. ***EK III***

Born et al. (2020) untersuchten im Rahmen einer qualitativen Interviewstudie wie mittlere Führungskräfte im Krankenhaus mit Dilemmata umgehen. Sie analysierten, ob und ggf. wie ein Dilemma-Kompetenz-Training speziell für diese Zielgruppe Umgangsstrategien verbessert. Alle 69 Führungskräfte wurden mithilfe eines theoretisch und empirisch hergeleiteten Leitfadens problemzentriert vor und nach dem Training im Einzelsetting interviewt. Dabei untersuchten sie, inwiefern sich ein bewusster Umgang auf das organisationale Umfeld auswirkt. Die befragten Führungskräfte wendeten reflexhafte und reflexive Strategien zur Bewältigung von Dilemmata oder daraus resultierenden Belastungen an. Die Evaluation des Trainings zeigt, dass es einen reflexiven Umgang mit Dilemmata fördert. Organisational wirkte sich dies positiv z. B. auf das Arbeitsklima und die Entscheidungsfähigkeit aus.

Bossmann, U., Ditzen, B. und Schweitzer, J. (2016). Organizational stress and dilemma management in midlevel industrial executives: An exploratory study. Mental Health and Prevention 4 (1), 9–18, doi: 10.1016/j.mhp.2016.02.001.

Bossmann, U. (2020). Seelische Gesundheit im Dilemma: Eine explorative Studie zur Förderung der psychischen Gesundheit mittlerer Führungskräfte. Dissertation, Ruprecht-Karls-Universität Heidelberg. ***EK III***

Bossmann (2020) untersucht in ihrer Dissertation mithilfe von problemzentrierten, teilstrukturierten Einzelinterviews mit 18 mittleren Führungskräften in zwei mittelständischen Industrieunternehmen im Südwesten Deutschlands potenziell gesundheitsgefährdende Dilemmata aus der Perspektive der Betroffenen. Sie beleuchtet, inwiefern ein Dilemma-Kompetenz-Training Führungskräften hilft, mit Dilemmata besser umzugehen. Die gefundenen Effekte lassen sich zum einen über wahrgenommene Veränderungen im Denken und Lernzuwächse auf kognitiver Ebene erklären. Wesentlich sind auch soziale Aspekte, insbesondere die Gruppendynamik, der kollegiale Austausch und die unterstützenden Rahmenbedingungen des Trainingssettings selbst. Über die persönliche Entlastung hinaus scheint das Training zur Stärkung der Problemlösefähigkeit der gesamten Organisation beizutragen.

Drews, A, (2021). Dilemmakompetenz und seelische Gesundheit von Krankenhausmitarbeitenden: Zwei Studien zu den Möglichkeiten und Grenzen psychosozialer Interventionsprojekte. Dissertation, Ruprecht-Karls-Universität Heidelberg. ***EK II***

Die Dissertation von Drews (2021) umfasst zwei aufeinander aufbauende Studien, die beide im Kontext des Forschungsverbunds Seelische Gesundheit am Arbeitsplatz Krankenhaus (SEEGEN) entstanden sind. In Studie 1 untersucht sie die differentielle Wirksamkeit eines gruppenbasierten Dilemma-Kompetenz-Trainings für mittlere Führungskräfte im Krankenhaus zur Stärkung eines gesundheitsfördernden Umgangs mit Dilemmasituationen. Sie untersucht, ob das bisher professions- und geschlechtsunspezifisch aufgebaute Training abhängig von der Berufszugehörigkeit und des Geschlechts der Teilnehmenden unterschiedlich wirksam für diese ist und von unterschiedlichen Subgruppen verschieden rezipiert wird. Das untersuchte Training besteht aus acht jeweils dreistündigen Modulen und wurde an vier Krankenhäusern von insgesamt N = 69 mittleren Führungskräften (Oberärzte und -ärztinnen, Stationsleitungen, Leitungen des Service- und Verwaltungsbereichs) besucht. Mittels eines quantitativen Längsschnittdesigns sowie qualitativer Einzelinterviews vor und nach dem Training untersucht sie die subgruppenspezifische Wirksamkeit des Trainings inferenzstatistisch sowie auf Grundlage einer strukturierenden Inhaltsanalyse der Einzelinterviews. Quantitativ konnte gezeigt werden, dass sich das Baseline-Level der Ambiguitätstoleranz zwischen den Berufsgruppen unterschied: Oberärzte und -ärztinnen berichteten eine höhere Ambiguitätstoleranz als Servicekräfte. Hinweise zur Wirksamkeit des Trainings ließen sich wie folgt beobachten: Weibliche Führungskräfte berichteten ein höheres Stresserleben als männliche Führungskräfte, dieser Unterschied zeigte sich im Trend über den gesamten Verlauf der Studie nach Abschluss des Trainings sogar statistisch signifikant. Qualitativ ließ sich anhand von Globalratings der Interviews sowie über Häufigkeitsvergleiche zwischen Beschreibungen im Prä- und Post-Interview über alle Führungskräfte hinweg eine entlastende Wirkung des Trainings beobachten (unter anderem konnten körperliche Belastungssymptome reduziert werden und die Akzeptanz gegenüber Dilemmasituationen nahm zu). Das Training erwies sich für Führungskräfte aller Berufsgruppen und jeden Geschlechts als hilfreich und positive Erlebensveränderungen herbeiführend. Für Oberärzte und -ärztinnen schien es insgesamt mehr positive Veränderungen mit sich zu bringen als für Servicekräfte. Für weibliche in etwa gleich viel wie für männliche Führungskräfte, jedoch erwies sich das durch das Training gewonnene „Dilemma-Bewusstsein" als belastender für weibliche Führungskräfte als für männliche Führungskräfte. Unterschiede zeigten sich hinsichtlich der als besonders hilfreich empfundenen Aspekte des Trainings: Weibliche Teilnehmende empfanden interpersonelle Trainingsaspekte am hilfreichsten, so wurde insbesondere der Vergleich mit anderen Teilnehmenden innerhalb der Trainingsgruppe und ein durch das Training gefördertes Solidarisierungsempfinden als wirksam erlebt. Männliche Teilnehmer empfanden hingegen die auf intrapersonaler Ebene gewonnene Erkenntnis, dass Dilemmata nicht lösbar sind, als besonders hilfreich. Für Servicekräfte schien besonders ein Empowerment durch das Training hilfreich. Gleichzeitig schien die Interprofessionalität der Trainingsgruppen für Servicemitarbeitende die größte Herausforderung darzustellen.

In der zweiten Studie wertet Drews (2021) Forschungserfahrungen aus, die innerhalb des Forschungsverbund SEEGEN gemacht wurden hinsichtlich der Rekrutierung von Studienteilnehmenden, der Dropoutquote von Studienteilnehmenden sowie Rückschlüssen hieraus auf die stark belastenden Rahmenbedingungen der Krankenhausbeschäftigen. Mittels von N = 10 Experten und Expertinneninterviews mit Forschenden aus dem SEEGEN-Verbund analysierte sie die Grenzen der Machbarkeit psychosozialer Präventionsangebote für Krankenhausmitarbeitende und deren Beforschung in randomisiert-kontrollierten Studien sowie das Selbstverständnis der Forschenden bezüglich ihrer gesellschaftspolitischen Verantwortung. Sie zeigt, dass befragte Forschende die Einflüsse gesundheitspolitscher Rahmenbedingungen auf den Erfolg des Forschungsverbundprojektes insgesamt kritisch reflektieren und den Erfolg als begrenzt bewerten. Es besteht keine Einigkeit darüber, ob das auch zu grundsätzlich anderen Interventions- und Forschungsansätzen führen sollte. Die beteiligten Experten und Expertinnen sind alle im Feld der Gesundheitsförderung zugleich Praktizierende und Wissenschaftler und Wissenschaftlerinnen, die sich bestimmten Publikationsanforderungen und forschungsmethodischen Anforderungen unterworfen sehen, welche die Möglichkeiten alternativer Interventions- und Forschungsansätze partiell praktisch nicht realisierbar erscheinen lassen. Klare politische Bekenntnisse von Forschenden werden kritisch betrachtet und mit negativen Konsequenzen für die Glaubwürdigkeit der Forschenden assoziiert. Abschließend werden die Notwendigkeit eines stärkeren Fokus auf verhältnisorientierte, partizipativ gestaltete Maßnahmen zur Gesundheitsförderung im Krankenhaus, die Mit-Verantwortung von Forschungsförderung zur Unterstützung von innovativer, neugieriger Forschung und die Relevanz eines selbstreflexiven und -kritischen Vorgehens von Forschenden unter Einbezug der Kontextfaktoren diskutiert.

Düppe, A. (2004). Outdoor-Training als betriebliche Weiterbildungsmaßnahme – unter besonderer Berücksichtigung seiner historischen Entwicklung (Doctoral dissertation, Universität der Bundeswehr. München). ***EK III***

Düppe (2004) verfolgte in ihrer Arbeit das Ziel, Daten über das Outdoor-Training, seine Entwicklung und seinem Einsatz im Betrieb im Kontext betriebspädagogischer Praxis aufzuarbeiten. Mit einer Umfrage kann die geschichtliche Entwicklung des Outdoor-Trainings, wie sie dargestellt wurde, auf ihre Gültigkeit in der Praxis überprüft werden. Gleichzeitig erlaubt diese Untersuchung Rückschlüsse darauf, inwieweit die theoretischen Vorstellungen über Ziele, Inhalte, Entwicklungstendenzen und Notwendigkeit des Einsatzes von Outdoor-Training als wirkungsvolle betriebspädagogische Weiterbildungsmaßnahme in der Praxis bestätigt werden können. Ausgehend von den Untersuchungsergebnissen werden Ideen zusammengestellt, die einen zukunfts- und bedarfsorientierten Einsatz von „Betriebspädagogischem Erlebnis-Training“ unter Berücksichtigung betrieblicher Aspekte vorstellt. Daraus abgeleitete „Handlungsempfehlungen“ sowohl für die Nachfrageseite (Unternehmen) als auch für die Angebotsseite (Outdoor-Training-Anbieter), zeigen, welchen Zielen und pädagogischen Anforderungen ein qualifiziertes und unter professioneller Verantwortung stehendes „Betriebspädagogisches Erlebnis-Training“ im pädagogisch-ökonomischen Spannungsfeld entsprechen muss. Ein strategischer Schlüsselfaktor in Unternehmen ist neben fachlicher v. a. die soziale und methodische Qualifikation der Mitarbeiter. Dabei sind die Qualität der Kommunikation und die Form der Kooperation tragende Einflussgrößen. Sie beeinflussen Arbeitsergebnisse in erheblichem Maße. Für Unternehmen wird unter Berücksichtigung einer verstärkten Pädagogisierung die betriebliche Weiterbildungsarbeit zur Qualifikationserhöhung betrieblicher Mitarbeiter zur strategischen Erfolgsgröße. Das OT – oder treffender BET – als betriebspädagogische Weiterbildungsmaßnahme bietet die Chance, betriebliche personale Probleme insbesondere auf sozialer, kommunikativer Ebene abzubauen und eine Verhaltensmodifikation zur Stärkung der personalen und sozialen Identität aufzubauen. Ziel ist es, den Mitarbeiter zu einem verantwortungsbewussten, kooperations- und teamfähigen Mitgestalter seines Unternehmens zu befördern. Die fachbezogene Professionalität des Mitarbeiters muss durch kollegiale Kommunikation und Kooperation sowie durch den Aufbau von Analyse-, Planungs-

, Durchführungs- und Evaluationskompetenzen für unternehmerische Entwicklungsprozesse ergänzt werden. Der Einsatz einer natürlich-ökologischen Umgebung im Rahmen des BETs soll dem Teilnehmer den Weg ins eigene emotionale Innere öffnen, damit er eigenaktiv seine Persönlichkeit fördern kann. Selbstentdeckung, Selbsterkenntnis und Eigeninitiative im gruppendynamischen Umfeld sind dabei wesentliche Bestandteile. Es geht nicht allein um die Erfüllung der gesteckten (Trainings-)Ziele, vielmehr ist „der Weg das Ziel“. Der Prozess, der zum Ergebnis geführt hat, sowie die Reflexion dessen sind entscheidend. Unsichtbares, manchmal unbemerktes, aber in jedem Fall langfristiges Ziel eines BETs ist es, Probleme, welche größtenteils im Kopf und nicht in der Realität bestehen und die sich als psychologische Barrieren zeigen, abzubauen sowie Menschen zum Querdenken zu ermutigen und sie für Neues zu öffnen.

Gebauer, A. & Brückner, F. (2018). Was Achtsamkeitstrainings bewirken und wie sie in Organisationen wirksamer werden. Gruppe. Interaktion. Organisation. Zeitschrift für Angewandte Organisationspsychologie (GIO), 49(2), 105–114. ***EK IV***

Gebauer & Brückner (2018) beschäftigen sich theoriegeleitet mit der Frage, ob und wie individuelle Achtsamkeitstrainings für Organisationen wirksam werden können. Sie kombinieren dafür Theorien um *„high reliability organizations"* mit Denkfiguren der neueren soziologischen Systemtheorie. Anhand eines Beispiels aus dem Bankensektor diskutieren sie, welche Herausforderungen es bei der Steigerung der Achtsamkeit in Organisationen gibt und welche Ansatzpunkte sie dafür sehen. Dabei hilft ihnen die Unterscheidung zwischen den drei Systemtypen Psyche, Interaktion und Organisation, um die strukturellen Kopplungen bzw. Nahtstellen zwischen den verschiedenen Systemtypen besser in den Blick zu nehmen: Wie müssen Interventionen gestaltet werden, die für alle Ebenen erfolgsversprechend sind? Die Ausführungen zeigen: Da alle drei Ebenen sich wechselseitig beeinflussen, müssen wirkungsvolle Interventionen zur Steigerung der individuellen und kollektiven Achtsamkeit alle drei Ebenen berücksichtigen. Die analytische Trennung von Psyche, Interaktion und Organisation hilft gerade, die Wechselwirkungen stärker in den Blick zu nehmen und bildet damit eine gute Basis für ein ausgewogenes Interventionsdesign. Die Wirkungen eines solchen multifaktoriellen Vorgehens müssen empirisch erforscht werden. Eine zentrale Herausforderung für die Entwicklung individueller und kollektiver Achtsamkeit ist dabei aus ihrer Sicht die Bereitschaft in eher verwertungs- und effizienzorientierten Unternehmen zu erzeugen, die notwendige Zeit und Ressourcen für individuelle und kollektive Achtsamkeitspraktiken zu investieren. Denn beiden Formen ist gemein, dass sie Stopppunkte und Reflexionsphasen in den Arbeitsfluss einbauen, der so vordergründig erst einmal ins Stocken gerät. Sowohl individuelle als auch kollektive Achtsamkeit erfordern fortwährendes Training, das ebenfalls ein bewusstes Investment und Disziplin erfordert.

Hausner, M. (2017). Teams synergetisch entwickeln. Projektbericht. Uni Heidelberg. ***EK III***

Hausner (2017) ging in einer Projektarbeit der Frage nach, was es bedeuten kann, Teams synergetisch zu entwickeln. Um Bedingungen für Selbstorganisation herzustellen, ist die Berücksichtigung der acht generischen Prinzipien angezeigt. Die Praxis-Erkenntnisse liefern, wie eine Teamentwicklung unter Berücksichtigung des GRPI-Modells und des synergetischen Gestaltungselements der Interaktionsmatrix gelingen kann. Das Projekt wurde unter drei Gesichtspunkten betrachtet. Der erste Reflexionsbereich war das „Wesen und die Wirkung der Synergetik". Elemente der Synergetik, bspw. Ordner, Kontrollparameter oder Versklavung, konnten beobachtet, zumindest vermutet werden, wenn das soziale System agierte. Dasselbe gilt für den zweiten Reflexionsbereich, die generischen Prinzipien. Beide Aspekte der Reflexion erlebte er als hilfreich in der Einordnung des Erlebten. Einschränkend ist zu sagen, dass Ordnungsübergänge, Symmetrie(brechungen) oder gar Re-Stabilisierung nicht beobachtbar waren. Ein Grund könnte darin bestehen, dass sich der Verlaufsstatus des TE-Prozess auf der Höhe einer „Standortbestimmung" befindet und sich Änderungen und neue Muster frühestens in den weiteren Wochen nach erfolgtem Follow-Up-Workshop und weiteren Teammeetings einstellen können. Der dritte Aspekt war die Reflexion seiner Beratungskompetenz. Die zentralen Erkenntnisse in dieser Hinsicht liegen im Einsatz der Konzeption und der Anwendung der SNS-Software sowie dem Gestaltungselement der IMA. Abschließend lässt sich festhalten, dass sich auf die Zielerreichung des Projektes sicher positiv ausgewirkt hat, dass er entsprechende Vorerfahrung im Themenfeld der TE mitgebracht habe. Dies ermöglichte ihm, seine Aufmerksamkeit auf die für ihn neue Thematik der Synergetik zu richten. Des Weiteren ist entscheidend positiv anzumerken, dass in dem zu begleitenden Team keine gravierenden Konfliktpotenziale vorhanden sind, es kam darüber hinaus zu keinerlei (unnötigen) Verzögerungen, die manchmal aufgrund mangelnden Commitments der Führungskräfte zustande kommen.

Kontoghiorghes, C. (2014). A systemic perspective of training transfer. In Transfer of learning in organizations. Cham.: Springer, 65–79. ***EK IV***

Kontoghiorghes (2014) präsentiert einen systemischen Trainingstransfer-Rahmen, der Trainingstransfer, Lernmotivation und Transfermotivation mit kulturellen Hochleistungsmerkmalen sowie individueller und organisatorischer Leistung verknüpft. Das dargestellte systemische Modell postuliert, dass ein positives Trainingstransferklima mit höherer Wahrscheinlichkeit in Organisationen besteht, die eine veränderungsgetriebene Hochleistungs-Organisationskultur aufweisen. Dies hängt damit zusammen, dass in High-Performance-Organisationen Training als ein wesentlicher Beitrag zur Optimierung des Gesamtsystems wahrgenommen wird und demzufolge das Unterstützungssystem erhält, das es braucht, um effektiv zu sein.

Mayer, B. M. (2003). Systemische Managementtrainings. Theorieansätze und Lernarchitekturen im Vergleich. Heidelberg: Verlag für Systemische Forschung. ***EK III***

In der Studie von Mayer (2003) wurden zwei systemische Management-Trainingsprogramme evaluiert, wobei eines dem kybernetisch-evolutionären und das andere dem systemisch-konstruktivistischen zugeordnet werden kann. Beide Programme fanden mit 31 Führungskräften der DaimerChrysler AG statt. Im Ergebnis der überwiegend qualitativen Analysen hinsichtlich Evaluationsebenen nach Kirkpatrick (2016) konnte gezeigt werden, dass die Zufriedenheit und Begeisterung der Teilnehmenden mit den Seminarprogrammen sehr hoch waren, hingegen die meisten der anderen Evaluationskriterien nicht erreicht werden konnten. Im Weiteren werden in der Studie viele Details und methodisch-didaktische Elemente der beiden Trainingsprogramme diskutiert. Sie gibt daher weniger Auskunft über die direkte Wirksamkeit systemischer Formate als über den didaktisch-methodischen Aufbau von Trainings und deren Einbettung in die Organisationwirklichkeit.

Munker, H. (2006). Kann die Kommunikationsstruktur in Schulen durch ein Training in systemisch-konstruktivistischer Gesprächsführung verändert werden? (Doctoral dissertation, Pädagogische Hochschule Heidelberg). ***EK II***

Munker (2006) untersuchte Veränderungen im Kommunikationsverhalten und den Entwicklungen in Schulen, die durch ein Training in systemisch-konstruktivistischer Gesprächsführung hervorkommen. Sie stellt dar, wie sie sich im Zeitverlauf zwischen dem Ende der ersten Weiterbildungsphase und dem Ende der gesamten Weiterbildung veränderten. In den Selbstdarstellungen der Teilnehmenden zu den Veränderungen in der Kommunikation, die von dem Besuch der Weiterbildung induziert sind, zeigt sich ein Entwicklungspfad: Während nach der ersten Phase eher konkrete verhaltensbezogene Beobachtungen und Veränderungen beschrieben werden, sind es zum Abschluss der Weiterbildung stärker veränderte Haltungen und Einstellungen im Kommunikationsgeschehen, die die Teilnehmer darstellen. Quantitativ wurden nach der ersten wie nach der zweiten Weiterbildungsphase etwa gleich viele Statements – nach der ersten 94, nach der zweiten 100 Statements – abgegeben. Auch das Verhältnis der Statements zu den einzelnen Bereichen blieb konstant. Bei beiden Befragungen wurden am häufigsten Aussagen zu den Veränderungen in der Kommunikation mit den Eltern gemacht. Dies ist ein Hinweis darauf, dass diese Weiterbildungsmaßnahme nicht nur nach innen, auf Kollegen und Schüler, sondern auch nach außen auf die Eltern und damit auf das Verhältnis von Eltern und Schule einwirkt. Gleichwohl gab es ebenso zahlreiche und inhaltlich bedeutsame Beschreibungen der Veränderungen in der Kommunikation mit Kolleginnen und Kollegen, mit Schülerinnen und Schülern und mit der Schulleitung. Dabei wurden oftmals sowohl ein verändertes eigenes Kommunikationsverhalten als auch ein daraus hervorgehendes verändertes Kommunikationsgeschehen beschrieben. Die Teilnehmenden scheuten auch nicht davor zurück, eigene anfängliche Verhaltensunsicherheiten darzustellen, was zum einen auf eine sensible Selbstwahrnehmung und zum anderen auf eine vertrauensvolle Atmosphäre im Kurs hindeutet. Zugleich wurde aus den Statements deutlich, dass die Wirkungen der Weiterbildung an die sie besuchenden Personen gebunden bleiben.

Pracht, G. & Renner, K. H. (2016). Stressmanagement durch Blended Training-Evaluation eines Präsenztrainings mit anschließendem Online-Coaching. Wirtschaftspsychologie 4, S. 16–27. ***EK I***

Diese Studie von Pracht & Renner (2016) untersucht die Wirkung eines Blended Trainings, das zwei Tage kompaktes Präsenz-Stressbewältigungstraining mit anschließendem achtwöchigen Online-Coaching verbindet. Die 56 Probandinnen, mehrfach belastet durch Familie, Beruf und Fernstudium, wurden einer der drei experimentellen Bedingungen zugewiesen: (1) Blended Training, (2) Präsenztraining und (3) Wartekontrollgruppe. Die Online-Datenerhebung zu selbstberichteten stressbezogenen Variablen (TICS, SVF78, SRS, EWL, GBB) erfolgte über sechs Monate: 1) vor dem Training, 2) direkt nach dem Training, 3) neun Wochen und 4) sechs Monate nach dem Training. Interaktionskontrastanalysen zeigten positive Wirkungen auf Stresserleben, (mal)adaptives Coping, Stressreaktivität und Befinden für Bedingung (1) ($\eta^2 = .12$ bis $\eta^2 = .35$) sowie auf maladaptives Coping, Gesundheitsbeschwerden und Stressreaktivität für Bedingung (2) ($\eta^2 = .11$ bis $\eta^2 = .26$). Der inkrementelle Effekt des Online-Coachings zum Präsenztraining zeigte sich in großen Effekten der kognitiven Stressbewältigung durch den Erwerb von Abwertungsstrategien $\eta^2 = .17$. Die Studie zeigt, dass eine Kombination aus Präsenz- und Online-Coaching im Blended Training praktisch bedeutsam zum nachhaltigen Erwerb umfassender Stresskompetenzen und zur Befindensverbesserung ist.

von Ameln, F. & Kramer, J. (2007). Wirkprinzipien handlungsorientierter Beratungs- und Trainingsmethoden. Gruppe. Interaktion. Organisation. Zeitschrift für Angewandte Organisationspsychologie (GIO), 38(4), 389–406. ***EK IV***

Von Ameln & Kramer (2007) stellen Wirkprinzipien handlungsorientierter Beratungs- und Trainingsmethoden vor. Es wird gezeigt, dass handlungsorientierte Methoden „*surplus reality*" (ein von J. L. Moreno entwickeltes Konzept) als konstitutives Medium nutzen, um organisationale Wirklichkeit mit szenischen Mitteln zu duplizieren. Sie zeigen, wie handlungsorientierte Methoden ihre spezifischen Potenziale für die Darstellung und Reflexion arbeitsbezogener Problemstellungen in Beratung, Training, Supervision und Coaching aus dieser *surplus reality* ableiten.

Xingwana-Jabavu, L. (2020). The role of systemic team coaching in supporting collective leadership (Doctoral dissertation, University of the Witwatersrand, Johannesburg). ***EK III***

Xingwana-Jabavu (2020) untersuchte mittels halbstrukturierter Interviews die Erfahrungen von Führungskräften aus dem südafrikanischen Gauteng die systemisches Teamcoaching sowohl im privaten als auch im öffentlichen Sektor absolviert haben. Er untersuchte auch, wie systemisches Teamcoaching die kollektive Führung unterstützt. Es wurden Daten von sechzehn Teilnehmern erhoben, von denen acht aus der Privatwirtschaft und acht Teilnehmende aus dem öffentlichen Sektor. Die wichtigsten Ergebnisse sind, dass die meisten Teilnehmer einen Wert im systemischen Teamcoaching sahen und sie waren der Meinung, dass das Programm die kollektive Führung unterstützte, jedoch betonten die meisten Teilnehmenden, dass für die langfristige Nachhaltigkeit des systemischen Teamcoachings die Notwendigkeit besteht, das Programm zu institutionalisieren und die Führungskräfte und ihre Teams so zu schulen, dass sie in der Lage sind, das Programm zu übernehmen und weiterzuführen, wenn die systemischen Teamcoaches die Organisation verlassen

Yang, J. S. & Chen, C. Y. (2005). Systemic design for improving team learning climate and capability: A case study. Total Quality Management & Business Excellence, 16(6), 727–740. ***EK III***

Yang & Chen (2005) stellen die Ergebnisse der Fallstudie zu einem Projekt der lernenden Organisation in einem Fertigungsunternehmen dar, das sich auf die Entwicklung eines systemischen Schulungsprogramms zur Förderung des Lernklimas und der Lernfähigkeit im Team fokussierte. Sie fanden vier Komponenten, die für das Trainingsprogramm wichtig sind, darunter die Auswahl der Teilnehmenden, die Gestaltung der Kursinhalte, die Gestaltung des Kursprozesses und die Visionsprojekte als Praxisfelder. Diese Komponenten in ihrer Gesamtheit stimulieren selbstverstärkende Mechanismen, die die Teilnehmenden motivieren, Wissen zu erwerben und erlernte Fähigkeiten anzuwenden, und den Teams helfen, das Lernklima, die Lernfähigkeit sowie die Produktqualität, Produktionsvolumen und Gewinnspanne. Bei immer mehr Qualitätsmanagement-Aktivitäten wird im Team gearbeitet. Wenn Teams wenig lernfähig sind, werden sie bei ihrem Qualitätsverbesserungsprozess auf Schwierigkeiten stoßen. Das Wissen darüber, wie die Lernfähigkeit von Teams verbessert werden kann, ist daher entscheidend für die kontinuierliche Qualitätsverbesserung.

Zwack, J. & Schweitzer, J. (2009). Bausteine systemischer Führungskräftetrainings. Organisationsberatung, Supervision, Coaching, 16(4), 399. ***EK IV***

Zwack & Schweitzer (2009) stellen dar, wie zentrale Themen des Führungsalltags (die Gestaltung von Kommunikation und Kooperation, die Entscheidung „unentscheidbarer" Dilemmata und die dafür erforderliche Selbstautorisierung, Selbstfürsorge als Führungskraft) durch systemische Landkarten handlungswirksam verdeutlicht werden können. Es wird dargelegt, wie eine systemische Perspektive auf diese Alltagsaufgaben das Bewusstsein für die vorhandenen Gestaltungsspielräume schärft und zugleich einen Beitrag zur Entlastung von Führungskräften leisten kann.

8. Ansätze für weiterführende Forschung

Aus den Ergebnissen des Projekts haben sich verschiedene Leerstellen und Ansatzpunkte für weitere Forschung ergeben. Diese müssen in Abhängigkeit von der Zielstellung betrachtet werden. Wie kann durch weitere Projekte die wissenschaftliche Basis für die Wirksamkeitsforschung zu systemischen Interventionen im Arbeits- und Organisationskontext weiter gestärkt werden? Dabei ist die Frage zu beantworten, um welche Form von Anerkennung es dabei gehen soll: 1) um eine weitere Etablierung in der Gesellschaft bei Klientinnen und Klienten, Coaches, Beraterinnen, Mediatoren, Supervisoren und Trainerinnen, indem die Erkenntnisse der Wirksamkeitsforschung beispielsweise in die Anerkennung und Zertifizierung sowie in Aus- und Weiterbildung einfließen oder 2) perspektivisch um eine – vielleicht sogar- – auch staatliche Anerkennung systemischer Arbeit im nicht-therapeutischen bzw. sozialen Kontext z. B. als systemische Berater.

Wie in den Eingangskapiteln thematisiert, ist die anwendungsorientierte Forschung im Kontext von Arbeit- und Organisationen mit einigen methodischen und praktischen Problemen behaftet. Daher sollten für weiterführende Ideen Themen, Vorgehensweisen und Forschungsfelder identifiziert werden, mit denen diese Schwierigkeiten angegangen bzw. qualitativ anspruchsvolle systemische Wirksamkeitsforschung realisiert werden kann.

Die Fülle, Uneinheitlichkeit und teilweise schlechte Qualität der Studien sollte für weitere Forschungen und Recherche durch thematische Fokussierung auf spezifische Ansätze bzw. spezifische Formate kompensiert werden. Das meint, sich auf spezifische, methodisch erreichbare und inhaltlich homogene Felder zu konzentrieren und nicht zu versuchen, die ganze Bandbreite von systemischen Ansätzen und Anwendungsfeldern erfassen zu wollen.

Aus der Sichtung von Publikationen zur Wirksamkeit systemischer Interventionen im Arbeits- und Organisationskontext sind einige Ansatzpunkte für weiterführende Forschungsideen entstanden, die hier kurz skizziert werden. Was die theoretische Basis betrifft, sind einige Themen unterrepräsentiert, obwohl sie gleichzeitig in der systemischen Praxis und in der Gesellschaft an Bedeutung gewinnen bzw. bereits eine wahrnehmbare Rolle spielen. Folgende Felder und Themen für weiterführende Arbeiten wurden beispielsweise identifiziert:

- Anwendung und Wirksamkeit *Narrativer Ansätze* in Coaching und Organisationsberatung
- Rolle der *Personzentrierten Systemtheorie* in der Arbeits- und Organisationswelt
- Systematische Untersuchung von Wirkfaktoren deren Variation bei *Systemaufstellungen*
- Entwicklung eines *Wirkmodells* systemischer Organisationsberatung, um systematische Forschung zu Wirkfaktoren und Wirkungen in diesem Feld zu ermöglichen
- die Rolle von internen, systemisch arbeitenden Beratungspersonen (z. B. agile coaches) im Kontext der agilen Transformation
- die Wirkung systemischer Führung oder systemischen Projektmanagements in Organisationen

Insgesamt ist die Studienlage für die systemischen Formate Gruppen- und Teamcoaching, Supervision, Mediation sowie Training noch relativ dünn. Aus diesem Grund sollte die Wirksamkeitsforschung in diesen Bereichen forciert werden. Im Gegensatz dazu gibt es fundiertes Wissen auf Basis empirischer Studien zum systemischen Coaching, zur Aufstellungsarbeit und – soweit es das Forschungsfeld aufgrund seiner Komplexität zulässt – auch im Bereich der systemischen Organisationsberatung.

Neue Forschungsfelder im Kontext von Arbeit und Organisationen entstehen durch die aktuellen gesellschaftlichen Entwicklungen, die beschleunigt durch aktuelle globale Krisen (Corona, Klimawandel, Demokratieverdruss, Krieg in der Ukraine etc.) deutlich an Fahrt aufgenommen haben und momentan eigentlich alle Organisationen beschäftigen: Wie sehen die Arbeit und die Organisation der Zukunft aus? Was verändert sich für Individuen, Teams und Organisationen, für Coaches, Beraterinnen, Supervisoren, Moderatorinnen und Mediatoren und Trainerinnen und welche Rolle spielen die Berufsverbände in diesem Transformationsprozess. Volatile Themen sind aus unserer Sicht die Themen Diversity, Transformationsprozesse hin zu agilem Arbeiten, New Work und neue Organisationsformen, Digitales Coaching, Führung auf Distanz, Entgrenzung und Zugehörigkeit, Zunahme digitaler Vernetzung, organisationaler Wandel sowie Disruption und Digitalisierung und künstliche Intelligenz. Es wäre zu klären, welchen Beitrag der Systemische Ansatz zum Beschreiben, Erklären und Bewerten dieser Entwicklung haben kann und wie sich das z. B. auf die Beratungspraxis auswirkt.

Ansätze aus der Systemtheorie können durch die Leitunterscheidung System-Umwelt zudem bei der Strukturierung von Forschungsfeldern hilfreich sein. Kleve (2017) zeigt in einem Artikel auf einfache und bestechende Art und Weise am Beispiel von Familienunternehmen, wie systemische Konzepte helfen können, z. B. Forschungsfelder zu strukturieren. Mit Hilfe des Tetralemmas lässt sich das Doppelsystem aus Familie und Unternehmen gut strukturieren und beraterisch bzw. forscherisch handhabbarer machen. Auch Bachmann (2012) verfolgt einen ähnlichen Ansatz, indem auf Basis des Organisation-Rolle-Person-Modells die Wirkrichtung und Aufgabe von Beratungsformaten strukturiert wird. Systemische Ansätze können also neben ihrer Funktion der Phänomenbeschreibung und Interventionsableitung auch geeignet sein, komplexe Umwelten für die Forschung zu strukturieren und somit untersuchbare Unterscheidungen zu treffen. Auch der Diskurs über die synergetische oder die autopoietische Perspektive (Kriz & Simon, 2019) liefert hier interessante Ansätze für weiterführende Forschungen. Was bedeuten die Leitunterscheidungen Subjekt/Lebenswelt oder System/ Umwelt? Bei Veränderungen auf individueller bzw. Team- oder Organisationsebene kann es von Bedeutung sein, worauf fokussiert wird. Fragen der Kopplung von Körper-Psyche-Interaktion-Organisation-Gesellschaft treten dabei hervor. Auch die Rolle von Emotionen und Körper z. B. im Embodiment-Konzept von Schmidt (2020) nehmen einen zunehmend höheren Stellenwert ein und adressieren somit einen weiteren Untersuchungsbedarf. Welche Theoriestränge der Systemtheorien können hier hilfreich in die systemische Beratungspraxis einbezogen werden, um kognitiv-emotionale und körperliche Erleben zu beschreiben und der Beratungspraxis zugänglicher zu machen?

Wie sicherlich deutlich wird, ist die Liste weiterführender theoretischer und empirischer Arbeitsfelder groß und spannend zugleich, um dieses umfassende erkenntnistheoretische und praxisrelevante Feld weiter zu erkunden und für alle Interessierten aus Wissenschaft und Forschung, Praxis, Verbänden und Organisationen sowie Aus- und Weiterbildung fundierte und differenzierte Erkenntnisse zu Tage zu fördern.

9. Limitationen

Die im Folgenden dargestellte inhaltliche Definition, Recherche, Sichtung und Auswertung von Studien erfolgte nach bestem Wissen und Gewissen auf Basis der wissenschaftlichen Standards und mit hohem zeitlichem und personellem Aufwand. Trotzdem könnten Ungenauigkeiten aufgetreten, Recherchequelle oder Studien übersehen worden oder unbekannte Fehlerquellen Einfluss genommen haben. Aus diesem Grunde garantieren die Autoren nicht für die Vollständigkeit und Richtigkeit der vorgestellten Ergebnisse.
Ein besonderes Problem stellt dabei, wie schon in 5.3 dargestellt, die Definition dar, was nun genau eine *systemische Intervention* ist. Bei einigen der eingeschlossenen Studien war die Zuordnung einfach und eindeutig, bei den meisten plausibel und bei weiteren nicht so ohne weiteres möglich. Hier haben die Autoren im gemeinsamen Diskurs über Einschluss oder Ausschluss entschieden. Dies wird z. B. bei dem Konzept der „Lösungsorientierung“ deutlich: Studien, die bspw. „nur“ auf einen *lösungsorientierten Ansatz* verwiesen, also nicht explizit „systemisch-lösungsorientiert“ formulierten, wurden trotzdem aufgenommen, weil hier anzunehmen ist, dass die Interventionen (welche in den meisten Publikationen nicht systematisch dargestellt sind) sich explizit von z. B. psychodynamischen oder transaktionsanalytischen unterscheiden. Wenn im Literaturverzeichnis der Studien Vertreter der Systemtheorie und des Konstruktivismus zitiert wurden, galt dies als weiteres Kriterium für den Einschluss der Studie.
Weiterhin wurden auch einige Studien aufgenommen, die keine expliziten Wirksamkeitsstudien sind. So befassen sich einige Publikationen etwa mit der Struktur der Systemischen Beratung oder Analysieren mit Systemischen Konzepten Organisationen oder Veränderungsprozesse. Da diese Art von Publikationen ebenfalls wertvolles Wissen transportierten meist vermittelt durch Fallstudien – und damit direkt oder indirekt auch Hinweise auf Wirkfaktoren liefert, wurden sie ebenfalls einbezogen.
Sollte die geneigte Leserschaft Fehler bzw. Ungenauigkeiten entdecken bzw. Kenntnis über hier nicht verwendete Quellen oder Studien haben, freuen wir uns über Informationen und persönliche Rückmeldungen.

Literaturverzeichnis

Argyris, C. u. D. A. Schön (1999). *Die lernende Organisation.* Stuttgart: Klett-Cotta Verlag.

Ashby, W. R. (1961). *An introduction to cybernetics*. Chapman & Hall Ltd.

Bachmann, T., Runkel, R. & Scholl, W. (2010). Ausbildung von Trainer, Coaches und Beraterinnen. In U. P. Kanning, L. von Rosenstil & H. Schuler (Hrsg.), *Jenseits des Elfenbeinturms: Psychologie als nützliche Wissenschaft*. Vandenhoeck & Ruprecht.

Bachmann, T. (2012). Coaching? Training? Organisationsentwicklung. *Wirtschaft und Weiterbildung*, 3(2012), 38–40.

Bachmann, T. (2015). Der Coach, der Forscher, die Pille und ihre Nebenwirkungen. *Organisationsberatung Supervision, Coaching*, 22(1), 87–100.

Baecker, D. (2016). *Wozu Theorie?: Aufsätze*. Suhrkamp Verlag.

Bamberger, G. (2001). *Lösungsorientierte Beratung. Praxishandbuch* (2., völlig neu bearb. Aufl.). Weinheim: Beltz

Bateson, G. (2000). *Geist und Materie*. Frankfurt a. M.: Suhrkamp.

Beck, D. E., & Cowan, C. C. (2013). *Spiral Dynamics: Leadership, Werte und Wandel.* Bielefeld: Kamphausen.

Beer, S. (1984). The viable system model: Its provenance, development, methodology and pathology. *Journal of the operational research society*, 35(1), 7–25.

Beilfuß, C. (2020). *Systemisches Coaching*. URL: https://www.dgsf.org/service/was-heisst-systemisch/systemische_coaching.htm. Zugegriffen: 25. 11. 2020.

Beilfuß, C. (2020). *Systemische Organisationsberatung und Organisationsentwicklung*. URL: https://www.dgsf.org/service/was-heisst-systemisch/systemische_Organisationsberatung.htm. Zugegriffen: 06.11. 2020.

Bertalanffy, L. von (1969). *General System Theory. Foundation, Development, Application.* New York: Braziller.

Bohnsack, R. (2014). *Rekonstruktive Sozialforschung: Einführung in qualitative Methoden* (9. Aufl.). Opladen/Toronto: Verlag Barbara Budrich.

Borwick, I. (2006). Organizational role analysis: Managing strategic change in business settings. In J. Newton, S. Long & B. Sievers (Eds.), *Coaching in depth: the organizational role analysis approach* (pp. 3–28). London: Karnac.

Böse, R. & Schiepek, G. (2000) *Systemische Theorie und Therapie: Ein Handwörterbuch.* Kröning: Asanger.

Bridges, W. (1991). *Managing transitions: making the most of change.* Reading: Addison Wesley.

Bruner, J. S. (1997). *Sinn, Kultur und Ich-Identität.* Carl-Auer Verlag.

Bruner, Jerome S. (1998). Vergangenheit und Gegenwart als narrative Konstruktionen. In Jürgen Straub (Hrsg.), *Erzählung, Identität und historisches Bewusstsein. Die psychologische Konstruktion von Zeit und Geschichte* (S. 46–80). Frankfurt/M.: Suhrkamp.

Copperrider D. & Srivastva, S. (1987). Appreciative Inquiry in Organizational Life. In *Research in Organizational Change and Development,* Vol. 1, pp. 129–169, San Francisco.

De Jong, P. & Berg, I. K. (1998) *Lösungen (er-)finden. Das Werkstattbuch der lösungsorientierten Kurztherapie* [=systemische studien, Bd.17]. 8.Aufl. 2023, Dortmund: Verlag modernes lernen.

De Shazer, S. (2009). *Worte waren ursprünglich Zauber. Lösungsorientierte Therapie in Theorie und Praxis.* Heidelberg: Carl-Auer.

Döring, N. & Bortz, J. (2016). *Forschungsmethoden und Evaluation.* Wiesbaden: Springer.

Dörner, D. (1989, 2004). *Die Logik des Misslingens.* Reinbek: Rowohlt.

Boszormenyi-Nagy I, Spark G (1981). *Unsichtbare Bindungen.* Stuttgart: Klett-Cotta Verlag

Capra, F. (2000). *Die Capra Synthese.* München: Knaur.

Doppler, K. & Lauterburg, C. (2008). *Change Management.* Frankfurt/M.: Campus.

Duhl, F., Kantor, D. and Duhl, B. S. (1973) Learning, space, and action in family therapy: a primer of sculpture. In: D. A. Bloch (Ed.), *Techniques of Family Psychotherapy.* New York. Grune and Stratton.

Eberling, W. (2016). Supervision und Coaching. In M. Dick, W. Marotzki, H. Mieg (Hrsg.), *Handbuch Professionsentwicklung,* 283–2.

Erikson, M. H. & Rossi, E. L. (1979). *Hypnotherapy: An exploratory casebook.* New York: Irvington.

Erpenbeck, M. (2020). „*Das fragile Ding namens Kontakt*".URL: https://www.dgsv.de/wp-content/uploads/2020/06/ JS_1_2020_Erpenbeck_Interview.pdf. Zugegriffen: 20.03.2021.

Foerster, H. v. (1988): Abbau und Aufbau. In: F. B Simon (Hrsg.), *Lebende Systeme*. Heidelberg: Springer, 19–33.

Foerster, H. v. (1993). Prinzipien der Selbstorganisation im sozialen und betriebswirtschaftlichen Bereich. Heinz v. Foerster, *Wissen und Gewissen*. Versuch einer Brücke, 233–268.

Geißler, H. (2010). Coaching. In: Arnold, R., Nolda, S., Nuissl, E. (2010): *Wörterbuch Erwachsenenbildung*. Bad Heilbrunn. Verlag Julius Klinkhardt.

Giernalczyk, T. & Lohmer, M. (Eds.). (2012). *Das Unbewusste im Unternehmen: Psychodynamik von Führung, Beratung und Change-Management.* Schäffer-Poeschel.

Giesen, B. (1991). *Die Entdinglichung des Sozialen*. Frankfurt a. M.: Suhrkamp.

Grawe, K., Donati, R., Bernauer, F., & Donati, R. (1994). *Psychotherapie im Wandel: von der Konfession zur Profession.* Göttingen: Hogrefe, Verlag für Psychologie.

Greif, S., Möller, H. & Scholl, W. (2018). Coachingdefinitionen und-konzepte. In *Handbuch Schlüsselkonzepte im Coaching* (pp. 1–9). Springer, Berlin, Heidelberg.

Greif, S. (2008). *Coaching und ergebnisorientierte Selbstreflexion: Theorie, Forschung und Praxis des Einzel- und Gruppencoachings*. Göttingen [u. a.]: Hogrefe.

Greif, S. (2016). Wie wirksam ist Coaching? Ein umfassendes Evaluationsmodell – für Praxis und Forschung. In R. Wegener, M. Loebbert, A. Fritze (Hrsg.), *Coaching-Praxisfelder. Forschung und Praxis im Dialog* (2. Aufl., S. 161–182). Wiesbaden: Springer.

Grossmann, R., Bauer, G., & Scala, K. (2021). *Einführung in die systemische Organisationsentwicklung.* Heidelberg: Carl-Auer.

Groth, T. (2017*). 66 Gebote systemischen Denkens und Handelns in Management und Beratung.* Heidelberg: Carl-Auer.

Groth, T. & Wimmer, R. (2004). Konstruktivismus in der Praxis: Systemische Organisationsberatung. In F. von Ameln (Hrsg.), *Konstruktivismus*. Tübingen: Franke.

Guba, B. (2008). Systematische Literaturrecherche. Wiener Medizinische Wochenschrift, 158(1–2), S. 62-69. doi.org/10.1007/s10354-007-0500-0

Guwak, B., Stroltz, M. (2012). *Die vierte Kränkung: Wie wir uns in einer chaotischen Welt zurechtfinden*. Wien: Goldeck

Hafen, M. (2019). *Lösungen*. URL: https://www.carl-auer.de/magazin/ systemisches-lexikon/loesung. Zugegriffen: 06.11.2020.

Haken, H. (1984). *Erfolgsgeheimnisse der Natur. Synergetik: Die Lehre vom Zusammenwirken.* Frankfurt a. M.: Ullstein.

Haken, H. & Schiepek, G. (2005). *Synergetik in der Psychologie.* Göttingen: Hogrefe.

Haubl, R. (2008). *Historische und programmatische Überlegungen zum psychodynamisch-systemischen Leitungscoaching.* Kassel University Press GmbH.

Heß, T. & Roth, W. L. (2001). *Professionelles Coaching: eine Expertenbefragung zur Qualitätseinschätzung und -entwicklung*. Asanger.

Katz, D. & Kahn, R. L. (1978). *The social psychology of organizations* (Vol. 2, p. 528). New York: Wiley.

Kelly, G. A. (1955). *The psychology of personal construct. Theory of personality.* London: Routledge.

Kirkpatrick, J. D. & Kirkpatrick, W. K. (2016). *Kirkpatrick's four levels of training evaluation.* Association for Talent Development.

Kleve, H. (2017). Das Tetralemma der Unternehmerfamilie. Skizze eines systemischen Forschungsprogramms. *systeme*, 2, 224–43.

König, E., Volmer G. (2002). *Systemisches Coaching*. Weinheim und Basel: Beltz Verlag.

König, O., & Schattenhofer, K. (2007). *Einführung in die Gruppendynamik. 2. aktualisierte Auflage.* Heidelberg: Carl-Auer.

Königswieser, R. & Hillebrand, M. (2019). *Einführung in die systemische Organisationsberatung.* Heidelberg: Carl-Auer.

Kriz, J. & Simon, F. (2019). *Der Streit ums Nadelöhr*. Heidelberg: Carl-Auer.

Kriz, J. (2017). *Subjekt und Lebenswelt: Personzentrierte Systemtheorie für Psychotherapie, Beratung und Coaching.* Göttingen: Vandenhoeck & Ruprecht.

Kriz, J. (2016). *Systemtheorie für Coaches*. Wiesbaden: Springer Fachmedien.

Kriz, J. (2012): *Personzentrierte Systemtheorie für Führungskräfte und BeraterInnen*. URL: https://www.trigon.at/wp-content/uploads/2017/09/TT- 12-2.pdf. Zugegriffen 18.11.2020

Kröger, F. (2020). *Was heißt systemisch noch?* URL: https://www.dgsf.org/service/was-heisst-systemisch/was-heisst-systemisch-noch. Zugegriffen: 06.11.2020.

Kruse, P. (2020*). Next practice-erfolgreiches Management von Instabilität: Veränderung durch Vernetzung*. Gabal.

Kühl, S. (2008). *Coaching und Supervision. Personenorientierte Beratung in Organisationen*. Wiesbaden: VS Verlag.

Kühl, S. (2011). *Organisationen: eine sehr kurze Einführung*. Springer.

Küsters, I. (2009). *Narrative Interviews. Grundlagen und Anwendungen* (2. Aufl.). Wiesbaden: VS Verlag.

Luhmann, N. (1984). *Soziale Systeme*. Frankfurt a. M.: Suhrkamp.

Luhmann, N. (1978). *Organisation und Entscheidung*. Wiesbaden: VS Verlag für Sozialwissenschaften.

Ludewig, K. & Wilken, U. (2000). *Das Familienbrett. Ein Verfahren für die Forschung und Praxis mit Familien und anderen sozialen Systemen.* Göttingen: Hogrefe.

Ludewig (2000). Systemische Therapie mit Familien Probleme, Lösungen, Reflexionen, Praxis. *Familiendynamik*, 25(4), 450–484.

Malik, F. (1984). *Strategie des Managements komplexer Systeme.* Paul Haupt.

Maturana, H. R. (1998). *Biologie der Realität*. Suhrkamp.

Maturana, H. R. & Varela, F. J. (1987). *Der Baum der Erkenntnis: die biologischen Wurzeln der menschlichen Erkenntnis.* Scherz.

Monk, G., Winslade, J., Crocket, K., Epston, D. 1997. *Narrative therapy in practice: The archaeology of hope. San Francisco,* CA: Jossey-Bass.

Moreno, J. L. (1987). *The essential Moreno: Writings on psychodrama, group method, and spontaneity.* Springer Publishing Company.

Neuberger, O. (2006). Systemische Beratung als mikropolitisches Projekt. In: N. Tomaschek (Ed.), *Systemische Organisationsentwicklung und Beratung bei Veränderungsprozessen.* Ein Handbuch (S. 34–73). Heidelberg: Carl-Auer.

Nixdorf, C. (2020). *Mediation und systemische Beratung.* URL: https://www.pedocs.de/ volltexte/2020/19280/pdf/Nixdorf_2020_ Mediation_und_systemische_Beratung.pdf. Zugegriffen: 12.11.2020.

Noer, D. M. (1993). *Healing the wounds: overcoming the trauma of layoffs and revitalizing downsized organizations*. San Francisco: Jossey-Bass.

Parsons, T. (1951). *The social system.* New York, NY: Free Press.

Piaget, J. (1992). *Einführung in die genetische Erkenntnistheorie.* Frankfurt. a. M.: Suhrkamp.

Polanyi, M. (2009). *The tacit dimension*. University of Chicago press.

Prigogine, I. and Stengers, I. (1984). *Order Out of Chaos*. New York: Bantam.

Prigogine, I. (1979). *Vom Sein zum Werden*. München: Piper.

Radatz, S. (2006). *Einführung in das systemische Coaching*. Heidelberg: Carl-Auer.

Ragin, C. (1987). *The comparative method: Moving beyond qualitative and quantitative strategies.* Berkeley: University of California Press

Rappe-Giesecke, K. (2002). Die Konzeptionelle Entwicklung der Supervision in den letzten zwanzig Jahren. *Zeitschrift Supervision: Supervision im Spiegel der Zeit – Heft zum 20jährigen Bestehen der Zeitschrift.* (2), S. 55–65.

Rogers, C. R. & Nosbüsch, E. (1972). *Die nicht-direktive Beratung*. Kindler.

Rosselet, C. & Senoner, G. (2010). *Management macht Sinn. Organisationsaufstellungen in Managementkontexten.* Heidelberg: Carl-Auer.

Rotthaus, W. (1989). Die Auswirkungen systemischen Denkens auf des Menschenbild des Therapeuten und seine therapeutische Arbeit. *Praxis der Kinderpsychologie und Kinderpsychiatrie, 38*(1), 10–16.

Satir, V. (1972). *Peoplemaking.* Science and Behavior Books.

Scharmer, C. O. (2022). Essentials der Theorie U: Grundprinzipien und Anwendungen. Heidelberg: Carl-Auer.

Schiepek, G. (2013). *Selbstorganisation in Psychologie und Psychiatrie* (Vol. 43). Springer-Verlag.

Schmidt, G. (2020*). Einführung in die hypnosystemische Therapie und Beratung*. Carl-Auer Verlag.

Schreyögg, A., Bachmann, T. & Dallüge, T. (2019). *Abgrenzung von anderen Beratungsformaten.* DBVC (Hrsg.) Coaching als Profession. Osnabrück: DCVC e.V.

Schreyögg, G. (2012). *Grundlagen der Organisation. Basiswissen für Studium und Praxis*. Wiesbaden.

Seliger, R. (2022). *Systemische Beratung der Gesellschaft. Strategien für die Transformation.* Carl-Auer Verlag.

Selvini, Palazzoli, M., S. Boscolo, G. Cecchin & G. Prata (1984). *Paradoxon und Gegenparadoxon*. Stuttgart: Klett-Cotta.

Senge, P. (2004a). *Five disciplines*. New York, NY: Doubieday.

Senge, P. (2004b). *Das Fieldbook zur fünften Disziplin*. 5. Auflage. Stuttgart: Klett-Cotta.

Sheldrake, R. (2005). *New science of life*. Icon Books Ltd.

Simon, F. B. (2020). *Einführung in Systemtheorie und Konstruktivismus*. Carl-Auer Verlag.

Simon, F. B. (2017). *Systemisch ist die Theorie, nicht das Werkzeug*. URL: https://www.haufe.de/personal/zeitschrift/wirtschaft-weiterbildung/wirtschaft-weiterbildung-ausgabe-62017-wirtschaft-weiterbildung_48_415092.html. Zugegriffen: 20.03.2021.

Simon, F. B. (2014). *Systemisches Denken und Handeln.* Studienbrief SB0310. Technische Universität Kaiserslautern. URL: https://www.disc.uni-kl.de/sb/wp-content/uploads/2017/04/Studienbrief-SB0310_Systemisches-Denken-und-Handeln.pdf. Zugegriffen: 20.03.2021

Simon, F. B. (2010). *Einführung in die Systemtheorie des Konflikts*. Heidelberg: Carl-Auer.

Simon, F. B. (2004). *Gemeinsam sind wir blöd. Die Intelligenz von Unternehmen, Managern und Märkten*. Heidelberg: Carl-Auer.

Simon, F. B. (1990). *Meine Psychose, mein Fahrrad und ich.* Heidelberg: Carl-Auer.

Spencer-Brown, G. (1969). *Laws of Form*. London: Allen and Unwin.

Stierlin, H. (1978). *Delegation und Familie: Beiträge zum Heidelberger familiendynamischen Konzept*. Suhrkamp.

Storch, M., Kuhl, J. (2012). *Die Kraft aus dem Selbst. Sieben PsychoGyms für das Unbewusste.* Bern: Huber

Systemische Gesellschaft (2021). *Systemischer Ansatz*. URL: https://systemische-gesellschaft.de/systemischer-ansatz. Zugegriffen: 05.05.2021.

Systemische Gesellschaft (2016b). *Systemischer Ansatz*. URL: https://systemische-gesellschaft.de/systemischer-ansatz/arbeitsbereiche/ systemisches-coaching/. Zugegriffen: 06.11.2020.

Thomann, C. (2004). *Klärungshilfe 2 – Konflikte im Beruf: Methoden und Modelle klärender Gespräche.* Reinbek: Rowohlt.

Varga von Kibed, M. & Sparrer, I. (2020). *Ganz im Gegenteil: Tetralemmaarbeit und andere Grundformen Systemischer Strukturaufstellungen – für Querdenker, und solche die es werden wollen.* Heidelberg: Carl-Auer.

Vester, F. (1983). *Unsere Welt – ein vernetztes System*. München: DTV.

von Glasersfeld, E. (1996). *Radikaler Konstruktivismus. Ideen, Ergebnisse, Probleme.* Suhrkamp, Frankfurt/Main, 375.

von Schlippe, A. & Schweitzer, J. (2016). *Lehrbuch der systemischen Therapie und Beratung 1*. Göttingen: Vandenhoeck & Ruprecht.

von Schlippe, A. & Schweitzer, J. (2019). *Gewusst wie, gewusst warum.* Göttingen: Vandenhoeck & Ruprecht.

von Thun, F. S. (2006). *Praxisberatung in Gruppen: erlebnisaktivierende Methoden mit 20 Fallbeispielen*. Weinheim: Beltz.

Watzlawick, P. (1981). *Die erfundene Wirklichkeit. Beiträge zum Konstruktivismus*. München, Zürich.

Watzlawick, P, Beavin, J, Jackson, D. (2000). *Menschliche Kommunikation: Formen, Störungen, Paradoxien.* Bern: Hans Huber.

Weber, G. (2010). *Zweierlei Glück*. Heidelberg: Carl-Auer.

Weber, G. (2019). *Aufstellungen.* URL: https://www.carl-auer.de/magazin/ systemisches-lexikon/aufstellungen. Zugegriffen: 06.11.2020.

Weber, G. (2000). *Organisationsaufstellungen: Basics und Besonderes. Praxis der Organisationsaufstellungen: Grundlagen, Prinzipien, Anwendungsbereiche.* Carl-Auer-Systeme Verlag. Heidelberg, 34-90.

Webers, T. (2015). *Systemisches Coaching – Psychologische Grundlagen.* Wiesbaden: Springer Fachmedien.

Weick, K. E. & Sutcliffe, K. M. (2001). *Managing the unexpected (Vol. 9)*. San Francisco: Jossey-Bass.

Weinhold, J., Bornhäuser, A., Hunger, C. & Schweitzer, J. (2014). *Dreierlei Wirksamkeit. Die Heidelberger Studie zu Systemaufstellungen*. Heidelberg: Carl-Auer.

West-Leuer, B. (2003). *Coaching - ein Kursbuch für die psychodynamische Beratung: zur Bedeutung zentraler Beziehungswünsche* (Vol. 165). Klett-Cotta.

Wikipedia (2020). *System Dynamics*. URL: https://de.wikipedia.org/wiki/System_Dynamics. Abgerufen am 23.11.2020.

Willke, H. (2005). *Systemtheorie II: Interventionstheorie. Stuttgart: Lucius & Lucius.*

Willke, H. (2006). *Systemtheorie I: Grundlagen. Eine Einführung in die Grundprobleme der Theorie sozialer Systeme.* Stuttgart: Lucius & Lucius/UTB.

Wimmer, R. (2022). *Die Gruppe–ein emergentes Phänomen. Gruppe. Interaktion. Organisation.* Zeitschrift für Angewandte Organisationspsychologie (GIO), 1–16.

Verzeichnis der eingeschlossenen Studien

1. Abdulla, A. & Woods, R. (2020). Obstacles vs. Resources-Comparing the Effects of a Problem-Focused, Solution-Focused and Combined Approach on Perceived Goal Attainability and Commitment. International journal of applied positive psychology, 1–20.
2. Abel, C. (2007). Systemisch-lösungsorientierte Beratung zur Prävention von Stress und Burnout in Pflegeberufen. Dissertation, Universität Mannheim.
3. Abel, C., Schweitzer, J. & Matthäus, S. (2009). Ein systemisch-lösungsorientiertes Präventionsprogramm. PiD-Psychotherapie im Dialog, 10(03), 245–250.
4. Althoff, S. (2019). Qualitative interview-based research: an exploratory study on the role of the agile coach and how the coach influences the development of agile teams (Bachelor's thesis, University of Twente).
5. Amann, A., Brosius, K., Häußler-Carl, E., Holzbauer, S., Kuhn, H. R. & Stützle-Hebel, M. (2013). „Lola rennt" oder: es hätte auch anders kommen können" – Über den Möglichkeitsraum gruppendynamischer Intervention. Gruppendynamik und Organisationsberatung, 44(4), 461–48.
6. Andresen, P. (2004). Die Einführung von Teamstrukturen aus systemtheoretischer Perspektive: Organisationsentwicklung am Beispiel der Stadtwerke Hannover. diplom.de.
7. Arnold, M. G. (2018). Systemische Strukturaufstellungen in Beratung und Management. Springer Books.
8. Arnold, M. G. & Fischer, A. (2018). Systemic structural constellations in academia facilitating transformation processes towards sustainability. Journal of Contemporary Management, 15(Special Edition1), 139–170.
9. Atad, O. I. & Grant, A. M. (2021), „Evidence-based coaching as a supplement to traditional lectures: impact on undergraduates' goal attainment and measures of mental well-being", International Journal of Mentoring and Coaching in Education, Vol. ahead-of-print No. ahead-of-print. https://doi.org/10.1108/IJMCE-05-2020-0024
10. Bannink, F. P. (2009). SF Conflict management in teams and organisations. InterAction, 1(1), 11–25.

11. Bär, C. & Bommeli, B. (2013). Ein Beratungskonzept: durch Selbstreflexion und Feedback die eigene Handlungsfähigkeit vergrößern – am Beispiel „Konflikt“. Masterarbeit, Züricher Hochschule für angewandte Wissenschaft.

12. Baron, L. & Morin, L. (2010). The impact of executive coaching on self-efficacy related to management soft skills. Leadership & Organization Development Journal, 31(1), 18-38. https://doi.org/10.1108/01437731011010362

13. Barry, D. (1997). Telling changes: From narrative family therapy to organizational change and development. Journal of Organizational Change Management.

14. Baumgartner, M. (2006). Gestaltung einer gemeinsamen Organisationswirklichkeit. Systemische Strukturaufstellungen und Mitarbeiterbefragungen zur Diagnose von Organisationskultur. 1. Aufl. Heidelberg: Verlag für Systemische Forschung im Carl-Auer Verlag.

15. Baumgartner, M. (2006). Die kollektive Gestaltung einer gemeinsamen Organisationswirklichkeit: zur Diagnose von Organisationskultur anhand von Mitarbeiterbefragungen und systemischer Strukturaufstellungen in einem sozial-medizinischen Unternehmen (Doctoral dissertation, ETH Zürich).

16. Beermann, A. (2020). Veränderungsprozesse professioneller und persönlicher Entwicklung. Wirkfaktoren und Wirkungsweisen in Professionalisierungsprozessen am Beispiel von Supervisoren, Coaches und Organisationsentwicklern. Vandenhoeck & Ruprecht unipress Verlag

17. Behrendt, P. (2004): Was kann Psychodrama zu einem erfolgreichen Coaching beitragen? Eine wirkfaktorenorientierte Prozessanalyse im Transfercoaching. Unveröff. Diplomarbeit an der Universität Freiburg i. B.

18. Berninger-Schäfer, E. (2015). Systemisch lösungsorientierte Bewertungskriterien der Karlsruher Schule. In Bewertung von Coachingprozessen (pp. 101–118). Springer, Wiesbaden.

19. Berreth, A. (2009). Organisationsaufstellungen und Management. Lesarten einer Beraterischen Praxis. Heidelberg: Carl-Auer.

20. Berreth, A. & Zirkler, M. (2007). Instrumentelle Innovation im Change-Management: die Übersetzungsleistungen des Managements (No. 05/07). WWZ Forschungsbericht.

21. Betschart, K. (2010). Die Kunst ein System zu berühren: Interventionen der systemischen Organisationsberatung aus Berater- und Kundensicht. Züricher Hochschule für angewandte Wissenschaften.

22. Bhatnagar, V. R. (2017). Systemic development of leadership: action research in an Indian manufacturing organization. Systemic Practice and Action Research, 30(4), 339–376.

23. Bhatnagar, V. R. (2020). Systemic coaching for higher effectiveness. Industrial and Commercial Training.

24. Bhatnagar, V.R. (2021). Employing Local Systemic Intervention for Evolving a Transformational Organization Strategy-Action Research in an Indian Business School. Syst Pract Action Res. https://doi.org/10.1007/s11213-020-09552-7

25. Bickerich, K. (2018). Führungskräfte-Coaching im Kontext organisationaler Veränderungsprozesse. Doctoral dissertation, Ruprecht-Karls-Universität Heidelberg.

26. Bickerich, K. & Michel, A. (2016). Führungskräfte-Coaching bei Change Prozessen: Die Rolle von Autonomie und Managementunterstützung. Zeitschrift für Arbeits- und Organisationspsychologie, 60(4), pp. 212-226. doi:10.1026/0932-4089/a000226

27. Bickerich, K., Michel, A. & O'Shea, D. (2018). Executive coaching during organisational change: a qualitative study of executives and coaches perspectives. Coaching: An International Journal of Theory, Research and Practice, 11(2), 117-143.

28. Biehaule, M. F. (2018). Selbstorganisationsprozesse in der Teamentwicklung. Erfassen, Darstellen und Analysieren von Teamentwicklungsprozessen unter Zugrundelegung der Prämissen dynamischer, instabiler und nichtlinearer Systeme. Doctoral dissertation, Ruprecht-Karls-Universität Heidelberg.

29. Billings, J. C., Kimball, T. G., Shumway, S. T. & Korinek, A. W. (2007). Organizational systems questionnaire (OSQ) validity study. Journal of marital and family therapy, 33(2), 149–164.

30. Birkenkrahe, M. (2008). System constellations as a tool supporting organisational learning and change processes. International journal of learning and change, 3(2), 125–144.

31. Blanc-Sahnoun, P. (2011). Narratives Coaching in einem Unternehmen nach einem Suizid. Systema (1), S. 19–31.

32. Böning, U. (2015). Ergebnisse der Coaching-Forschung: Aktuelle Studien – ausgewertet für die Coaching-Praxis (2015.). Berlin, Heidelberg: Springer Berlin Heidelberg.

33. Borek, L. (2011). Der Einfluss von Systemischen Strukturaufstellungen auf Kohäsion, Kooperation, Koordination und Kommunikation in Teams: Eine Längsschnittstudie. Gruppendynamik und Organisationsberatung, 42(2), 173–185.

34. Born, M., Drews, A., Bossmann, U., Zwack, J. & Schweitzer, J. (2020). Vom Reflex zur bewussten Entscheidung. Organisationsberatung, Supervision, Coaching, 27(3), 365–382.

35. Borghoff, B. (2017). 21. Entrepreneurial Storytelling: Narrative Praktiken und Designstrategien in der Projekt- und Organisationsentwicklung. In Doing Applied Linguistics (pp. 173-183). De Gruyter.

36. Bose, D. von, Martens-Schmidt, K., Suchardt-Hain (2003): Führungskräfte im Gespräch über Coaching. Eine empirische Studie. In: K. Martens-Schmidt (Hrsg.), Coaching als Beratungssystem. Grundlagen, Konzepte, Methoden (1–54). Heidelberg: Economica.

37. Bostock, L., Patrizo, L., Godfrey, T. & Forrester, D. (2019). What is the impact of supervision on direct practice with families?. Children and Youth Services Review, 105, 104428.

38. Bossmann, U. (2020). Seelische Gesundheit im Dilemma: Eine explorative Studie zur Förderung der psychischen Gesundheit mittlerer Führungskräfte. Dissertation, Ruprecht-Karls-Universität Heidelberg.

39. Bossmann, U., Ditzen, B. und Schweitzer, J. (2016). Organizational stress and dilemma management in midlevel industrial executives: An exploratory study. Mental Health and Prevention 4 (1), 9–18, doi: 10.1016/j.mhp.2016.02.001.

40. Braunstein, K. & Grant, A. M. (2016). Approaching solutions or avoiding problems? The differential effects of approach and avoidance goals with solution-focused and problem-focused coaching questions. Coaching: An International Journal of Theory, Research and Practice, 9(2), 93-109.

41. Bührmann, T. & Büker, P. (2015). Organisationsentwicklung und multiprofessionelle Teamarbeit im Kinderbildungshaus – eine systemische Perspektive. Diskurs Kindheits- und Jugendforschung/ Discourse. Journal of Childhood and Adolescence Research, 10(2), 7–8.

42. Buhl, C. (2011). Selbstmanagement im Team. Kann systemische Teamberatung individuelle Selbstmanagement-Kompetenz stärken? Doctoral dissertation, Staats- und Universitätsbibliothek Hamburg Carl von Ossietzky.

43. Bull, F.-R. & Muster, J. (2021). Hierarchie im Spannungsfeld konkurrierender Erwartungen: Folgen der Einführung postbürokratischer Arbeitsweisen in Großorganisationen. Journal für Psychologie, 29(1), 72–92. https://doi.org/10.30820/0942-2285-2021-1-72.

44. Burchardt, C. (2015). Advanced business coaching approach in combination with systemic constellation work to improve the business engineering process. In DS 80-11 Proceedings of the 20th International Conference on Engineering Design (ICED 15) Vol 11: Human Behaviour in Design, Design Education; Milan, Italy, 27-30.07. 15 (pp. 307–318).

45. Burke, D. & Linley, P. A. (2007). Enhancing goal self-concordance through coaching. International Coaching Psychology Review, Vol. 2 No. 1, pp. 62–69

46. Carr, C. & Peters, J. (2013). The experience of team coaching: A dual case study. International Coaching Psychology Review, 8(1), 80–98.

47. Carriger, M. (2011). Narrative approach to corporate strategy: empirical foundations. Journal of Strategy and Management. (pp. 304–324)

48. Cezarino, L.O., Junior, F.H. & Correa, H.L. (2012). Organization Performance Evaluation Using System Thinking: A Study in Brazilian Chemical Organizations Models. Syst Pract Action Res 25, 81-92. https://doi.org/10.1007/s11213-011-9198-4

49. Chlopczik, A. (2015). Der magische Moment in der Prozessberatung: Über Dreh- und Angelpunkte in Veränderungsprozessen. Wiesbaden: Springer Fachmedien Wiesbaden.

50. Cilliers, F. (2018). The experienced impact of systems psychodynamic leadership coaching amongst professionals in a financial services organisation. South African Journal of Economic and Management Sciences, 21(1), 1-10.

51. Cilliers, F. & Greyvenstein, H. (2012). The impact of silo mentality on team identity: An organisational case study. SA Journal of Industrial Psychology, 38(2), 75–84.

52. Cilliers, F. & Terblanche, L. (2010). The systems psychodynamic leadership coaching experiences of nursing managers. Health SA Gesondheid (Online), 15(1), 1–9.

53. Coetzee, M. E. (2019). The Application of a Systemic World View Within Coaching as Strategy for Leadership Development. University of Johannesburg (South Africa).

54. Csar, M. (2020). Agilität als Ziel von Veränderungsprozessen?. Gruppe. Interaktion. Organisation. Zeitschrift für Angewandte Organisationspsychologie (GIO), 51(4), 391–401.

55. da Silva, F. E. D. O., Motta, C. L., Santoro, F. M. & De Oliveira, C. E. T. (2009). A social matching approach to support team configuration. In International Conference on Collaboration and Technology (pp. 49–64). Springer, Berlin, Heidelberg.

56. Day, A. (2010), „Coaching at relational depth: a case study", Journal of Management Development, Vol. 29 No. 10, pp. 864-876. https://doi.org/10.1108/02621711011084196

57. de Haan, E., Grant, A. M., Burger, Y. & Eriksson, P. O. (2016). A large-scale study of executive and workplace coaching: The relative contributions of relationship, personality match, and self-efficacy. Consulting Psychology Journal: Practice and Research, 68(3), 189.

58. de Haan, E., & Nilsson, V. O. (2023). What Can We Know about the Effec-tiveness of Coaching? A Meta-Analysis Based Only on Randomized Con-trolled Trials. Academy of Management Learning & Education, Vol. 00, No. 00, 1–21. https://doi.org/10.5465/amle.2022.0107.

59. de Haro García, J. M. (2012). Executive coaching results: A classification proposal. Papeles del Psicólogo, 33(3), 221–226.

60. de Meuse, K. P., Dai, G. & Lee, R. J. (2009). Evaluating the effectiveness of executive coaching: Beyond ROI?. Coaching: An international journal of theory, research and practice, 2(2), 117–134.

61. Dehn, C. (2008). Erst sprechen, dann handeln?. Organisationsberatung, Supervision, Coaching, 15(2), 169-182.

62. Deplazes, S., Schwyter, S. & Möller, H. (2016). Ein Blick auf Coachingprozesse – Die Interventionen des Coachs, dargestellt und analysiert mittels des KaSyCo-C. Coaching Theorie & Praxis, 2(1), 9–19.

63. Dietrich, A., Frank, H., Güttel, W. H. & Hasenzagl, R. (2005). Das Feuer kleiner Gruppen: Analyse der Entwicklungslogik und -dynamik eines Beratungsprozesses. Gruppe. Interaktion. Organisation. Zeitschrift für Angewandte Organisationspsychologie (GIO), 36(3), 271–284.

64. Dinius, S. (2013). Das Team in der Ohnmacht – Was kann Supervision in ausweglosen Situationen leisten?. Organisationsberatung, Supervision, Coaching, 20(2), 217–230.

65. Drews, A, (2021). Dilemmakompetenz und seelische Gesundheit von Krankenhausmitarbeitenden: Zwei Studien zu den Möglichkeiten und Grenzen psychosozialer Interventionsprojekte. Dissertation, Ruprecht-Karls-Universität Heidelberg.

66. Drinnan, S., Olinek, B., Lecorre, C., Maslyk, T. & MacKin, C. (2011). Small can be big: The impact of small coaching projects in health care system. The International Journal of Coaching in Organizations, 31(8), 3.

67. Driscoll, A. E. (1993). Case studies of a select group of organizational and social change practitioners who utilize a total system change approach to address social diversity and social justice issues in organizations.

68. Düppe, A. (2004). Outdoor-Training als betriebliche Weiterbildungsmaßnahme – unter besonderer Berücksichtigung seiner historischen Entwicklung (Doctoral dissertation, Universität der Bundeswehr. München).

69. Eberling, W., Bruederlin, G. & Alt, M. (2018). „Blended Business Coaching" mit dem Laufbahnkoffer HR. In R. Wegener, S. Deplazes, M. Hanseler, H. Künzli, S. Neumann, A. Ryter, W. Widulle (Eds.), Wirkung im Coaching (176–187). Göttingen: Vandenhoeck & Ruprecht.

70. Eberz, S. & Antoni, C. H. (2016). Das Systemisch-Salutogene Interaktions-Modell (SSIM) – Ein ganzheitlicher Ansatz zur Erklärung und Entwicklung gesundheitsförderlicher Interaktionsdynamiken zwischen Führungskräften und Mitarbeitenden. Gruppe. Interaktion. Organisation. Zeitschrift für Angewandte Organisationspsychologie (GIO), 47(3), 265–273.

71. Ebner, K. (2016). Veränderungen durch Coaching: Wie lernt ein Coachee im Coaching-Prozess?. In Qualität im Coaching (pp. 81–91). Springer, Berlin, Heidelberg.

72. Erbring, S. (2017). Gesunde inklusive Schulentwicklung: Ressourcen und Entwicklungsimpulse zur Leitung inklusiver Schulen. Systhema 3(31), 270-280.

73. Eckstein, I. D. & Schlicher, B. (2018). Betriebliches Gesundheitsmanagement systemisch gedacht. Heidelberg: Carl-Auer.

74. Eigen, P. (2011). Von Intuition und Überlebensintelligenz: Strategieentwicklung in kleinen Familienunternehmen der Automobilzulieferindustrie (1. Aufl.). Heidelberg: Verlag für Systemische Forschung im Carl-Auer Verlag.

75. Endrejat, P. C., Meinecke, A. L. & Kauffeld, S. (2020). Get the crowd going: eliciting and maintaining change readiness through solution-focused communication. Journal of Change Management, 20(1), 35–58.

76. Eskinasi, M. & Fokkema, E. (2006). Lessons learned from unsuccessful modelling interventions. Systems Research and Behavioral Science: The Official Journal of the International Federation for Systems Research, 23(4), 483–492.

77. Evers, W. J., Brouwers, A. & Tomic, W. (2006). A quasi-experimental study on management coaching effectiveness. Consulting Psychology Journal: Practice and Research, 58(3), 174.

78. Fanta, D., Bräutigam, J., Greiff, S. & Rieß, W. (2017). Entwicklung und Validierung eines Messinstrumentes zur Erfassung von systemischem Denken bei Lehramtsstudierenden in ökologischen Kontexten. Zeitschrift für Didaktik der Naturwissenschaften, 23(1), 241–259

79. Finckh, C. & Reich, K. (2016). Systemic constellations in diversity management. The international journal of organizational diversity, 16 (4), 17–38.

80. Fischer, M. (2020). Wie Business Coaching Entrepreneure unterstützen kann: Eine Studie über die Beeinflussung von Wohlbefinden, Stress, Selbstwirksamkeit, Proaktivität und Unternehmenserfolg. Universität Hohenheim. Abrufbar unter: http://opus.uni-hohenheim.de/volltexte/2020/1756/.

81. Friesenhahn, J. (2016). (In)direkte Effekte von Coaching. In R. Wegener, M. Loebbert & A. Fritze (Hrsg.). Zur Differenzierung von Handlungsfeldern im Coaching, (pp. 429-440). Springer VS, Wiesbaden.

82. Friesenhahn, J. (2017). Kommunikation als Basis wirkungsvollen Führungskräfte-Coachings: Von der Dyade zur Triade im Setting mit Pferden. Wiesbaden: Springer Fachmedien Wiesbaden.

83. Frohn, D. & Fasel, C. (2019). Subjektive Theorien zu systemischem Coaching – Eine qualitative Studie mit Absolventen_innen von Coaching-Ausbildungen. Journal of Business and Media Psychology (2019) 10, Heft 1, 32–36

84. Garbsch, M. (2012). Systemische Führungsentwicklung: Verknüpfung von Führungskräfte- und Organisationsentwicklung am Beispiel eines Krankenhauses (1. Aufl.). Heidelberg: Carl-Auer.

85. Gaudart A. & Herget J. (2018) Organisationsaufstellungen – eine systemische Methode zur Diagnose von Konflikten, Treibern und Barrieren im Kulturentwicklungsprozess. In: Herget J., Strobl H. (Eds.), Unternehmenskultur in der Praxis. Springer Gabler, Wiesbaden.

86. Geary, S. E. (2000). The evolving practice of the internal and external organizational development consultant (Doctoral dissertation).

87. Gebauer, A. & Brückner, F. (2018). Was Achtsamkeitstrainings bewirken und wie sie in Organisationen wirksamer werden. Gruppe. Interaktion. Organisation. Zeitschrift für Angewandte Organisationspsychologie (GIO), 49(2), 105–114.

88. Gehlert, T. (2020). System-Aufstellungen und ihre naturwissenschaftliche Begründung: Grundlage für eine innovative Methode zur Entscheidungsfindung in der Unternehmensführung. Wiesbaden: Springer Fachmedien Wiesbaden.

89. Geißler, H. & Wegener, R. (2015). Bewertung von Coachingprozessen. Wiesbaden: Springer Fachmedien.

90. Ghavifekr, S. & Hussin, S. (2010). Management as visionary planning for dealing with systemic change: A case of Malaysian Open Distance Learning Institution. OIDA International Journal of Sustainable Development, 1(4), 79–85.

91. Ghavifekr, S., Afshari, M. & Ayoufu, W. (2012). Management strategies for organisational implementation of systemic change: A qualitative analysis.

92. Ghorbanhosseini, M. (2013). The effect of organizational culture, teamwork and organizational development on organizational commitment: the mediating role of human capital. Tehnički vjesnik, 20(6), 1019–1025.

93. Gleich, M. (2008). Organisationsaufstellungen als Beratungsinstrument für Führungskräfte eine empirische Analyse. Heidelberg: Verlag für Systemische Forschung im Carl-Auer Verlag.

94. Gminder, C. U. (2006). Nachhaltigkeitsstrategien systemisch umsetzen Eine qualitative Exploration der Organisationsaufstellung als Managementmethode. University of St. Gallen, Business Dissertations, [s. l.], p. 1–310, 2005.

95. Gminder, C. U. (2006). Organisationsaufstellungen – Eine methodische Innovation zur Umsetzung von Nachhaltigkeitsstrategien. In R. Pfriem, R. Antes, K. Fichter, M. Müller, N. Paech, S. Seuring & B. Siebenhüner (Hrsg.): Innovationen für eine nachhaltige Entwicklung, (pp. 451–468). DUV.

96. Gölzner, H. (2013). A Systemic-integrative Leadership Model - The Case of Carbo Tech Composites GmbH. Management Studies, 1(1), 1–13.

97. Gölzner, H & Rieder, M. (2018). Provokative Organisationsentwicklung - eine Wirksamkeitsanalyse. Tagungsband des 12. Forschungsforum der österreichischen Fachhochschulen (FFH)

98. Gomez, F. G. & Roevens, J. (2017). Organizational change based on the new perspective of Systemic Constellations. The Knowing Field International Constellations Journal.

99. Gómez, F. G. (2004). Técnicas y Métodos para la Intervención Social en las Organizaciones. Francisco Gómez Gómez. Memoria para optar al grado de doctor. Universidad Complutense de Madrid.

100. Gottert, C. (2011). Herleitung eines systemischen Ansatzes zur Begleitung von Best-Practice Einführungsprojekten am Beispiel von ITIL. Masterarbeit, Universität Hildesheim.

101. Graf, E. M. & Spranz-Fogasy, T. (2018). Welche Frage, wann und warum? – Eine qualitativ-linguistische Programmatik zur Erforschung von Frage-Sequenzen als zentrale Veränderungspraktik im Coaching. Coaching Theorie & Praxis, 4(1), 17–32.

102. Graf, H. (2020). Effizienzsteigerung durch sinnzentrierte Interventionen im Kontext von verhältnis- und verhaltensorientierten Management-Maßnahmen. Gruppe. Interaktion. Organisation. Zeitschrift für Angewandte Organisationspsychologie (GIO), 51(4), 379–390.

103. Grant, A. M. (2003). The impact of life coaching on goal attainment, metacognition, and mental health. Social Behavior and Personality: an international journal, 31(3), 253–263.

104. Grant, A. M. (2008). Personal life coaching for coaches-in-training enhances goal attainment, insight, and learning. Coaching: An International Journal of Theory, Research and Practice, 1, 54–70.

105. Grant, A. M. (2012). Making positive change: A randomized study comparing solution-focused vs. problem-focused coaching questions. Journal of Systemic Therapies, 31(2), 21–35.

106. Grant, A. M. (2014). The efficacy of executive coaching in times of organizational change. Journal of Change-Management, 14(2), 258–280.

107. Grant, A. M., Curtayne, L. & Burton, G. (2009). Executive coaching enhances goal attainment, resilience and workplace well-being: A randomised controlled study. The journal of positive psychology, 4(5), 396–407.

108. Grant, A. M., Green, L. S. & Rynsaardt, J. (2010). Developmental coaching for high school teachers: Executive coaching goes to school. Consulting Psychology Journal, 62 (3), 151–168.

109. Green, L. S., Grant, A. M. & Rynsaardt, J. (2007). Evidence based life coaching for senior high school students: Building hardiness and hope. International Coaching Psychology Review, 2, 24–32.

110. Green, L. S., Oades, L. G. & Grant, A. M. (2006). Cognitive-behavioural, solution-focused life coaching: Enhancing goal striving, well-being and hope. Journal of Positive Psychology, 1, 142–149.

111. Grossmann, R., Batsukh, S., Scala, K., Ariunaa, E., Neugebauer, C. & Altankhuyag, A. (2015). Leadership and Organizational Development-Building Strategic Alliances.

112. Groth, T., Krejci, G. & Günther, S. (2021). New Organizing. Heidelberg: Carl-Auer.

113. Gutmark, B. J. (2014). Systemische Aufstellungen im organisationalen Kontext. Eine empirische Untersuchung zur Wirksamkeit von Organisationsaufstellungen. Dissertation, Universität Darmstadt.

114. Gyllensten, K., Henschel, C. & Jones, G. (2020). The experience of executive group coaching – A qualitative study. International Coaching Psychology Review, 15(1), 37.

115. Hagel, U. & Steinbrecher, A. (2012). Systematisches Konfliktmanagement für externe Wirtschaftskonflikte (B2B). Konfliktdynamik, 1(1), 24–35.

116. Hanan, F. (2014). A Preliminary Mixed Methods Study of an Executive Coaching Programme: Exploring Defined Goals, Described Outcomes and Systemic Functions. Masterthesis. INSEAD.

117. Hartmann-Piraudeau, A. (2019). Kooperation oder Konfrontation? Die Wirkung von Commitment, Empowerment, Emotion und Kritik in Verhandlung und Mediation. Fakultät Wirtschafts- und Sozialwissenschaften. Institut für Kommunikationswissenschaft.

118. Hasenzagl, R. (2007). Die Wirkung von Beratern. Gruppe. Interaktion. Organisation. Zeitschrift für Angewandte Organisationspsychologie (GIO), 38(4), 351–370.

119. Hausner, M. (2017). Teams synergetisch entwickeln. Projektbericht. Uni Heidelberg.

120. Hausner, M. (2015). Coaching für Fach- und Führungskräfte im Mittelstand – Generische Wirkprinzipien der Synergetik und kognitiv-behavioristische Modelle und Interventionen als Gestaltungselemente personenbezogener Beratung. Hausarbeit. Uni Heidelberg.

121. Hausner, M. (2020). Synergetisches Prozessmanagement im Coaching. Ein Praxisbericht. EK

122. Hebenstreit, N. & Hinzdorf, K. (2006). Taking the lead: Effectiveness of a Modular Coaching program for Transformational leadership Development. IJCO, 52.

123. Heer-Dürsteler, C. (2000). Förderungsmaßnahmen für Verbleibende bei einem Personalabbau aus der Sicht der systemischen Organisationsentwicklung. Diplomarbeit, IAP Zürich.

124. Heim, S. (2020). Systemisch-lösungsorientierte Kurzzeit-Interventionen durch Beratungslehrer*innen. Masterarbeit, Karl-Franzens-Universität Graz.

125. Hein, J. (2011). Wirksamkeit von Einzel-Coaching in der Organisation. Empirische Untersuchung direkter und indirekter Effekte. Magisterarbeit. Universität Heidelberg.

126. Hersted, L. (2019). Developing leadership through action research with roleplaying. Action Research in a Relational Perspective: Dialogue, Reflexivity, Power and Ethics.

127. Hertkorn, M. (2009). Evaluation des systemischen Verfahrens High Profiling Coaching. Organisationsberatung, Supervision, Coaching, 16(1), pp. 66-71. doi:10.1007/s11613-009-0115-y

128. Hirsch-Sprätz, M. (2018). Wertebasiertes systemisches Konfliktmanagement. In Agenda HR–Digitalisierung, Arbeit 4.0, New Leadership (pp. 241–268). Springer Gabler, Wiesbaden.

129. Hofer, M. (2018). Prozess- und Fachberatung in Theorie und Praxis: Faktoren der systemischen Organisationsentwicklung zur Unterstützung von Veränderungs- und Lernprozessen bei SRF. ZHAW Zürcher Hochschule für Angewandte Wissenschaften.

130. Hölscher, S. (2018). Herausforderungen von agilen Arbeitsformen und die Rolle von Coaching im Umgang damit. Familiendynamik, 43(1), S. 24–31.

131. Inversini, S. (2005). Wirkungsvolles Change-Management in Abhängigkeit von situativen Anforderungen: organisationale Veränderungsprozesse im Spannungsfeld von betrieblichen Voraussetzungen und Umweltanforderungen. (Doctoral dissertation, Universität Potsdam).

132. Jansen, A., Mäthner, E. & Bachmann, T. (2004): Erfolgreiches Coaching. Wirkfaktoren im Einzelcoaching. Kröning: Asanger.

133. Jarman, J. (2014). An exploration of organisational consultative practice: A systemic family therapy perspective (Doctoral dissertation, Cardiff University).

134. Johansson, A. C. (2019). Managing a systemic change on an operational level in a public organization: A case study of the Swedish Armed Forces (Master's thesis, Tampere University).

135. Jonassen, M. (2009). Wirkungsvolles Coaching: Wie arbeiten erfolgreiche Coaches, um Veränderungen herbeizuführen? In Praxeologie des Coaching (pp. 43–58). VS Verlag für Sozialwissenschaften.

136. Jones, R. J., Woods, S. A. & Guillaume, Y. R. (2016). The effectiveness of workplace coaching: A meta-analysis of learning and performance outcomes from coaching. Journal of Occupational and Organizational Psychology, 89(2), 249–277.

137. Jordan, S. & Kauffeld, S. (2020). A mixed methods study of effects and antecedents of solution-focused questions in coaching. International Journal of Evidence Based Coaching & Mentoring, 18(1).

138. Juceviciene, P. & Mazaliauskiene, R. (2013). Looking Further into Externalization phase of organizational learning: Questions and some Answers. In Proceedings of the 10th International Conference on Intellectual Capital, knowledge Management and Organisational Learning: ICICKM 2013 (p. 205). Academic Conferences Limited.

139. Jungclaus, J., Korge, G., Arndt, P. & Bauer, A. (2019). Agiles Sprintlernen – ein Konzept für dezentrales betriebliches Lernen: Empirische Begründung und praktische Erfahrungen. Gruppe. Interaktion. Organisation. Zeitschrift für Angewandte Organisationspsychologie (GIO), 50(2), 217–227.

140. Jurg, W. (2010). Unravelling branding systems. The perceived usefulness of branding constellations. Groningen: Het Norderlicht.

141. Jurg, W., Bloemer, J., Doorewaard, H., Peelen, E., & Simons, R. (2008). Systems constellations: A better way to identify branding opportunities?. Journal of Brand Management, 15(4), 239–257.

142. Kaesler, C. (2019). Kollegiale Beratung in einem agilen Umfeld erfolgreich einführen. Organisationsberatung, Supervision, Coaching, 26(4), 455–470.

143. Kahn, M. S. (2011). Coaching on the axis: An integrative and systemic approach to business coaching. International Coaching Psychology Review, 6(2), 194–210.

144. Kalb, R. (2007). Organisationsaufstellungen-eine Ressource der lernenden Organisation. Verlag für Systemische Forschung im Carl-Auer Verlag.

145. Kariuki, D. O. (2009). A study on systematic change management at Kenya revenue authority. Doctoral dissertation, University of Nairobi.

146. Karlsson, D. & Linnéusson, G. (2008). Systemic change management: An opportunity for manufacturing organizations. In 18th International Conference on Flexible Automation and Intelligent Manufacturing, FAIM 2008, June 30th-July 2nd, 2008, University of Skövde, Sweden (Vol. 1, pp. 654–659). University of Skövde.

147. Keiler, K. M. (2012). Verständnis von systemisch orientierter Teamentwicklung in der Praxis, sowie eingesetzte Maßnahmen und ihre Wirkung aus Sicht von SchulleiterInnen an Ökologschulen. na.

148. Kersting, A. & Kamper-Jasper, I. P. (2002). Die systemische Beratung interpersoneller Konflikte in Familienunternehmen. Psychotherapeut, 47(2), 83–89.

149. Kipper, J. (2021). Pädagogische Elemente in agilen Methoden - inwieweit lernen Organisationen im agilen Arbeiten? Eine empirische Untersuchung der agilen Vorgehensweise Scrum. Journal für Psychologie, 29(1).

150. Klein, L. (2005). Systemic inquiry - exploring organizations. Kybernetes 34 3/4, pp. 439–447.

151. Klein, L. (2013). Die Organisation der Personalentwicklung: Entwicklung und Anwendung eines systemisch-kybernetischen Modells (1. Aufl.). Heidelberg: Verlag für Systemische Forschung im Carl-Auer Verlag.

152. Knörenschild, S. (2004). Systemaufstellungen zur Konfliktlösung als Instrument der Organisationsberatung. diplom.de.

153. Koerber, R. (2004). Im System beraten: Organisationsentwicklung an Schulen. In: Triangel-Institut (Ed.), Brücken und Tücken psychoanalytisch-systemischer Beratung (S. 90–105). Berlin: Leutner.

154. Körner, M., Luzay, L., Plewnia, A., Becker, S., Rundel, M., Zimmermann, L. & Müller, C. (2017). A cluster-randomized controlled study to evaluate a team coaching concept for improving teamwork and patient-centeredness in rehabilitation teams. PloS one, 12(7), e0180171.

155. Körner, M., Rundel, M., Becker, S., Müller, C. & Zimmermann, L. (2015). Evaluation eines Teamcoaching-Konzeptes in der medizinischen Rehabilitation. Das Gesundheitswesen, 77(08/09), A14.

156. Kohlhauser, M. & Assländer, F. (2005). Organisationsaufstellungen evaluiert: Studie zur Wirksamkeit von Systemaufstellungen in Management und Beratung. Heidelberg: Carl-Auer.

157. Kohli A. (2016). Short Survey of Coach Training and Coaching Companies. In: Effective Coaching, and the Fallacy of Sustainable Change. Management for Professionals. Springer, Cham. https://doi.org/10.1007/978-3-319-39735-1_9

158. Kolodej, C. (2016). Mediationsstrukturaufstellung, ein Fallbeispiel. In Strukturaufstellungen für Konflikte, Mobbing und Mediation (pp. 187-205). Springer Gabler, Wiesbaden.

159. Kolodej, C., Schröder, J. & Kallus, K. W. (2016). Evaluation systemischer Strukturaufstellungen im Organisationskontext. Gruppe. Interaktion. Organisation. Zeitschrift für Angewandte Organisationspsychologie (GIO), 47(1), 61–71.

160. Königswieser, R., Lang, E., Königswieser, U. & Keil, M. (Eds.). (2013). Systemische Unternehmensberatung: Die wirksamsten Theorien, Modelle und Konzepte für die Praxis. Schaeffer-Poeschel.

161. Kontoghiorghes, C. (2014). A systemic perspective of training transfer. In Transfer of learning in organizations (pp. 65–79). Springer, Cham.

162. Koob, J. J. (2003). The effects of solution-focused supervision on the perceived self-efficacy of therapists in training. The Clinical Supervisor, 21(2), 161–183.

163. Kopp, R. (2002). Zwischen instruierendem und selbstreflexivem Paradigma: methodische Beiträge der Arbeitspsychologie, der Industriesoziologie und der systemischen Organisationsberatung zur Organisationsentwicklung. Doctoral dissertation, Universität Dortmund.

164. Kopp, U. (2013). Systemische Nachhaltigkeitskompetenzen für Führungskräfte – Erfahrungen mit Aufstellungsarbeit in der Management-Aus- und Weiterbildung. Die Unternehmung, 67(2), 126–151.

165. Kopp, U. & Huemann, M. (2014). Project Impact Constellations-New tool to grasp the complexity of public sector projects. Advances in Business Management. Towards Systemic Approach, 234.

166. Kopp, U. & Martinuzzi, A. (2013). Teaching sustainability leaders in systems thinking. Business Systems Review (ISSN 2280-3866), 2(2), 191-215.

167. Kopp, U., Haider, C. & Preinesberger, J. (2017). Systematic tools to better identify and understand stakeholder roles and relations in Living Labs. In Research Day Conference Proceedings 2017 (p. 60).

168. Kotrubczik, H. (2010). Emotional berührt – Die Rolle von Gefühlen bei systemischen Beratungen: eine explorative Studie am Beispiel von Veränderungsprozessen. Masterarbeit. Züricher Hochschule für angewandte Wissenschaften.

169. Kotte, S., Hinn, D., Oellerich, K. & Möller, H. (2016). Der Stand der Coachingforschung: Kernergebnisse der vorliegenden Metaanalysen. Organisationsberatung, Supervision, Coaching, 23(1), 5–23.

170. Kovač, J., Krečič, M.J., Čagran, B. (2017). Effect of Supervision on Stress and Burnout in School Counsellors: A Case of Action Research. Syst Pract Action Res 30, 395–406 (2017). https://doi.org/10.1007/s11213-016-9400-9

171. Krejci, G. P. & Clement, U. (2008). Beratung virtueller Teams im interkulturellen Kontext – ein Bericht aus der Praxis. Gruppendynamik und Organisationsberatung, 39(1), 35-48.

172. Kreyenberg, J. (2005). Transactional analysis in organizations as a systemic constructivist approach. Transactional Analysis Journal, 35(4), 300–310.

173. Kriel, A. (2016). Exploring and evaluating a solution-focused counselling programme for industrial psychology practitioners (Doctoral dissertation, North-West University (South Africa), Potchefstroom Campus).

174. Kühl, S. & Moldaschl, M. (2010). Organisation und Intervention. Ansätze für eine sozialwissenschaftliche Fundierung von Organisationsberatung München: Rainer Hampp Verlag

175. Kuhnt, B. (1997). Systemische Beratung in kooperativen Softwareprojekten. Informatik-Spektrum, 20(1), 29–32.

176. Kumbruck, C., Gnosa, H. & Nickel, W. (2005). Organisationsaufstellung - Eine Methode der Explizierung von verborgenem Wissen. Journal für Psychologie, 13(4), 403–419.

177. Kumkani, E. M. (2016). Coaching for the systemic development of leadership in organisations (Doctoral dissertation, University of Kwazulu-Natal).

178. Kunert, S. & Bedenk, S. (2021). Mehrebenen-Ansätze–Komplexe Projektarchitekturen in der Organisationsentwicklung. Organisationsberatung, Supervision, Coaching, 1–12.

179. Künzli, H. (2005). Wirksamkeitsforschung im Führungskräfte-Coaching. Organisationsberatung, Supervision, Coaching, 12(3), 231–243.

180. Künzli, H. (2009). Wirksamkeitsforschung im Führungskräfte-Coaching. Organisationsberatung, Supervision, Coaching, 16(1), 4–18.

181. Künzli, H. (2016). Ein Tag Coaching: Evaluation der Wirksamkeit von Coachings nach dem Modell der Coachingkonzeption „Systemisch-konstruktivistisches Einzel- und Teamcoaching im Management" SKETM. *Coaching Theorie & Praxis*, 2(1), 49-65.

182. Laske, O. E. (1999). Transformative effects of coaching on executives' professional agenda (Doctoral dissertation, Massachusetts School of Professional Psychology).

183. Lauterbach, M. (2014). Systemisches Gesundheitscoaching in Aktion. *Zeitschrift für Psychodrama und Soziometrie*, 13(2), 199–209.

184. Law, H. & Aquilina, R. (2013). Developing a healthcare leadership coaching model using action research and systems approaches – a case study: Implementing an executive coaching programme to support nurse managers in achieving organisational objectives in Malta. International Coaching Psychology

185. Lehmann, K. (2006). Umgang mit komplexen Situationen: Perspektivenerweiterung durch Organisationsaufstellungen; eine empirische Studie. Verlag für Systemische Forschung im Carl-Auer Verlag.

186. Lehmann-Willenbrock, N., Meinecke, A. L., Rowold, J. & Kauffeld, S. (2015). How transformational leadership works during team interactions: A behavioral process analysis. The Leadership Quarterly, 26(6), 1017–1033.

187. Leiner, L. (2007). Angewandte Systemtheorie: was taugt die systemische Organisationsberatung? Sozialwissenschaften und Berufspraxis, 30(1), 52–68.

188. Lemisiou, M. A. (2018). The effectiveness of person-centered coaching intervention in raising emotional and social intelligence competencies in the workplace. International Coaching Psychology Review, 12(2), 6–26.

189. Levin-Keitel, M. (2016). Systemic constellations in spatial planning processes–A method to visualize questions of power and cultural peculiarities. Differences and Connections: Beyond Universal Theories in Planning, Urban, and Heritage Studies. In: PlaNext, 3.

190. Liehr, M. (2013). Komponentenbasierte Systemmodellierung und Systemanalyse: Erweiterung des System-Dynamics-Ansatzes zur Nutzung im strategischen Management. Springer-Verlag.

191. Liehs, A. & Giel, B. (2016). Teilhabe durch Unterstützte Kommunikation in Wohn- und Werkstätten. Sprachtherapie aktuell, 3, 1–7.

192. Lindart, M. (2016). Was Coaching wirksam macht: Wirkfaktoren von Coachingprozessen im Fokus (1. Aufl. 2016.). Wiesbaden: Springer Fachmedien Wiesbaden.

193. Liu, L. A., Inlow, L. & Feng, J. B. (2014). Institutionalizing sustainable conflict management in organizations: Leaders, networks, and sensemaking. Conflict Resolution Quarterly, 32(2), 155–176.

194. Livotova, O. & Livotov, P. (2015). The principle of feeling – the method of structural systemic constellations for technical problem solving and decision making. Procedia engineering, 131, 204–213.

195. Lukesch, R. (2017). Wirksam Umstellen. Nachweis der Wirksamkeit Systemischer Strukturaufstellungen (SySt@) auf der Basis von Einstellungsänderungen. In: SyStemischer (11), S. 106–116.

196. Maani, K. & Fan, A. (2008). Systems thinking for team and organizational learning case of performance measure conflicts in a multinational supply chain. In Proceedings of the 52nd Annual Meeting of the ISSS-2008, Madison, Wisconsin.

197. Maani, K. & Li, A. (2006). Counter-Intuitive Managerial Interventions in Complex Systems. In Proceedings of the 50th Annual Meeting of the ISSS-2006, Sonoma, CA, USA.

198. Mai, V. (2020). Projektcoaching und Leadership-Coaching als integrative Elemente in der Ingenieurausbildung. TH Köln: Forschung und Innovation in der Hochschulbildung.

199. Maric, B. (2007). Welche Wirkungen haben Aufstellungen? Supervisionsaufstellungen aus Sicht der Aufstellenden. Katholische Stiftungsfachhochschule München (Unveröffentlichte Diplomarbeit).

200. Martens, B. R. (2011). The impact of leadership in applying systems thinking to organizations. In Proceedings of the 55th Annual Meeting of the ISSS-2011, Hull, UK.

201. Martinuzzi, A., Galla, J. & Kopp, U. (2008). Systemische Evaluierung. Ökologisches Wirtschaften-Fachzeitschrift, 23(4).

202. Mattes, Y. (2009). Die systemische Organisationsaufstellung: Wirklichkeit ins Bild bringen und erlebbar machen. (Diplomarbeit, Fachhochschule Würzburg-Schweinfurt)

203. Mayer, B. M. (2003). Systemische Managementtrainings. Theorieansätze und Lernarchitekturen im Vergleich. Heidelberg: Verlag für Systemische Forschung.

204. Mayer, C. H. (2008). Identity, and health in transcultural mediation: The Model of Culture-Synergetic Transcultural Mediation and its Impacts. Journal of Intercultural Communication, (17).

205. Mayer, C. H. & Viviers, R. (2016). Systemic thinking and transcultural approaches in coaching psychology: Introducing a new coaching framework. In Coaching Psychology: Meta-theoretical perspectives and applications in multicultural contexts (pp. 205-230). Springer, Cham.

206. Mayer, T. (2006). Erfolgsfaktoren bei der Integration von Coaching und Entwicklungsprogrammen. Organisationsberatung, Supervision, Coaching, 13(3), 239–250.

207. McGhee, M. & Stark, M. (2018). Promoting collegial teacher supervision: applying solution-focused strategies in a clinical supervision cycle. International Journal of Leadership in Education, 21(6), 726–740.

208. Medina, A. & Beyebach, M. (2014). How do child protection workers and teams change during solution-focused supervision and training? A brief qualitative report. International Journal of Solution-Focused Practices, 2(1), 9–19.

209. Midgley, G. & Pinzón, L. A. (2013). Systemic mediation: Moral reasoning and boundaries of concern. Systems research and behavioral science, 30(5), 607–632.

210. Mohr, G. (2012). Internes Coaching in der Gruppe. Organisationsberatung, Supervision, Coaching, 19(3), 261–282.

211. Mohr, G. J. (2016). Systemische Resilienz – Die Perspektiven und das Resilienz-Quadarat. Organisationsberatung, Supervision, Coaching, 23(4), 411–426.

212. Moore, B., Calvo-Amodio, J. & Junker, J. F. (2017). Applying a Framework for Complementarist Intervention Approaches to Service Organizations to Achieve a Sustainable Holistic Management Model. Systemic Practice and Action Research, 30 (5), 487–513. EK III

213. Motsoaledi, L. & Cilliers, F. (2012). Executive coaching in diversity from the systems psychodynamic perspective. SA Journal of Industrial Psychology, 38(2), 32–43.

214. Mühlmann, K., Nagl, M., Schreder, G. & Mayr, E. (2014). Von Helden und Schurken–Ein sozio-kognitives Modell zu Wirkungen von Narrationen in Organisationen. In Storytelling in der Organisationskommunikation (pp. 27–40). Springer VS, Wiesbaden.

215. Müller, N. (2017). Die Vermessung systemischer Beratung: Strukturanalyse und Entwicklung einer allgemeinen Beratungssyntax (Erste Auflage.). Heidelberg: Carl-Auer.

216. Müller-Christ, G. & Pijetlovic, D. (2018). Komplexe Systeme lesen: Das Potential von Systemaufstellungen in Wissenschaft und Praxis. Springer-Verlag.

217. Munker, H. (2006). Kann die Kommunikationsstruktur in Schulen durch ein Training in systemisch-konstruktivistischer Gesprächsführung verändert werden? (Doctoral dissertation, Pädagogische Hochschule Heidelberg).

218. Neumann, W. (2017). Team learning at Work-Activities, products, and antecedents of team learning in organizational complex decision-making teams (Doctoral dissertation, Universität Regensburg).

219. Neuvians, N. (2011). Geeignetheitsprüfung der Mediation. Mediation in Familienunternehmen, 213. Springer

220. Ngunjiri, M. K. (2013). Change management practices by Nokia Kenya (Doctoral dissertation, University of Nairobi).

221. Nicolai, E., Hirschenberger, N., Schweitzer, J. & Weber, G. (2001). Organisationsentwicklung unter systemischer Blickrichtung. Ergebnisse eines Praxisforschungsprojektes und Empfehlungen für die psychiatri-

sche Führungskraft. In: G. Tergeist (Ed.), Führen und Leiten in psychiatrischen Einrichtungen. Visionen, Wege, Wirklichkeiten (S. 165–184). Bonn: Psychiatrie-Verlag.

222. Nienaber, U. (2007). Gruppensupervision mit Betreuern - Eine empirische Fallstudie. Organisationsberatung, Supervision, Coaching, 14(2), 117–130

223. Nowak, E. (2009). Mediation als Instrument der Konfliktregelung am Beispiel von Mobbing (Doctoral dissertation, Uni Wien).

224. O'Connor, S. A., Studholme, I. & Grant, A. M. (2017). Group coaching in a large complex organisation: Lessons learnt from experience. International Journal of Evidence Based Coaching and Mentoring, 15(2), 1–16.

225. Ozdem, G. & Sezer, S. (2019). The relationship between solution-focused school leadership and organizational cynicism, organizational commitment, and teachers' job satisfaction. International Journal of Progressive Education, 15(1), 167–183.

226. Pacher, B. (2002). Welchen Nutzen haben Organisationsaufstellungen im Rahmen von Changeprozessen in Organisationen? Unveröffentlichte Masterarbeit.

227. Passmore, J. (2010). A grounded theory study of the coachee experience: The implications for training and practice in coaching psychology. International Coaching Psychology Review, 5(1), 48–62.

228. Pavlović, J. (2019). Team Coaching Psychology: Toward an Integration of Constructivist Approaches. Journal of Constructivist Psychology, 1–13.

229. Persitzky, J. & Peschke, T. (2017). Führungskräfteentwicklung zur Förderung der Selbstorganisation im Unternehmen: Eine Fallstudie beim Unternehmen 50Hertz. In Entwicklung von Führungspersönlichkeiten und Führungskulturen (pp. 141–159). Springer, Wiesbaden.

230. Pestorius, M. (2006). What makes groups work? A reflective review in a range of contexts. Australian Social Work, 59(2), 141–156.

231. Halliwell, P. R., Mitchell, R. J. & Boyle, B. (2021). Leadership coaching's efficacy and effect mechanisms – a mixed-methods study, Coaching: An International Journal of Theory, Research and Practice, DOI: 10.1080/17521882.2021. 1884110.

232. Petzold, H., Schigl, B., Fischer, M. & Höfner, C. (2013). Supervision auf dem Prüfstand: Wirksamkeit, Forschung, Anwendungsfelder, Innovation. Springer-Verlag.

233. Poepsel, M. A. (2011). The impact of an online evidence-based coaching program on goal striving, subjective well-being, and level of hope (Doctoral dissertation, Capella University).

234. Pracht, G. & Renner, K. H. (2016). Stressmanagement durch Blended Training–Evaluation eines Präsenztrainings mit anschließendem Online-Coaching. Wirtschaftspsychologie 4, 16–27.

235. Rajeev, P. N. & Kalpathi, S. (2016). Let's Play: The Use of Improv Games in Change Management Training: A Case Study. Industry and Higher Education, 30(2), 149–154.

236. Rammel, A. (2017). Die Organisationsaufstellung-der Transfer der Lösung in die Praxis. Doctoral dissertation, Universität Linz.

237. Reckert, H. W. (2019). Coaching als gesellschaftlich verantwortliches Führen: Im Sport, im betrieblichen Gesundheitsmanagement und in der Agilen Transformation. In CSR und Sportmanagement (pp. 325–338). Springer Gabler, Berlin, Heidelberg.

238. Redžep, L., Beersma, B. & Theeboom, T. (2014). The Implications of Self-Kindness for the Effectiveness of Coaching: Self-Compassion Moderates the Impact of Solution-vs. Problem-Focused Coaching Questions on Action Planning (Masterthesis University of Amsterdam).

239. Richardson, T. M. (2010). Solution-focused brief coaching as an executive coaching intervention: A quasi-experimental study (Doctoral dissertation, University of Phoenix).

240. Riebenbauer, T. (2018). Nachhaltige Teamentwicklung in Expertenorganisationen-Konzeptentwicklung und Anwendung in einer außeruniversitären Forschungseinrichtung (Doctoral dissertation, Karl-Franzens-Universität Graz).

241. Roevens, J. L. M. (2008). Systemic constellations work in organizations. Amsterdam: ScienceGuide.

242. Ronzani, M. (2015). Musterunterbrechung in der Mediation. perspektive mediation, 12(4), 243–251.

243. Rosner S. (2015). Systemische Aufstellungen als Instrument der Organisations- und Personalentwicklung. In: Systeme in Szene gesetzt. Edition Rosenberger. Springer Gabler, Wiesbaden.

244. Stout-Rostron, S. (2011). How Does Coaching Positively Impact Organizational and Societal Change?. In Positive psychology as social change (pp. 237–66). Springer, Dordrecht.

245. Rothenbücher, C. (2012). Organisationsaufstellung im Konfliktmanagement. Organisationsberatung, Supervision, Coaching, 19(2), 167–177.

246. Ruppert, F. (2000). Das Aufstellen von Arbeitsbeziehungen in Wirtschaftsunternehmen – Erfahrungen und Ergebnisse empirischer Untersuchungen. In G. Weber (Hrsg.), Praxis der Organisationsaufstellungen. Grundlagen, Prinzipien, Anwendungsbereiche (S. 279–304). Heidelberg: Carl-Auer.

247. Russell, R. (2019). „You're Changing the Pattern": Using Cognitive Analytic Team Formulation to Help Care Staff Working with People with Intellectual Disabilities Understand and Manage Challenging Behaviour (Doctoral dissertation, Royal Holloway, University of London).

248. Saam, N. J. (2008). Systemische Organisationsberatung oder Organisationsentwicklung: haben Differenzen in den theoretischen Ansätzen praktische Folgen für die Mobbingberatung?. Zeitschrift für Qualitative Forschung, 9(1-2), 231–257.

249. Sachs-Schaffer, B. (2010). Prozess einer Mehrheitsfindung – Workshop mit Anwendung systemischer Aufstellungsarbeit. In GlobalArt (Ed.). Demokratie neu erfinden. Wien: Springer.

250. Salomaa, R. (2015). „Expatriate coaching: factors impacting coaching success", Journal of Global Mobility, Vol. 3 No. 3, pp. 216-243. https://doi.org/10.1108/JGM-10-2014-0050

251. Samuel, K. (2013). The effects of change management in an organisation: a case study of National University of Rwanda (NUR). Wyno Journal of Management & Business Studies, 1(1), 1–18.

252. Sánchez-García, J. Y., Padilla, R. T., Morales-Matamos, O., Núñez-Ríos, J. E. & Rojas-Ramírez, J. A. (2017). Complementarity Modell of the organizative system among micro, small and medium-sized tourist enterprises of Mexico in a changing environment. In Proceedings of the 61st Annual Meeting of the ISSS-2017 Vienna, Austria.

253. Santa Rita, E. (1996). The Solution-Focused Supervision Model for Counselors Teaching in the Classroom. Educational Ressources Information Center EDIC.

254. Schaufelberger, T. (2008). In Kirchgemeinden systemische Veränderungsprozesse choreographieren. Einführung eines Familienkonzepts mit Story-basiertem Transformations-Management von innen. Masterarbeit, Universität Augsburg.

255. Schein, E., H. (1996). Kurt Lewin's change theory in the field and in the classroom: Notes toward a model of managed learning. Systems Practice 9, 27–47. https://doi.org/10.1007/ BF02173417

256. Scherrmann, U. (2015). Stress und Burnout in Organisationen: Ein Praxisbuch für Führungskräfte, Personalentwickler und Berater. Springer-Verlag.

257. Schiefer, U. (2010). Integrated evaluation of change: A new perspective for planning and evaluation in multiple intervention environments. Periploi.

258. Schiersmann, C. & Thiel, H. (2018). Was wirkt eigentlich in der Beratung? Auf dem Weg zu einer allgemeinen Theorie der Beratung Coaching-Prozessforschung, pp. 175–193. https://doi.org/10.13109/ 9783666402920.175

259. Schiersmann, C. & Thiel, H. U. (2014). Coaching von Führungskräften als OE-Strategie. In Organisationsentwicklung (pp. 399–431). Springer VS, Wiesbaden.

260. Schiersmann, C. & Thiel H. U. (2009). Beratung als Förderung von Selbstorganisationsprozessen – auf dem Weg zu einer allgemeinen Theorie der Beratung jenseits von ‚Schulen' und ‚Formaten'. In: Möller H., Hausinger B. (Eds.) Quo vadis Beratungswissenschaft? VS Verlag für Sozialwissenschaften

261. Schleiken, T. (2004). Leistungswirksamkeit im Management. Systemische Aufstellungspraxis, (2), 52–55.

262. Schmid, B. & Fauser, P. (2004). Teamentwicklung aus systemischer Perspektive. Bergisch Gladbach: EHP, Ed. Humanistische Psychologie.

263. Schmid, R. (2015). Systemische Organisationsberatung-Integration von Fach- und Prozess-Know-how: Beobachtungen-Interventionen-Reflexion eines großflächigen Change Prozesses in einem Familiengeführten Dienstleistungsunternehmen.

264. Schmidhalter, C. (2015). Das Unerwartete Managen: Teams mit Hilfe der Aufstellungsarbeit nachhaltig entwickeln. Masterthesis, ZHAW Zürcher Hochschule für angewandte Wissenschaften.

265. Schmidt, T. (2003). Coaching. Eine empirische Studie zu Erfolgsfaktoren beim Einzel-Coaching. Diplomarbeit, Berlin

266. Schmitz, S. (2022). Systemisches Coaching als Erfolgsfaktor im Change Management – Eine empirische Untersuchung zur Darstellung wirksamer Interventionen. Wiesbaden: Springer

267. Schneider, T. (2020). Agil, hierarchiefrei und selbstorganisiert im New Work oder überwältigt von Systemstrukturen und unterdrückten gruppendynamischen Prozessen im New Office. Gruppe. Interaktion. Organisation. Zeitschrift für Angewandte Organisationspsychologie (GIO), 51(4), 469–479.

268. Schneidewind, P. U., Gminder, C. U. & Dyllick, P. T. (2007). Nachhaltigkeitsstrategien systemisch umsetzen: Exploration der Organisationsaufstellung als Managementmethode. Deutscher Universitätsverlag.

269. Scholz, M. (2005). Ein ganzheitlicher Ansatz zur Erklärung und Steigerung der Effizienz von Unternehmensberatungsleistungen für KMU (Dissertation, Universität Paderborn)

270. Schöttli, C. M. (2017). 5-dimensionales systemisches St. Galler Coaching Modell: wahrgenommene methodische Wirkfaktoren im Einzelcoaching aus der Perspektive der Klientel (Doctoral dissertation, Fachhochschule Nordwestschweiz. Hochschule für Angewandte Psychologie).

271. Schröder, J. (2015). Evaluation systemischer Strukturaufstellungen: Eine wissenschaftliche Untersuchung systemischer Strukturaufstellungen im Organisationskontext. Masterthesis, Universität Graz.

272. Schrödter, W. (1999). Qualität und Evaluation in der Beratungspraxis. System Familie, 12(1), pp. 9–16. doi:10.1007/s004910050041

273. Schumacher, T. (2000). Systemische Strukturen in Familie und Organisationen. Eine Studie zu Auswirkungen von Familienaufstellungen auf subjektive Beziehungsbilder, Band 1, Eigenverlag.

274. Schumacher, T. & Scherzinger, M. (2016). Systemic in-house consulting: an answer to building change capacities in complex organizations. Journal of Change Management, 16(4), 297–316.

275. Schwamm, N. (2011). Wirksamkeit von Coaching: Konzeption, Durchführung und Evaluation von Coaching mit Unterstützung durch Selbstcoaching-Leitfäden zur Erhöhung der Zielerreichung, Selbstreflexion und Selbstwirksamkeit (1. Aufl.). GRIN Verlag.

276. Schwaninger, M. (2019). Governance for intelligent organizations: a cybernetic contribution. Kybernetes.

277. Schweitzer, J. & Drews, A. (2020). Symbolic action methods in systemic team consultation. Journal of family therapy 42 (1), 149–160.

278. Seidel, S. (2008). Befragung als systemische Intervention in der Organisationsentwicklung: Organisationslernen vor dem Hintergrund von Daten (Doctoral dissertation, Technische Universität Dortmund).

279. Siegel, A. W. & Schraagen, J. M. (2017). Team reflection makes resilience-related knowledge explicit through collaborative sensemaking: observation study at a rail post. Cognition, Technology & Work, 19(1), 127–142.

280. Sotzko, V. (2013). Resilienz-Coaching oder von der Kunst, die zweite Geige zu spielen: Eine qualitative Untersuchung zur Beratung von Führungskräften in Krisensituationen. Heidelberg: Carl-Auer.

281. Spence, G. B. & Grant, A. M. (2007). Professional and peer life coaching and the enhancement of goal striving and well-being: An exploratory study. Journal of Positive Psychology, 2, 185–194.

282. Spence, G. B., Stout-Rostron, S., Reenen, M. V. & Glashoff, B. (2019). Exploring the delayed effects of leadership coaching: a pilot study. Coaching: An International Journal of Theory, Research and Practice, 12(2), 125–146.

283. Starker, V. & Peschke, T. (2017). Hypnosystemische Perspektiven im Change Management: Veränderung steuern in einer volatilen, komplexen und widersprüchlichen Welt. Springer-Verlag.

284. Steege, M. v.d. (2017). Strategic Systems Coaching for Leaders in Turbulent Times. In Elkington, R., Steege, M.V.D., Glick-Smith, J. and Breen, J.M. (Ed.) Visionary Leadership in a Turbulent World, Emerald Publishing Limited, pp. 229–258. https://doi.org/10.1108/978-1-78714-242-820171010

285. Stegmaier, L. T. (2017). Inwieweit nehmen Systemaufstellungen Einfluss auf die subjektive Wahrnehmung von TeilnehmerInnen in ihrem Seelen (er) leben und im allgemeinen Wohlbefinden? (Doctoral dissertation, Universität Wien).

286. Stelter, R. & Law, H. (2010). Coaching – narrative-collaborative practice. International Coaching Psychology Review, 5(2), 152–164.

287. Stelter, R., Nielsen, G., & Wikman, J. M. (2011). Narrative-collaborative group coaching develops social capital – a randomised control trial

and further implications of the social impact of the intervention. Coaching: An International Journal of Theory, Research and Practice, 4(2), 123–137.

288. Stout-Rostron, S. (2011). How is Coaching Impacting Systemic and Cultural Change Within Organizations?. International Journal for Coaching in Organizations (IJCO).

289. Strasser, E. (2000). Gesagt ist noch nicht getan – Erfahrungen mit einem Projekt zur Lernenden Organisation. In: M. Vogt-Hillmann, W. Eberling, M. Dahm & H. Dreesen (Ed.), Gelöst und los!. Systemisch-lösungsorientierte Perspektiven in Supervision und Organisationsberatung (S. 219-233). Dortmund: Borgmann.

290. Streiling, S., Hörsch, C. & Rieß, W. (2021). Effects of Teacher Training in Systems Thinking on Biology Students – An Intervention Study. Sustainability, 13(14), 7631.

291. Strikker, F. (2015). Kontakt, Kontext, Interventionen und Ressourcen-eine kriteriengeleitete Beurteilung eines Coachingprozesses. In Bewertung von Coachingprozessen (pp. 287–298). Springer, Wiesbaden.

292. Sua-Ngam-Iam, P. & Kühl, S. (2021). Das Wuchern der Formalstruktur: Funktionen und Folgen holakratisch formalisierter Organisation. Journal für Psychologie, 29(1), 39–71. https://doi.org/10.30820/0942-2285-2021-1-39.

293. Sundman, P. (1997). Solution-focused ideas in social work. Journal of Family Therapy, 19(2), 159–172.

294. Sydelko, P., Midgley, G. & Espinosa, A. (2020). A systemic intervention approach to designing interagency responses to wicked problems: creating a common, cross-agency understanding. European Journal of Operational Research.

295. Tesch, C. (2016). Reporter in der Organisation – Systemisches Storytelling für Journalisten. Organisationsberatung Supervision Coaching 23, 311–321. https://doi.org/10.1007/s11613-016-0466-0.

296. Theeboom, T., Beersma, B. & van Vianen, A. E. (2014). Does coaching work? A meta-analysis on the effects of coaching on individual level outcomes in an organizational context. The Journal of Positive Psychology, 9(1), 1–18.

297. Thier, K. (2016). Storytelling: Eine Methode für das Change-, Marken-, Projekt- und Wissensmanagement. Springer-Verlag.

298. Thomas, J. (2006). Die kollegiale Beratung. In Arbeitsgemeinschaft Betriebliche Weiterbildungsforschung e. V. (Hrsg.). Dialogische Leistungsentwicklung in kleinen Unternehmen, 34–42, Berlin: QEM-Materialien.

299. Tietze, K. O. (2010). Wirkprozesse und personenbezogene Wirkungen von kollegialer Beratung. Wiesbaden: VS Verlag für Sozialwissenschaften.

300. Trepper, T. (2012). Entwicklung einer Methode für agil-systemisch durchgeführte Projekte. In Agil-systemisches Softwareprojektmanagement (pp. 111–128). Springer Gabler, Wiesbaden.

301. Vaara, E., Sonenshein, S. & Boje, D. (2016). Narratives as sources of stability and change in organizations: Approaches and directions for future research. Academy of Management Annals, 10(1), 495–560.

302. Valentine, M. (2019). Contextual Coaching: Leveraging Context for Alignment in the System. Philosophy of Coaching: An International Journal, 4(1).

303. van den Berg, P. T. & Roevens, J. L. M. (2007). Short-term effects of systemic sets in organisations. The Knowing Field – International Constellations Journal, 10, 31–36.

304. Van Mai, T. (2010). Systems thinking approach as a unique tool for sustainable tourism development: a case study in the cat ba biosphere reserve of Vietnam. In Proceedings of the 54th Annual Meeting of the ISSS-2010, Waterloo, Canada.

305. von Ameln, F. & Kramer, J. (2007). Wirkprinzipien handlungsorientierter Beratungs- und Trainingsmethoden. Gruppe. Interaktion. Organisation. Zeitschrift für Angewandte Organisationspsychologie (GIO), 38(4), 389–406.

306. Wahl, A. (2018). Selbstorganisation fördern in der beruflichen Beratung. Die Synergetik als metatheoretisches Rahmenkonzept zur Fundierung eines integrativen Beratungsansatzes (Doctoral dissertation, Ruprecht-Karls-Universität Heidelberg).

307. Wang, Q., Lai, Y. L., Xu, X. & McDowall, A. (2021). The effectiveness of workplace coaching: a meta-analysis of contemporary psychologically informed coaching approaches. Journal of Work-Applied Management.

308. Waldman, J. & Abington, A. (2012). Beyond SF coaching: John Laing Integrated Services – an SF organisation. InterAction – The Journal of Solution Focus in Organizations, 4(1), 70–80.

309. Walker, T. (2015). Ethische Interventionen zur Förderung einer Verantwortungskultur. In Corporate Social Responsibility (pp. 413–424). Springer Gabler, Berlin, Heidelberg.

310. Weixelbaum, I. (2016). Mit Teamreflexion zum Teamerfolg: Analyse, Modellierung und gezielte Förderung kollektiver Reflexionsprozesse (Vol. 23). University of Bamberg Press.

311. Weinhold, J. & Reinhardt, A. (2014). Der Forschungsstand zur Wirksamkeit von Systemaufstellungen. In J. Weinhold, A. Bornhäuser, C. Hunger & J. Schweitzer (Hrsg.). Dreierlei Wirksamkeit. Die Heidelberger Studien zu Systemaufstellungen. Heidelberg: Carl-Auer.

312. Weinhold, J., Bornhäuser, A. Hunger, C. & Schweitzer, J. (2014). Dreierlei Wirksamkeit. Die Heidelberger Studien zu Systemaufstellungen. Heidelberg: Carl-Auer.

313. Weller, D. & Hunschock, R. (2012). Holakratie – ein systemisch-integraler Entwicklungsansatz für Führung und Organisation. Wirtschaftspsychologie, 2012, 14 (3), 89–99.

314. Wesseler, M., Fink-Keßler, A., Boland, H., Michaelis, T. & Göbel, I. (2003). Systemaufstellungen als innovatives Beratungsinstrument im ökologischen Landbau. ISOS. Universität Kassel.

315. Wessling, C. & Nohl, B. (2020). Systemisch Fit-Chancen von Gefährdungsbeurteilungen für die Agilität von Organisationen. Technische Universität Kaiserslautern DISC.

316. Wildförster, R. & Wingen, S. (2001). Projektmanagement und Probleme: Systemische Perspektiven auf Organisationsberatung und Begleitforschung; [eine wissenschaftliche Arbeit der Prospektiv, Gesellschaft für Betriebliche Zukunftsgestaltungen mbH] (2. Aufl.). Heidelberg: Verlag für Systemische Forschung im Carl-Auer Verlag.

317. Wimmer, R. & Gebauer, A. (2007). Potenziale der Aufstellungsarbeit aus Sicht der systemischen Organisationsberatung. Potenziale der Organisationsaufstellung. Heidelberg, 209–229.

318. Wimmer, R., Glatzel, K. & Lieckweg, T. (Eds.). (2014). Beratung im dritten Modus: die Kunst, Komplexität zu nutzen. Heidelberg: Carl-Auer.

319. Wittich, A. (2004). Supervision in der Krankenpflege: formative Evaluation in einem Krankenhaus der Maximalversorgung (Doctoral dissertation).

320. Wolf, C. (2014). Musterzustände im Coaching erkennen und verändern. Organisationsberatung, Supervision, Coaching, 21(4), 469–482.

321. Wolf, C. (2014). Systemisch-lösungsorientiertes Coaching als unterstützter Lernprozess: Untersuchung von Änderungen des Musterzustands als förderlicher Initiator des Lernens. AV Akademikerverlag.

322. Woodhead, V. (2011). How does coaching help to support team working? A case study in the NHS. International Journal of Evidence Based Coaching & Mentoring.

323. Wornham, R. A. (2015). Workplace mediation: success in the second-oldest profession (Doctoral dissertation, University of Greenwich).

324. Xingwana-Jabavu, L. (2020). The role of systemic team coaching in supporting collective leadership. Doctoral dissertation, University of the Witwatersrand, Johannesburg.

325. Yang, J. S. & Chen, C. Y. (2005). Systemic design for improving team learning climate and capability: A case study. Total Quality Management & Business Excellence, 16(6), 727–740.

326. Young, M. (2011). The Continuous Improvement Grid: An Empirical Investigation into the Effectiveness of a Systems, and Action Research, Based Continuous Improvement Intervention, for 'New' Organisation Development. Syst Pract Action Res 24, 453–478. https://doi.org/10.1007/s11213-011-9195-7

327. Yu, N., Collins, C. G., Cavanagh, M., White, K. & Fairbrother, G. (2008). Positive coaching with frontline managers: enhancing their effectiveness and understanding why. International Coaching Psychology Review, Vol. 3 No. 2, pp. 110–122.

328. Zehrer, A. & Leiß, G. (2018). Betriebsnachfolge achtsam gestalten – die Rolle des systemischen Nachfolge-Coachings in Unternehmerfamilien am Beispiel des**** Hotel Alpenglühen. Coaching| Theorie & Praxis, 4(1), 55-67.

329. Ziegenfuss, J.T. (1992). Are you growing systems thinking managers? Use a systems model to teach and practice organizational analysis and planning, management policy, and organizational development. Systems Practice 5, 509–527. https://doi.org/10.1007/BF01140504

330. Zimmermann, L. C. & Antoni, C. H. (2018). Problem-Specific Coaching Interventions Influence Goal Attainment via Double-Loop Learning. Zeitschrift für Arbeits- und Organisationspsychologie, 62(4), pp. 188-201. doi:10.1026/0932-4089/a000281

331. Zirkler, M. (2005). Warum sich betriebswirtschaftliche Realität nicht (immer) durchsetzt. Oder: wenn weiche Faktoren hart werden. Fallstudie Confórderatio. Universität Basel. Forschungsbericht.

332. Zock, A. & Rautenberg, M. (2004). A critical review of the use of system dynamics for organizational consultation projects. In Proceedings of the 22nd International Conference of the System Dynamics Society, Oxford.

333. Zwack, J. & Schweitzer, J. (2009). Bausteine systemischer Führungskräftetrainings. Organisationsberatung, Supervision, Coaching 16 (4), 399-411, Doi:10.1007/s11613-009-0165-1.

334. Zwack, M. & Zwack, J. (2015). Konflikte im Kontext: Grundlagen systemischer Konfliktberatung. perspektive mediation, 12(4), pp. 202–207.

335. Zwack, M., Kraiczy, N. D., von Schlippe, A. & Hack, A. (2016). Storytelling and cultural family value transmission: Value perception of stories in family firms. Management Learning, 47(5), 590–614.

Verzeichnis der nicht-eingeschlossenen Studien

1. Adams, J. F., Piercy F. P. & Jurich J. A. (1991). Effects of solution focused therapy's „formula first session task" on compliance and outcome in family therapy. J Marital Fam Ther 1991; 17(3): 277–290.
2. Agyenim-Boateng, K. (2012). Evaluation of the staff training and development programmes of Ghana Commercial Bank Kumasi central branches (Doctoral dissertation, University of Cape Coast).
3. Ahn, M. (2003). Workplace violence prevention and systems management. Thesis. Rochester Institute of Technology.
4. Ambroz, K. & Derencin, A. (2010). Using a system dynamics approach for identifying and removing management model inadequacy. Kybernetes, Vol. 39 No. 9/10, pp. 1583–1614.
5. von Ameln, F., Kramer, J. & von Ameln, F. (2007). Organisationen in Bewegung bringen. Heidelberg: Springer Medizin Verlag.
6. von Au, C. (2017). Entwicklung von Führungspersönlichkeiten und -kulturen durch systemisches Coaching als Herzstück eines holistischen Führungskräfteentwicklungsprogramms. Entwicklung von Führungspersönlichkeiten und Führungskulturen, pp. 1–25. doi:10.1007/978-3-658-16907-7_1
7. Bähre, M. (2001). Coaching - Das systemische Konfliktgespräch. Unveröffentlichte Diplomarbeit am Fachgebiet Arbeits- und Organisationspsychologie der Universität Osnabrück.
8. Baier, S. & Mallich-Pötz, K. (2015). Ist Organisationsentwicklung ohne konstruktiv gelebte Konfliktkultur möglich?. Konfliktdynamik, 4(1), 30–39.
9. Bamberg, E., Schmidt, J. & Hänel, K. (Eds.). (2006). Beratung-Counseling-Consulting. Hogrefe Verlag.
10. Bamberg, E. & Busch, C. (2006). Stressbezogene Interventionen in der Arbeitswelt. Zeitschrift für Arbeits- und Organisationspsychologie, 50(4), pp. 215-226. doi:10.1026/0932-4089.50.4.215.
11. Baumgartner, M. (2016). Organisationskultur und Systemische Aufstellungen. XinXii-GD Publishing.

12. Benavides, L. (2008). The relationship between executive coaching and organizational performance of female executives as a predictor for organizational success. Doctoral dissertation, University of San Francisco.

13. Bentner, A. (2007). Systemisch-lösungsorientierte Organisationsberatung in der Praxis. Vandenhoeck & Ruprecht.

14. Bernadette M. Crompton, Kosmas X. Smyrnios & Rui Bi (2012). Measuring the influence of business coaching on fast-growth firms, Small Enterprise Research, 19:1, 16-31, DOI:10.5172/ser.2012.19.1.16

15. Bergner, I. (1997). Beratung in der lernenden Organisation. Systemisch-konstruktivistische Perspektiven bei der Umsetzung mitarbeiterorientierter Managementkonzepte. Frankfurt a. M.: Lang.

16. Bernhardt, H. (2009). Innerbetriebliches Konfliktmanagement. perspektive mediation, 6(2), 81–85.

17. Bickerich, K. & Michel, A. (2012). Coaching-Forschungsprojekt: https://www.coaching-magazin.de/wissenschaft/veraenderungen-in-organisationen.

18. Böhle, F. (2008). Die Integration „von unten“ – ein „blinder Fleck” beim Wandel der Organisation von Unternehmen 7. Die Integration von unten-Der Schlüssel zum Erfolg organisatorischen Wandels. Heidelberg, 7–20.

19. Boies, K. & Howell, J. M. (2006). Leader–member exchange in teams: An examination of the interaction between relationship differentiation and mean LMX in explaining team-level outcomes. The Leadership Quarterly, 17(3), 246–257.

20. Böning, U. & Fritschle, B. (1997): Veränderungsmanagement auf dem Prüfstand: eine Zwischenbilanz aus der Unternehmenspraxis. Haufe Verlag Freiburg im Breisgau

21. Bourquin, P., Andreas, M., Bennewitz, C., Brömer, H., Büter, B., Garrido, F. H. & Wradatsch, P. (2020). Aufstellungen im Arbeitskontext: Praxis der Systemaufstellung. Vandenhoeck & Ruprecht.

22. Bouchier, M. (2013). External Mediation: A Study of a Conflict Resolution Mechanism in the Irish Workplace. unpublished). A dissertation submitted as part of the requirements for the PgD/MSSc in Work-Based Learning (Mediation Studies) in the School of Education, Queen’s University Belfast.

23. Bowers, D. G., Franklin, J. L. & Pecorella, P. A. (1973). A taxonomy of intervention: The science of organizational development. Michigan Univ Ann Abor Center for Research for utilization of scientific knowledge.

24. Brackwehr, L. & Mayer, C. (2015). Der Einsatz von Aufstellungsarbeit in der Mediation: Eine qualitative Studie über Anwendungsbeispiele aus der Praxis. Frankfurt a.M: Peter Lang GmbH, Internationaler Verlag der Wissenschaften.

25. Brauer, Y. (2004): Coaching: Eine empirische Untersuchung zu Zielsetzung, Intervention und Coaching-Erfolg. Unveröffentlichte Diplomarbeit an der Universität Mannheim, Lehrstuhl Psychologie I, Wirtschafts- und Organisationspsychologie.

26. Buchheim, A., Bauriedl-Schmidt, C. & Berquet, G. (2017). Bindungsdynamische Mehr-Ebenen-Reflexion im Führungskräfte-Coaching. Wirtschaftspsychologie, 19(4), 76–86.

27. Buchinger, K. (1990). Der paranoide Firmenchef: Organisationsberatung gruppendynamisch und systemisch. Gruppendynamik, 21 (1), 61–68.

28. Buer, F. (2005). Aufstellungsarbeit nach Moreno in Formaten der Personalarbeit in Organisationen. Zeitschrift für Psychodrama und Soziometrie, 4(2), 285-310.

29. Burchardt C. (2015). Business Coaching and Consulting – the Systemic Constellation Approach in Business. In: Schabacker M., Gericke K., Szélig N., Vajna S. (eds) Modelling and Management of Engineering Processes. Springer, Berlin, Heidelberg. https://doi.org/10.1007/978-3-662-44009-4_9

30. Carmichael, D. H. Improving transfer through intervention in the organizational system. Human Services, 27.

31. Cepukiene V, Pakrosnis R. (2011). The outcome of solution-focused brief therapy among foster care adolescents: the changes of behavior and perceived somatic and cognitive difficulties. Child Youth Serv Rev 2011; 33(6): 791–797.

32. Cerni, T., Curtis, G. J. & Colmar, S. H. (2010). Executive coaching can enhance transformational leadership. International Coaching Psychology Review, 5(1), 81–85.

33. Chutivongse, N. & Gerdsri, N. (2019). Creating an innovative organization: Analytical approach to develop a strategic roadmap guiding organizational development. Journal of Modelling in Management, 15(1), 50–88.

34. Cilliers, F. (2005). A systems psycho-dynamic interpretation of coaching experiences.

35. Claussen, P. (2012). Die Fabrik als soziales System: Wandlungsfähigkeit durch systemische Fabrikplanung und Organisationsentwicklung; ein Beispiel aus der Automobilindustrie. Wiesbaden: Springer-Gabler.

36. Clement, U. (2018). Wandel in Organisationen. Über Roadmaps, Heldenreisen und Saftpressen. Göttingen: Vandenhoeck & Ruprecht.

37. Clutterbuck, D. & Hodge, A. (2017). Team Coaching Supervision Survey. http://www.alisonhodge.com/wp-content/uploads/2020/03/team-coaching-supervision-survey-2017.pdf. Zugegriffen am 21.062023.

38. Cockwell, A. (2013). Entwicklung interkultureller Kompetenz: Von Fach- und Führungskräften durch Training und Coaching. BoD–Books on Demand.

39. Coordes, R. (2012). Grundlagen für eine systemisch-wertschätzende Organisations- und Personalentwicklung: Das Beispiel Kindertageseinrichtungen. Vandenhoeck & Ruprecht.

40. Côté, J. & Gilbert, W. (2009). An integrative definition of coaching effectiveness and expertise. International journal of sports science & coaching, 4(3), 307–323.

41. Cottier, S. C. (2008). Coaching: Führungsprozesse imaginativ begleiten. Imagination, 30 (3), 28–45.

42. Crider, B. (2020). A Qualitative Analysis of How Strategy, Leadership, Culture, and Vision & Values Impact Performance Results (Doctoral dissertation, University of Charleston-Beckley).

43. Crompton, B., Smyrnios, K. X. & Bi, R. (2011). Evaluating and Measuring the Effectiveness of Business Coaching on Firm Growth. In 24th Annual Small Enterprise Association of Australia and New Zealand Conference (SEAANZ 2011) (pp. 42-64). Small Enterprise Association of Australia and New Zealand.

44. Crompton, B. M., Smyrnios, K. X. & Bi, R. (2012). Measuring the influence of business coaching on fast-growth firms. Small Enterprise Research, 19(1), 16–31.

45. Dalkir, K. & Wiseman, E. (2004). Organizational storytelling and knowledge management: a survey. Storytelling, self, society, 1(1), 57–73.

46. de Haan, E., Culpin, V. & Curd, J. (2011). Executive coaching in practice: What determines helpfulness for clients of coaching? Personnel Review, 40(1), 24–44

47. de Haan, E., Molyn, J. & Nilsson, V. O. (2020). New findings on the effectiveness of the coaching relationship: Time to think differently about active ingredients?. Consulting Psychology Journal: Practice and Research

48. Dooley, J. (1995). Cultural aspects of systemic change management. Ohlone College.

49. Dzierzon, S.A. (2004): Personzentriertes Beziehungsverhalten beim Coaching. Unveröff. Magisterarbeit (gekürzte Fassung), FernUniversität.

50. Ebner, K., Schulte, E. M., Soucek, R. & Kauffeld, S. (2018). Coaching as stress-management intervention: The mediating role of self-efficacy in a framework of self-management and coping. International Journal of Stress Management, 25(3), 209.

51. Eichenberg, C. & Küsel, C. (2016). Zur Wirksamkeit von Online-Beratung und Online-Psychotherapie. Resonanzen–E-Journal für biopsychosoziale Dialoge in Psychosomatischer Medizin, Psychotherapie, Supervision und Beratung, 4(2), 93–107.

52. Eichberger, M. (1998). Führungskräftesupervision: themenzentriert und systemisch - eine Gegenüberstellung. In: K. Hahn, M. Schraut, K. V. Schütz & C. Wagner (Ed.), Themenzentrierte Supervision (S. 103-128). Mainz: Matthias-Grünewald-Verlag.

53. Elbe, M. (2016). Intervention durch sozialpsychologische Beratung. In Sozialpsychologie der Organisation (pp. 137–171). Springer Gabler, Berlin, Heidelberg.

54. Ellebracht, H., Lenz, G., Geiseler, L. & Osterhold, G. (2018). Systemische Organisations- und Unternehmensberatung: Praxishandbuch für Berater und Führungskräfte. Springer-Verlag.

55. Erb, K. (2001): Die Ordnungen des Erfolgs. Einführung in die Organisationsaufstellung; Kösel.

56. Erlach, C. & Müller, M. (2020). Kaninchenlöcher in die narrative Organisation. In Narrative Organisationen (pp. 85–96). Springer Gabler, Berlin, Heidelberg.

57. Essen, S. (2002). Leibliches Verstehen - Wirkungen systemischer Inszenierungsarbeit. In G. Baxa G. u. a. (Hrsg.), Verkörperungen - Systemische Aufstellung, Körperarbeit und Ritual, Heidelberg: Carl-Auer

58. Exner, A., Königswieser, R. & Titscher, S. (1987). Unternehmensberatung – systemisch. Die Betriebswirtschaft, 47(3), 265–284.

59. Faulstich, J. (2006). Aufstellungen im Kontext systemischer Organisationsberatung. Heidelberg: Verlag für Systemische Forschung im Carl-Auer Verlag.

60. Fedorova, A., Koropets, O. & Gatti, M. (2018). Before and After Treatment Analysis Based on a Quali-Quantitative Approach: Coaching Intervention. In P. Demartini & M. Marchiori (Eds.), Proceedings of the 17th European Conference on Research Methodology for Business and Management Studies (ECRM 2018) (pp. 139-147). (European Conference on Research Methodology for Business and Management). Academic Conferences and Publishing International Limited.

61. Finn, F. A. (2007). Leadership development through executive coaching: The effects on leaders' psychological states and transformational leadership behaviour. Doctoral dissertation, Queensland University of Technology.

62. Fischer, M. & Fatzer, G. (2020). Führung der Zukunft – was bedeutet das für Business Coaching? Coaching Magazin, 2, 38–42.

63. Fischer, M. (2016b). Wie Coaching ihre Führungskommunikation verbessert. Neue Erkenntnisse als Schlüssel zum Unternehmenserfolg. Saarbrücken: Akademiker.

64. Fischer, M. & Menn, R. (1994). Möglichkeiten systemischen Arbeitens mit Gruppen, oder woran würde ein „Weiser aus dem Morgenland“ erkennen, dass die Gruppentherapie systemisch ist? Systhema, 8 (1), 51–58.

65. Flesch, D. E. (2007). Evaluation of the effectiveness of change management models utilised by organisation in the East Cape motor industry cluster (Doctoral dissertation, Port Elizabeth Technikon).

66. Friesenhahn, J. (2014). Direkte und indirekte Wirkungen von Coaching in der Organisation. Ein doppeltes Potenzial im Coaching? https://www.coaching-magazin.de/wissenschaft/direkte-indirekte-wirkungen-coaching-organisation

67. Gabriele, A. (2007). A minimalist approach to improving performance in modern American schools. In Proceedings of the 51st Annual Meeting of the ISSS-2007, Tokyo, Japan.

68. Galdynski, K., Kühl, S. (2009): Black-Box Beratung?: Empirische Studien zu Coaching und Supervision. VS Verlag für Sozialwissenschaften | Springer Fachmedien Wiesbaden GmbH, Wiesbaden

69. Ghavifekr, S., Afshari, M. & Amla, S. (2012). Management strategies for E-Learning system as the core component of systemic change: A qualitative analysis. Life Science Journal, 9(3), 2190–2196.

70. Gordon B. Spence, Sunny Stout-Rostron, Michelle Van Reenen & Ben Glashoff (2019) Exploring the delayed effects of leadership coaching: a pilot study, Coaching: An International Journal of Theory, Research and Practice, 12:2, 125-146, DOI: 10.1080/17521882.2019.1574308

71. Grabow, C. (2008). Wissenschaft oder Hexerei?: warum systemische Aufstellungen funktionieren müssen; provokative Antworten auf brennende Fragen für geplagte Manager, ratlose Berater und ganz normale Menschen. CSG-Medien.

72. Graf, E. M. (2011). Analyse diskursiver Praktiken im Führungskräfte-Coaching: Ein sprachwissenschaftlicher Beitrag zur Professionalisierungsdebatte. Zeitschrift für angewandte Linguistik, 2011(55), 59–90.

73. Grant, A. M. & O'Connor, S. A. (2010). The differential effects of solution-focused and problem-focused coaching questions: a pilot study with implications for practice. Industrial and commercial training.

74. Grant, A. M. & Cavanagh, M. J. (2014). The solution-focused approach to coaching. The complete handbook of coaching, 327–344.

75. Grant, A. M. (2016). What can Sydney tell us about coaching? Research with implications for practice from down under. Consulting Psychology Journal: Practice and Research, 68(2), 105–117. https://doi.org/10.1037/cpb0000047

76. Grant, A. M. (2017). Solution-focused cognitive–behavioral coaching for sustainable high performance and circumventing stress, fatigue, and burnout. Consulting Psychology Journal: Practice and Research, 69(2), 98.

77. Grau, U. & Möller, J. (1992). Beratung oder Coaching von Führungskräften in Organisationen. In: W. Schwertl, E. Rathsfeld & G. Emlein (Ed.), Systemische Theorie und Perspektiven der Praxis. Was leistet systemisches Denken im Bereich der Sucht, für Organisationen und un-

terschiedliche Berufsgruppen? Symposiumsband anlässlich des 10-jährigen Bestehens des Instituts für Familientherapie, Frankfurt (S. 261–275). Frankfurt a. M.: Klotz.

78. Grau, U., Gunnarsson, J & Ingi-Möller, J. (1998). Das Kieler Beratungsmodell: Systemisch orientierte Trainerberatung. In: G. Romkopf, W. Fröhlich & I. Lindner (Ed.), Forschung und Praxis im Dialog. Entwicklungen und Perspektiven. Bericht über den 14. Kongress für Angewandte Psychologie, Mainz, September 1987. Band 2 (S. 41–44). Bonn: Deutscher Psychologen Verlag.

79. Greif, S. (2008). Coaching und ergebnisorientierte Selbstreflexion: Theorie, Forschung und Praxis des Einzel- und Gruppencoachings. Göttingen [u. a.]: Hogrefe.

80. Greif, S., Schmidt, F. & Thamm, A. (2012). Warum und wodurch Coaching wirkt. Organisationsberatung, Supervision, Coaching, 19(4), 375–390.

81. Grimmer, B. & Neukom, M. (2009). Coaching und Psychotherapie: Gemeinsamkeiten und Unterschiede – Abgrenzung oder Integration? (1. Aufl.). Wiesbaden: VS, Verl. für Sozialwiss.

82. Groth, T. (2004). Organisationsaufstellung – ein neues Zauberinstrument in der Beratung?. Gruppe. Interaktion. Organisation. Zeitschrift für Angewandte Organisationspsychologie (GIO), 35(2), 171–184.

83. Groth, T. & Stey, G. (2012). Potenziale der Organisationsaufstellung: Innovative Ideen und Anwendungsbereiche. Heidelberg: Carl-Auer.

84. Güttel, W. H. (2007) Anschlussfähigkeit, Akzeptanz oder Ablehnung von Interventionen in Beratungsprozessen. In: Nissen V. (Hrsg. Consulting Research. DUV.

85. von Guggenberg, L. (2011). Mit beiden Augen sieht man besser. Organisationsberatung, Supervision, Coaching, 18(4), 383–397.

86. Gutenbrunner, L. (2017) Empirische Untersuchungen über Effektivität und Wirkprozesse in der Mediation. In: Kriegel-Schmidt K. (Eds.), Mediation als Wissenschaftszweig. Springer VS, Wiesbaden.

87. Häfele, W. (1996). Systemische Organisationsentwicklung: eine evolutionäre Strategie für kleine und mittlere Organisationen. Lang.

88. Haitoglou, D. (2017). The Satir Systemic Coaching Model. Satir International Journal, 5(1), 4–18.

89. Hammes, M., Wieland, R. & Rosen, P. H. (2011). Telefonischer Einsatz von Coaching-Methoden zur Unterstützung von Führungskräfte-Workshops. Zeitschrift für Arbeits- und Organisationspsychologie A&O.

90. Hartman, D. & Zimberoff, D. (2014). Chapter Three: approaches to coaching. Journal of Heart Centered Therapies, 17(2), 79–90.

91. Hartmann-Piraudeau A. (2020) Psychologische Effekte in der Mediation und die Rolle des Mediators. In: Mediatoren in der Hauptrolle – Mediation verstehen und aktiv steuern. Springer, Wiesbaden.

92. Hasenzagl, R. & Güttel, W. H. (2019). Wozu Unternehmensberatung? Austrian Management Review, 8, 11–24.

93. Hawkins, P. (2020): Systemic Coaching. Delivering Value beyond the Individual. New York: Routledge.

94. Heidelmann, K. (2013). Veränderungen in Familienunternehmen gestalten: Komplementäre Kommunikation von Eigentümern und Fremdmanagern. 1. Aufl. Heidelberg: Verlag für Systemische Forschung im Carl-Auer Verlag.

95. Heller, G. (2010). Business Coach – nicht nur fürs Business. Organisationsberatung, Supervision, Coaching, 17(4), 335–346.

96. Heindl, A. (2012). Theatrale Interventionen: Von der mittelalterlichen Konfliktregelung zur zeitgenössischen Aufstellungs- und Theaterarbeit in Organisationen (2., überarb. und erw. Aufl.). Heidelberg: Carl-Auer.

97. Hertrampf, M. (2016). High Performance Work Systems und Unternehmenserfolg: Eine empirische Studie zu Mediations- und Moderationseffekten (Doctoral dissertation, Universität Konstanz).

98. Hiebl, S. & Wiedemann, F. (2020). Coaching in Gesundheitsberufen. Zeitschrift für systemische Therapie und Beratung, 38 (4), 173–178.

99. Hild, M. (2006). Die Organisationskultur im Prozess der Unternehmensfusion: Eine systemtheoretische Feinanalyse am Beispiel einer Sparkassenfusion (1. Aufl.). Heidelberg: Verlag für Systemische Forschung im Carl-Auer Verlag.

100. Höher, P. (2007). Coaching als Methode des Organisationslernens. Köln: Edition Humanistische Psychologie.

101. Huber, S. G. (2010b). System Leadership. *Journal für Schulentwicklung, 2,* 8–21.

102. Hufschmidt, S. (2014). Erwin Huber (Hrsg.); Mut zur Konfliktlösung; Praxisfälle der Organisationsmediation. perspektive mediation, 11(3), 187–188.

103. Iwamoto, S., Suwa, H. & Ohta, T. (2007, July). Improving Project Management of Software Development: Actual Work Loads and Estimated Work Loads. In Proceedings of the 51st Annual Meeting of the ISSS-2007, Tokyo, Japan.

104. Ives, Y. (2008). What is' coaching'? An exploration of conflicting paradigms. International Journal of Evidence Based Coaching & Mentoring, 6(2).

105. Jabri, M. & Pounder, J. S. (2001). The management of change: a narrative perspective on management development. Journal of Management Development.

106. Jochens, N. (2018). Mediation und Steuerungstheorie. Grundlagen der kommunikativen Steuerung konfliktärer Sozialsysteme. Heidelberg: Verlag für Systemische Forschung im Carl-Auer.

107. Kahlbaum, L. (2009). Organisationsberatung zwischen Theorie und Praxis: Eine Analyse von Beratungsformen hinsichtlich ihres Potentials, aktuelle Herausforderungen zu bewältigen, mit besonderem Fokus auf die Möglichkeiten und Grenzen der systemischen Beratung. diplom.de.

108. Kals, E. & Sirrenberg, M. (2011). Arbeits- und Organisationspsychologie: Mediation auf psychologischer Grundlage in Organisationen.

109. Kaufel, S. (2009). Verhaltensentwicklung bei Führungskräften-Empirische Untersuchung zur Wirkung von Coaching (Doctoral dissertation, Universitätsbibliothek der HSU/UniBwH).

110. Kaufel, S., Scherer, S., Scherm, M., Sauer, M. (2006): Führungsbegleitung in der Bundeswehr – Coaching durch militärische Führungskräfte. In: W. Backhausen, J.-P. Thommen (Hrsg.), Coaching, durch systemisches Denken zur innovativen Personalentwicklung (S. 419–438). Wiesbaden: Gabler.

111. Klein, H. (1990). Grenzen der Organisationsentwicklung: systemisches und strategisches Überdenken auf der Basis von Fallstudien (Doctoral dissertation, Uitgever niet vastgesteld).

112. Kleve, H. (2002). Mediation - Eine systemische Methode Sozialer Arbeit. In: U. Pfeifer-Schaupp (Ed.), Systemische Praxis. Modelle, Konzepte, Perspektiven (S. 156–176). Freiburg i. Br.: Lambertus.

113. Klein, L. (2006). Corporate Consulting eine systemische Evaluation interner Beratung. Heidelberg: Verlag für Systemische Forschung im Carl-Auer Verlag.

114. Kleinschmidt, C. (2005). Organisationsaufstellung als Methode: Effiziente Analyse oder Triumph der Alltagspsychologie? Personalführung, 38 (5), 34–39

115. Klinglmair, A. (1991). Systemisch-evolutionäre Supervision in Institutionen. In: H. Brandau (Ed.), Supervision aus systemischer Sicht (S. 88–100). Salzburg: Müller.

116. Klink, T. (2020). Changemanagement: Von der Strategie zur Umsetzung. In Angewandte Psychologie in der Arbeitswelt (pp. 7–21). Springer, Berlin, Heidelberg.

117. Klopper, S. and Van Coller-Peter, S. (2018). 'Business coaching processes that facilitate the successful implementation of business improvement projects', International Journal of Evidence Based Coaching and Mentoring, 16 (2), pp.20-31. DOI: 10.24384/000563 (Accessed: 10 January 2021).

118. Kluge, A. & Schilling, J. (2000). Organisationales Lernen und Lernende Organisation - ein Überblick zum Stand von Theorie und Empirie. Zeitschrift für Arbeits- und Organisationspsychologie, 44(4), pp. 179–191. doi:10.1026//0932-4089.44.4.179

119. Knekt, P., Lindfors, O., Laaksonen, M. A., Raitasalo, R., Haaramo, P., Järvikoski, A. & Helsinki Psychotherapy Study Group. (2008). Effectiveness of short-term and long-term psychotherapy on work ability and functional capacity—a randomized clinical trial on depressive and anxiety disorders. Journal of affective disorders, 107(1-3), 95–106.

120. Kolodej, C. & Smutny, P. (2005). Die Mediationsaufstellung – eine nachhaltige Methode zur Ergebnissicherung: Ein Fallbeispiel. Zeitschrift für Konfliktmanagement (13) 3, 68–71.

121. Kolbeck, C. (2013). Zukunftsperspektiven des Beratungsmarktes: Eine Studie zur klassischen und systemischen Beratungsphilosophie. Springer-Verlag.

122. Kotrubczik, H. & Zirkler, M. (2013). Führung als Herstellung und Pflege einer Wertegemeinschaft. Organisator, 95(4), 18–19.

123. Königswieser, R. (1996). Zur Supervision komplexer Projekte in der Wirtschaft. In: H. J. Kersting & H. Neumann-Wirsig (Ed.), Systemische Perspektiven in der Supervision und Organisationsentwicklung (S. 121–130). Aachen: Kersting.

124. Königswieser, R. (2011). Konfliktintervention – Ein Modell. Essenzen der systemischen Organisationsberatung: Konzepte, Kontexte und Kommentare, 134.

125. Krainz, E. E. & Paul-Horn, I. (2009). Metapher als Intervention. Gruppendynamik und Organisationsberatung, 40(1), 22–46.

126. Kramer J, Conijn B, Oijevaar P, Riper H. (2014). Effectiveness of a web-based solution-focused brief chat treatment for depressed adolescents and young adults: randomized controlled trial. J Med Internet Res 2014; 16(5): 40–50.

127. Kraus, M. (2004). Outdoor Training-Chancen und Grenzen einer Personalentwicklungsmethode. diplom.de.

128. Krebs, K. (2007): Erfolg beim Coaching. Pilotuntersuchung zur Erprobung eines neuen Instruments zur summativen Evaluation von Coaching. (Unveröffentlichte Diplomarbeit, Universität Osnabrück)

129. Kreuser, K. (2015). Ungleiche Schwestern. Organisationsberatung, Supervision, Coaching, 22(3), 341–353.

130. Krischanitz, K. M. (2007). Konfliktbearbeitung in Organisationen am Beispiel von Mediation und Organisationsberatung.

131. Kriz, J. (2016). Systemtheorie für Coaches. Springer Fachmedien Wiesbaden.

132. Kriz, J. & Tschacher, W. (2013). Systemtheorie als Strukturwissenschaft: Vermittlerin zwischen Praxis und Forschung. Familiendynamik, 38(1), 12-21.

133. Kroyer, A. (2018). Sind Sie gut aufgestellt? Aktuelle Entwicklungen in der Systemischen Organisationsberatung unter besonderer Berücksichtigung von Systemaufstellungen.

134. Kruse, P., Greve, A. & Schomburg, F. (2020). next practice: Erfolgreiches Management von Instabilität. Veränderung durch Vernetzung. Offenbach: Gabal Verlag.

135. Kühl, S. (2001). Systemische Organisationsberatung beobachtet. In Zirkuläre Positionen 3 (pp. 221–226). VS Verlag für Sozialwissenschaften, Wiesbaden.

136. Kühling, L. & Schmidt, A. (2005). Wie werden Jugendhilfeeinrichtungen systemisch? Systemische Personal- und Systementwicklung in einer Jugendhilfeeinrichtung. In: W. Ritscher (Ed.), Systemische Kinder- und Jugendhilfe. Anregungen für die Praxis (S. 297–315). Heidelberg: Carl-Auer.

137. Kuniß, C. & Wagner, K. (2017). Aktuelle Situation sozialwirtschaftlicher Organisationen und ihrer Fachkräfte. In S. Kauffeld & F. Frerichs

(Hrsg.) Kompetenzmanagement in kleinen und mittelständischen Unternehmen: Eine Frage der Betriebskultur?, Wiesbaden: Springer.

138. Landau, D. (2007). Unternehmenskultur und Organisationsberatung: über den Umgang mit Werten in Veränderungsprozessen (2., korr. Aufl.). Heidelberg: Verlag für Systemische Forschung im Carl-Auer Verlag.

139. Latreille, P. & Saundry, R. (2016). Transforming the culture of conflict management: Lessons from in-house mediation. In Reframing Resolution (pp. 315-338). Palgrave Macmillan, London.

140. LeNoble, C. A., Pegram, R., Shuffler, M. L., Fuqua, T. & Wiper III, D. W. (2020). To Address Burnout in Oncology, We Must Look to Teams: Reflections on an Organizational Science Approach. JCO oncology practice, 16(4), e377–e383.

141. Loebbert, M. (2018). Erfolgsfaktoren – wie Coaching wirksam wird Coaching-Prozessforschung, pp. 194–214. doi:10.13109/978366640 2920.194

142. Lukesch, R. (2002). Systemische Strukturaufstellungen und Regionalentwicklung: Methodendesign und praktische Erprobung. Download auf der Website des Österreichischen Bundeskanzleramts: http://www. bundeskanzleramt. at/DocView. axd.

143. MacVie, L. (2016). Crucial Institutional Innovations: Evolutionary Change in Higher Education. In Proceedings of the 60th Annual Meeting of the ISSS-2016 Boulder, CO, USA (Vol. 1, No. 1).

144. Martin, O. (2008). Mediation durch Führungskräfte – Voraussetzungen, Chancen und Risiken. perspektive mediation, 5(4), 184–187.

145. Matheny, A. C. & Zimmerman, T. S. (2001). The application of family systems theory to organizational consultation: A content analysis. American Journal of Family Therapy, 29(5), 421–433.

146. Mayrshofer, D. & Kröger, H. (1999). Prozesskompetenz in der Projektarbeit. Ein Handbuch für Projektleiter, Prozessbegleiter und Berater. Mit vielen Praxisbeispielen. Hamburg: Windmühle Verlag.

147. Migge, B. (2007). Handbuch Coaching und Beratung: Wirkungsvolle Modelle, kommentierte Falldarstellungen, zahlreiche Übungen (2. überarb. Aufl.). Weinheim [u. a.]: Beltz.

148. Milan (2016). Schmetterlingseffekte: Über den Mehrwert der Mediation. perspektive mediation, 13(3), pp. 178–183.

149. Möller, H. & Hellebrandt, M. (2016). Wie wissenschaftlich fundiert sind Coaching-Weiterbildungen? Organisationsberatung, Supervision, Coaching, 23(1), 90–104.

150. Möller, H. & Kotte, S. (2011). Die Zukunft der Coachingforschung. Organisationsberatung, Supervision, Coaching, 18(4), 445–456.

151. Molter, H. & Hargens, J. (Ed.) (2002). Ich - du - wir - und wer sonst noch dazugehört. Systemisches Arbeiten mit und in Gruppen. Dortmund: Borgmann, 2002

152. Moreland, R. L. (1996). Lewin's legacy for small-groups research. Systems practice, 9(1), 7–6.

153. Muluneh, G. S. & Gedifew, M. T. (2018). Leading changes through adaptive design: Change management practice in one of the universities in a developing nation. Journal of Organizational Change Management.

154. Muraitis, A. A. & von Schlippe, A. (2012). Fragen lernen - Worauf achtet eine empirisch-systemische Organisationsforschung. Handbuch Forschung für Systemiker. Vandenhoeck & Ruprecht, Göttingen, 90–103.

155. Nazarkiewicz, K., Bourquin, P., Hänsel, M., Homberger, H., Kleve, H., Kuschik, K. & Latka, T. (2019). Essenzen der Aufstellungsarbeit: Praxis der Systemaufstellung. Göttingen: Vandenhoeck & Ruprecht.

156. Nazarkiewicz, K., Kuschik, K., Schweitzer, J., Dicke, H., Doderer, A., Drexler, D., Innecken, B. (2015). Handbuch Qualität in der Aufstellungsleitung. Göttingen: Vandenhoeck & Ruprecht. (VR Elibrary)

157. Neuvians, N. (2011). Mediation in Familienunternehmen: Chancen und Grenzen des Verfahrens in der Konfliktdynamik. Wiesbaden: Gabler.

158. Nestler, L. (2008). Organisationsberatung: Mit welchen Mitteln der Systemtheorie können Organisationen beraten werden? (1. Aufl.). GRIN Verlag.

159. Niedostadek, A. (2011). Mediation in Change-Projekten. perspektive mediation, 8(1), 44–47.

160. Ochs, M. (2013). Pluralität und Diversi(vi)tät systemischer Forschung. Familiendynamik, 38 (1), 4–11

161. Offermanns, M. (2004). Braucht Coaching einen Coach? Eine evaluative Pilotstudie. ibidem-Verlag/ibidem Press.

162. Orendi, B. (1993). Veränderung der Arbeitssituation im Krankenhaus: Systemisch denken und handeln. In: B. Badura, G. Feuerstein & T.

Schott (Ed.), System Krankenhaus. Arbeit, Technik und Patientenorientierung (S. 137–160). Weinheim: Juventa.

163. Palaschinski, S., Herzog, M. (2015). Entflechtung in der Mediation. Fallstudie über eine Unternehmensaufteilung. In: Konfliktdynamik, 4(1), 18-25.

164. Palmer, S. & Szymanska, K. (2019). Cognitive behavioral coaching: an integrative approach. In Palmer, S. and Whybrow, A. (Eds), The Handbook of Coaching Psychology: A Guide for Practitioners, 2nd ed., Routledge, New York, NY, pp. 108–127

165. Pieper, R. (2000). Systemisch ressourcenorientierte Teamarbeit in stationären Settings. Unsere Jugend, 52 (10), 431–433.

166. Poggendorf, A. & Spieler, H. (2003). Team-Dynamik. Ein Team trainieren, moderieren und systemisch aufstellen. Paderborn: Junfermann.

167. Pohlmann, M. C. (2002). Der Beitrag der Organisationsberatung zur Entwicklung der Organisation. Arbeit, 11(4), pp. 329–343. doi:10.1515/arbeit-2002-0406

168. Prince, A., Brannick, M. T., Prince, C. & Salas, E. (1992, October). Team process measurement and implications for training. In Proceedings of the Human Factors Society Annual Meeting (Vol. 36, No. 17, pp. 1351–1355). Sage CA: Los Angeles, CA: SAGE Publications.

169. Purohit, M., Bahal, R. & Purohit, D. (2015). Coaching–An Effective Tool of Training. International Journal of Management Research and Development (IJMRD), 5(2).

170. Raimund, S. (2012). Konflikte wirksam lösen: Systemisches Arbeiten mit Familien und Organisationen. Ein Praxishandbuch. Klett-Cotta Verlag.

171. Rasmus S. D. (2003). Investigating the efficacy of reflecting teams in a community mental health setting by observing changes in symptom distress, self-esteem and client satisfaction. Dissertation Abstracts International A: The Humanities and Social Science, 64(2-A): 453.

172. Raza, K., Afridi, D. F. K. & Khan, S. I. (2017). Impact of Training on Employees Performance and Job Satisfaction: An Empirical Study of Plastic Industry of Hayatabad Industrial Estate. Journal of Business and Tourism.

173. Riedel, J. (2021). Coaching für Führungskräfte: Erklärungsmodell und Fallstudien. Wiesbaden: Deutscher Universitätsverlag.

174. Rock, D. & Donde, R. (2008). „Driving organisational change with internal coaching programmes: part two“, Industrial and Commercial Training, Vol. 40 No. 2, pp. 75–80. https://doi.org/10.1108/00197850810858901

175. Rolland, J. S. & Walsh, F. (2005). Systemic training for healthcare professionals: The Chicago Center for Family Health approach. Family process, 44(3), 283–301.

176. Roth, G. L. & DiBella, A. J. (2015). Promoting Enterprise Awareness. In Systemic Change Management (pp. 47–70). Palgrave Macmillan, New York.

177. Rothenbücher, C. (2011). Warum funktioniert Aufstellungsarbeit? (1. Aufl.). GRIN Verlag.

178. Ryba, A. (2019). Körperzentriertes Coaching und der Zugang zum Unbewussten. Organisationsberatung, Supervision, Coaching, 26(3), pp. 313-329. doi:10.1007/s11613-019-00610-1

179. Rybol, B. & Pika, K. J. (2020). Anstiftung zur Disruption–Die Rolle von Agile-Coaches in der digitalen Transformation. In Digitale Transformation in der Unternehmenspraxis (pp. 281–301). Springer Gabler, Wiesbaden.

180. Savage, R. D. (2012). An investigation of story as a leadership influence tool to lead millennials. Indiana Wesleyan University.

181. Schermuly, C. & Business-Coaching, E. (2019). Positive Wirkungen, unerwünschte Nebenwirkungen und vermeidbare Abbrüche. Weinheim: Beltz, 2019, 237 S.

182. Schiepek, G. (2017). Systemische Forschung: eine Positionsbestimmung. In: R. Stachowske (Ed.), Leben ist Begegnung. Systemische Therapie und Beratung (S. 371–386). Kröning: Asanger.

183. Schlieper-Damrich, R. (2015). Multiperspektivische Wirksamkeitsbewertung eines innovativen webgestützten voice-to-voice Coachings. In Bewertung von Coachingprozessen (pp. 131–148). Springer, Wiesbaden.

184. Schlötter, P. (2005). Vertraute Sprache und ihre Entdeckung. Systemaufstellungen sind kein Zufallsprodukt – der empirische Nachweis. Heidelberg: Carl-Auer.

185. Schmidt, G. (2020). Hypnosystemische Konzepte für Konfliktberatung und Mediation: Innere und soziale Konflikte als Chance – Teil 2. perspektive mediation, 17(4), pp. 249–254.

186. Schmidt, M. & Bildat, L. (2012). Transfermessung von Coaching. Organisationsberatung, Supervision, Coaching, 19(4), 473-486.

187. Schmidt, T. & Keil, J. G. (2004). Erfolgsfaktoren beim Einzel-Coaching. Organisationsberatung, Supervision, Coaching, 11(3), 239–252.

188. Schönbauer, U. (2019). Communities of Practice – Die Kraft der kollektiven Intelligenz. Heidelberg: Carl-Auer.

189. Schubert, F. C., Rohr, D. & Zwicker-Pelzer, R. (2019). Wirksamkeit und Evaluation von Beratung. In Beratung (pp. 183–197). Springer, Wiesbaden.

190. Schubert-Panecka, K. (2015). Transdisziplinäre Erforschung von Mediation. Ein Plädoyer. Perspektive Mediation, 1, 6–12.

191. Schweitzer, J., Bossmann, U., Zwack, J. & Hunger-Schoppe, C. (2016). Konfliktsituationen im Coaching. Psychotherapeut, 61(2), 110–117.

192. Schwemmle, M. & Schwemmle, K. (2012). Systemisch beraten und steuern live 1-3. Methoden und Best Practices in Change Management und Führungskräfteentwicklung. Göttingen: Vandenhoeck & Ruprecht.

193. Seidel, A. & Hedley, D. (2008). The use of solution-focused brief therapy with older adults in Mexico: A preliminary study. The American Journal of Family Therapy, 36(3), 242–252.

194. Seiffge-Krenke, I., Beher, S. & Skaletz, C. (2007). Die Wirksamkeitsforschung von systemischer Therapie/ Familientherapie. Zeitbezogene Trends und Unterschiede zwischen verschiedenen Behandlungsmodellen. Zeitschrift für Familienforschung, 2007, 19 (2), 231–246.

195. Senge, P. M. & Sterman, J. D. (1992). Systems thinking and organizational learning: Acting locally and thinking globally in the organization of the future. European journal of operational research

196. Smith, B. (2007). Coaching emotional intelligence: The business case for human capital. International Journal of Coaching in Organizations, 5(3), 8–20.

197. Sobko, O. M. (2015). Organizational culture as a factor in the formation of synergistic effects in fundamental change for cost of the enterprise. Sustainable development of economy, 26.

198. Sparrer, I. (2002). Wunder, Lösung und System: Lösungsfokussierte systemische Strukturaufstellungen für Therapie und Organisationsberatung. 2. Aufl. Heidelberg: Carl-Auer.

199. Stams, G. J., Dekovic, M., Buist, K. & De Vries, L. (2006). Efficacy of solution-focused brief therapy: A meta-analysis. Gedragstherapie, 39(2), 81–94.

200. Stein, D. B. & Smith, E. D. (1990). The „Rest" Program: A New Treatment System for the Oppositional Defiant Adolescent. Adolescence, 25(100), 891.

201. Steinberg, S. & Pfarr, E. (2019). Aktuelle Herausforderungen im internen Change Management der Commerzbank und der Deutschen Bahn. Gruppe. Interaktion. Organisation. Zeitschrift für Angewandte Organisationspsychologie (GIO), 50(2), 115–122.

202. Steinkellner, P. (2005). Systemische Intervention in der Mitarbeiterführung. Verlag für Systemische Forschung im Carl-Auer Verlag.

203. Stelter, R. (2013). Narrative approaches. The Wiley-Blackwell handbook of the psychology of coaching and mentoring, 407–425.

204. Stelzer-Rothe, T. & Thierau-Brunner, H. (Eds.). (2018). Einblicke in systemisches Coaching: Theorie, Praxisfälle, Erfahrungen. BWV Verlag.

205. Stephan, M. & Rötz, C. (2017). Coaching-Marktanalyse 2016/17. Kurzfassung. Philipps-Universität Marburg, Wirtschaftswissenschaften, Arbeitsgruppe Technologie- und Innovationsmanagement.

206. Stephens, A. Systemic Intervention Practice at an Australian Aboriginal and Torres Strait Islander Alcohol and Other Drugs Treatment Centre. Syst Pract Action Res 27, 309–323 (2014). https://doi.org/10.1007/s11213-013-9291-y

207. Szabó, P. & Berg, I. K. (2006). Kurz(zeit)Coaching mit Langzeitwirkung. Borgmann Media.

208. Taconis, M. (2018). How high potential coaching can add value-for participants and the organisation. International Journal of Evidence Based Coaching & Mentoring, 16.

209. Tapia Cuadra, E. (2010). Coaching and Leadership at Volvo 3P.

210. Teichmann, S. (2013). Unternehmenstheater zur Unterstützung von Veränderungsprozessen: Wirkungen, Einflussfaktoren, Vorgehen. Springer-Verlag.

211. Tonhäuser, C. (2010). Implementierung von Coaching als Instrument der Personalentwicklung in deutschen Großunternehmen (Vol. 9). Peter Lang.

212. Töpfer R. (2016). Systemic Coaching of Staff as Risk Management Tool. In: Merkle W. (Eds) Risk Management in Medicine. Springer, Berlin, Heidelberg. https://doi.org/10.1007/978-3-662-47407-5_8

213. Trnka, R. & Parma, P. (2015). The systemic mind and a conceptual framework for the psychosocial environment of business enterprises: Practical implications for systemic leadership training. Current Research in Psychosocial Arena: Thinking about Health, Society and Culture, 68–79.

214. van Hasz, W. (2017). Die Wirksamkeit von Wirtschaftsmediation. Evaluationsforschung in der Mediation. GRIN Verlag.

215. Vogt-Hillmann, M. (Ed.). (2000). Gelöst und los!: systemisch-lösungsorientierte Perspektiven in Supervision und Organisationsberatung. Borgmann.

216. Wabbels, H. & Kahaar, I. Measuring Coaching: Selling Hot Air or Breaking a Taboo?

217. Wagner, A. (2013). Das Modell moderner Organisationsentwicklung: Theoriegeleitete Strukturgleichungsmodellierung Ausgewählter Modellbestandteile. Wiesbaden: Springer Fachmedien Wiesbaden GmbH.

218. Wagner, R. H. (Ed.). (1995). Praxis der Veränderung in Organisationen: was Systemtheorie, Psychologie und Konstruktivismus zum Verstehen und Handeln in Organisationen beitragen können. Verlag für Angewandte Psychologie.

219. Warhanek, C. (2013). Management-Trainings: Den Nutzen steigern durch Professionalität und Organisationsbezug. Springer-Verlag.

220. Weber, S. (2017). Wie Geschichten wirken – Grundzüge narrativer Psychologie. In Beyond Storytelling (pp. 11–21). Springer Gabler, Berlin, Heidelberg.

221. Wegener, R., Deplazes, S., Hänseler, M., Künzli, H., Neumann, S., Ryter, A. & Widulle, W. (2018). Wirkung im Coaching. Göttingen: Vandenhoeck & Ruprecht

222. Wettersten, K. B., Lichtenberg, J. W. & Mallinckrodt, B. (2005). Associations between working alliance and outcome in solution-focused brief therapy and brief interpersonal therapy. Psychotherapy Research, 15(1–2), 35–43.

223. Wiemers, D. (2017). Entwicklung von Führungskompetenzen durch Coaching-Prozesse – ein Beispiel eines Sanitär-Heizung-Klima-Betriebes. Kompetenzmanagement in kleinen und mittelständischen Unternehmen, pp. 167–178. doi:10.1007/978-3-662-54830-1_10

224. Wimmer, R. (2004). Organisation und Beratung: systemtheoretische Perspektiven für die Praxis. Heidelberg: Carl-Auer.

225. Wimmer, R. (2004a). Zur Eigendynamik komplexer Organisationen. Sind Unternehmungen mit hoher Eigenkomplexität noch steuerbar? In: Wimmer, Rudolf (Hg.): Organisation und Beratung. Systemtheoretische Perspektiven für die Praxis. Heidelberg: Carl-Auer, 47–102.

226. Wimmer, R. (2004d). Wider den Veränderungsoptimismus. Zu den Möglichkeiten und Grenzen einer radikalen Transformation von Organisationen In: Wimmer, R. (Hrsg.): Organisation und Beratung. Systemtheoretische Perspektiven für die Praxis. Heidelberg: Carl-Auer. 155–189.

227. Wimmer, R. (2004e). Die Steigerung der Lernfähigkeit von Organisationen. In: Wimmer, R. (Hrsg.): Organisation und Beratung. Systemtheoretische Perspektiven für die Praxis. Heidelberg: Carl-Auer, S. 190–220. Potenziale der Organisationsaufstellung: Innovative Ideen und Anwendungsbereiche

228. Winum, P. C. (2005). Effectiveness of a High-Potential African American Executive: The Anatomy of a Coaching Engagement. Consulting Psychology Journal: Practice and Research, 57(1), 71–89

229. Wirtenberg, J., Abrams, L. & Ott, C. (2004). Assessing the field of organization development. The Journal of Applied Behavioral Science, 40(4), 465–479.

230. Wirtenberg, J., Lipsky, D., Abrams, L., Conway, M. & Slepian, J. (2007). The future of organization development: Enabling sustainable business performance through people. Organization Development Journal, 25(2), P11.

231. Zhang, M. (2015). The analysis of organizational work environment factors affecting training transfer: A questionnaire survey in Chinese enterprises (Doctoral dissertation).

232. Znidar, G. (2020). Großgruppeninterventionen als innovative Settings für organisationales Lernen: Wirkungen und Nebenwirkungen (Erste Auflage.). Heidelberg: Carl-Auer.

233. Zimmerman, T. S., Jacobsen, R. B., MacIntyre, M. & Watson, C. (1996). Solution-focused parenting groups: An empirical study. Journal of systemic therapies, 15(4), 12–25.

234. Zimmermann, C. & Muhler, B. (2010). Ressourcen der systemischen Organisations-entwicklung. Lösungsorientierte Ansätze in der Praxis. Heidelberg: Carl-Auer.

235. Zirkler, M. (2005). State-of-the-art der Forschung zur Organisationsberatung: Zusammenfassung und Analyse von Forschungsergebnissen der letzten Jahre (No. 10/05). WWZ Forschungsbericht.

236. Zwack, J. und Bossmann, U. (2017). Wege aus beruflichen Zwickmühlen: Navigieren im Dilemma. Göttingen: Vandenhoeck & Ruprecht.